数智安全与标准化

金 涛 王建民 叶晓俊 编著

U0252784

清华大学出版社

北京

内 容 简 介

本书基于"全国信息安全标准化技术委员会大数据安全标准特别工作组"的工作,是一本关于数智安全与标准化的专业教材,旨在使读者在学习大数据、人工智能等数智技术与应用的同时,了解数智技术和应用的前沿以及相应的安全问题,理解数智安全与业务拓展和技术发展的伴生特性,掌握数智安全和标准化的基本知识,建立未来数智化所必须的安全发展意识、安全风险意识和技术安全意识。本书共分为17章,从法律合规、安全风险管理、网络系统安全、检测评估认证、个人信息安全、数据安全、人工智能安全、数智安全监管治理、数字经济发展等多个角度,系统地介绍了数智技术与应用的现状、挑战、机遇和前景,以及数智安全与标准化的重要性、原则、方法和实践。本书结合国内外的最新研究成果和案例分析,深入浅出地阐述了数智安全与标准化的理论基础和实践指导,既有广度又有深度,既有理论又有实践,既有概念又有方法,旨在帮助读者全面掌握相关知识并运用于相关领域及应用。

本书可作为高等学校相关课程的教材,也可作为数智安全和标准化培训教材,还可为从事数智业务、系统、技术、安全开发及管理和标准化工作的人员提供参考。

图书在版编目(CIP)数据

数智安全与标准化/金涛等编著. —北京:清华大学出版社,2023.9
ISBN 978-7-302-64431-6

Ⅰ.①数… Ⅱ.①金… Ⅲ.①数据处理－安全技术－标准化 Ⅳ.①TP274-65

中国国家版本馆 CIP 数据核字(2023)第 153397 号

责任编辑:龙启铭
封面设计:刘 键
责任校对:胡伟民
责任印制:丛怀宇

出版发行:清华大学出版社
    网   址:https://www.tup.com.cn,https://www.wqxuetang.com
    地   址:北京清华大学学研大厦 A 座   邮 编:100084
    社 总 机:010-83470000   邮 购:010-62786544
    投稿与读者服务:010-62776969,c-service@tup.tsinghua.edu.cn
    质量反馈:010-62772015,zhiliang@tup.tsinghua.edu.cn
    课件下载:https://www.tup.com.cn,010-83470236
印 装 者:三河市铭诚印务有限公司
经 销:全国新华书店
开 本:185mm×260mm   印 张:26.5   字 数:715 千字
版 次:2023 年 11 月第 1 版   印 次:2023 年 11 月第 1 次印刷
定 价:99.00 元

产品编号:099878-01

编写委员会

（笔画序）

王　鹏	王建民	左晓栋	叶晓俊	白晓媛
吕延辉	许皖秀	孙明亮	李　媛	李建彬
李雪莹	何延哲	余小军	闵京华	张世天
张建军	陈立彤	罗海宁	金　涛	周亚超
周晨炜	屈　伟	郝春亮	袁立志	高　松
陶　源	曹　易	景鸿理	游志勇	谢安明
靳　晨	谭峻楠	魏方方		

参 编 单 位

清华大学	北京大学
中国科学技术大学	中国电子技术标准化研究院
北京天融信网络安全技术有限公司	公安部第三研究所
中国信息安全测评中心	国家信息中心
北京信息安全测评中心	中国网络安全审查技术与认证中心
杭州安恒信息技术股份有限公司	北京安华金和科技有限公司
蚂蚁科技集团股份有限公司	华控清交信息科技（北京）有限公司
竞天公诚律师事务所	北京大成（上海）律师事务所
中电长城网际系统应用有限公司	中国电子科技集团

序　言

　　本书终于问世。作为清华大学大数据能力提升项目的必修模块,"数智安全"课程旨在帮助读者在学习大数据、人工智能等数智技术与应用的同时建立安全发展意识、安全风险意识和技术安全意识。数智技术快速发展和应用的过程中,极大地便捷了人们的生活和工作,同时各种问题也不断显现,这些问题不仅关系着个人隐私和社会公共利益,更关系着国家安全乃至人类共同体命运。我们要想保证数智技术与应用健康发展,一定要了解数智技术和应用自身的安全问题和衍生的安全问题,并在业务与系统规划、设计、建设和运营的同时考虑安全因素,遵循形成共识的规则,只有这样才能确保数智应用及其支撑的业务安全合法合规。

　　如果说,信息化是一条通往未来的高速公路,那么,数智技术与应用就是行驶在这条高速公路上的一辆辆汽车,数智安全标准则是让这些汽车在高速公路上合法且安全行驶的规则。标准是经济活动和社会发展的技术支撑,是国家基础性制度的重要方面。《国家标准化发展纲要》提出了要强化标准实施应用,加强标准制定和实施的监督,加快构建推动高质量发展的国家标准体系,助力高技术创新、促进高水平开放、引领高质量发展、全面支撑社会主义现代化国家建设。为适应经济社会快速发展,有必要了解数智化相关的法律法规标准,掌握标准化的基本知识。

　　从国际发展趋势来看,大数据和人工智能等数智技术与应用的发展需要规范,这目前已经成为国际共识,安全和隐私保护以及伦理问题已经成为世界各国法律法规标准关注的焦点。本书介绍国际国内数智安全相关法律法规标准,解析了风险管理和数智安全的基本原理和方法,重点介绍了个人信息安全、数据安全和人工智能与算法安全相关的知识,以及政务、健康医疗、智慧城市和金融数智安全实践总结,以期读者能掌握并指导未来的工作。

　　社会学家马克思·韦伯说:"文明代表着人类在科学、技术和计划领域中用智慧来征服世界所做一切的努力。"从农业文明、工业文明发展到今天的数字文明,人类一直在不断向更高层次的文明迈进。在踏往更高层次文明的道路上,科学技术的革新不会缺席,相关标准的制定也会更加完善。希望各位读者通过对这门课程的学习可以规范自身,提高技术,在数智时代点亮自己,迈出自信的步伐,不负国家的期望,为人类社会的发展做出更多的贡献。

中国工程院院士　孙家广

2023 年 1 月 21 日

前　言

随着信息通信技术的发展及广泛应用，人类已经进入信息社会。新技术新应用已经影响到人类社会的方方面面，人类在享受技术进步带来的福利时也遭受着新技术新应用引发的各种问题的困扰。例如，随着大数据、人工智能等数智技术的广泛应用，隐私保护和安全问题也越来越受各方关注，已经成为合法合规的重要内容，不仅事关个人利益，也涉及社会公众利益和国家安全。因此，我们不仅要关注数智技术的研发，也要关注数智技术的社会性，纳入治理范围，在业务和系统的设计规划、建设、运营过程中统筹考虑技术与应用的安全问题。

二十大报告明确指出：加快发展数字经济，促进数字经济和实体经济深度融合，打造具有国际竞争力的数字产业集群；强化经济、重大基础设施、金融、网络、数据、生物、资源、核、太空、海洋等安全保障体系建设；加强个人信息保护。

中共中央国务院《关于构建数据基础制度更好发挥数据要素作用的意见》明确提出：数据作为新型生产要素，是数字化、网络化、智能化的基础，已快速融入生产、分配、流通、消费和社会服务管理等各环节，深刻改变着生产方式、生活方式和社会治理方式。数据基础制度建设事关国家发展和安全大局。要加快构建数据基础制度，充分发挥我国海量数据规模和丰富应用场景优势，激活数据要素潜能，做强做优做大数字经济，增强经济发展新动能，构筑国家竞争新优势。明确要完善治理体系，保障安全发展。统筹发展和安全，贯彻总体国家安全观，强化数据安全保障体系建设，把安全贯穿数据供给、流通、使用全过程，划定监管底线和红线。加强数据分类分级管理，把该管的管住、该放的放开，积极有效防范和化解各种数据风险，形成政府监管与市场自律、法治与行业自治协同、国内与国际统筹的数据要素治理结构。

在数智安全保障体系建设过程中，标准发挥了基础重要作用。《国家标准化发展纲要》明确标准是经济活动和社会发展的技术支撑，是国家基础性制度的重要方面。标准化在推进国家治理体系和治理能力现代化中发挥着基础性、引领性作用。二十大报告明确指出要稳步扩大规则、规制、管理、标准等制度型开放。

为在新时代推动高质量发展、全面建设社会主义现代化国家，进一步加强标准化工作，《国家标准化发展纲要》指出要加强标准化人才队伍建设。将标准化纳入普通高等教育、职业教育和继续教育，开展专业与标准化教育融合试点，造就一支熟练掌握国际规则、精通专业技术的职业化人才队伍，提升科研人员标准化能力，充分发挥标准化专家在国家科技决策咨询中的作用，建设国家标准化高端智库。

《"十四五"推动高质量发展的国家标准体系建设规划》规划了作为重点工作之一的网络安全标准工作。指出要推动关键信息基础设施安全保护、数据安全、个人信息保护、数据出境安全管理、网络安全审查、网络空间可信身份、网络产品和服务、供应链安全、5G安全、智慧城市安全、物联网安全、工业互联网安全、车联网安全、人工智能安全等重点领域国家标准研制，完善网络安全标准体系，支撑网络强国建设。指出建设符合中国国情的标准化教育体系，将标准化纳入普通高等教育，支持设立标准化课程，开展专业与标准化教育融合试点。培养同时具有科研能力、标准化能力的专业人才和标准化领军人才，实施国际标准化青年人才选培行动，开展标准化专业人才能力评估。

在全球大数据浪潮中，清华大学面向全校研究生的大数据能力提升项目在"学校统筹，问题引导，社科突破，商科优势，工科整合，业界联盟"的指导原则下，通过多学科交叉融合的大数据课程体系，引入新的教学模式，培养大数据思维和素养，重点培养数据分析、数据管理和创新应用能力。2022年9月，大数据能力提升项目已经升级到"3＋X"模式，新开设了必修课程"数智安全与标准化"，依托全国信息安全标准化技术委员会大数据安全标准特别工作组工作，旨在使学生了解数智技术和应用的前沿以及相应的安全问题，理解数智安全与业务拓展和技术发展的伴生特性，掌握数智安全和标准化的基本知识，建立未来数智化所必须的安全发展意识、安全风险意识和技术安全意识。通过两学期的教学实践，教学内容和教学安排基本成熟稳定，形成了本书。

本书全面阐述了"数智安全与标准化"的基本概念与基础知识，力求读者掌握相关知识并运用于相关行业及应用。每章节之后都附上了思考题与实验实践，以期强化读者的思考与动手能力。本书编撰贯穿了"渔重于鱼、广度深度兼备、国际国内兼顾"的编写初衷，编委会涵盖了高校、科研院所、企事业单位、律师事务所等各方专家，力求内容既有理论性又有实践性。编委会多次集体讨论，确定了章节组织及各章内容安排如下图所示，力求各章内容的相对独立性，又确保各章内容间的内在逻辑联系，从而整体上系统全面介绍数智安全相关内容。

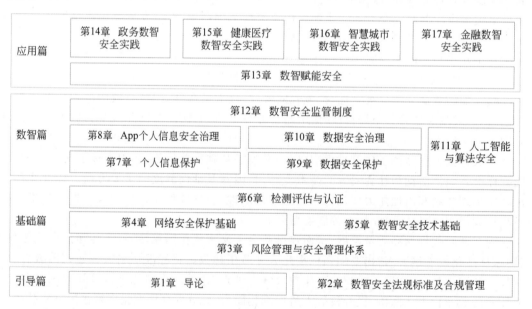

清华大学统筹、规划、设计、组织了本书的编写工作，逐章讨论审校修订并最终确定了各章内容，各章主要负责单位及主要内容如下。

第1章主要由北京大学和清华大学负责，主要介绍什么是数智安全，给出数智安全保护框架，并介绍标准化的基础知识。

第 2 章介绍数智安全相关的国内法律法规，主要由竞天公诚律师事务所负责；介绍企业（组织）合规管理的必要性和具体工作内容，主要由北京大成（上海）律师事务所负责。

第 3 章主要由杭州安恒信息技术股份有限公司和清华大学负责，主要介绍风险管理的基础知识以及信息安全管理体系。

第 4 章主要由公安部第三研究所负责，主要介绍等级保护、关键信息基础设施保护和供应链安全管理。

第 5 章主要由北京天融信网络安全技术有限公司负责，主要介绍数智安全保护的基础技术，包括密码技术、身份管理和访问控制等。

第 6 章主要由中国信息安全测评中心负责，主要介绍安全检测、评估与认证的知识。

第 7 章主要由中国电子技术标准化研究院和华控清交信息科技（北京）有限公司负责，主要介绍个人信息保护相关的技术和措施以及相关标准化工作。

第 8 章主要由中国电子技术标准化研究院负责，主要介绍国家 App 个人信息安全治理的相关工作。

第 9 章主要由北京天融信网络安全技术有限公司负责，主要介绍数据分类分级、数据处理各活动的安全风险及应对的技术和管理措施，并介绍常用的数据安全保护技术。

第 10 章主要由北京安华金和科技有限公司负责，主要介绍企业（组织）的数据安全治理。

第 11 章主要由中国电子技术标准化研究院负责，主要介绍人工智能和算法安全相关的内容及标准化工作。

第 12 章主要由中国科学技术大学负责，主要介绍国家数智安全监管思路和制度体系。

第 13 章主要由北京天融信网络安全技术有限公司负责，主要介绍数智技术赋能安全防御相关工作。

第 14 章主要由国家信息中心负责。

第 15 章主要由北京天融信网络安全技术有限公司负责。

第 16 章主要由北京信息安全测评中心负责。

第 17 章主要由蚂蚁科技集团股份有限公司负责。

在此向所有参加本书编写的同仁（包括未列入编写委员会但事实上参与了教材编制相关工作的同事）及帮助和指导过我们工作的朋友表示由衷的感谢！在本书的编写过程中参阅了许多文献及在线资料，在此一并表示感谢。

由于数智化技术发展迅速，编审时间有限，书中若有不妥之处，恳请读者批评指正。

编　者
于清华园
2023 年 3 月

致　谢

2016 年,全国信息安全标准化技术委员会(以下简称"信安标委")设立了以清华大学为组长单位的大数据安全标准特别工作组(以下简称"工作组"),负责大数据和云计算相关的安全标准化研制工作。具体职责包括调研急需标准化需求,研究提出标准研制路线图,明确年度标准研制方向,及时组织开展关键标准研制工作。工作组工作已涵盖 A(人工智能、智慧城市)、B(区块链)、C(云计算)、D(个人信息、数据)、E(边缘计算)网络安全国家标准。可以说,信安标委及工作组的工作孕育了"数智安全与标准化"课程及教材。在此,对信安标委及工作组的各位领导、专家表示衷心的感谢!

在本课程及教材建设过程中,下列人员提出了宝贵的意见建议,在此表达诚挚的谢意,排名不分先后。

杨建军	中国电子技术标准化研究院
上官晓丽	中国电子技术标准化研究院
魏昊	中国网络安全审查技术与认证中心
宿忠民	中国标准化研究院
陈钟	北京大学
杜虹	中国保密协会
郭晓雷	国家信息技术安全研究中心
李京春	国家信息技术安全研究中心
陆宝华	雄安新区政府
孟亚平	电子政务云计算应用技术国家工程实验室
李斌	中国信息安全测评中心
张滨	中国移动信息安全管理与运行中心
董贵山	中国电子科技网络信息安全公司
任卫红	公安部信息安全等级保护评估中心
杨震	北京工业大学
陈铭松	华东师范大学
陈先来	中南大学
钟力	大数据协同安全技术国家工程实验室
陈兴跃	北京天融信科技有限公司
程海旭	国际商业机器公司
方禹	中国信息通信研究院
葛小宇	华为技术有限公司
胡影	中国电子技术标准化研究院

蔺琛皓	西安交通大学
落红卫	北京快手科技有限公司
舒敏	国家计算机网络应急技术处理协调中心
孙铁	北京小桔科技有限公司
王冀	北京天融信网络安全技术有限公司
叶润国	深信服科技股份有限公司
张剑	中国网络安全审查技术与认证中心
张立武	中国科学院软件研究所
郑新华	奇安信科技集团股份有限公司

在教材编写过程中,中国信息安全测评中心的张晓菲、周冠宇、豆丽玲、张富春为第 6 章检测评估与认证提供了素材,北京天融信网络安全技术有限公司的张志、谢琴为第 15 章提供了应用场景图文素材,蚂蚁科技集团股份有限公司的韦韬、李婷婷、彭欢、宋铮为第 17 章提供了素材,在此表示衷心的感谢!

教材的审校和出版离不开清华大学出版社龙启铭等编辑的辛勤劳动,在此一并表示衷心的感谢!

缩写表

全 称	缩 写
GB/T 35273—2020《信息安全技术 个人信息安全规范》	《个人信息安全规范》
《中华人民共和国个人信息保护法》	《个人信息保护法》
TC260-PG-20222A《网络安全标准实践指南——个人信息跨境处理活动安全认证规范 V2.0》	《个人信息跨境处理活动安全认证规范 V2.0》
JR/T 0171—2020《个人金融信息保护技术规范》	《个人金融信息保护技术规范》
《公路水路关键信息基础设施安全保护管理办法（征求意见稿）》	《公路水路关键信息基础设施安全保护管理办法》（草）
T/CPUMT 006—2022《工业数据安全事件应急预案编制指南》	《工业数据安全事件应急预案编制指南》
GB/T 39204—2022《信息安全技术 关键信息基础设施安全保护要求》	《关键信息基础设施安全保护要求》
《信息安全技术 机器学习算法安全评估规范》（制定中）	《机器学习算法安全评估规范》（草）
JR/T 0258—2022《金融领域科技伦理指引》	《金融领域科技伦理指引》
《中华人民共和国民法典》	《民法典》
《信息安全技术 人工智能计算平台安全框架》（制定中）	《人工智能计算平台安全框架》（草）
TC260-PG-20211A《网络安全标准实践指南——人工智能伦理安全风险防范指引》	《人工智能伦理安全风险防范指引》
DB14/T 2463—2022《人工智能数据标注总体框架》	《人工智能数据标注总体框架》（山西）
JR/T 0221—2021《人工智能算法金融应用评价规范》	《人工智能算法金融应用评价规范》
DB21/T 1522—2007《软件及信息服务业个人信息保护规范》	《软件及信息服务业个人信息保护规范》（辽宁）
《中华人民共和国数据安全法》	《数据安全法》
JR/T 0197—2020《金融数据安全 数据安全分级指南》	《数据安全分级指南》（金融）
T/ISEAA 002—2021《信息安全技术 网络安全等级保护大数据基本要求》	《网络安全等级保护大数据基本要求》
GB/T 22240—2020《信息安全技术 网络安全等级保护定级指南》	《网络安全等级保护定级指南》
GB/T 22239—2019《信息安全技术 网络安全等级保护基本要求》	《网络安全等级保护基本要求》
《网络安全等级保护条例（征求意见稿）》	《网络安全等级保护条例》（草）
《中华人民共和国网络安全法》	《网络安全法》
GB/T 38645—2020《信息安全技术 网络安全事件应急演练指南》	《网络安全事件应急演练指南》
《网络数据安全管理条例（征求意见稿）》	《网络数据安全管理条例》（草）
TC260-PG-20212A《网络安全标准实践指南——网络数据分类分级指引》	《网络数据分类分级指引》

全 称	缩 写
《中华人民共和国刑法》	《刑法》
GB/T 41391—2022《信息安全技术 移动互联网应用程序（App）收集个人信息基本要求》	《移动互联网应用程序（App）收集个人信息基本要求》
TC260-PG-20204A《网络安全标准实践指南——移动互联网应用程序（App）系统权限申请使用指南》	《移动互联网应用程序（App）系统权限申请使用指南》
JR/T 0060—2021《证券期货业网络安全等级保护基本要求》	《证券期货业网络安全等级保护基本要求》
《信息安全技术 重要数据识别指南》（制定中）	《重要数据识别指南》（草）
T/GDCSA 00＊—2022《重要信息基础设施供应链安全检查评估规范（征求意见稿）》	《重要信息基础设施供应链安全检查评估规范》（草）

目　录

第1部分　引　导　篇

第 2 部分　基　础　篇

第3部分　数　智　篇

第 4 部分　应　用　篇

第1部分　引　导　篇

第 1 章

导　论

本章从信息技术发展历史开始,首先描述数据与智能对社会经济进步起到的巨大推动作用,使读者了解当前网络空间快速发展的背景,理解数智安全的重要性。在此基础上,提出了以数智为中心的网络空间安全保障框架,并以此引出本书主要章节的内容。最后,从整体上简要介绍网络安全相关法规和标准,让读者能够理解法律法规、标准和标准化的重要性,并主动遵循相应要求,在其保护和约束下推动数智化发展。

1.1　数智化进程

1.1.1　信息技术发展

信息技术是指有关信息的采集、描述、加工、保护、传递、交流、管理、存储等而采用的相关技术。信息技术对社会变革产生了深刻的影响,是推动人类进步的重要因素。历史上人类经历了五次信息技术革命,分别为:语言的使用、文字的创造、印刷术的发明、电报电话及广播电视的发明、计算机和互联网的应用,每一次信息技术革命都将人类社会推向一个新的历史阶段。

第一次信息技术革命是语言的使用,大约发生在 50 000 年至 35 000 年前,当时正是从猿猴到人的转变时期,语言的产生使得人们突破了表情、手势、叫声以及身体姿势等动物的交流方式。通过使用语言,人们之间可以使用抽象和更加精准的描述,进而传递更加准确的意思。语言是人类特有的信息交流手段,丰富多样的信息在人脑中存储和加工,并利用复杂的声波进行传递,经历了编码—传输—解码—存储的整个信息处理过程。

第二次信息技术革命是文字的创造,大约发生在公元前 5000 年至公元前 3500 年,这个时候古埃及、苏美尔、中国等地相继出现了文字。相较于语言只能当面沟通、过时不候等特点,文字的出现和使用,使人类对信息的保存和传播取得重大突破,能够很好地突破时间和空间的局限。从此,信息可以使用文字记录下来,转述内容可以得到更加准确地表达;知识可以通过文字积累和传承,而不仅仅限于口口相传;人类文明可以累加性地迭代前进,从而突破"发明某项技术—口口相传技术要点—长时间未用导致遗忘—重复发明该技术"的被动循环。

第三次信息技术革命是印刷术的发明,时间大约是公元 11 世纪至公元 15 世纪。中国于公元 11 世纪中叶发明了活字印刷技术,德国人约·古登堡在 15 世纪中叶发明了铅活字印刷术,使得信息的传播能力大大加强。在印刷术发明之前,信息(包括经书、历史书、技术类书籍等)的传播主要是靠手工抄写,抄写的过程不仅仅速度慢、效率低下,而且容易出现各

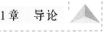

种抄写错误。印刷技术的发明和改良,大大提高了信息传播的效率和质量,进而深刻地影响着社会经济和政治的发展,加快了人类文明的发展速度。

第四次信息技术革命是电报、电话、电视和广播的发明,时间发生在 19 世纪末期 20 世纪初期,它使人类进入利用电磁波传播信息的时代。在电报电话使用之前,尽管纸和印刷术可以远距离和长时间地传播信息,但它效率低、速度慢的特点非常明显。随着电和电磁波技术得到广泛应用,出现了电报、电话、广播和电视,使得信息的传递手段发生了根本性的变革。这种远距离即时通信的方式,一方面极大地加快了信息传输的速度,能够瞬间从地球的一个位置传递到任何一个其他位置;另一方面可传递的信息量大大增加,信息表现形式更丰富,因而大大推动了人类社会的发展速度。

第五次信息技术革命是计算机与互联网的使用,时间大约从 20 世纪 60 年代开始。20世纪中叶出现的计算机,其极好的信息处理性能,极大地增强了人类加工和利用信息的能力。而 20 世纪 80 年代开始在全球推广的互联网,能够将世界上海量的电子设备远程连接在一起,进一步拓展了远距离即时通信能力。计算机和互联网的普及使用,不仅仅使得信息的远距离、实时、双向交互的传输和处理变得更加便捷,而且电子化、网络化的思维方式开始改变人类工作、生活、娱乐和交友的既有模式,极大地拓展了人类未来的各种可能。因此,第五次信息技术革命可以说是人类历史上最重要的一次信息技术革命,正因为这次信息技术革命,人类进入了信息社会。

在第五次信息技术革命之后,尤其是随着互联网、大数据、人工智能、物联网等信息技术的高速发展和应用,逐渐出现了一个全新的人机物信息互连互通的网络社会——网络空间。

1.1.2　网络空间概述

网络空间(Cyberspace)[①]是相对于传统的物理空间而言的,也称电子空间、虚拟空间或赛博空间,它是为了刻画信息时代人类所依赖于计算机和网络技术构造的信息环境或信息空间。实际上,Cyberspace 最早是由加拿大作家威廉·吉布森(William Gibson)在其 1984年的科幻小说《燃烧的铬》中创造的一个单词,用来表示由计算机创建的一个虚拟信息空间。随后,威廉·吉布森在小说《神经漫游者》(*Neuromancer*)中更多地使用了这个单词后,Cyberspace 迅速在文学圈变得家喻户晓。

到了 21 世纪,随着电磁波扫描与探测、卫星通信和计算机网络在军事领域中的重要性越来越突出,网络空间一词得到了美国政府和军队的高度重视,频频出现在政府和军队的规划文件中。如 2003 年 2 月,布什政府在《保护网络空间国家战略》中,将网络空间定义为"由成千上万台互联的计算机、服务器、路由器、转换器、光纤组成、并使美国的关键基础设施能够工作的网络,其正常运行对美国经济和国家安全至关重要"。而在 2006 年 12 月,美国参联会发布《网络空间行动国家军事战略》,指出"网络空间是指利用电子技术和电磁频谱,经由网络化系统和相关物理基础设施进行数据存储、处理和交换的域"。美国政府和军队更关注的是从关键基础设施安全、国家疆域、网络主权以及未来网络战争的角度出发定义和描述网络空间的。受到美国的影响,此阶段全球对网络空间的讨论都侧重于国家疆域和网络战

---

① 自从 Cyberspace 一词出现后,我国出现了数十种不同的译名,包括计算机空间、电脑空间、电子空间、信息空间、网络信息空间、虚拟现实空间、网络电磁空间、赛博空间、网络空间等。目前,越来越多的文献研究和工作实践中使用"网络空间"来翻译该词。

争方面的内容。

到了 21 世纪第二个十年期间,随着信息技术的快速发展,网络空间的概念得以继续丰富和演化。一方面,人们基于计算机技术和互联网技术,尤其是应用大数据和人工智能技术后,可以构造出一个人造的、虚拟的、以信息为主要交流媒介的信息空间。该空间是由遍布全世界的计算机和互联网所支撑,由文字、图像、声音、视频等信息形式所构成的一个巨大的"人造世界",人们可以在这个空间中进行日常办公、科研、购物、娱乐和交友,并且与真实世界进行即时交互。另一方面,电力、金融、水利等涉及国计民生的关键信息基础设施也开始使用这样的信息空间进行现代化的管理和运行。因此,在保留网络主权和国家疆域的概念下,网络空间在此阶段更多的是从民众生活和办公、企业贸易和交流、国家运转和治理的角度来谈及的,即网络空间是信息时代人们赖以生存的、基于计算机和网络技术构造的信息环境或信息空间。为此,我国也发出呼吁,世界各国应该共同构建网络空间命运共同体,推动网络空间互联互通、共享共治,为开创人类发展更加美好的未来助力。

相比"计算机网络",网络空间具有更加鲜明的信息时代含义,具体如下。

(1)从外在形式看,网络空间不止是计算机网络。网络空间是指由连接各种信息技术基础设施的网络以及所承载的信息活动构成的人为社会活动空间,这里的信息技术基础设施不仅仅包括计算机网络和互联网,还应该包括电信网、广电网、物联网、传感网、工控网、卫星网等光电磁或数字信息处理设施,以及在这些设施基础上建立起来的虚拟网络、控制网络、社交网络等。

(2)从连接对象看,网络空间不止是人和计算机连接。信息技术可以增强人们全方位主动感知能力,实现智慧的感知生活。在未来网络空间,随着物联网和 5G 网络等技术的快速发展,将接入移动设备、可穿戴设备、智能电器、医疗设备、工业探测器、汽车等各种类型设备。可以想象,数千亿的新增设备将通过互联网连接,构成"人-机-物"高度融合的应用场景,实现对大规模复杂系统和广域环境的实时感知与动态协同,将彻底改变人类的生活方式,使人类真正地进入新的融合时代。

(3)从能力提供看,网络空间不止是通信和社交。网络空间是信息时代的人造空间,可以满足人们开展各类与信息处理相关的活动。这里的信息处理活动已经大大超越最早的通信和社交活动,实际上网络空间已经开始用于工作协同、文件撰写、科学数据处理、电力管理、交通控制、任务协同、电影制作、游戏体验等各种活动,并和现实世界映射与交互满足工作、生活、娱乐和交友等各方面的需求。随着信息技术的发展,网络空间将会实现越来越多的应用场景,满足人类在未来生活的各种新需求。

伴随着现代科技的迅猛发展,网络空间正以非同寻常的速度在全球范围内扩张,成为影响国家安全、经济发展及文化传播的无形力量,已经融入到了人们工作、生活、学习的方方面面,同时也成为了承载政治、军事、经济、文化的全新空间。因此,国际社会普遍认为,网络空间现已成为陆地、海洋、天空和太空之外的,由相对独立的电子信息技术设施组成的网络以及在其中的信息构成空间,并将其称之为第五空间,该空间是国家主权延伸的新疆域。

网络空间是人类的活动空间,网络空间的前途命运应由世界各国共同掌握。国际社会应该在相互尊重、相互信任的基础上,加强沟通、扩大共识、深化合作,通过积极有效的国际合作,共同构建和平、安全、开放、合作、有序的网络空间。

然而,随着信息技术的深入应用,网络空间安全形势日益严峻,关键信息基础设施遭受攻击破坏、发生重大安全事件严重危害国家经济安全和公共利益,网络谣言、颓废文化和淫

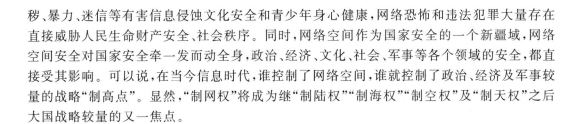

秽、暴力、迷信等有害信息侵蚀文化安全和青少年身心健康,网络恐怖和违法犯罪大量存在直接威胁人民生命财产安全、社会秩序。同时,网络空间作为国家安全的一个新疆域,网络空间安全对国家安全牵一发而动全身,政治、经济、文化、社会、军事等各个领域的安全,都直接受其影响。可以说,在当今信息时代,谁控制了网络空间,谁就控制了政治、经济及军事较量的战略"制高点"。显然,"制网权"将成为继"制陆权""制海权""制空权"及"制天权"之后大国战略较量的又一焦点。

1.1.3 从数字化到数智化

1. 数字化的含义

"数字化"最早可以溯源到 20 世纪 40 年代香农提出的采样定理(又称奈奎斯特采样定理),即只要采样频率大于或等于有效信号最高频率的两倍,采样值就可以包含原始信号的所有信息,采样得到的信号就可以不失真地还原成原始信号。该定理表明,一个连续的函数可以使用时间上和数值上离散的、非连续变化的序列来表示,从而一个模拟信号可以被"数字化"后完美表示。

计算机采用的是 0、1 二进制编码,所有基于计算机的数据处理、文档处理等工作都是在 0、1 二进制编码基础上进行的。从这个角度看,"数字化"是指复杂多变的外部信息可以在"数字化"后被计算机采集、存储、处理和输出。当然,计算机自身新产生的信息是直接采用"数字"形式来表示和处理的。借助数字化,企业或机构可以进行无纸化办公,一方面是将现有多种纸质文档、业务的人工处理过程迁移到计算机系统中,这样不仅可以降低工作成本和沟通成本,还可以利用计算机系统的大容量和高效处理能力,极大地提高工作质量和工作效率,解决过去很多单靠人力解决不了或很难解决的生产或者管理上的痛点问题,达到降本增效的目的;另一方面,企业或机构可以进行数字化转型,通过积极利用通信、计算机、互联网等先进技术,可以促进商业模式、企业文化和组织结构的转型。数字化转型甚至可以带来生产组织方式、业务模式和管理方式的重塑,推动产业核心竞争力提升,完成机械时代做不到的事情,如电影制作公司可以利用计算机完成更逼真的电影特效,飞行员培训可以使用计算机模拟环境进行训练等。

2. 数智化的含义

数智化本质是在已有数字化基础上,基于大数据、运用人工智能实现智能化。借助大数据、人工智能以及区块链、物联网、5G 等技术,系统形成"智能",执行智能感知、智能分析、智能决策、智能执行等工作。通过深度挖掘数据价值,实现智能化分析与管理,帮助企业和组织优化现有数据价值链和业务价值链,增收节支、提效避险,实现从业务运营到产品/服务的创新,提供创造收入和价值的新机会,提高应用数据的水平和效率,提升用户体验,从而实现转型升级。

进一步地,除了数字智能化,"数智化"的含义还包括智慧数字化,即通过充分融合数字和人工智能技术,可以使用数字来表示人类智能的思考、决策的过程和结果,使用数字来表示人类智能所形成的"智慧",进而可以更好、更快地计算、表达和传承。同时,在未来网络空间高速发展的背景下,大量信息物理实体接入形成"人-机-物"高度融合应用场景,不同来源的海量数据形成聚合,人机协同的领域日益扩展,人、机、物之间的"智慧互联互动",形成更高级别的智慧协同能力,加速推动人类智慧高速发展和应用。

3. 数字化和数智化的区别

数字化是以数字形式的数据采集、存储、计算以及以计算机处理数据为基本特征,相对而言,数智化则是以数据为生产要素、人工智能应用等为基本特征。综合来看,两者的区别是比较明显的。数字化是信息化的初级阶段,出于计算机使用数字数据而不是模拟数据,所以数字化的目的是利用计算机、通信、互联网等技术进行高效和高质量的业务处理,达到降本增效和提升价值。数字化是智能化的基础。数智化则是信息化的高级阶段,是在从多个数据源获取海量、形式多样、形态各异的数据,采用大数据技术存储和计算,并利用机器学习等人工智能技术来挖掘数据价值并智能决策预测。

因为人工智能能够有效地模拟人类进行智能感知、智能处理和智能决策,从而明显地促进了数字化叠加倍增效应。数智化的特点是利用大数据作为生产要素、利用人工智能来推动机器形成模拟人的智能思考和决策能力,并进而加快战略新兴产业发展、促进社会经济高效高质量发展。表 1.1 给出了数字化和数智化的主要区别。

表 1.1　数字化和数智化的主要区别

比 较 项	数 字 化	数 智 化
应用类型	处理数据	人工智能应用
主要目标	高效高质量的业务处理	挖掘数据价值并智能决策预测
基本特征	信息表达数字化	数字信息业务化和智能化
数据规模	小数据	大数据
数据变化特点	关注的是从模拟数据变化到数字数据	关注的是从大量数据中挖掘和创造价值
应用技术	计算、存储、通信、网络	大数据、物联网、人工智能、区块链
价值体现	提高速度、降本增效,提升价值	创造价值,促进人类智慧与机器智能融合

1.1.4　数智赋能网络空间

1. 人类社会发展历程

自人类从游牧生活过渡到聚集生活而形成人类社会以来,根据产业结构,可以将人类社会发展进程划分为农业社会、工业社会和信息社会三阶段。

第一个阶段为农业社会(也称为前工业社会)。在农业社会,人类依赖于自然界提供的原料和人的体力劳动,经济形式主要由农田种植、渔业捕捞和林中采摘等构成。

第二阶段为工业社会,人类大约在 200 多年前开始了工业革命,生产方式从手工业生产转变为机器生产,减少了对自然界的依赖,用能源代替体力,依靠技术和机器从事大规模的商品生产。经济主要由制造业、交通运输业和商业等行业构成。

第三阶段为信息社会(也称为后工业社会)。这个阶段,人们依赖于信息和技术开始创造价值和推动社会进步。利用信息技术对农业、制造业、服务业等传统产业的改进和提升,不仅大大提高了各种物质和能量资源的利用效率,也促使产业结构的调整、转换和升级,出现了很多新型的经济形态和商业模式,促进了人类生活方式、社会体系和社会文化的深刻变革。表 1.2 展示了这三个社会阶段的分析对比。

表 1.2　农业社会、工业社会和信息社会的分析对比

对比项	农业社会	工业社会	信息社会
劳动场所	以田野为主	以工厂为主	以计算机为主
主导生产要素	土地	资本	数据(信息)
生产力水平	低：(人＋牲畜)体力劳动	规模化：机器生产	智能化：(计算机和人工智能)智能生产
主要经济形式	种植、捕捞和采摘	制造、运输和商业	生产、服务
能量来源	人力、畜力	机械能、化学能、原子能等	机械能、化学能、原子能等
价值增长方式	农业产品	工业产品	知识增值
信息	经验性知识	近现代科技知识	现代科技知识＋数字化信息

2. 数据和智能是推动网络空间高速发展的核心引擎

按照托夫勒①的观点，人类社会发展的第三次浪潮是信息革命，其代表性象征为"计算机"的发明和使用，使人类逐渐步入信息社会。我们可以看到，在信息社会的开始阶段，包括计算机、通信技术、网络技术等信息技术的高速发展和广泛应用，极大地推动了信息社会的快速发展。但是，这个阶段仍然是计算机、互联网等信息技术提升传统产业生产效率和促进产业升级，还是以网络连接、控制管理和积累数据为主。然而进入 21 世纪之后，随着云计算、物联网等技术的发展，互联网和移动互联网开始了大规模商用，信息化迎来了蓬勃发展，越来越多的人和设备接入到互联网。如前所述，信息技术发展进入网络空间阶段。在这一阶段，云计算、物联网、互联网等作为网络空间的基础设施和算力支撑，支撑着网络空间的运行。而随着数据的大量采集、流通与汇聚，数据量呈爆炸式增长，大数据和人工智能技术正在快速发展，人们开始利用数据和智能——而不仅仅是利用土地、矿石和机械——来产生价值，甚至推动产业革新和驱动经济发展。

全世界各国政府都很重视大数据和人工智能的作用，纷纷出台与大数据和人工智能相关的促进政策，希望这些新一代信息技术能够进一步推动经济和社会的发展。因此，在信息社会蓬勃发展的今天，数据和智能已经成为推动网络空间高速发展的核心引擎。

1) 数据是生产要素

在以往的农业社会和工业社会，土地、矿石、木材、钢铁、水泥等被认为是重要的生产资料。而在进入信息化社会的今天，由于数据经过分析和处理后能够提高生产效率或直接转化为价值，而且现有的农业耕种、工业生产、服务业交付、金融、医疗、科研、军工都离不开数据的支撑。如果数据出现问题，天气预报可能就是完全错误的，数控机床就会出废品，飞机飞行就会出问题，金融产品可能就会贬值或出现危机。因此可以说，在当前以互联网为基础设施的网络空间中，数据就像土地和石油一样，成为了重要的生产要素。

实际上，进入 21 世纪以后，数据对个人行为、企业决策、产业升级以及经济增长的影响与日俱增。数据已经成为国家基础性战略资源，正日益对国家经济运行、国家治理、民众生活以及各领域的生产、流通、分配、消费活动产生重要影响。2017 年 12 月，习近平总书记在主持中共中央政治局就实施国家大数据战略进行的第二次集体学习时指出"要构建以数据

---

① 阿尔文·托夫勒(Alvin Toffler，1928.10.8—2016.6.27)，美国作家、思想家、未来学家。19 世纪 70 年代至 90 年代先后出版《未来的冲击》《第三次浪潮》《权力的转移》等未来三部曲，享誉全球。

为关键要素的数字经济。建设现代化经济体系离不开大数据发展和应用";2019年10月,中国共产党第十九届中央委员会第四次全体会议通过《中共中央关于坚持和完善中国特色社会主义制度、推进国家治理体系和治理能力现代化若干重大问题的决定》,指出"健全劳动、资本、土地、知识、技术、管理、数据等生产要素由市场评价贡献、按贡献决定报酬的机制"。通过这些政策,数据的生产要素地位得到进一步明确。美国《经济学人》杂志在2017年5月份的封面文章也预言"数据是新的'石油',也是当今世界最宝贵、同时也是最需要加强监管的资源"。

可见,数据已经成为最重要的生产要素之一,信息技术的高速发展使得对于数据的使用贯穿于整个社会生产过程之中,强调数据所发挥作用的数字经济已经逐渐形成。

2) 人工智能是生产工具

人工智能(Artificial Intelligence, AI)是指研究模拟、延伸和扩展人的智能的理论、方法、技术及应用的技术。人工智能是计算机科学发展的一个分支,相关的研究主要包括机器人、语言识别、图像识别、自然语言处理和专家系统等。进入21世纪第二个十年以来,算力、算法和大数据处理技术也迎来了革新和进步,人工智能也因此实现了跨越式的发展,正在逐步应用到生产实践中。

人工智能技术作为知识主导型技术,可以让机器拥有"学习"和"思考"能力,即从原来机械式地执行任务转变为智能式地完成任务,从而有效提高生产效率和工作质量,即人工智能作为新型的生产工具可以有效地提高生产力。比如,将人工智能技术应用到城市交通管控系统,可以解决交通工具、交通信号灯与交通引导等系统之间的协调问题,实现交通资源利用效率的最大化;将人工智能技术应用到医疗辅助诊断,其强大的图像识别和机器学习能力有助于解决传统医学影像中存在的工作效率低、准确度不高、工作量大等问题,从而给出更可靠的诊断和治疗方案;将人工智能技术应用到工业生产调度,可以更好地提升资本、劳动、技术等要素之间的匹配程度和加强各个生产环节之间的协同,从而极大地提高生产效率。

人工智能是当前信息革命的龙头和主线,将带动众多技术应用走向繁荣,引发众多领域技术更新换代。人工智能将在经济社会中发挥出日益显著的战略性、主导性、基础性作用,通过人工智能赋能,将有可能改变传统产业模式和结构,极大地提升生产力,并催生出智能经济、智能生活、智能治理等。

3) 数智化是经济发展的倍增器

数据是"21世纪的钻石矿",是国家基础性战略资源,如何"智能"地用好数据成为了生产力快速发展的关键。另一方面,自1955年达特茅斯会议首次提出"人工智能"概念以来,在60余年中,人工智能经历了起起落落式的曲折发展。而在最近一轮人工智能技术重新崛起中,数据起到了积极的推动作用,海量和优质的训练数据和算法对人工智能的发展起到了巨大的推动作用,进一步提升了各行各业人工智能的发展水平。可以说,在当前表现良好的人工智能应用中,几乎都是由数据驱动而引起的。

所以进入信息社会以来,数据和智能作为全球新一轮科技和产业变革的关键驱动力,将进一步释放科技革命和产业变革积蓄的巨大能量,利用数据驱动得到智能,利用智能进一步探索数据价值,通过优化传统应用场景和构建新应用场景,将重构生产、分配、交换、消费等经济活动各环节,催生新技术、新产品、新产业、新业态、新模式,形成各领域从宏观到微观的智能化新需求,并创造新的经济发展的强大引擎,引发经济结构重大变革,深刻改变人类生产生活方式和思维模式,实现社会生产力的整体跃升。以新出现的社会职业为例,在2021

年版的《中华人民共和国职业分类大典》中首次出现了"数字职业"标注,并新增了"机器人工程技术人员""人工智能训练师""商务数据分析师""农业数字化技术员""信息安全测试员"等职业工种。

马克思在 1848 年发表的《共产党宣言》中说"资产阶级在它不到一百年的阶级统治中创造的生产力,比过去一切世代创造的全部生产力还要多、还要大"。这种生产力的跨越式发展,主要归功于工业革命中使用新型能量取代人力畜力成为生产力主导要素。而到了信息社会,数据和智能正在取代能量成为生产力主导要素,因而将推动生产力的再次跨越式发展,使得经济社会发展规模、质量、效率和文明水平出现新的飞跃。

可见,对数据进行分析和挖掘可以产生价值,而利用智能则可以更好地来利用数据,推动持续性的数据红利产生和释放,从而推动社会经济高速发展。因此,进入信息时代以来,数字化和智能化对提高生产力起到了倍增器的作用,数智化的倍增作用不断凸显。

1.2 数智安全

1.2.1 网络空间安全风险

1. 传统网络安全风险

网络空间中依然是由各种网络设备和网络信息系统组成的,因此依然面临传统的网络安全风险,如计算机设备被偷走、存储设备的硬盘损坏导致信息系统无法使用、网络上传输的数据被恶意篡改、系统登录口令被黑客破解、绕过安全模块登录电子银行并转走账户余额、攻击系统偷走大量涉及商业秘密的数据、黑客组织使用勒索软件加密数据并勒索大量金钱等。

按照我国网络安全等级保护制度,传统网络安全问题可从技术和管理两个维度管控相关的安全风险,其中技术风险可以从物理环境安全、网络通信安全、区域边界安全、设备和计算安全、应用和数据安全等几个方面来分析,而管理风险可以从制度、机构、人员、建设和运维等几个方面来分析。因此,网络空间所面临的传统网络安全风险依然可以从技术和管理两个维度来分析。

2. 大数据带来的新安全风险

大数据安全风险伴随大数据应用而生。人们在享受大数据福祉的同时,也遭受着前所未有的安全挑战。随着互联网、大数据应用的爆发,系统遭受攻击、数据丢失和个人信息泄露的事件常有发生,而地下数据交易黑灰产也导致了大量的数据滥用和网络诈骗事件。这些安全事件,有的造成了个人的财产损失,有的引发了恶性社会事件,有的甚至危及国家安全。可以说在当前环境下,大数据平台与技术、大数据环境下的数据和个人信息、大数据应用等方面都面临着极大的安全挑战,这些挑战不仅对个人有重大影响,更直接威胁到社会的繁荣稳定和国家的安全利益。

典型地,当前因为数字化和数据集中带来的新型安全风险包括以下几方面。

(1) 数据聚集可以产生更大价值,但也使得其更容易成为网络攻击的显著目标。近年来频繁爆发网络信息系统的邮箱账号、社保信息、银行卡号等数据大量被盗窃的安全事件。同时,伴随着海量数据的通常是分布式系统架构、开放式网络环境、复杂结构应用和大量访问用户,这些都使得数据在保密性、完整性、可用性等方面面临更大的挑战。历史上发生过多起数据安全事件,如 2016 年底,因系统漏洞和配置问题,全球范围内数以万计的 MongoDB 系统遭到攻击,数百 TB 的数据被攻击者下载,涉及包括医疗、金融、旅游在内的诸多行业;同时,数据加密勒索事件频发,勒索事件数量、勒索金额逐年增多。

(2) 个人信息泄露事件越来越多,后果越来越严重。由于大数据系统中普遍存在大量的个人信息,在发生数据滥用、内部偷窃、网络攻击等安全事件时,常常伴随着个人信息泄露。另一方面,应用知识挖掘、机器学习等技术对多源数据进行综合分析时,分析人员更容易通过关联关系挖掘出更多的个人信息,这也进一步加剧了个人信息泄露的风险。近几年来,个人信息泄露的事件时有发生,如在 2015 年 5 月,美国国税局宣布其系统遭受攻击,约 71 万人的纳税记录被泄露,同时约 39 万个纳税人账户被冒名访问;2016 年 12 月,雅虎公司宣布其超过 10 亿的用户账号已被黑客窃取,相关信息包括姓名、邮箱口令、生日、邮箱密保问题及答案等内容。

(3) 数据真实性保障更加困难,数据分析结果可信度难以保障,应用执行后果难以预料。在当前万物互联时代,数据的来源非常广泛、来源多样,甚至很多数据不是来自第一手收集,而是经过多次转手之后收集到的。除了可信的数据来源外,同时存在大量不可信的数据来源,甚至有些攻击者会故意伪造数据,企图诱导数据分析结果。事实上,由于采集终端性能限制、技术不足、信息量有限、来源种类繁杂等原因,对所有数据进行真实性验证存在很大的困难。随之而产生的一个问题是:依赖于大数据运行的应用,很可能得到错误的结果。

(4) 数据流通应用和安全保证存在矛盾,数据确权和授权困难严重阻碍了数据利用和价值发挥。数据的开放、流通和共享是产生价值的关键,而数据的产权清晰是大数据安全共享交换、交易流通的基础。但是,在数据采集、存储、提供和使用等各个阶段,数据会从一个控制者流向另外一个控制者,经常会出现数据拥有者与管理者不同、数据所有权和使用权分离的情况,即数据会脱离数据所有者的控制而存在。从而,这种数据盗用、保护措施不到位、安全监管责任不清晰等安全威胁将严重损害数据所有者的权益,并进而影响数据的开发和利用。

3. 智能化带来的新安全风险

人工智能系统与人类生产生活关系日益紧密,智能医疗、智慧家庭、自动驾驶、智能语音、智能视频图像等技术的发展及其所带来的日趋丰富的应用场景,相关应用正在极大地促进人类经济社会的发展。然而,人们对于人工智能带来的风险的担忧也正在逐步加重,其安全问题越来越受到社会重视。国务院于 2017 年发布的《新一代人工智能发展规划》中明确指出"在大力发展人工智能的同时,必须高度重视可能带来的安全风险挑战,加强前瞻预防与约束引导,最大限度降低风险,确保人工智能安全、可靠、可控发展"。

人工智能系统除了会遭受网络入侵、拒绝服务攻击等传统安全风险外,还会面临一些特定的安全风险,这些风险主要包括:

(1) 攻击者可以通过"数据投毒攻击"或"对抗样本攻击"来攻击人工智能系统。"数据投毒攻击"是指在人工智能训练数据中增加一些污染的数据或恶意样本等,使得人工智能出现决策错误。"对抗样本攻击"是指通过故意添加细微的干扰所形成的恶意输入样本,在不引起人们注意的情况下,可以轻易导致机器学习模型输出错误预测。如著名的人工智能交通标志攻击的例子,在对原本应该被识别出"Stop"的停止标志添加少许——人眼不会注意到的——细微扰动图像后,人工智能系统识别出来的结果却是限速 45km/h 的标志。

(2) 人工智能算法本身尚未成熟,算法框架和计算结果可能因为算法框架不适用、训练

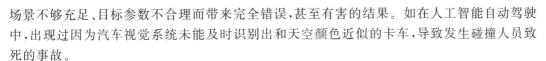

场景不够充足、目标参数不合理而带来完全错误,甚至有害的结果。如在人工智能自动驾驶中,出现过因为汽车视觉系统未能及时识别出和天空颜色近似的卡车,导致发生碰撞人员致死的事故。

(3)人工智能系统会加大数据泄露风险。人工智能技术大多需要使用大量的数据来进行训练或对大量的数据进行挖掘分析,如果对这些数据保护不当,则会带来严重的数据泄露风险,尤其是这些数据中还可能含有大量的个人隐私信息。典型地,在网络社交系统、智能手环 App、智能医疗系统等应用中,采集了大量的踪迹、人脸、指纹、声纹、虹膜、心跳、基因等个人隐私信息,这些信息一旦泄露或者被滥用将产生严重后果。如 2018 年的剑桥分析公司把从 Facebook 得到的 8700 万人的信息进行滥用,对美国总统选举造成了影响。

(4)人工智能技术被滥用的风险。随着社会的进步,人工智能技术的发展程度越来越超过人类所能预知的范围,技术滥用的危机将越来越严重。比如信息精准推送、定向传播、新闻造假、深度伪造等人工智能技术的滥用会带来虚假信息泛滥、电信诈骗等问题,伪造的音视频图像和虚假新闻还可能严重影响人们对事实的认识,甚至塑造观点、煽动民意和影响政治安全。典型地,基于人工智能的 DeepFake 技术,可以很容易地帮助攻击者对已有视频进行"换脸",生成根本不存在的视频。如果将该技术用于政治活动,将带来难以想象的后果。

1.2.2　数智化安全风险特点

从数字化和智能化带来的风险可以看出,数智化驱动社会经济高速发展的浪潮下,同时也带来了很多新型的安全风险。这些新型安全风险和传统的安全风险相比,具有如下特点。

1. 涉及面更广泛

进入信息社会后,到处都可以看到信息化建设和信息化成果,整个社会已经严重依赖于网络信息系统的正常运行。比如,出门坐地铁和火车,列车正常运行完全依赖于调度系统和各种传感器;去单位上班,相当多的单位已经全面使用办公系统、文字处理软件、电子邮件系统以及打印设备等;城市供电、银行金融业务、水利设施管理及监控、国防军工生产、航天火箭发射,甚至包括外卖订餐、音视频娱乐还有退休人员的社保金领取也都需要依赖于网络信息系统的正常运行。

因此,作为生活在网络空间中的人们,不管是学生、工作族还是退休人员,其正常生活、工作、交友和娱乐大多与网络信息系统息息相关。当这些网络信息系统都在数智化的支撑下大步向前发展时,因为数智化而带来的风险实际上已经悄悄来到了我们身边。比如,近年来电信诈骗犯罪一直很猖獗,而且通过利用技术发展的成果,已经逐步从原来的"广撒网"方式走向了基于个人信息泄露的"精准诈骗"阶段。

2. 影响程度更高

当前,网络信息系统已经应用到生活和工作的方方面面,数智化带来的技术发展进一步加速了网络信息系统的使用。但是,随着数字化和智能化技术成为社会经济发展主导力量,一方面确实会提升经济发展水平,给人类带来前所未有的便利;另一方面这些网络信息系统也已经广泛应用于社会经济系统、国家安全保障中,一旦这些网络信息系统受到攻击或出现问题,其影响程度已经不仅仅是影响个人的生活和工作,也不仅仅是企业和组织的正常运转,而是可能影响到国家安全和社会稳定。很容易想象,当某个国家的电网被攻击后,将导致大面积的城市供电问题,不仅会对数以百万、千万的群众生活造成影响,而且也会对大规

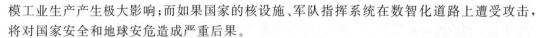

模工业生产产生极大影响;而如果国家的核设施、军队指挥系统在数智化道路上遭受攻击,将对国家安全和地球安危造成严重后果。

进一步地,当前数智化发展已经不仅仅能够简单地提升工业生产速度和效率,而是开始在艺术创作、智能解题,甚至在智能决策等方面代替人类。当智能化应用面临安全攻击或机器智能发展超出人们预期时,带来的后果将是难以想象的。比如,智能机器人普及导致的技术性失业和经济动荡,智能创作平台或取代人脑创作导致的文化塌陷,并且人工智能技术发展到一定程度且密切影响到人类工作生活后足以撼动现有的政治体制和社会制度。此种技术主导型发展一旦被滥用就极易失控,或将导致社会的变革甚至是对文明的颠覆和社会格局的重整。

3. 后果更严重

简单地说,网络信息系统是基于计算机设备和软件搭建起来的,运行过程中会使用到有价值的数据并展示结果。所以,一般谈论信息安全问题时,大部分是指网络信息系统出现故障或被外部攻击,出现的后果无非是系统崩溃、数据丢失、设备宕机、不能出现正确的结果等,所有的这些后果都是发生在设备上的,与人的生命安全和身体健康没有直接关系。

但是随着数智化的加速,网络信息系统已经开始与"人"密切相关——在出现信息安全问题时,将会直接导致生命安全和身体健康受到损害。典型地,使用人工智能算法进行决策的自动驾驶程序,如果决策失误将可能导致车毁人亡的后果。又比如,给患者看病和做手术的机器人,如果因为内部程序出现 Bug 或被黑客攻击,则可能危及患者的性命。此外,近年来讨论比较多的元宇宙,人以化身进入虚拟世界,可以在虚拟世界中工作、交友和娱乐。现阶段的元宇宙还是保持着虚拟世界与真实世界的分离,在虚拟世界中受到的身体伤害不会传导到真实世界。但随着包括沉浸式体验感等技术的发展,虚拟世界和真实世界将会逐步融合,在虚拟世界中受到的身体伤害将会直接传导到真实世界。在《黑客帝国》系列电影中,在电子世界"matrix"中的中弹伤亡会导致在真实世界中死亡,正是体现了这一点。

4. 问题更复杂

随着信息社会的发展,数据业已成为国家、企业、个人的核心资产,对数据的共享、流通和挖掘成为了刚性需求,因为只有加大数据的流动性和可用性才能够产生新的价值。然而,需要注意的是,大量数据的聚集所带来的安全风险,除了原来要考虑的保密性、完整性和可用性等基本安全目标外,隐私性也逐渐成为了非常重要的目标。目前在医疗、交通、购物、娱乐等各种大数据和智能应用场景中,不可避免地包含了大量的个人信息。而实际上,数据的可用性和隐私性常常会出现天然的矛盾,如果简单地去掉个人信息,比如通过匿名化得到不含个人信息的数据,则很有可能影响数据的利用效果,即降低了数据的可用性。因此,数智化必须处理如何在用户隐私性与可用性之间取得平衡的问题。

另外一方面,目前人工智能算法大多采用的是大量数据驱动运算,其决策结果是根据模型计算出来的,结果与输入之间可以体现出一定的关联性,但并没有合理的因果解释。即使是人工智能算法和系统的开发者,也只负责设计算法模型,而算法中的参数值、权重以及某个具体结果的计算过程却是控制不了的。从这个角度说,这些人工智能算法具有"黑盒"特性。然而,在金融、医疗、交通等攸关人身财产安全等场景应用时,确保人工智能算法具有透明性与可解释性是至关重要的。如果解决不好,会严重影响人们对结果的信赖,影响人工智能技术的应用。

还有,目前人工智能技术发展迅速,在为经济发展与社会进步带来重大发展机遇的同时,也为伦理规范和社会法治带来了深刻挑战。比如,完全自动驾驶程序在面临菲利帕·富特(Philippa Foot)1967 年提出的"电车难题"时就会陷入严重的设计困境:自动驾驶汽车正按交通规则正常行驶,但突然有 2 个小孩跑到车道前方,此时如果因为速度的原因要么选择继续直行撞死这 2 个小孩,要么选择避让小孩转而撞死人行道上的 1 个行人,自动驾驶程序应当如何设计? 除了这种选择困境之外,人工智能技术还面临更严重的伦理问题,比如有些企业已经开始运用人工智能技术制造智能枪支和微型杀人武器,使之可以更准确地瞄准和更简单地杀人;有的研究人员认为随着人工智能技术的发展,机器人将拥有"思考"的能力,应当认为这些机器人具有"人格"、应当作平等的人类来看待。

总之,数智化所带来的安全风险将面临更加复杂的情形,需要边发展边治理,在技术发展和应用的同时,也要注重逐步完善法律法规和凝聚道德伦理的共识。

1.2.3 数智安全概念

数智化在大力促进社会经济发展的同时,也带来了诸多安全风险。针对这些安全风险,本书提出了"数智安全"的概念,目的在于加强数智化背景下网络安全保障能力建设。

在网信领域,"安全"的含义是指网络系统的硬件、软件及其系统中的数据受到保护,不受偶然的或者恶意的原因而遭到破坏、更改或泄露,从而使系统可以连续可靠正常地运行。在此基础上,"数智安全"有狭义和广义两种解释。

1. 狭义的"数智安全"

狭义的"数智安全"是指"数""智"两者自身的安全以及"数智融合"的安全,即"数据安全""人工智能安全"以及"数智融合安全"。其中,"数据安全"是指通过采取必要措施,确保数据处于有效保护和合法利用的状态,以及具备保障持续安全状态的能力[①];"人工智能安全"是指通过采取必要的措施,确保人工智能系统处于安全的状态,相关的技术和管理措施既包括人工智能算法和模型方面的,也包括人工智能系统运行保障方面的;"数智融合安全"是指"数据"和"人工智能"融合在一起应用时,应采取必要措施,确保其整体处于安全的状态。"数据"和"人工智能"单独作用都能够推动价值创造和加速发展。但在实际中,两者常常会结合在一起使用,而且可预期的是,未来通过"数据创造智能"和"智能利用数据"可以更好地实现机器智慧和创造美好生活,因此"数智融合安全"必定是"数智安全"的重要方面。

2. 广义的"数智安全"

简单地讲,狭义的"数智安全"是围绕"数据"和"人工智能"自身来展开的。考虑到"数据"和"人工智能"总是在相应的信息系统环境中、在网络空间背景下提供数智化应用服务,因此,本书提出"数智安全"的广义解释,即在网络空间中,采取必要措施,实施于基于物理环境和网络设施等信息基础设施的、以数据和人工智能技术为核心的数智化业务系统,使其处于安全的状态。因此,广义的"数智安全"包括以下 3 个层面的内容。

(1)狭义的"数智安全":指网络空间中的"数据安全""人工智能安全"以及"数智融合安全"。这部分内容在 3 个层面中处于中间一层。

(2)信息基础设施安全:要达到"数智安全",应实现支撑数据、人工智能运行的信息基础设施的安全,即物理环境、网络设施、计算环境、云环境和软件等基础设施的安全。

(3)数智化业务安全:数据和人工智能终究是为数智化业务服务的,基于数智融合,利

---

① 《中华人民共和国数据安全法》第三条。

用大数据作为生产要素、利用人工智能来推动机器形成思考和决策的能力，可以推动新型数智化业务出现和加速发展。因此，"数智安全"的含义还应包括数智化业务的安全。

这 3 个层面的内容如图 1.1 所示。

综合来看，广义的"数智安全"就是指数智化背景下、以数智为中心的网络空间安全。本书后面如果不加区分，"数智安全"指的是广义的"数智安全"。

图 1.1　数智安全的主要内容

1.2.4　数智安全内涵

考虑到数智安全包含基础设施安全、数据和人工智能安全、数智融合安全、数智化业务安全等 4 个层面，所以对于广义的数智安全的含义，应该从如下这些角度来理解。

1. 要保护"数"和"智"

数智化阶段下的信息社会，网络信息系统更加巨大、更加复杂，网络中的任何一个硬件或软件都有可能对系统影响巨大。随着数智化进程的加速，数据和人工智能已经成为企业核心关注的问题。相比设备和软件，网络信息系统中的数据和人工智能算法的安全显得更加重要，只有保护好了这两者，才有可能保障业务安全。相反，如果网络信息系统中的数据或者人工智能算法一旦遭受到攻击和破坏，网络信息系统要么不能正常运行，要么运行结果的正确性或可靠性会存在问题。

2. "数"和"智"是融合的

尽管"数据"和"智能"都能够实现价值创造，但数智化更强调"数"和"智"的融合，融合数字技术和人工智能技术，一方面是基于大数据进行训练和学习，实现数据创造智能；另一方面是用人工智能为大数据平台赋能，使大数据平台具备学习功能，更好智能利用数据和支撑各类应用。只有将数据和智能进行有效"数智融合"，才能实现超越人类的机器智慧和数字智慧，才能让智慧具备螺旋式上升可能，进而创造更大价值。显然，对于数据和智能融合的过程和结果进行安全保护，也是非常重要的。

3. 数智安全属性

传统信息安全中的安全主要是"信息安全"的含义，数智安全的安全含义则覆盖面更广，包括不同类型的信息安全（information security）、网络安全（cybersecurity）、隐私保护（privacy protection）、可信赖（trustworthiness）等含义。这是因为：

（1）数智安全也包含了不同类型信息的安全，因此也包含了信息安全。

（2）数智化应用过程中，包括自动驾驶、智慧医疗、元宇宙应用等过程中，也会影响到对人的生命安全和身体健康等安全情形，以及社会、组织和国家的稳定性和连续性，人员和组织的资产安全等，因此，数智安全必须考虑到网络空间安全方面的问题。

（3）数智化应用使用大数据来进行分析和画像，其中不可避免地采集或使用了大量的个人信息，这些个人信息一旦被泄露或滥用，极有可能带来涉及金融财务、生命健康、名誉身份等方面的严重后果，因此，数智安全必须要处理隐私保护方面的风险。

（4）随着人工智能使用得越来越多，可信赖将成为人工智能的一个重要安全指标。当前，由于人工智能算法具有黑盒特征，用户对算法的可解释性和透明性存在疑问，迫切希望发展可信赖的人工智能，因此，数智安全也必须要考虑可信赖的需求。

4. 数智安全视角

随着信息技术的高速发展,数据和智能对信息化发展的推力将越来越大,在这种背景下研究网络空间安全,必须提高对数据和智能的安全防护。因此,"数智安全"的提出,实质是换个视角来看待网络空间安全,即以数智为中心的网络空间安全。

(1) 数智安全的安全保护目标是业务。网络空间安全保护的本质对象是"业务",业务的可靠运行直接关系到组织是否能够正常履行其职能。因此,所有安全措施的最终目标实际上是为了保障业务可持续性运行,只有这样,这些安全措施才有针对性意义,才具有价值。

(2) 数智安全的安全保护重点是"数智"。数据、智能以及两者的融合是业务高速发展的引擎,对业务的发展起着重要和关键的作用,因此对数据、智能以及数智融合安全保护是重点。也唯有如此,才有可能达到保护业务的目标。

(3) 数智安全的防护措施要落实在信息基础设施上。业务需要通过软硬件系统来实现,数据需要保存在载体介质中,而(人工)智能的算法、模型或计算过程也需要通过软硬件来实现,因此,数智安全的防护措施要落实到服务器、路由交换设备、计算存储环境、云环境和软件上,以及通过物理环境和网络边界来实施区域控制。这些基础设施如果出现故障或受到侵害,最终会损害业务安全。

1.3　数智安全框架

1.3.1　网络空间安全发展阶段

网络空间安全的发展经历了古典安全、通信安全、计算机安全、信息系统安全、信息安全保障、网络空间安全保障等 6 个阶段。

(1) 古典安全阶段。在现代电子通信技术出现之前,信息安全的主要目标是传输秘密信息,主要形式是通过手工加密信件、使用隐写术、藏头诗或使用替代物的方式来传递秘密信息。这些安全保护手段主要应用于军事、外交方面的邮件通信中。

(2) 通信安全阶段。在电话和无线电技术出现以后,信息安全保障的主要内容是电报电话通信保密。通信保密和通信安全的概念成熟于 20 世纪 40 年代到 70 年代,主要通过密码技术解决通信保密的问题,保证数据的保密性和完整性,主要应用于军事和政府的信息系统。这个阶段的重要标志是 1949 年香农发表《保密系统的通信理论》。

(3) 计算机安全阶段。20 世纪 70 年代到 90 年代早期,随着计算机的广泛使用,计算机安全的理论和技术开始成熟。计算机安全阶段的主要安全目标是确保信息系统资产,包括硬件、软件、固件和通信、存储和处理的信息的保密性、完整性和可用性。这个阶段的重要标志是 1985 年美国国防部发布《可信计算机系统评估标准》(*Trusted Computer System Evaluation Criteria*,TCSEC),也称"桔皮书"。

(4) 信息系统安全阶段,也称为网络安全阶段、信息技术安全(Information Technology Security,ITSEC)阶段,这个阶段主要时期是 20 世纪 90 年代中至末期。信息系统安全阶段综合了通信安全和计算机安全的特征,主要是保护信息系统,确保信息在存储、处理和传输过程中免受非授权访问,防止授权用户的拒绝服务,以及检测、记录和对抗此类威胁的措施。信息系统安全阶段的主要安全目标是防范网络入侵,对抗网络攻击,为了抵御这些威胁,人们开始使用防火墙(Firewall)、防病毒软件、虚拟专用网(Virtual Private Network,VPN)等安全产品。这个阶段的重要标志是颁布了国际标准《信息技术安全评估通用准则》(*Common Criteria for Information Technology Security Evaluation*,CC)。

（5）信息安全保障阶段。这个阶段主要时期是 21 世纪前十年。随着信息化的不断深入,信息化已经成为组织机构工作和生活不可或缺的一部分,人们开始逐渐认识到信息安全保障不能仅仅依赖于信息安全技术,信息系统是动态发展的,信息安全管理发挥着重要的作用,信息安全保障的概念逐渐形成和成熟。信息安全保障就是把信息系统安全从技术扩展到管理,以动态安全的思想保障信息系统的业务正常、稳定的运行。这个阶段的重要标志是美国 1998 年提出了信息保障技术框架。

（6）网络空间安全保障。2009 年以来,各国纷纷将信息和网络空间安全上升到国家安全的高度,从战略、组织结构、军事、外交、科技等方面加强信息安全保障。其中,美国的建设力度最大,速度也最快,其网络安全防御对象从计算机网络空间扩展到包括电信网、工控网、能源网、电磁空间等在内的网络空间,保障防护也从单纯被动防御逐步转向"积极防御",更强调预防、及时响应和恢复能力建设。这个阶段的主要标志包括美国 2009 年成立网络战司令部和 2013 年确定关键基础设施保护范围。

1.3.2 网络空间安全防护模型

模型是指对于某个实际问题或客观事物、规律进行抽象后的一种形式化表达方式。通过建模的思想来解决网络安全问题,有助于更好地理解问题来源和影响对象、了解目标内部结构或各部件之间的关系,实现对关键安全需求、行为以及目标的理解。因此,安全模型常用于精确和形式地描述网络系统的安全特征,解释系统安全相关行为,以有效抵御外部攻击,保障网络安全。下面简要介绍常见的几种网络安全防护模型。

1. 防护-检测-响应(PDR)模型

防护-检测-响应(PDR)模型直观、易懂,从技术角度为安全防护提供了比较实用的指导框架。其中,防护(Protect)指采用加密、认证、访问控制、防火墙以及防病毒等技术防护措施来保护网络信息系统的安全。检测(Detect)指的是利用入侵检测、漏洞检测等技术监视、分析、评估网络安全状态,尽早发现问题。响应(Respond)是指检测发现安全问题后及时采取响应措施进行补救。

PDR 模型的基本思想是承认网络信息系统中存在漏洞,正视系统面临的威胁,通过适度防护并加强检测,落实安全事件响应,建立威胁源威慑,保障系统安全。该模型认为,任何安全防护措施都是基于时间的,超过该时间段,这种防护措施就可能被攻破。因此在采取防护措施后,需要加强检测并及时响应,以提高系统的安全防护能力。

2. 策略-防护-检测-响应(PPDR)模型

策略-防护-检测-响应(PPDR,也称 P2DR)模型是在 PDR 模型基础上,增加策略(Policy)所形成的新模型,如图 1.2 所示。PPDR 模型强调在整体安全策略的控制和指导下,在综合运用防护工具的同时,利用检测工具了解系统的安全状态,并通过适当的响应将系统调整到安全和低风险的状态。

与 PDR 模型相比,P2DR 模型的核心是安全策略体系,包括建立、评估和执行安全策略等,网络信息系统所有防护、检测和响应都应依据安全策略体系来实施。简而言之,在安全策略的指导下,

图 1.2 PPDR 模型

保护、检测和响应组成了一个完整的、动态的安全循环,保证网络信息系统的安全。

3. 识别-防护-检测-响应-恢复(IPDRR)模型

识别-防护-检测-响应-恢复(IPDRR)模型包括识别(Identify)、防护(Protect)、检测(Detect)、响应(Respond)和恢复(Recover)五大能力,模型如图 1.3 所示。其中,识别是指识别系统、资产、数据和功能,以及相关的网络安全风险;防护是指通过制定和实施合适的安全措施,确保提供安全保障能力;检测是指通过即时监测,及时发现网络安全事件;响应是指对已经发现的网络安全事件采取合适的行动;恢复是指制定并实施适当的活动,还原由于网络安全事件受损的功能或服务,以减少网络安全事件的影响。

IPDRR 模型遵循以业务为中心的风险管理策略,按照流程活动进行风险管理,强调在面对各种风险挑战时能够保持和提供可接受服务水平的能力,以保障业务的安全与韧性的目标。总体来说,IPDRR 模型从以防护为中心的模型,转向以业务为中心的模型,以检测作为桥梁将识别、防护和响应、恢复有机联系,通过持续的安全检测来实现 IPDRR 的闭环安全,为用户提供良好的安全能力支撑。

4. 信息系统安全保障模型

在《信息安全技术　信息系统安全保障评估框架　第一部分:简介和一般模型》(GB/T 20274.1—2006)中描述了信息系统安全保障模型,该模型包含保障要素、生命周期和安全特征 3 个方面,如图 1.4 所示。

图 1.3　IPDRR 模型

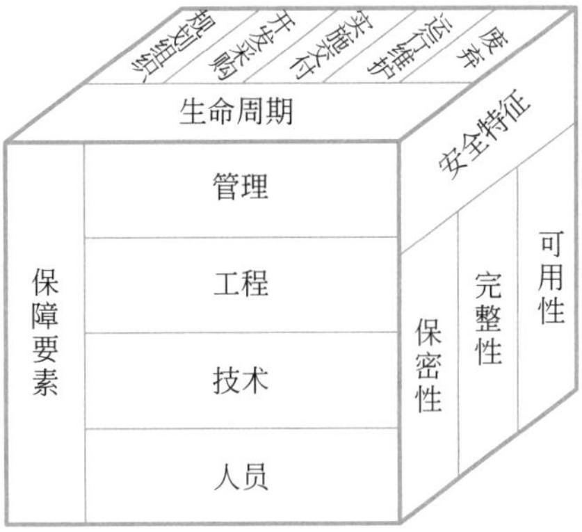

图 1.4　信息系统安全保障模型

（1）安全特征:安全保障的目标就是保证系统的保密性、完整性和可用性。

（2）生命周期:安全保障应贯穿信息系统的整个生命周期,包括规划组织、开发采购、实施交付、运行维护和废弃 5 个阶段。

（3）保障要素:由合格的专业人员,使用合适的安全技术,通过规范的工程过程能力和可持续性改进的管理能力进行建设和运维才能达到安全保障目标。

1.3.3　数智安全保障框架

在数智化对社会经济起到倍增器的背景下,为有力支撑网络空间安全保障能力建设,本书提出了数智安全保障框架,如图 1.5 所示。

图 1.5 的数智安全保障框架体现了“数智安全”的含义,即以数智为中心的网络空间安全保障框架。该框架设计了 4 层结构,即以“数智”为保障中心,从里到外依次构建数据和智

图 1.5　数智安全保障框架

能安全技术层、通用网络安全保障层、网络安全法规与标准保障层,从而达到保护业务可持续性运行的目标。从图 1.5 中可以看出,数智安全保障框架的特点如下。

（1）数智安全保障框架以"数智"为保障中心。数智安全的安全保护重点是"数智",既包括对数据、智能的保护,也包括对数智融合的保护。因为只有保护好数据、智能以及数智融合,才能保障业务系统中最有价值的部分,才能保障业务可持续性发展的根本。

（2）数据和智能安全技术层是最直接的技术手段。数智安全核心技术是数据安全保护、个人信息保护、人工智能与算法安全,这是对数据、智能以及数智融合进行保护的直接体现。显然,在数据和个人信息的收集、存储、使用、加工、传输、提供、公开、删除等处理活动中,在人工智能模型和算法实现中针对性地设计和部署技术保护手段,是实现数智安全的最直接的手段。

（3）数智安全的保障措施是由信息基础设施来承载的。数据、智能以及数智融合总是由服务器、路由交换设备、计算存储环境、云环境和软件等信息基础设施来承载,因此,数智安全的保障措施也应该要落到这些信息基础设施上,并通过物理环境和网络边界来实施区域控制。因此,数智安全保障框架在数据和智能安全技术层之外设计了通用网络安全保障层,通过风险管理、网络安全管理措施、通用网络安全技术以及通过网络安全检测评估与认证来确保安全保障效果。

（4）网络安全法规和标准是数智安全保障框架的关键要素之一。网络空间安全保障应该从法规标准、管理、技术和人才等多方面入手,采取多种安全措施动员和组织全社会力量,共同构建网络安全保障体系。其中,法规为数智安全保障框架提供必要的环境支撑,标准为数智安全保障框架相关工作提供规范依据。

1.4　我国网络安全法律法规

1.4.1　我国网络空间安全战略

信息技术广泛应用与网络空间的兴起发展,极大促进了经济社会繁荣进步,同时也带来了新的安全风险和挑战。安全稳定繁荣的网络空间，对各国乃至世界都具有重大意义。为了阐明我国关于网络空间发展和安全的重大立场，指导我国网络安全工作，维护国家在网络空间的主权、安全、发展利益，2016 年 12 月，国家互联网信息办公室发布《国家网络空间安全战略》(以下简称《战略》)。

《战略》首先从重大机遇和严峻挑战两个角度，阐述了我国对网络空间的认识，继而提出对网络空间发展的愿景，即以总体国家安全观为指导，贯彻落实创新、协调、绿色、开放、共享的新发展理念，增强风险意识和危机意识，统筹国内国际两个大局，统筹发展安全两件大事，积极防御、有效应对，推进网络空间和平、安全、开放、合作、有序，维护国家主权、安全、发展利益，实现建设网络强国的战略目标。为实现这一目标，《战略》接着提出了尊重维护网络空间主权、和平利用网络空间、依法治理网络空间、统筹网络安全与发展等四个战略原则。

《战略》明确，维护好我国网络安全，不仅是自身需要，对于维护全球网络安全乃至世界和平都具有重大意义。中国致力于维护国家网络空间主权、安全、发展利益，推动互联网造福人类，推动网络空间和平利用和共同治理。因此，《战略》提出了当前和今后一个时期国家网络空间安全工作的战略任务是坚定捍卫网络空间主权、坚决维护国家安全、保护关键信息基础设施、加强网络文化建设、打击网络恐怖和违法犯罪、完善网络治理体系、夯实网络安全基础、提升网络空间防护能力、强化网络空间国际合作等九个方面。

总之，《战略》阐明了我国关于网络空间发展和安全的重大立场和主张，明确了战略方针和主要任务，切实维护国家在网络空间的主权、安全、发展利益，是指导国家网络安全工作的纲领性文件。

1.4.2　我国网络安全法律法规体系

法律是指国家制定或认可的，由国家强制力保证实施的，以规定当事人权利和义务为内容的具有普遍约束力的社会规范。如今，网络空间已经成为国家新疆域，世界主要国家都在该疆域内开展竞争和战略博弈。网络空间主权是一个国家主权在网络空间中的自然延伸和表现，制定和实施网络安全法律法规、确立网络空间行为准则和模式，也是世界各国维护网络空间主权的必要工作。

网络安全法律法规体系是国家网络安全保障体系的重要组成部分。网络安全的基本原则和基本制度、相关行为规范、各方权利义务，以及违反信息安全行为的处罚等都是通过相关法律法规予以明确的。维护国家网络安全，就需要充分发挥法律的强制性规范作用。因此，通过网络安全法律法规，可以规定有效的监管框架和规则体系，并以法律手段和法治思维有效调节网络空间活动中的社会关系和主体行为，提升国家网络空间安全保障能力。

我国有关网络安全方面的立法始于 20 世纪八九十年代，为了适应新形势下网络安全保障的需要，一方面国家修改了一些现有法律法规，颁布了一些司法解释，另一方面也制定了很多与信息安全相关的法律法规。经过三十余年的发展，目前我国已经有多部法律法规及规章与网络安全有关。在文件形式上，分为法律和司法解释、行政法规、部门规章、地方性法规和政府规章等多个类别。

1. 法律和司法解释

2017 年 6 月 1 日正式实施的《中华人民共和国网络安全法》，是我国网络空间法制建设的重要里程碑，从此形成了以国家总体安全观为指引、以《中华人民共和国国家安全法》为龙头的一个有机的网络安全专门法律体系。之后，《中华人民共和国数据安全法》《中华人民共和国个人信息保护法》出台,对数据安全和个人信息保护提出了明确的规定。

此外,由全国人民代表大会及其常委会通过的法律包括《中华人民共和国宪法》《中华人民共和国民法典》《中华人民共和国刑法》《中华人民共和国国家安全法》《中华人民共和国保守国家秘密法》《中华人民共和国电子签名法》等,这些法律也制定了一些与网络安全宏观层面有关的法律条款,或明确了一些网络安全犯罪相关的刑事条款。

司法解释方面,最高人民法院和最高人民检察院制定了《最高人民法院、最高人民检察院关于办理侵犯公民个人信息刑事案件适用法律若干问题的解释》《最高人民法院、最高人民检察院关于办理非法利用信息网络、帮助信息网络犯罪活动等刑事案件适用法律若干问题的解释》《最高人民法院关于审理使用人脸识别技术处理个人信息相关民事案件适用法律若干问题的规定》等。

2. 行政法规

由国务院颁布的网络安全相关行政法规主要有《中华人民共和国计算机信息系统安全保护条例》《互联网信息服务管理办法》《关键信息基础设施安全保护条例》等。其中,2021年9月正式实施的《关键信息基础设施安全保护条例》明确了关键信息基础设施范围和保护工作原则目标,建立了监督管理体制,明确了各方责任,提出了保障促进措施,有利于加强关键信息基础设施安全保护工作。

3. 部门规章和规范性文件

国务院各部、委等根据国家法律和国务院的行政法规,在本部门权限范围内制定的规章或规范性文件,对网络安全相关的具体工作提出了明确规定。这些文件主要包括公安部制定的《计算机病毒防治管理办法》,国家保密局制定的《计算机信息系统保密管理暂行规定》《国家秘定密密管理暂行规定》,国家互联网信息办公室制定的《互联网新闻信息服务管理规定》《互联网用户账号信息管理规定》,国家互联网信息办公室联合国家发展和改革委员会等13个部门制定的《网络安全审查办法》,工业和信息化部联合国家互联网信息办公室和公安部制定的《网络产品安全漏洞管理规定》等。

4. 地方性法规和政府规章

部分省、自治区、直辖市根据本行政区域的具体情况和实际需要,还制定了有关信息网络安全的地方性法规和规章。如《北京市保守国家秘密条例》《湖南省网络安全与信息化条例》《上海市智能网联汽车测试与应用管理办法》《北京市公共服务网络与信息系统安全管理规定》《广州市数字经济促进条例》等。

1.4.3　我国网络安全法律法规的作用

网络安全法律法规能够为各方参与互联网上的行为提供非常重要的准则,所有参与者都要按照网络安全法律法规的要求来规范自己的行为,同样所有网络行为主体所进行的活动,包括国家管理、公民个人参与、机构在网上的参与、电子商务等都要遵守相关的要求。

从法律法规条款内容可以看出,我国网络安全法律法规的主要作用包括维护国家安全和网络主权、保障和促进经济发展、规范活动秩序保护信息、打击网络违法犯罪等方面。下面对这4个方面的作用进行简要说明。需要注意的是,现有法律法规中有些是综合性、基础性的法律法规,有些是按照对象专题来组织的,所以这些法律会同时起到上述多种作用,而不仅仅是其中一种。

1. 维护国家安全和网络主权

在信息化时代,我国已经成为网络大国,网民人数全球第一,网络创新活跃,越来越多的业务都在互联网化,网络已经深刻地融入了经济社会生活的各个方面。但同时,网络安全威胁也随之向经济社会的各个层面渗透,网络攻击活动日渐频繁,个人信息泄露事件频发。随着网络安全的重要性的不断提高,我国是面临网络安全威胁最严重的国家之一,迫切需要进一步完善网络安全法律法规,以明确我国维护国家安全和网络主权的原则,以及制定网络安全工作框架。

维护国家安全和网络主权的典型法律是《中华人民共和国网络安全法》和《中华人民共和国国家安全法》。其中,2016年颁布的《中华人民共和国网络安全法》是我国第一部全面规范网络空间安全管理方面问题的基础性法律,是我国开展网络空间治理、维护网络安全的核心基石。《中华人民共和国网络安全法》涵盖了网络空间主权、关键信息基础设施保护、网络数据和用户信息保护、网络安全应急与监测等内容,对于有效维护国家网络空间主权和安全起到重要的支撑作用。

2. 保障和促进经济发展

法治与发展是正相关的关系,其所确立的稳定性制度框架和可预期性的行为规范,无疑能够为经济社会发展提供基础保障。当前,席卷全球的数字经济已经成为社会经济高速发展和可持续发展的新引擎,要想进一步推动数字经济高质量发展,迫切需要发挥网络安全法律法规的引领和促进作用,逐步使得相关法律主体权利义务日益明确,相关资源配置也更为合理。同时,网络安全立法有利于创造新经济形态,通过规范数字经济下的竞争秩序,鼓励创新经济行为和明确要禁止的经济行为,才能有效激发数字经济创新活力,并营造开放、健康、安全、有序的数字生态。此外,通过针对性地加强信息技术领域立法,及时跟进研究互联网金融、人工智能、大数据、云计算等与数字经济发展密切相关领域的法律法规保障条件和监管规则,可以更好地服务我国数字经济发展。

在保障和促进经济发展方面的典型法律法规包括《中华人民共和国数据安全法》《中华人民共和国个人信息保护法》《中华人民共和国电子签名法》和《中华人民共和国密码法》。其中,《中华人民共和国数据安全法》是在党的十九届四中全会决定明确将数据作为新的生产要素的背景下颁布的,其主要目的之一就是发挥数据的基础资源作用和创新引擎作用,加快形成以创新为主要引领和支撑的数字经济,更好服务我国经济社会发展,做到以安全保发展、以发展促安全。

3. 规范活动秩序保护信息

随着信息技术和人类生产生活交汇融合,各类数据迅猛增长、海量聚集,对经济发展、社会治理、人民生活都产生了积极的影响,推动了数字经济的高速发展。但伴随而来的,是基础设施易受攻击、大量数据泄露、个人信息被过度收集和滥用、人工智能道德危机等问题日益凸显,迫切需要进一步制定新形势下的网络安全法律法规,通过规范数据和个人信息在处理过程中的活动秩序,明确安全保护要求,加强对数据和个人信息的安全保护,以切实有效地维护国家主权、安全和发展利益,切实有效地维护公民、组织的合法权益。

在规范活动秩序保护信息方面的典型法律法规包括《中华人民共和国数据安全法》《中华人民共和国个人信息保护法》《中华人民共和国民法典》《中华人民共和国保守国家秘密法》等。以《中华人民共和国个人信息保护法》为例,该法是一部保护个人信息的专门法,明确了个人信息的处理包括个人信息的收集、存储、使用、加工、传输、提供、公开、删除等活动,并对个人信息、敏感个人信息处理规则、个人信息跨境提供规则、个人权利和义务等内容进行了规范。

4. 打击网络违法犯罪

信息技术在全球广泛应用的同时,各种基于计算机网络的违法犯罪行为也不断出现,并且呈快速上升趋势。据公开数据显示,我国网络犯罪数量已占犯罪总数的三分之一,且每年以30%左右的幅度增加,成为第一大犯罪类型。典型的网络犯罪包括电信网络诈骗、赌博、盗窃等。网络犯罪对网络空间是极其危险的,亟需通过网络安全立法来进行针对性的打击和威慑,以营造一个风清月朗的网络空间。

目前,我国尚没有针对网络犯罪行为的专门立法,对网络犯罪行为或违法行为的打击是通过《全国人民代表大会常务委员会关于维护互联网安全的决定》《中华人民共和国治安管理处罚法》《全国人民代表大会常务委员会关于加强网络信息保护的决定》《中华人民共和国刑法》等法律,以及《最高人民法院、最高人民检察院关于办理侵犯公民个人信息刑事案件适用法律若干问题的解释》《最高人民法院、最高人民检察院关于办理非法利用信息网络、帮助信息网络犯罪活动等刑事案件适用法律若干问题的解释》等司法解释来实施的。其中,《中华人民共和国刑法》第285条明确了"非法侵入计算机信息系统罪","非法获取计算机信息系统数据、非法控制计算机信息系统罪",第286条明确了"破坏计算机信息系统罪"等有关网络犯罪的专门性规定。

1.5 网络安全标准与标准化

1.5.1 标准化基本原理

标准是为了在一定范围内获得最佳秩序,对活动或其结果规定共同的、可重复使用的规则、导则或特性的文件,该文件经协商一致后由一个公认的机构批准发布。标准以科学、技术和实践经验的综合成果为基础,经有关方面协商一致,由权威机构批准,以特定形式发布,作为共同遵守的准则或依据。

标准是经济活动和社会发展的技术支撑,是国家基础性制度的重要方面。标准化在推进国家治理体系和治理能力现代化中发挥着基础性、引领性作用。新时代推动高质量发展、全面建设社会主义现代化国家,迫切需要进一步加强标准化工作。《中共中央关于坚持和完善中国特色社会主义制度 推进国家治理体系和治理能力现代化若干重大问题的决定》指出要"强化标准引领,提升产业基础能力和产业链现代化水平"。

标准化是国民经济和社会发展的重要技术基础性工作,是指在经济、技术、科学及管理等社会实践中,对重复性事物和概念通过制定、实施标准,达到统一,以获得最佳秩序和社会效益的过程。

标准化的基本原理通常是指统一原理、简化原理、协调原理和最优化原理。

统一原理,就是为了保证事物发展所必需的秩序和效率,对事物的形成、功能或其他特性,确定适合于一定时期和一定条件的一致规范,并使这种一致规范与被取代的对象在功能上达到等效。

简化原理,就是为了经济有效地满足需要,对标准化对象的结构、型式、规格或其他性能进行筛选提炼,剔除其中多余的、低效能的、可替换的环节,精炼并确定出满足全面需要所必

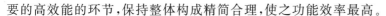

要的高效能的环节,保持整体构成精简合理,使之功能效率最高。

协调原理,就是为了使标准的整体功能达到最佳,并产生实际效果,必须通过有效的方式协调好系统内外相关因素之间的关系,确定为建立和保持相互一致,适应或平衡关系所必须具备的条件。

最优化原理,按照特定的目标,在一定的限制条件下,对标准系统的构成因素及其关系进行选择、设计或调整,使之达到最理想的效果。

1.5.2　网络安全标准化组织

1. 国际网络安全标准化组织

国际影响力较大的标准化组织包括国际标准化组织和国际电工委员会、国际电信联盟电信标准局。

1) 国际标准化组织

国际标准化组织(International Organization for Standardization,ISO)成立于 1947 年。ISO 负责除电工、电子领域、军工、石油和船舶制造之外的很多重要领域的标准化活动。ISO 的宗旨是促进全球范围内的标准化及其有关活动,以利于国际间产品与服务的交流,以及在知识、科学、技术和经济活动中发展国际间的相互合作。我国于 1978 年加入 ISO,在 2008 年 10 月的第 31 届国际标准化组织大会上,中国正式成为 ISO 的常任理事国。

2) 国际电工委员会

国际电工委员会(International Electrotechnical Commission,IEC)正式成立于 1906 年 10 月,是世界上成立最早的专门国际标准化机构。IEC 主要负责组织和发布有关电气工程和电子工程领域中的国际标准化工作。IEC 中每个国家只能有一个机构作为其成员,每个成员国都是理事会成员。2011 年,中国成为 IEC 常任理事国。

ISO 和 IEC 有着密切的联系,在信息技术方面,两者共同成立联合技术委员会,称为 JTC1(Joint Technical Committee 1),并在 JTC1 下成立了专门从事信息安全标准化的信息安全、网络空间安全和隐私保护分技术委员会,称为 SC 27(Subcommittee 27),其工作范围是信息和信息通信技术(ICT)保护的标准制定,包括安全和隐私保护方面的一般方法、技术和指南,是信息安全领域中最具代表性的国际标准化组织。

3) 国际电信联盟电信标准分局

国际电信联盟(International Telecommunications Union,ITU),简称"国际电联",成立于 1865 年 5 月,是联合国的一个专门机构。国际电信联盟电信标准分局(ITU Telecommunication Standardization Sector,ITU-T)是国际电信联盟管理下的专门制定电信相关国际标准的组织。ITU-T 下成立专门从事电信安全的安全研究组,称为 SG 17(Study Group 17),负责在信息通信技术(ICT)的使用方面建立信任和安全,主要研究领域包括由 ICT 提供安全和确保 ICT 的安全。

2. 国外网络安全标准化组织

1) 美国国家标准协会

美国国家标准协会(American National Standards Institute,ANSI)于 20 世纪 80 年代初开始数据加密标准化工作。ANSI 由多个组织构成,其中 X3 负责制定信息技术标准、X9 负责制定金融业务标准、X12 负责制定商业交易标准。这些组织制定了很多有关数据加密、银行业务安全和电子数据交换(Electronic Data Interchange,EDI)安全等方面的标准。许

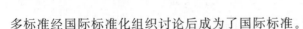

多标准经国际标准化组织讨论后成为了国际标准。

2）美国国家标准与技术研究院

美国国家标准与技术研究院（National Institute of Standards and Technology，NIST）成立于 1901 年，隶属于美国商务部。NIST 发布的信息安全标准和文件类型包括联邦信息处理标准系列（FIPS）、特别出版物（Special Publication，SP）、NIST 机构间报告（NISTIR）和信息技术实验室安全简报（ITLBulletin）等。联邦信息处理标准（FIPS）大部分为强制标准，要求大多数的联邦政府部门按照标准中的规定执行。SP800 系列是 NIST 在信息技术安全方面的特别出版物，属于技术指南文件。NIST 近年来在云计算和大数据技术标准化研究方面贡献突出，其发布的云计算、大数据参考架构，公有云中的安全与隐私指南等标准对相关国际标准化工作影响深远。

3）互联网工程任务组

互联网工程任务组（Internet Engineering Task Force，IETF）创立于 1986 年，其主要任务是负责互联网相关技术规范的研发和制定，制定的规范以请求评论（Request For Comments，RFC）文件的形式发布。IETF 已成为全球互联网界最具权威的大型技术研究组织。著名的互联网安全协议（Internet Protocol Security，IPSec）、传输层安全协议（Transport Layer Security，TLS）都是 IETF 制定出来的。

3. 我国网络安全标准化组织

中国国家标准化管理委员会是我国最高级别的国家标准机构。2002 年 4 月，为加强信息安全标准的协调工作，国家标准化管理委员会决定成立全国信息安全标准化技术委员会（TC260，简称"信安标委"），由国家标准化管理委员会直接领导，对口国际标准化组织 ISO/IEC JTC 1/SC 27（信息技术联合委员会/信息安全、网络安全和隐私保护分技术委员会）。信安标委负责组织开展国内信息安全有关的标准化技术工作，技术委员会主要工作范围包括安全技术、安全机制、安全服务、安全管理、安全评估等领域的标准化技术工作。目前，信安标委已发布网络安全国家标准 300 余项。

信安标委下设 7 个工作组（Working Group，WG），各组主要职责如下。

（1）WG1-信息安全标准体系与协调工作组：研究信息安全标准体系；跟踪国际信息安全标准发展动态；研究、分析国内信息安全标准的应用需求；研究并提出新工作项目及工作建议。

（2）WG3-密码技术工作组：密码算法、密码模块，密钥管理标准的研究与制定。

（3）WG4-鉴别与授权工作组：国内外 PKI/PMI 标准的分析、研究和制定。

（4）WG5-信息安全评估工作组：调研国内外测评标准现状与发展趋势；研究提出测评标准项目和制定计划。

（5）WG6-通信安全标准工作组：调研通信安全标准现状与发展趋势，研究提出通信安全标准体系，制定和修订通信安全标准。

（6）WG7-信息安全管理工作组：信息安全管理标准体系的研究，信息安全管理标准的制定工作。

（7）SWG-BDS 大数据安全标准特别工作组：负责大数据和云计算相关的安全标准化研制工作。具体职责包括调研急需标准化需求，研究提出标准研制路线图，明确年度标准研制方向，及时组织开展关键标准研制工作。

1.5.3　我国标准分类及制定过程

1. 按照发布单位分类

我国标准包括国家标准、行业标准、地方标准、团体标准和企业标准。

其中,国家标准是指由国家标准主管机构通过并公开发布的标准。《中华人民共和国标准化法》规定,需要在全国范围内统一的技术要求,应当制定国家标准。

行业标准由国务院有关行政主管部门制定,并报国务院标准化行政主管部门备案。对没有国家标准而又需要在全国某个行业范围内统一的技术要求,可以制定行业标准。在公布国家标准之后,该项行业标准即废止。

为满足地方自然条件、风俗习惯等特殊技术要求,可以制定地方标准。地方标准由省、自治区、直辖市标准化行政主管部门制定,并报国务院标准化行政主管部门和国务院有关行政主管部门备案。

我国鼓励学会、协会、商会、联合会、产业技术联盟等社会团体协调相关市场主体共同制定满足市场和创新需要的团体标准,由本团体成员约定采用或者按照本团体的规定供社会自愿采用。

企业可以根据需要自行制定企业标准,或者与其他企业联合制定企业标准。

2. 按照标准强制性分类

我国标准分为强制性标准和推荐性标准两类,国家标准可以是两类之一,而行业标准、地方标准是推荐性标准。

强制性标准是必须执行的标准。对保障人身健康和生命财产安全、国家安全、生态环境安全以及满足经济社会管理基本需要的技术要求,应当制定强制性国家标准。国务院有关行政主管部门依据职责负责强制性国家标准的项目提出、组织起草、征求意见和技术审查。国务院标准化行政主管部门负责强制性国家标准的立项、编号和对外通报。强制性国家标准由国务院批准发布或者授权批准发布。

对满足基础通用、与强制性国家标准配套、对各有关行业起引领作用等需要的技术要求,可以制定推荐性国家标准。国家鼓励采用推荐性标准。推荐性国家标准由国务院标准化行政主管部门制定。制定过程中,应当组织由相关方组成的标准化技术委员会,承担标准的起草、技术审查工作。

推荐性国家标准、行业标准、地方标准、团体标准、企业标准的技术要求不得低于强制性国家标准的相关技术要求。

3. 国家标准制定阶段

按照国家标准《国家标准制定程序的阶段划分及代码》(GB/T 16733—1997),我国国家标准制定阶段划分如表 1.3 所示。

表 1.3　我国国家标准制定阶段

阶段代码	阶段名称	阶段任务	阶段成果
00	预阶段	提出新工作立项项目建议	新工作项目建议(PWI)
10	立项阶段	提出新工作项目,标准立项	新工作项目(NP)
20	起草阶段	撰写起草标准征求意见稿和编制说明	标准草案征求意见稿(WD)
30	征求意见阶段	针对征求意见,完成送审稿	标准草案送审稿(CD)

续表

阶段代码	阶段名称	阶 段 任 务	阶 段 成 果
40	审查阶段	完成报批稿和审查会议纪要	标准草案报批稿(DS)
50	批准阶段	主管部门审查并批准发布标准	标准出版稿(FDS)
60	出版阶段	提供标准出版物	国家标准
90	复审阶段	定期复审	确认、修改、修订
95	废止阶段	废止无存在必要的标准	废止

其中:

(1) 预阶段对将要立项的新项目进行研究及必要的论证,并在此基础上提出新工作立项项目建议。

(2) 立项阶段对新工作立项项目建议进行审查、汇总、协调、确定,直至下达国家标准制、修订项目计划。

(3) 起草阶段由项目负责人组织标准起草工作直至完成标准草案征求意见稿。

(4) 征求意见阶段,将标准草案征求意见稿按有关规定分发征求意见,并根据返回的意见完成意见汇总处理表和标准草案送审稿。

(5) 审查阶段,对标准草案送审稿组织审查,并在协调一致的基础上,形成标准草案报批稿和审查会议纪要或审查结论。

(6) 批准阶段,由主管部门对标准草案报批稿及报批材料进行程序、技术审核。

(7) 出版阶段,将国家标准出版稿编辑出版,提供标准出版物。

(8) 复审阶段,定期组织对已发布的标准进行复审,以确定是否确认(继续有效)、修改(通过技术勘误表或修改单)、修订(提交一个新工作项目建议,列入工作计划)或废止。

(9) 废止阶段,对于经复审后确定为无存在必要的标准,予以废止。

1.6 本书组织

围绕数智安全主线,本书分为四篇共 17 章,四篇分别为引导篇、基础篇、数智篇和应用篇。其中:

(1) 引导篇主要讲述数智安全含义、数智安全保障框架内容以及相关法律法规的简要介绍,该篇内容分布在本书第 1 章(导论)和第 2 章(数智安全法规标准及合规管理)。

(2) 基础篇对数智安全的通用基础知识进行介绍,包括第 3 章(风险管理与安全管理体系)、第 4 章(网络安全保护基础)、第 5 章(数智安全技术基础)和第 6 章(检测评估与认证)。

(3) 数智篇围绕数和智的安全介绍数智安全的核心技术和治理、监管等知识,包括第 7 章(个人信息保护)、第 8 章(App 个人信息安全治理实践)、第 9 章(数据安全保护)、第 10 章(数据安全治理)、第 11 章(人工智能与算法安全)和第 12 章(数智安全监管制度)。

(4) 应用篇包括 5 章,即第 13 章(数智赋能安全)、第 14 章(政务数智安全实践)、第 15 章(健康医疗数智安全实践)、第 16 章(智慧城市数智安全实践)和第 17 章(金融数智安全实践)。

1.7 本章小结

　　本章在介绍人类五次信息技术革命和网络空间含义的基础上,解释了数字化和数智化的区别,指出数智化是数字化的进阶阶段,对于社会经济发展起到重要的推动作用。数智化背景下的网络空间将面临更多样、更严重、更复杂的安全风险,因此本章提出了数智安全的概念,针对性地提出了数智安全保障框架,并以此为基础引出了本书的其他章节内容。最后,本章简要介绍了我国网络安全法律法规和网络安全标准的发展现状。

思考题

　　1. 在网络安全发展各个阶段,组织面临的主要威胁、采取的主要防护措施有什么不同? 网络安全的发展趋势是怎样的?

　　2. 网络安全问题产生的根本原因有哪些? 这些原因之间的关系如何?

　　3. 数智安全的保护对象、保护属性、保护目标分别是什么?

　　4. 信息安全、网络安全、网络空间安全、数智安全的区别和联系是什么?

　　5. 网络安全法律法规和标准的关系和作用分别是什么?

第 2 章
数智安全法规标准及合规管理

在数字经济时代,大数据技术、人工智能等新型信息技术对社会经济的渗透日渐深入,数据已成为新型生产要素。为确保数据和人工智能的开发利用不危害国家安全、公共利益以及个人和组织权益,数智安全成为企业等组织机构的必修课。我国以《中华人民共和国网络安全法》《中华人民共和国数据安全法》《中华人民共和国个人信息保护法》等法律为核心,以多层级配套法规和标准为支撑,基本构建成具有中国特色的数智安全法规标准体系。

在数智安全法规标准体系下,企业负有一系列法律和伦理道德义务,违反这些义务将遭受法律制裁、财务损失、声誉损失以及其他负面影响。为了避免这些风险,企业应当建立数智安全合规管理体系,开展数智安全合规工作。

2.1 数智安全法规标准体系

2.1.1 数智安全法规标准地图

我国已在数智安全领域出台大量法规和标准。从效力层级维度,法规一般可分为法律、行政法规、司法解释、部门规章、地方性法规和地方政府规章、其他规范性文件,标准则可分为国家标准、行业标准、地方标准、团体标准、企业标准等,《中华人民共和国立法法》(简称《立法法》)和《中华人民共和国标准化法》(简称《标准化法》)分别规定了各类文件之间的效力关系。从具体制度维度,一般可分为网络安全等级保护、关键信息基础设施保护、网络安全审查/数据安全审查、数据出境监管、个人信息保护、重要数据和核心数据保护、数据安全应急处置、人工智能安全等多个子域。将这两个维度结合,形成数智安全法规标准地图如表 2.1 所示,以此可快速了解我国数智安全法规标准体系的全貌。

2.1.2 数智安全法规标准层级与关系

按照法律效力的高低顺序,可以将数智安全法规标准划分为不同的层级。《网络安全法》《数据安全法》和《个人信息保护法》等法律处于效力层级的顶端,其下不同层级的法规标准纵向延伸,为其实施提供支撑和配套。本节首先介绍数智安全法规标准的效力层级,再简要说明法规与标准之间的关系。

1. 数智安全法规标准的效力层级

数智安全法规标准分为法规和标准两部分。根据《立法法》,数智安全法规可分为如下几个层级:

表 2.1　数智安全法规标准地图

法规	网络安全等级保护	关键信息基础设施保护	网络安全审查（数据安全审查）	数据出境监管	个人信息保护	重要数据和核心数据保护	数据安全应急处置	人工智能安全
法律	《网络安全法》	《网络安全法》	《网络安全法》《数据安全法》	《网络安全法》《数据安全法》《个人信息保护法》	《民法典》《刑法》《个人信息保护法》	《数据安全法》	《网络安全法》《数据安全法》	
行政法规	《网络安全等级保护条例》（草）	《关键信息基础设施安全保护条例》	《网络数据安全管理条例》（草）	《网络数据安全管理条例》（草）	《网络数据安全管理条例》（草）	《网络数据安全管理条例》（草）	《网络数据安全管理条例》（草）	
司法解释					《关于办理侵犯公民个人信息刑事案件适用法律若干问题的解释》			《最高人民法院关于审理使用人脸识别技术处理个人信息相关民事案件适用法律若干问题的规定》
部门规章	《信息安全等级保护管理办法》	《公路水路关键信息基础设施安全保护管理办法》（草）	《网络安全审查办法》	《数据出境安全评估办法》《个人信息出境标准合同办法》	《电信和互联网用户个人信息保护规定》《儿童个人信息网络保护规定》	《汽车数据安全管理若干规定（试行）》《工业和信息化领域数据安全管理办法（试行）》	《国家网络安全事件应急预案》	《互联网信息服务算法推荐管理规定》《互联网信息服务深度合成管理规定》
地方性法规及地方政府规章	《浙江省信息安全等级保护管理办法》	《新疆维吾尔自治区关键信息基础设施安全保护条例》			《上海市数据条例》《深圳经济特区数据条例》	《上海市数据条例》《深圳经济特区数据条例》	《北京市公共互联网络安全突发事件应急预案》	《上海市促进人工智能产业发展条例》
国家标准	《网络安全等级保护定级指南》《网络安全等级保护基本要求》	《关键信息基础设施安全保护要求》			《个人信息安全规范》《移动互联网应用程序（App）收集个人信息基本要求》	《重要数据识别指南》（草）	《网络安全事件应急演练指南》	《人工智能计算平台安全框架》（草）、《机器学习算法安全评估规范》（草）

续表

法规	网络安全等级保护	关键信息基础设施保护	网络安全审查（数据安全审查）	数据出境监管	个人信息保护	重要数据和核心数据保护	数据安全应急处置	人工智能安全
行业标准	《证券期货业网络安全等级保护基本要求》				《个人金融信息保护技术规范》	《金融数据安全 数据安全分级指南》		《金融领域科技伦理指引》《人工智能算法金融应用评价规范》
地方标准					《软件及信息服务业个人信息保护规范》（辽宁）			《人工智能数据标注总体框架》（山西）
团体标准	《网络安全等级保护大数据基本要求》	《重要信息基础设施供应链安全检查评估规范》（草）			《移动智能终端及应用软件用户个人信息保护实施指南》		《工业数据安全事件应急预案编制指南》	
其他	《网络安全等级测评与检测机构自律规范》			《个人信息跨境处理活动安全认证规范 V2.0》	《移动互联网应用程序（App）系统权限申请使用指南》	《网络安全标准实践指南——网络数据分类分级指引》		《新一代人工智能伦理规范》《网络安全标准实践指南——人工智能伦理风险防范指引》

注：限于篇幅，上表只列出了各级各类的代表性文件，非完全列举。文件名称中注明"草"字的，为截至 2022 年 12 月正在制定过程中的文件，尚未正式发布实施。

（1）法律：由全国人民代表大会或其常务委员会制定。数据安全属于国家安全的一部分，数据安全立法主要有《网络安全法》《数据安全法》和《个人信息保护法》三部法律。另有《民法典》将个人信息作为人格权之一加以保护。《刑法》则针对严重危害数据安全、侵犯个人信息的行为，设立了非法获取计算机信息系统数据罪、侵犯公民个人信息罪以及拒不履行信息网络安全管理义务罪等罪名。人工智能安全方面尚未制定法律，部分现有法律条款对特定人工智能安全问题有所涉及，比如《个人信息保护法》中针对自动化决策和公共场所图像采集、个人身份识别设备的规定。法律的主要作用在于确立数智安全保护的基本框架，建立数智安全保护的基本制度。

（2）行政法规：由国务院制定，数据安全方面有《关键信息基础设施安全保护条例》和《网络数据安全管理条例》（草），此外，公安部也起草了《网络安全等级保护条例》（草）。《关键信息基础设施安全保护条例》旨在为《网络安全法》确立的关键信息基础设施保护制度提供具体规则。《网络数据安全管理条例》（草）旨在为《数据安全法》和《个人信息保护法》确立的各项数据安全制度提供具体规则。《网络安全等级保护条例》（草）旨在为《网络安全法》确立的网络安全等级保护制度提供具体规则。

（3）司法解释：由最高人民法院和最高人民检察院制定，旨在对某些法律规定不明的问题进行解释和澄清，以指导法院或检察院对民事或刑事案件的处理。在个人信息保护领域有《最高人民法院、最高人民检察院关于办理侵犯公民个人信息刑事案件适用法律若干问题的解释》，在人工智能领域有《最高人民法院关于审理使用人脸识别技术处理个人信息相关民事案件适用法律若干问题的规定》。

（4）部门规章：由国务院各部门制定，旨在落实法律和行政法规的要求，以指导行政机关执行法律和企业遵从法律。在数据安全方面有《电信和互联网用户个人信息保护规定》《儿童个人信息网络保护规定》《网络安全审查办法》《数据出境安全评估办法》《汽车数据安全管理若干规定（试行）》等；在人工智能安全方面有《互联网信息服务算法推荐管理规定》和《互联网信息服务深度合成管理规定》。

（5）地方性法规和地方政府规章：地方性法规由地方人民代表大会或其常务委员会制定，地方政府规章由省市级人民政府制定，旨在结合当地具体情况和实际需要，落实法律或行政法规的要求。在数据安全方面如《上海市数据条例》和《深圳经济特区数据条例》，在人工智能方面如《上海市促进人工智能产业发展条例》。

根据《标准化法》，数智安全标准可以分为如下几个层级。

（1）国家标准：强制性国家标准由国务院批准发布或者授权有关部门批准发布，用于提出对保障人身健康和生命财产安全、国家安全、生态环境安全以及满足经济社会管理基本需要的技术要求。在数智安全领域，强制性国家标准较少，如《计算机信息系统 安全保护等级划分准则》。对满足基础通用、与强制性国家标准配套、对各有关行业起引领作用等需要的技术要求，国家标准化管理委员会可以制定推荐性国家标准。在数据安全领域，推荐性国家标准很多，如《网络安全等级保护定级指南》《网络安全等级保护基本要求》《关键信息基础设施安全保护要求》《个人信息安全规范》《移动互联网应用程序（App）收集个人信息基本要求》等。在人工智能安全领域，一些国家标准正在制定，如《人工智能计算平台安全框架》（草）和《机器学习算法安全评估规范》（草）。

（2）行业标准：由国务院有关行政主管部门制定，用于提出对没有推荐性国家标准、需要在全国某个行业范围内统一的技术要求，行业标准都是推荐性的。以金融业为例，在数据安全领域,行业标准有《个人金融信息保护技术规范》《证券期货业网络安全等级保护基本要求》等;在人工智能安全领域,金融行业标准有《金融领域科技伦理指引》《人工智能算法金融应用评价规范》等。

(3)地方标准:由省市级标准化行政主管部门制定,用于提出为满足地方自然条件、风俗习惯等特殊技术要求,地方标准都是推荐性的。在数据安全领域,辽宁省发布了地方标准《软件及信息服务业个人信息保护规范》;在人工智能安全领域,山西省发布了地方标准《人工智能 数据标注总体框架》。

(4)团体标准:由团体按照团体确立的标准制定程序自主制定发布,由社会自愿采用的标准。团体是指具有法人资格,且具备相应专业技术能力、标准化工作能力和组织管理能力的学会、协会、商会、联合会和产业技术联盟等社会团体。国务院标准化主管部门会同国务院有关部门制定团体标准发展指导意见和标准化良好行为规范,对团体标准进行必要的规范、引导和监督。在数智安全领域,如《网络安全等级保护大数据基本要求》《重要信息基础设施供应链安全检查评估规范》(草)《移动智能终端及应用软件用户个人信息保护实施指南》《工业数据安全事件应急预案编制指南》等。

(5)其他:包括企业标准、实践指南等,由社会团体、企业等制定,不低于强制性国家标准的相关技术要求,不具有强制性,由社会自愿采用。在数据安全领域,如《网络安全等级测评与检测评估机构自律规范》《移动互联网应用程序(App)系统权限申请使用指南》等;在人工智能安全领域,有《新一代人工智能伦理规范》《网络安全标准实践指南—人工智能伦理安全风险防范指引》等。

2. 数智安全法规与标准的关系

数智安全法规和标准分别发挥作用,共同构成数智安全治理规范体系。具体而言,数智安全法规与标准的关系可从如下几个角度进行审视。

(1)法规代表国家意志,标准反映行业实践。数智安全法规是由国家机关制定的,其创制、修改、废除均需要遵守《立法法》及相关法律所规定的严格程序和要求,体现的是国家意志,具有权威性和强制性。数智安全标准的制定、实施、修订、废止遵循《标准化法》,主要反映相关领域的实践,突出可操作性。

举例而言,在《个人信息保护法》颁布之前,全国人大常委会制定的《全国人民代表大会常务委员会关于加强网络信息保护的决定》和《网络安全法》仅规定了处理个人信息的唯一合法事由,即个人同意,这显然无法应对实践中个人信息处理的丰富场景。为了缓解这一矛盾,推荐性国家标准《信息安全技术 个人信息安全规范》借鉴国外立法和我国实践,提出了一些同意的例外情形,包括履行法定义务、签订和履行合同所必需、维护产品服务安全稳定运营所必需等,尽管这些例外规定不足以改变法律,但确实为实践中处理个人信息提供了一定的灵活空间。后来在制定《个人信息保护法》时,大部分例外情形被立法机关所采纳,最终确立了多元合法事由体系。

(2)法规提出规则要求,标准提供技术实现方案。数智安全法规规定了企业需要遵循的各种义务,这些义务通常是一套高度概括和抽象的行为模式。比如,《个人信息保护法》第5条规定了处理个人信息应当遵循必要原则,但是具体如何理解必要原则,如何通过技术措施和管理措施予以实现,《个人信息保护法》没有给出具体说明。

此时,标准就可以发挥作用。标准可以根据具体情境的差异提供相应的落地实施方案,指导企业如何满足法规要求。比如,针对必要原则,国家标准《信息安全技术 移动互联网应用程序（App）收集用户个人信息基本要求》就给出了详细的实现方法，将 App 可收集的个人信息细分为必要个人信息、非必要但有关联个人信息、非必要个人信息三类，并给出了 39 类常见 App 必要信息范围和使用要求，企业可以按照该标准来开展产品设计。

（3）法规滞后于实践发展，标准引领先行先试。由于技术和商业的发展日新月异，数智安全法规难以及时做出回应。在法规尚未出台时，标准可以发挥引导作用，给企业实践提供方向指引，并可以为后续的法规创制积累经验。

比如，在人工智能领域，目前尚没有统一的基本立法，专项规定也较少，标准就可以发挥早期引导、先行先试的作用，如《人工智能计算平台安全框架》（草）、《机器学习算法安全评估规范》（草）等，就为相关企业提供了示范引导，对相关企业实践产生积极影响，也可以为后续人工智能立法提供一定的参考。

2.1.3　数智安全法规标准的制度分域

《网络安全法》《数据安全法》和《个人信息保护法》是数智安全领域的三部主要立法，确立了数智安全监管的基本框架。在基本框架下，三部法律围绕数智安全目标，确立了一系列具体的管理制度，多个制度子域横向展开，共同形成数智安全监管幅面。本节先介绍三部法律的制度框架，再对各个制度子域进行介绍。

1. 数智安全法律框架

（1）《网络安全法》的框架结构。《网络安全法》的主要内容包括监管部门、监管制度、保护对象、主体义务、法律责任等五个方面，如图 2.1 所示，具体如下。

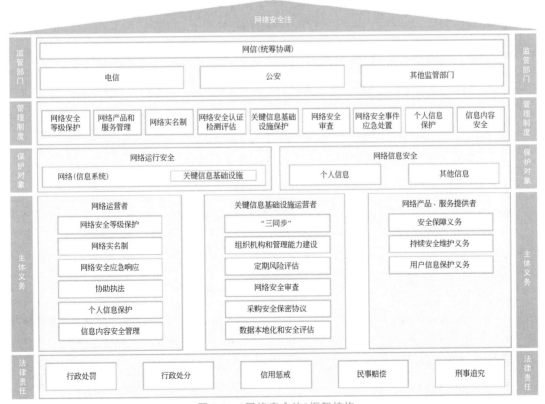

图 2.1　《网络安全法》框架结构

- 监管部门。国家网信部门负责统筹协调网络安全工作和相关监督管理工作;国务院电信主管部门、公安部门和其他有关机关依照本法和有关法律、行政法规的规定,在各自职责范围内负责网络安全保护和监督管理工作。
- 管理制度。主要包括网络安全等级保护、网络产品和服务管理、网络实名制、网络安全认证检测评估、关键信息基础设施保护、网络安全审查、网络安全事件应急处置、个人信息保护、信息内容治理等。
- 保护对象。网络安全保护对象包括网络运行安全和网络信息安全。网络运行安全覆盖所有网络,并重点保护其中的关键信息基础设施。网络信息安全则覆盖个人信息和其他信息。
- 主体义务。承担网络安全义务的主体分为三类,即网络运营者、关键信息基础设施运营者以及网络产品服务提供者。网络运营者是指网络的所有者、管理者和网络服务提供者,是网络安全义务的主要承担者。关键信息基础设施运营者相对于一般网络运营者需履行更加严格的安全保护义务。网络产品服务提供者承担遵守强制性国家标准、及时报告安全缺陷、漏洞等义务。
- 法律责任。如违反上述法律义务,相关主体将承担相应的法律责任。

(2)《数据安全法》的框架结构。《数据安全法》的主要内容包括监管部门、管理制度、保护对象、处理者义务、法律责任等五个方面,如图 2.2 所示,具体如下。

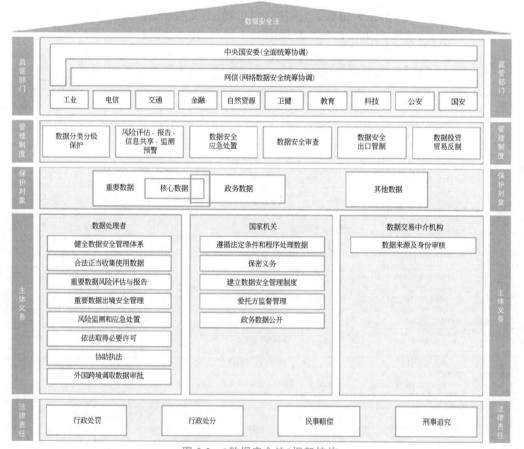

图 2.2 《数据安全法》框架结构

- 监管部门。中央国家安全委员会全面统筹协调数据安全工作;工业、电信、交通、金融、自然资源、卫生健康、教育、科技等主管部门承担本行业、本领域数据安全监管职责;公安机关、国家安全机关等在各自职责范围内承担数据安全监管职责;网信部门负责统筹协调网络数据安全和相关监管工作。
- 监管制度。主要包括数据分类分级保护、风险评估报告及信息共享和监测预警、数据安全应急处置、数据安全审查、数据安全出口管制、数据投资贸易反制等。
- 保护对象。覆盖所有数据,着重保护重要数据,尤其是其中的核心数据。为适应电子政务发展的需要,保障政务数据安全,并推动政务数据的开放利用,专设一章对政务数据进行了规定。
- 主体义务。数据处理者是主要的义务主体,承担的义务包括健全数据安全管理体系、合法正当地收集数据、重要数据风险评估与报告、重要数据出境安全评估、风险监测与应急处置、取得必要行政许可、及协助执法以及外国跨境调取证据等。作为政务数据的处理者,国家机关还需要承担遵循法定条件和程序处理数据、保密、建立数据安全管理制度、对受托方进行监督和数据公开等义务。数据交易中介机构承担审核数据来源和数据交易双方身份的义务。
- 法律责任。如违反上述法律义务,相关主体将承担相应的法律责任。

(3)《个人信息保护法》的框架结构。《个人信息保护法》的主要内容包括监管部门、保护对象、基本原则、处理者义务、法律责任五个方面,如图 2.3 所示,具体如下:

- 监管部门。国家网信部门负责统筹协调个人信息保护工作和相关监督管理工作。其他国务院有关部门(如公安部门、市场监督管理部门、金融部门、卫生健康部门等)在各自职责范围内负责个人信息保护和监督管理工作。
- 保护对象。包括一般个人信息和敏感个人信息。个人信息是以电子或者其他方式记录的与已识别或者可识别的自然人有关的各种信息;敏感个人信息是一旦泄露或者非法使用,容易导致自然人的人格尊严受到侵害或者人身、财产安全受到危害的个人信息,包括生物识别、宗教信仰、特定身份、医疗健康、金融账户、行踪轨迹等信息,以及不满十四周岁未成年人的个人信息。
- 基本原则。包括合法正当必要诚信、目的明确和最小化处理、公开透明、信息质量、责任和安全保障等原则。这些原则主要吸收了 1980 年经济合作与发展组织(OECD)发布的《隐私保护与个人数据跨境流动指南》(*Guidelines Governing the Protection of Privacy and Transborder Flows of Personal Data*)以及 2005 年亚太经济合作组织(APEC)发布的《亚太经济合作组织隐私框架》(*APEC Privacy Framework*)确立的、国际社会普遍承认的若干基本原则。
- 处理者义务。个人信息处理者承担的义务包括告知同意等处理行为要求、内部治理要求以及响应用户行权三大方面。受托处理者应采取措施保障所处理的个人信息的安全,并协助处理者履行相关义务。共同处理者共同履行各项义务,并承担连带责任。国家机关在履行处理者一般义务的基础上,还要履行特别的保护义务,如遵守法定权限和程序等。
- 法律责任。处理者违反个人信息保护义务,将承担相应的法律责任。

2. 数智安全制度子域

1) 网络安全等级保护

网络安全等级保护制度是《网络安全法》确定的一项基本制度。《网络安全法》第 21 条

图 2.3 《个人信息保护法》框架结构

规定,网络运营者应按网络安全等级保护制度的要求,履行安全保护义务。配套的法规主要有《网络安全等级保护条例》(草)和《信息安全等级保护管理办法》等,配套的标准有《网络安全等级保护定级指南》《网络安全等级保护基本要求》等。

网络运营者根据上述法规和标准,确定其运营的系统级别并到公安机关办理定级备案,然后根据系统级别分别采取相应的网络安全保护措施。二级以上的系统需要委托有资质的测评机构对安全保护落实情况进行测评。

根据等级保护制度,网络运营者应制定内部安全管理制度和操作规程,确定网络安全负责人,落实网络安全保护责任;采取防范计算机病毒和网络攻击、网络侵入等危害网络安全行为的技术措施;采取监测、记录网络运行状态、网络安全事件的技术措施,并按照规定留存相关的网络日志不少于六个月;采取数据分类、重要数据备份和加密等措施。

2)关键信息基础设施保护

《网络安全法》建立了关键信息基础设施保护制度的基本框架,配套的法规主要为《关键信息基础设施安全保护条例》以及有关部门和部分地方制定的实施细则,配套的标准有《关键信息基础设施安全保护要求》等。

关键信息基础设施保护是在网络安全等级保护的基础上,对关键信息基础设施实行重点保护。关键信息基础设施是指公共通信和信息服务、能源、交通、水利、金融、公共服务、电子政务、国防科技工业等重要行业和领域的,以及其他一旦遭到破坏、丧失功能或者数据泄露,可能严重危害国家安全、国计民生、公共利益的重要网络设施、信息系统等。

在履行网络安全等级保护义务的基础上,关键信息基础设施运营者还需要落实安全措施“同步规划、同步建设、同步使用”要求,建立健全网络安全保护制度和责任制,设置专门安全管理机构,定期开展安全监测和风险评估,及时报告网络安全事件和网络安全威胁,规范网络产品和服务采购活动,遵守数据本地化和出境安全评估义务等。

关键信息基础设施保护与网络安全审查制度、数据出境监管制度有密切联系。根据《网络安全法》第 35 条、《网络安全审查办法》第 5 条,关键信息基础设施运营者采购网络产品和服务,影响或可能影响国家安全的,应当申报网络安全审查。根据《网络安全法》第 37 条,关键信息基础设施运营者在中国大陆运营中收集和产生的个人信息和重要数据,应当在中国大陆存储,因业务需要,确需向中国大陆以外提供的,应向网信部门申请数据出境安全评估。

3) 网络安全审查/数据安全审查

网络安全审查是《网络安全法》第 35 条确立的一项监管制度,最初仅适用于关键信息基础设施运营者采购网络产品和服务的活动。根据国家互联网信息办公室等部门于 2021 年 12 月 28 日修订发布的《网络安全审查办法》,网络安全审查扩大适用于部分数据处理活动。

根据上述规定,网络安全审查有两种触发机制:①企业主动申报审查:适用于(ⅰ)关键信息基础设施运营者采购网络产品和服务,影响或可能影响国家安全的;或(ⅱ)掌握超过 100 万用户个人信息的网络平台运营者赴国外上市。②监管部门依职权启动审查:网络安全审查工作机制成员单位认为影响或者可能影响国家安全的网络产品和服务以及数据处理活动,由网络安全审查办公室按程序报中央网络安全和信息化委员会批准后,启动网络安全审查。

根据《数据安全法》第 24 条,国家建立数据安全审查制度,对影响或者可能影响国家安全的数据处理活动进行国家安全审查。国家互联网信息办公室相关负责人在《网络安全审查办法》中答记者问提出,“《数据安全法》正式施行,明确规定国家建立数据安全审查制度。我们据此对《网络安全审查办法》进行了修订,将网络平台运营者开展数据处理活动影响或者可能影响国家安全等情形纳入网络安全审查范围”。可以看出,目前数据安全审查在一定程度上被纳入了网络安全审查制度。

4) 数据出境监管

《网络安全法》《数据安全法》和《个人信息保护法》三部法律共同建立了我国的数据(含个人信息和重要数据)出境监管制度,在此基础上,国家互联网信息办公室等部门制定了《数据出境安全评估办法》和《个人信息出境标准合同办法》等配套法规,标准化管理机构也制定了实践指南 TC260-PG-20222A《网络安全标准实践指南——个人信息跨境处理活动安全认证规范》等,以指导数据出境监管的实施。

数据出境是数据安全监管的重点环节。根据上述法规标准,数据出境的监管对象包括个人信息和重要数据。个人信息处理者因业务等需要,确需向境外提供个人信息的,应当向个人告知境外接收方的名称或者姓名、联系方式、处理目的、处理方式、个人信息的种类以及个人向境外接收方行使本法规定权利的方式和程序等事项,并取得个人的单独同意或具备其他合法事由。在此基础上,为了确保个人信息出境后保护水平不降低,个人信息处理者和境外接收方应依法采取相应的保障措施,包括:通过国家网信部门组织的安全评估(适用于触发评估门槛要求的情形);按照国家网信部门的规定经专业机构进行个人信息保护认证;按照国家网信部门制定的标准合同与境外接收方订立合同;或符合法律、行政法规规定的其他条件。

上述需要通过安全评估的个人信息出境情形包括:关键信息基础设施运营者和处理100万人以上个人信息的数据处理者向境外提供个人信息;自上年1月1日起累计向境外提供10万人个人信息或者1万人敏感个人信息的数据处理者向境外提供个人信息;国家网信部门规定的其他需要申报数据出境安全评估的情形。

数据处理者(含关键信息基础设施运营者)向境外提供重要数据,无论数量多寡,都应当通过国家网信部门组织的安全评估。

数据出境安全评估与网络安全审查是并行但有关联的两项制度。网络安全审查制度是为了保障关键信息基础设施供应链安全以及网络平台运营者的数据处理安全,维护的是国家安全,在审查数据处理安全时,会将境内的数据处理活动和数据出境活动等一并纳入审查范围。而数据出境安全评估则是仅针对数据出境环节的审查,目的不仅在于维护国家安全和社会公共利益,也兼顾个人权益。比如,对于企业赴香港上市,目前无需主动申报网络安全审查,因为其不属于《网络安全审查办法》第7条规定的"赴国外上市",但是如果企业在业务经营中或上市过程中涉及向境外(包括国外以及中国的香港特别行政区、澳门特别行政区、台湾地区)提供个人信息或重要数据的,可能会触发数据出境安全评估。

5) 个人信息保护

《民法典》将个人信息作为人格权之一加以保护。《刑法》设置了侵犯公民个人信息罪,对严重侵犯公民个人信息的行为予以刑事处罚。《个人信息保护法》则是保护个人信息的专门立法,详细规定了个人信息保护的各项规则。配套的法规主要有《网络数据安全管理条例》(草)、《电信和互联网用户个人信息保护规定》、《儿童个人信息网络保护规定》等。配套的标准包括《个人信息安全规范》《移动互联网应用程序(App)收集个人信息基本要求》等,还有若干标准正在制定过程中。

根据上述法规标准,个人信息保护主要分为3个方面:个人信息处理行为要求、内部治理以及响应用户行权。

就个人信息处理行为要求而言,个人信息处理者应当履行告知义务,并取得用户同意,或具备其他合法事由。在共同处理、委托处理、对外提供、公开披露个人信息等特殊情况下,应遵守相应的法律要求。

就内部治理而言,个人信息处理者应建立相应的组织架构和规章制度;采取相应的加密、去标识化等安全技术措施;合理确定个人信息处理的操作权限,定期对从业人员进行安全教育和培训;制定并组织实施个人信息安全事件应急预案;建立个人信息保护影响评估和合规审计机制。

就响应用户行权而言,个人信息处理者应向个人提供个人信息查阅、复制、更正、补充、删除个人信息,向指定第三方转移个人信息、撤回授权同意、注销账号、要求解释说明、限制或拒绝处理的途径,并应及时响应个人的上述请求。

6) 重要数据和核心数据保护

《数据安全法》提出国家建立分类分级保护制度,并确立了重要数据和核心数据保护的基本框架。配套的法规如《网络数据安全管理条例》(草)以及《汽车数据安全管理若干规定

（试行）《工业和信息化领域数据安全管理办法（试行）》等，配套标准有《重要数据识别指南》（草）等。

与个人信息保护制度旨在维护个人权益不同，核心数据和重要数据保护旨在维护国家安全和公共利益。根据上述法规标准，国家建立重要数据目录，数据处理者应在落实网络安全等级保护制度的基础上，对列入目录的重要数据进行重点保护，具体的保护义务包括：明确数据安全负责人和管理机构，落实数据安全保护责任；定期开展风险评估，并向有关主管部门报送风险评估报告；重要数据出境应通过安全评估。

对国家核心数据，在重要数据保护的基础上，实行更加严格的管理制度。

7）数据安全应急处置

《网络安全法》《数据安全法》《个人信息保护法》均规定了安全应急管理制度。为了配合制度实施，有关部门和地方制定了应急预案和指南，如《国家网络安全事件应急预案》《北京市公共互联网网络安全突发事件应急预案》，相关标准有《网络安全事件应急演练指南》等。

根据上述法规标准，网络运营者应当制定网络安全事件应急预案，及时处置系统漏洞、计算机病毒、网络攻击、网络入侵等安全风险；在发生危害网络安全的事件时，立即启动应急预案，采取相应的补救措施，并按照规定向有关主管部门报告。

数据处理者应加强风险监测，发现数据安全缺陷、漏洞等风险时，应当立即采取补救措施；发生数据安全事件时，应当立即采取处置措施，按照规定及时告知用户并向有关主管部门报告。

发生或者可能发生个人信息泄露、篡改、丢失的，个人信息处理者应当立即采取补救措施，并通知履行个人信息保护职责的部门和个人；个人信息处理者采取措施能够有效避免信息泄露、篡改、丢失造成危害的，个人信息处理者可以不通知个人；履行个人信息保护职责的部门认为可能造成危害的，有权要求个人信息处理者通知个人。

8）人工智能安全

目前我国尚未有人工智能方面的综合立法，但有若干专项法规。针对科技伦理问题，中共中央办公厅、国务院办公厅联合发布了《关于加强科技伦理治理的意见》；针对特定人工智能安全问题的规定，最高人民法院发布了《最高人民法院关于审理使用人脸识别技术处理个人信息相关民事案件适用法律若干问题的规定》，国家互联网信息办公室等制定了《互联网信息服务算法推荐管理规定》《互联网信息服务深度合成管理规定》。一些地方制定人工智能产业促进法规中，对安全问题也有所涉及，如《上海市促进人工智能产业发展条例》。人工智能相关标准有《人工智能计算平台安全框架》（草）、《机器学习算法安全评估规范》（草）、《金融领域科技伦理指引》、《人工智能算法金融应用评价规范》等。

科技伦理审查制度适用于生命科学、医学、人工智能等多个领域。根据《关于加强科技伦理治理的意见》，从事人工智能等科技活动的单位应履行科技伦理管理主体责任，建立常态化工作机制，加强科技伦理日常管理，主动研判、及时化解科技活动中存在的伦理风险；根据实际情况设立本单位的科技伦理（审查）委员会，并为其独立开展工作提供必要条件。从事人工智能等科技活动的单位，研究内容涉及科技伦理敏感领域的，应设立科技伦理（审查）委员会。开展科技活动应进行科技伦理风险评估或审查。参考《新一代人工智能伦理规范》第 3 条，人工智能各类活动应遵循六项基本伦理原则，包括增进人类福祉、促进公平公正、保护隐私安全、确保可控可信、强化责任担当以及提升伦理素养。

针对生成合成类、个性化推送类、排序精选类、检索过滤类、调度决策类等算法，相关服

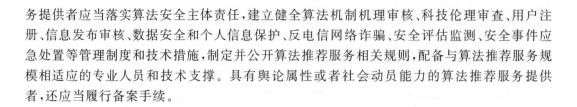

务提供者应当落实算法安全主体责任,建立健全算法机制机理审核、科技伦理审查、用户注册、信息发布审核、数据安全和个人信息保护、反电信网络诈骗、安全评估监测、安全事件应急处置等管理制度和技术措施,制定并公开算法推荐服务相关规则,配备与算法推荐服务规模相适应的专业人员和技术支撑。具有舆论属性或者社会动员能力的算法推荐服务提供者,还应当履行备案手续。

2.2 数智安全合规管理

2.2.1 合规与合规管理

合规最早是在国外的法律体系中出现的,英文是 compliance,译为"遵从",最直接的理解是对规则的遵从,因此合规最直接的理解就是遵从所有的规则,主要是法律法规和标准,这也是后面会提到合规义务识别的原因,合规的前提是要搞清楚究竟要遵守哪些规则。如果没有做选择,要把浩如烟海的规则都理解然后去主动遵守,几乎是不可能的,因此合规还需要运用管理的理念,以合理调配有限的资源来满足合规。

我国已在数智安全领域出台大量法规和标准,构成了数智安全领域的合规义务,违反这些合规义务的可能性和后果构成合规风险,对合规风险的识别、评价和控制构成了合规管理的基础。

为了做好合规管理工作,我们要把企业所面临的风险以及引发风险的风险源一一识别出来,并在相应的评价维度下进行评价,从而得出各种风险的风险值,最后按照风险值的大小把风险按轻重缓急进行排序并予以相应控制。合规风险的识别、评价与控制是一个企业就其自身所面临的合规风险做好合规管理工作的基本步骤。

风险对于每一个行业、每一个企业都存在。对于网络安全、数据产业和企业而言,风险呈现出难以识别、难以理解、难以管控的特点。2019 年,大数据行业爆发巨大的合规风险,以某公司为例,其在 8 个月时间内,日均传输公民个人信息 1 亿 3 千万余条,累计传输数据压缩后约为 4000GB,公民个人信息达数百亿条,数据量特别巨大。事发后,该公司主要领导犯侵犯公民个人信息罪,判处有期徒刑三年,并处罚金人民币六十万元;另有被告人犯侵犯公民个人信息罪,判处有期徒刑四年六个月,并处罚金人民币六十万元;还有被告人犯侵犯公民个人信息罪,判处有期徒刑三年,并处罚金人民币七十万元。在这之后,该公司关停了原有的产品营销线、金融征信线,仅保留了人工智能线——据其年报披露,关停原因为"合法性界限不清"。按照该公司管理层所感概的那样,"现在最可怕的点就是,不知道风险从哪里来,哪条业务会踩了红线,也不知道红线在哪里"。

网络与数据行业风险还呈现出风险穿透的特点,相关风险可以在整个数据产业链传染,包括数据的使用方节点(诸如银行、金融机构、征信机构、消费金融公司、互金公司、小贷公司等)、数据的控制及加工方节点(比如大数据风控供应商)、数据科技公司节点等。在风险穿透的情况下,大数据行业的暴雷成为互金行业监管风暴的延续,导致风控服务商无证经营、风控模型不合规、爬虫横行及非法破解被害单位的防抓取措施等风险也一一集中爆发。

2.2.2 合规管理的作用

合规管理的作用是通过遵从合规义务(包括法律法规、标准规范、内控程序等),管控合规风险,把风险隐患降低到最低程度,还可以帮助企业有效地区分单位责任和个人责任,从而避免个人责任波及单位及其治理层和管理层,为企业打造一个切实有效的金色盾牌。

某公司西北区婴儿营养部市务经理郑某等人通过拉关系、支付好处费等手段,多次从多家医院医务人员手中购买公民个人信息用于奶粉销售业务,而这些医院医务人员在收取了一些好处费之后便把自己所收集的公民个人信息出售给郑某等人。本案一审、二审期间,被告的员工郑某等的辩护人提出本案系单位犯罪,应当追究公司的刑事责任的辩护意见。如果该辩护意见成立,公司及其相关管理层高管势必要被判承担刑事责任——在这个危机关头,公司向法院提交了其就个人信息保护等所做的合规管理工作。对此法院认为,根据相关证人证言、公司任务材料、公司证明、公司政策、员工行为规范等,证明公司不允许员工向医务人员支付任何资金或者其他利益拓展业务,不允许员工以非法方式收集消费者个人信息,并采取了积极的合规管理措施防范合规风险的发生,包括公司要求所有营养专员(包括在案被告)接受培训并签署承诺函,以确保这些规定要求得到遵守。被告人郑某等人为完成工作业绩,故意违反法律法规和公司规范,通过违法手段获取公民个人信息的行为,并非出自公司的单位意志,故本案不属于单位犯罪(亦即公司不构成犯罪)。这个案件也被广泛称为中国企业合规第一案。

合规除了能够打造金色盾牌、有效地厘清单位责任个人责任之外,还奠定了合规不起诉、合规从宽制度的基础。2021 年 6 月 3 日,最高人民检察院等九个部门联合印发《关于建立涉案企业合规第三方监督评估机制的指导意见(试行)》,推出合规不起诉、合规从宽制度,把合规创造价值进一步落实到实处。根据该意见,人民检察院在办理涉企犯罪案件过程中,将第三方组织合规考察书面报告、涉案企业合规计划、定期书面报告等合规材料,作为依法做出批准或者不批准逮捕、起诉或者不起诉以及是否变更强制措施等决定,提出量刑建议或者检察建议、检察意见的重要参考。即,检察机关在办理公司、企业等市场主体在生产经营活动中涉及的经济犯罪、职务犯罪等案件(既包括公司、企业等实施的单位犯罪案件,也包括公司、企业实际控制人、经营管理人员、关键技术人员等实施的与生产经营活动密切相关的犯罪案件)时,如企业存在或承诺建立合规体系并经评估认可的,可以作为不批准逮捕、不起诉、变更强制措施、提出量刑建议等的依据。

2.2.3　合规管理的具体措施

企业数智安全合规管理一般包括但不限于如下几个方面。

(1)组织架构设置。

(2)管理制度和操作规程建设。

(3)人员管理与教育培训。

(4)隐私设计。

(5)外部合作方风险管理。

(6)加强安全技术措施。

(7)配合监管(许可、备案、审查、评估等)。

1. 组织架构设置

目前常见的合规组织架构按照决策层、管理层、执行层、员工和合作伙伴、监督层的层级排列顺序。

其中,决策层应由高管担任,通常指董事会或其下设的专门委员会级别的机构来担任相关的决策职责,数据保护官也应当列入决策层;管理层可以由经理层及合规负责人担任,各部门的中层领导干部可以加入,以充分协调数智安全合规管理工作受到各个部门的支持;执行层应为技术团队;监督层应由风险管理部门,包括风控、合规、审计等职能部门担任。

在具体执行过程中,企业根据实际的资源配置情况适当调整现有的部门岗位职责设置,以匹配合规管理要求。企业设计数智安全合规工作组织架构应当采取的具体措施如下。

(1)明确企业负责人为数智安全合规工作第一责任人。合规管理工作需要大量的资源,需要配置调动人员岗位,处置合规事件,牵头内部调查等,因此实践中合规管理职能需要足够高层的权限。企业应当明确企业负责人作为履行推进数智安全合规体系建设第一责任人,切实履行数智安全合规管理体系建设的重要组织者、推动者和实践者的职责,对重要工作亲自部署、重大问题亲自过问、重点环节亲自协调、重要任务亲自督办。

(2)设立合规委员会。企业应当在董事会层面设立数智安全合规委员会,承担数智安全合规管理的组织领导和统筹协调工作,定期召开会议,研究数智安全合规管理重大事项或提出意见建议,指导、监督和评价合规管理工作。数智安全合规委员会可以采用企业已有的合规委员会,或采取较多企业的做法,在董事会已有的审计委员会/风险管理委员会上增加对应职能。但是应当注意,合规委员会作为决策层,必须有足够高的权限以及能力,以统筹数智安全合规工作,否则将出现合规与业务的需求难以平衡的情况,尤其是在最应当重视数智安全合规工作的企业中,往往要求其提高数据保护能力、个人信息的合规使用要求,都伴随着一定程度的业务阻力。因此该机构的代替形式应当有较高的层级。

(3)设立合规管理牵头部门。合规委员会的层级较高,无法实际处理应对合规管理工作,因此还需要合规管理牵头部门作为合规委员会的办公室/办事机构,作为与其他各部门的对接机构。单独设立数智安全合规管理牵头部门不太常见,通用的做法是由相关职能部门为合规管理牵头部门,如信息化技术部门或法务合规部门,组织、协调和监督合规管理工作,为其他部门提供数智安全合规支持。需要注意的是,数智安全合规领域的工作需要信息化技术能力和法律合规的经验知识,不应简单地将该合规职能安排给技术或合规某一个单独的部门,而撇清其他部门的责任。

(4)业务部门负责本领域的日常合规管理工作。各业务部门应当完善自身的业务管理制度和流程,主动开展数智安全合规风险识别、分析和隐患排查,发布合规预警,组织合规审查,及时向合规管理牵头部门通报风险事项,妥善应对合规风险事件,做好本领域合规培训和商业伙伴合规调查等工作,组织或配合进行违规问题调查并及时整改。

2. 管理制度和操作规程建设

内部管理制度和操作规程是合规制度建设中最基础的重要内容,制定内部制度、规程是企业将外规进行内化的重要过程,可以明确具体到企业的业务流程中,指导员工合规操作,避免触碰红线,对数智安全合规领域也不例外。越来越多的企业正在建立、完善数智安全合规管理制度、制定企业数智安全合规操作流程、完善数智安全合规机制。

1)内控合规管理制度的建立

(1)管理规章与业务合规流程。通过管理规章如隐私保护政策、数据处理政策等,阐明数据与个人信息保护合规目的与内涵,明确处理数据的行为规范及违规后果,将外部有关合规要求转化为内部规章制度。

一是形成数智安全管理基础性制度。内部制度厘清技术、管理、内控等部门需要执行的合规规范。同时,结合企业使用和处理数据的实际情况,通过自身内部制度确定相关的业务合规流程,实现法律监管与业务发展之间的平衡。

二是在数据收集、存储、使用、加工、传输、提供、公开、删除等各个处理环节履行数智安全合规的义务。

(2)企业行为准则。通过建立企业行为准则,规定详细的预期行为,建立企业的合规文化、合乎道德的行为和责任制度。数据隐私保护越来越多被列入到企业最高纲领性文件中,如合规手册、员工行为准则中,为收集和处理数据的行为提供道德规范指引,明确企业内部人员的数智安全保护义务以及设定相对应的责任及惩处措施等。

(3)外部机构介入机制。外聘专业力量的参与,能够有效完善企业的数智安全合规内控合规管理制度,准确及时识别企业经营和管理过程中的数智安全合规风险,并提出相应的数智安全合规风险意见和整改方案。在等级保护测评、隐私管理体系认证工作中,测评机构能够完成深度检测,对企业运营中的数智安全进行专业评析,对合规的发展与整改提出建议。

2)信息安全管理制度的搭建

信息安全管理系统是数智安全合规管理的重要支撑,目的是提高对一系列数智安全合规工具的应用,来监督和执行企业数智管理,最大程度实现企业数智自动化合规管理。例如,企业可以通过系统轻松实现数据分级分类管理、应急事件应对等合规要求,并通过先进的数智安全合规工具,在数据隐私支持、风险评估、尽职调查等方面辅助企业数智安全合规。

3)数智安全合规协作机制的搭建

从决策层、管理层、执行层从上而下建立协作机制,明确企业数智安全合规管理的第一责任人以及不同部门/机构的职能范围,完善企业内部的风险评估和内部举报机制,可以充分调动企业的资源,从策划、运行、分析、改进等全流程切实保障企业数智安全合规的有效运行。

4)数智安全合规工作操作流程的完善

数智安全合规管理机制与传统的合规管理机制类似,包括数智安全合规组织制度、数智安全合规风险管理流程、合规审查流程、违规举报机制、考核机制、调查与处置流程、合规报告程序等在内的全流程。

3. 人员管理与教育培训

(1)负责人管理。数智安全合规工作的直接管理对象是公司收集处理的信息、数据,因此往往由公司现有的信息安全技术部门牵头协调,法务合规职能部门辅助。此外,各个部门都应该有专门的岗位协助对接数智安全合规管理工作,例如人事部门应当有熟悉公司招聘管理、人员信息系统等部署情况的人员配合数智安全合规工作。

(2)资格管理。目前企业的内部数智安全合规岗位并没有硬性的资格要求,但是与数智安全合规部门的设置要求类似,负责人的选聘也应当综合考虑其信息技术以及合规知识经验两方面。尤其是对于网络信息系统较多的企业,数智安全合规人员是否熟悉内部网络设置、信息系统配置,了解技术要求与掌握合规经验同样重要。应对网络安全事件,需要第一时间决策应急响应措施;对数据信息保护,需要理解保密、去标识化等技术要求。

此外合规管理中的策划、调查、分析、良好沟通技能等,都是不可或缺的。根本原因在于数智安全合规的职责范围较综合、广泛,包括制定合规计划、定期进行风险评估、督促隐患整改、处理安全投诉举报等。

(3)能力提升管理。除了在选择人员岗位时应当注意能力评价,企业还应当定期组织

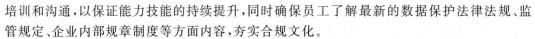

培训和沟通,以保证能力技能的持续提升,同时确保员工了解最新的数据保护法律法规、监管规定、企业内部规章制度等方面内容,夯实合规文化。

(4)定期组织开展合规培训与沟通。定期或不定期对相关人员及全体员工进行数智安全合规知识及操作规程培训,确保相关人员熟练掌握数智安全合规工作流程,同时培养基层员工的数智安全合规意识,以学促管。通过不定期抽查或现场考试等形式加大培训督查力度,并纳入员工年度考核内容,保留培训及考核记录。

(5)合规手册编制。编制数智安全合规手册,持续督促基层员工对数智安全合规知识进行学习,增强员工对数智安全与合规规则的理解,提升员工数智安全合规法律意识和数智安全风险防范能力,为公司提高风险评估水平、降低安全隐患奠定基础。

(6)内部绩效考核管理。可以尽量将数智安全合规要求的遵从性纳入绩效考核指标中,此外应当避免过于笼统的指标设定,致使在执行的过程中难以落到实处。绩效管理是将合规要求从效果、结果上落实的重要手段,应当明确不满足数智安全合规要求时的后果。

4. 隐私设计

目前实践中监管力量主要集中在个人信息合规范畴,因此隐私设计不可忽视。隐私设计理念是众多良好实践企业正在采取的理念,即在产品或服务设计的过程中就将隐私保护纳入考虑,以避免后期在产品、服务相对成型之后要被动应对隐私保护要求,将被动救济转变为积极预防。隐私设计工作需要对企业面临的法律法规以及环境进行梳理,完成差距分析后,有针对性地进行管理及技术上的措施部署。

1)明确企业设计隐私架构需遵守的法律法规清单

对于有出海需求的企业,在关注国内法律法规清单的同时,海外的合规要求往往容易被忽视,因此企业还需密切关注客户及潜在客户所在国家/地区的合规要求,同时关注国际通行的规定及标准,包括行业特定的法规和具有约束力的业务守则。

2)持续对企业自身现状进行梳理与识别

对自身现状进行梳理与识别是策划合规管理体系的基础,识别信息资产清单以及已有的安全管控制度,安全技术措施等,包括业务及产品场景识别,数据处理角色分析,数据全生命周期保护现状梳理,数据流转现状梳理。

3)基于差距分析设计隐私架构

企业自身现状与法律法规要求之间的差距,即数智安全合规管理措施的设计方向。

(1)隐私政策设计。企业设计隐私政策时应当考虑诚信道德承诺、监督责任、能力支持、责任追究,应当明确、清晰告知用户所收集与处理的用户个人信息的类型、目的、数据跨境情况,数据处理第三方企业类型等,有效维护客户知情权。

(2)隐私风险评估机制。风险的识别、评估是风险控制的前提和基础。企业应当明确合适的目标、识别并分析风险、评估风险、识别并分析重大变更等。风险的评估角度有多种分类,实践中应当注意,不论采取何种分类,应当尽可能全面,避免遗漏。

在风险评估过程中,企业应充分考虑:所处的行业、环境、地域、业务模式及合作伙伴等。

以一家企业的行业分类来说,除了传统所熟知的数据、个人信息、网络安全范围的普适性要求之外,金融行业的企业还应当关注《个人金融信息保护技术规范》、汽车行业的企业应当关注《汽车数据安全管理若干规定(试行)》、医药健康行业的企业还应当关注《国家健康医疗大数据标准、安全和服务管理办法(试行)》、GB/T 39725—2020《信息安全技术 健康医疗数据安全指南》等。

仅根据行业来粗略地套用相关的规范还不够准确,例如,对于一家专注于生产汽车零配件,如车门、车架等大硬件产品的组织,虽然其属于汽车行业,但其主要面向的客户群体是经销商和汽车厂商,生产的过程中也不涉及收集用户的个人信息。此时企业就不能只将汽车数据的有关规范作为自己的主要合规义务来进行识别、管理。

此外,评估还取决于企业的行为模式,最典型的例子是企业是否有数据/个人信息跨境传输的需求,对于一家设立在大陆,但是产品销往境外的企业来说数据跨境安全评估的规范,也应当作为重要的合规要求。同时产品销往的目的地国家/地区的法规也可能成为合规要求,比如欧洲的 GDPR。

(3)控制活动与隐私风险责任制度。企业应基于风险评估结果,选择并制定适用的控制活动,建立执行隐私控制的责任人和问责制。

(4)隐私保护要求沟通。企业应通过制定相关政策、开展培训等方式,在内部有效沟通控制目标和责任声明;通过制定透明的隐私政策、签订阳光协议等,保证与外部各方(包括商业合作伙伴、监管机构)的沟通清晰一致等。

4)强化落实安全技术措施

企业应注意加强系统安全控制,保证数据完整性和保密性。企业在对个人信息的保护既应当贯穿于处理个人信息的生命周期,包括但不限于收集、存储、使用、删除等,也应当贯穿于产品和服务的生命周期,包括但不限于需求分析、产品设计、产品开发、测试审核、发布部署、运行维护等阶段。

5. 外部合作方风险管理

外部合作方可能引发的风险,同样可能给企业带来连锁效应,合作方可能对外共同承担连带责任,也可能因合作方自身的经营困难影响到合作事项,因此企业应加强数智合作合规管理体系建设,从数智安全事前安全防范、事中持续监测和事后稽核审计3个方面加强企业数智合作安全管控。

1)事前安全防范

数智合作安全管理事前防范机制包括组织职责管理、数据分类分级管理和合作方调研审查及数据安全协议等。

(1)组织职责管理。企业应明确数据合作安全监督管理部门,职责包括但不限于:建立数据合作安全管理制度和实施细则;建立数据合作方安全审核制度及审批流程;建立数据对外合作企业的不良信用名单管理制度,明确不良信用名单设置标准;建立数据对外合作清单更新维护机制;建立数据对外合作安全教育培训制度;建立健全应急响应机制和应急预案。

同时,企业应明确数据合作执行配合部门,配合落实数据合作相关工作,对合作方进行评估审核,审核合作数据内容及合规必要性;定期核查更新数据对外合作清单;开展数据对外合作安全管理培训;开展数据泄露等场景的应急演练等。

(2)数据分类分级管理。企业可参考行业数据分类分级指南,建立企业自身数据的分类分级制度,根据数据类型、数据类别、数据敏感程度进行分类分级。实现重要数据重点保护,且需要明确基于不同数据敏感级别对数据进行差异化安全管控的手段,明确数据开放的原则规范。

(3)合作方调研审查及数据安全协议。企业在开展合作前应对合作方进行背景调查,重点做好合作方的境内外合作关系、既往合作情况、是否有不良信用记录等的调查。应开展合作方安全资质审查，包括但不限于审核合作方保密及运营资质、人员能力、经营范围、数据源合规性、个人信息保护能力资质、个人信息授权等方面。综合评估合作方的数据安全保障能力，包括对合作方的数据安全管理制度、数据安全防护技术手段等的评估。确保合作方满足数据合作安全保障能力要求，能切实保障敏感数据。

企业应加强对合作方的约束管理，与合作方签署数据安全协议，细化安全责任。签约前，合作双方应就保密协议中甲乙双方安全责任进行界定，包括合作方及项目参与员工可接触到的数据处理相关平台系统范围、合作模式、数据内容、甲乙双方权限义务、保密责任、保密有效期及违约处罚等条款。

2）事中持续监测

（1）合作方账号管理。对于合作方人员需使用企业自有系统账号的情况，应与合作方签订相关的安全协议，以明确相关安全责任及保密职责。企业应建立合作方的账号申请、授权、转岗、注销、回收等账号生命周期管理流程制度。需审核后方可开通账号，审核内容包括权限的必要性、与合作范围的一致性等，原则上应禁止合作方人员掌握系统管理员权限，禁止为合作方人员开通原始个人信息的访问权限，并定期开展账号权限审查工作，确保及时删除沉默账号，合作方人员发生离职或岗位变动时能及时清理其账号。

（2）数据操作行为监测及审计。企业应对数据合作方数据操作行为进行日志留存，留存字段至少包括人员、操作数据类型、操作行为、操作时间，留存时间应不少于法律法规规定，确保满足审计和溯源要求。

建立合作方数据使用行为定期审计机制，对认证记录、访问记录、操作记录进行日志审计，用以发现异常操作、敏感数据操作等，并留存审计记录。

（3）数据安全保障能力监测及评估。企业应定期对数据合作方的数据安全保障能力进行监测及评估，包括但不限于对合作方的数据安全管理制度、数据安全防护技术手段，确保合作方在合作过程中满足企业的数据合作安全保障能力要求。

3）事后稽核审计

（1）安全风险监督管理。企业应定期对合作方进行事后监督检查，对检查过程中发现的问题，应责成合作方在规定时限内整改，未及时完成的应依据相关条款进行处罚。定期组织开展客户信息泄露风险隐患排查工作，严肃处理并通报发现的违规问题，适当考虑添加至不良信用名单中。对涉嫌违法犯罪的，及时向公安机关报案。

（2）合作数据删除管理。在数据合作结束后，企业应督促合作方依照约定及时关闭数据接收接口，对数据进行销毁，不得超期留存，敏感数据销毁需由企业内部工作人员现场进行有效监督。应对数据合作权限进行回收，对合作方数据接口关闭、数据销毁等落实情况进行检查核实，留存相关日志记录。

4）加强安全技术管理

在企业数智安全合规合作管理体系完善并落实的基础上，企业自身也应当加强数据安全防护技术能力。提高数据流向监测、数据防泄露及数据脱敏等技术能力，强化数智合作方风险管控。

6. 加强安全技术措施

数智安全管理离不开技术措施的支持，企业应当基于数据分类分级提供相应的数智安全防护技术，实现对数据收集、存储、使用、加工、传输、提供、公开、销毁全生命周期的管理，建立完善的数智安全技术体系。

在数据收集环节,提升数据源鉴别、数据源记录能力,确保数据采集合规,同时加强数据质量管理,落实重要数据识别和分类分级保护要求。

数据收集后的安全技术能力主要包括授权管理及访问控制、入侵防护、数据加密与脱敏、数据备份与恢复、销毁、监控与应急等。

(1)授权管理及访问控制。针对不同访问需求,规范数据访问权限,提高身份鉴别技术能力,并严格记录访问情况,实现内部数据操作行为的有效控制与监管。

(2)入侵防护。建立、检查数据库防火墙,以便对外部攻击进行有效防护,同时也对内部数据库漏洞进行有效防护,防止漏洞被违规利用。

(3)数据加密。在数据传输方面,企业应确保数据传输加密、网络边界安全,并进行网络可用性管理。提升数据加密存储技术,同时加强此环节的风险监测技术保障,如采取措施防止数据勒索,并对数据进行安全审计等。同时,企业可采取数据水印对数据进行保护。

(4)数据脱敏。在数据使用流转过程,企业应遵循数据最小使用原则,去标识,去隐私,实现数据的安全高效利用,在安全的前提下提升数据的使用价值。

(5)数据备份与恢复。企业应建立数据备份与恢复的统一技术工具,保证相关工作的自动执行,确保对备份和归档数据的安全存储和安全访问。

(6)数据销毁。企业应掌握数据销毁技术,建立数据销毁策略和管理制度,明确销毁对象、流程和技术等要求,对销毁活动进行记录和留存。

(7)监控与应急。企业应建立有效的内部数据安全合规监管体系,从数据产生,到场景化使用,进行流向监控、精准分析,实现有效监管。同时,企业应确保有完善的应急预案和应对处理机制。

7. 配合监管(许可、备案、审查、评估等)

实现内部管理的同时,企业还应当积极配合外部监管要求。

1)许可证及备案

企业应当遵守法律法规及国家强制性标准的要求,依法取得法律规定的许可或完成备案。比如:具有舆论属性或者社会动员能力的算法推荐服务提供者应当在提供服务之日起 10 个工作日内通过互联网信息服务算法备案系统填报服务提供者的名称、服务形式、应用领域、算法类型、算法自评估报告、拟公示内容等信息,履行备案手续。算法推荐服务提供者的备案信息发生变更的,应当在变更之日起 10 个工作日内办理变更手续。算法推荐服务提供者终止服务的,应当在终止服务之日起 20 个工作日内办理注销备案手续,并做出妥善安排。具有舆论属性或者社会动员能力的深度合成服务提供者,应当按照《互联网信息服务算法推荐管理规定》履行备案和变更、注销备案手续。深度合成服务技术支持者应当参照前款规定履行备案和变更、注销备案手续。完成备案的深度合成服务提供者和技术支持者应当在其对外提供服务的网站、应用程序等的显著位置标明其备案编号并提供公示信息链接。

2)安全审查

(1)主动申报进行网络安全审查。企业作为关键信息基础设施运营者或网络平台运营者,采购网络产品和服务,在特定情形下需要主动申报进行网络安全审查,并取得相应的备案及认证。

（2）配合网信部门和有关部门依法实施的监督检查。企业应在网信部门或其他相关部门随机或定期进行询问、勘验、检查、鉴定、调取证据材料时，注意区分不同监管部门的监管权限与审查重点，确保可保留数据或文件的范围。

3）评估

（1）网络安全等级保护测评。企业作为网络运营者，必须按照《网络安全法》《信息安全技术 网络安全等级保护定级指南》中等级保护的建设标准，通过定级、备案、安全建设（整改）、等级测评、监督检查等环节，让企业的信息系统符合国家安全建设要求，取得公安机关颁发的网络安全等级保护证书。为落实等级保护工作，企业应当抓好网络安全统筹规划和组织领导，贯彻落实等级保护制度，抓好网络安全监测、值守和应急处理工作。

（2）个人信息影响评估。企业在处理敏感个人信息，利用个人信息进行自动化决策，委托处理个人信息、向其他个人信息处理者提供个人信息、公开个人信息，向境外提供个人信息时，进行个人信息影响评估。评估内容包括个人信息处理目的、处理方式等是否合法、正当、必要，对个人权益的影响及安全风险，所采取的保护措施是否合法、有效并与风险程度相适应。评估基本方法有访谈、检查、测试等。评估报告和处理情况记录应当至少保存三年，以便配合有关部门的检查监督。

（3）数据出境安全评估。企业在向海外提供个人信息、重要数据或本身满足其他需要安全评估的标准时，应当完成数据出境安全评估，并向网信部门进行申报，通过之后方可进行出境行为。

4）事故报告机制

企业应当制定并实施网络安全事件应急预案。发生安全事件后，企业应按要求实施处置并及时向相关监管部门报送信息。通知应当包括个人信息泄露、篡改、丢失的信息种类、原因和可能造成的危害，采取的补救措施和个人可以采取的减轻危害的措施，个人信息处理者的联系方式。

在日常数智安全合规工作开展中，企业应重点就下列事项进行识别与梳理：如何判断数据泄露事件的真实性以及影响程度，如何实施不同国家或地区的报告和披露要求（如报告时间、内容详尽、前期判断等），以及应当组建何种事件响应团队（包括但不限于熟悉当地数据安全法规的律师、专业的网络数据安全事件调查人员、企业内部 IT 和数据管理人员等），以期对安全事件的处理实现遵守适用的法律法规要求，并符合企业商业和社会责任等多重目标。

5）配合公安机关、国家安全机关调取数据

公安机关、国家安全机关因依法维护国家安全或者侦查犯罪需要调取数据，企业应当提供。

2.3 本章小结

本章从数智安全法规标准体系出发，对数智安全主要法律法规进行了系统的梳理，同时介绍了合规管理的概念、作用及实践中常见合规管理采取的措施。从本章的内容可以看到，法律法规构成了合规管理的基础，做好合规管理可以为企业打造金色盾牌——有效地厘清单位责任与个人责任，从而为企业创造价值。

思考题

思考题一：

根据之前的学习和讨论，请尝试简述：

(1) 在中国法律法规下，网络安全、数据安全和个人信息保护是什么关系？主要规定了哪些内容？

(2) 个人信息的定义是什么？隐私的定义是什么？个人信息保护和隐私保护有什么联系与区别？

思考题二：

假设你是外卖平台的技术部门负责人，你的团队需要为送餐员的送餐路线规划功能训练算法。请问：

(1) 送餐路线规划算法应遵守哪些法律要求？

(2) 你会如何向公众解释送餐路线规划功能训练算法的基本原理、目的意图和主要运行机制？

思考题三：

某公司员工因个人原因，将公司服务器内数据全部删除，导致公司服务器故障时间长达 8 天，影响 300 万用户，公司最终赔付商家数亿元损失。请思考：

(1) 在本事件中，该员工、该公司、该公司数据安全主管、该公司的云服务商是否要承担法律责任？ 如是，要承担何种法律责任？

(2) 如果你是该公司数据安全主管，你应该采取哪些措施避免类似事件再次发生？

(3) 结合上述案例，请说明安全风险与合规风险的区别与联系？

思考题四：

请对以下经营者可能面临的数智安全领域的合规义务及合规风险提供识别思路：

(1) 一家知名头部家电制造企业，其产业囊括了设计、研发、生产、制造、销售、维修等流程，销售渠道包括各大主流电商及自有平台。

(2) 一家跨国汽车零配件制造企业，总部位于德国，在中国有多家工厂，产品销售往欧盟各国、东南亚各国、美国等地区。

(3) 一家医疗器械生产企业，除提供健康检测产品外，还配套提供 App 及小程序，患者信息数据接通至企业自营的互联网医院，提供诊疗服务，同时产品互联至第三方智能穿戴设备。

(4) 一家中资银行，在多个海外地区设有分支机构。

思考题五：

在 2022 年 7 月，某公司员工擅自将用户信息提供给某咨询机构，信息涉及约 4 万人的姓名、电话、性别、住址、血糖、饮食习惯等，用于分析某城市人群患糖尿病的有关情况，公司通过定期的系统日志审计发现。请思考，面对此情况，公司应当采取什么措施来：

(1) 避免进一步的损失发生。

(2) 减轻公司应当承担的责任。

(3) 减少未来再发生类似事件的可能。

实验实践

请下载并安装一款常见的手机 App,注册成为其用户,试用其各项功能,查看其用户协议、隐私政策等法律文件,在遵守相关法规的情况下进行技术检测(可自行开发检测工具),在此基础上,请列出你认为该款 App 在产品设计、法律文件展示及内容等方面符合和不符合数智安全法律要求的问题点至少 10 个。

请你以用户身份,通过 App 隐私政策中公示的 App 运营者联系方式,向运营者索取你的个人信息副本,或者要求其删除你的个人信息,观察并记录该运营者反馈的内容、方式和期限,评估其是否符合相关法规要求。

第 2 部分　基　　础　　篇

第 3 章

风险管理与安全管理体系

随着互联网和信息技术的快速发展,大数据和人工智能不断影响着人们的生活,在医疗、制造业、服务业、城市治理等领域数字化转型发挥着关键的作用,同时也引入了新风险。

风险管理的目的是以风险控制的合理成本,将风险可能带来的利益最大化,将风险可能导致的损失最小化,并在控制成本、潜在利益和潜在损失三者之间进行权衡。风险管理过程包括语境建立、风险评估、风险处置、批准监督、监控审查和沟通咨询等方面。作为风险管理的一个重要环节,风险评估使得组织能准确"定位"风险处置的策略、措施和实践,能将安全活动的重点放在重要问题上,能选择成本效益合理的和适用的安全策略。

本章以风险为主线,从理解风险、管理风险到建立安全管理体系,帮助读者树立数智安全风险管理意识,了解数智安全风险管理方法,理解和应用信息安全管理体系。

3.1 风险管理基础

3.1.1 基本概念

风险是事物可能面临特定情形发生的一种潜在状态。与之相对,事件是事物已经面临特定情形发生的一种显在状态。当特定情形处于未发生状态时是风险,而当特定情形处于已发生状态时便是事件。风险是事件产生的前提,事件是在一定条件下由风险演变而来的。由此可见,风险与事件是因果关系。风险的正面影响产生正面结果,即利益;负面影响产生负面结果,即损失。因此,风险既可以是正面的也可以是负面的,也就是人们常说的:机遇与挑战并存。所谓机遇是对正面结果而言,所谓挑战是对负面结果而言。

在管理学中,管理被定义为:通过规划、组织、领导、沟通和控制等环节来协调人力、物力、财力等资源,以期有效达成组织目标的过程。管理的特征表现为:在群体活动中,在特定环境下,针对给定对象,遵循确定原则,运用恰当方法,按照规定程序,利用可用资源,进行一组活动(包括规划、组织、指导、沟通和控制等),完成各项任务,评价执行成效,实现既定目标。

管理是一种过程,应采用过程方法。为了组织的有效运行,需要识别和管理许多活动。过程是指一组相互关联或相互作用的活动完成输入到输出的转换。这种转换通常是在计划和受控的条件下,使用一定的资源来进行。过程关联分为串联和分解两种形式。过程串联是指一个过程的输出可直接形成另一个过程的输入;过程分解是指过程中的活动也是一个过程,即一个过程可分解成多个子过程。

有了"风险"和"管理"的概念,"风险管理"可被定义为"对风险的管理"。风险管理的目的是以风险控制的合理成本,将风险可能带来的利益最大化,将风险可能导致的损失最小化,并在控制成本、潜在利益和潜在损失三者之间进行权衡。而信息安全风险,指威胁主体可能利用信息、信息系统或支撑环境的脆弱性,对信息、信息系统和支撑环境实施威胁行为,可能造成负面影响。依据 ISO 31000:2018《风险管理指南》的定义,风险是指不确定性对目标的影响,风险管理是指组织指导和控制风险的协调活动。风险管理的目的是创造和保护价值,以提高绩效、鼓励创新和支持目标的实现。

3.1.2 原则

风险管理原则是风险管理的基础,在建立组织的风险管理框架和过程时应予以考虑,使组织能够管理不确定性对其目标的影响。图 3.1 给出了风险管理的原则,相关要素描述如下。

图 3.1　风险管理原则

（1）一体化,风险管理是所有组织活动的组成部分。

（2）结构化和综合性,结构化和全面的风险管理方法有助于形成一致和可比较的结果。

（3）定制化,对风险管理框架和过程进行定制,确保与组织相关外部和内部环境相适应。

（4）包容性,确保利益相关方能够适当、及时参与,并考虑其知识、观点和看法,以提高风险管理意识和水平。

（5）动态性,风险管理以适当和及时的方式对风险的动态变化和事件进行预期、检测、确认和响应。

（6）最佳可用信息,风险管理应基于历史和当前的信息以及对未来的预期,信息应及时、清晰并可供利益相关方使用。

（7）人文因素,人类行为和文化在每个层面和阶段会显著影响着风险管理的各方面。

（8）持续改进,通过学习和总结经验,不断提高风险管理水平。

3.1.3 框架

制定风险管理框架,协助组织将风险管理融入重要的活动和功能中。风险管理的有效性将取决于能否将其有效整合到组织的治理中,这需要来自利益相关方的支持,尤其是高层管理人员。如图 3.2 所示,风险管理框架包括整合、设计、实施、评价和改进组织的风险管理。组织需要评价其现有的风险管理实践和过程,评价差距并解决框架内的这些差距。框架的组成部分和工作方式应根据组织的需要进行定制。

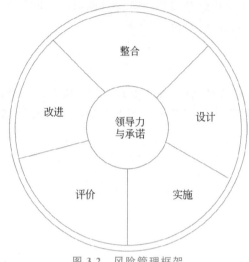

图 3.2　风险管理框架

(1)领导力和承诺:最高管理层和监督机构应确保将风险管理纳入所有组织活动。

(2)整合:将风险管理整合到组织中是一个动态的迭代过程,应该根据组织的需求和文化进行定制;风险管理应该是组织宗旨、治理、领导和承诺、战略、目标和运营的一部分。

(3)设计:在设计风险管理框架时,组织应检查并了解其外部和内部环境,阐明风险管理承诺,分配组织角色、权限、职责,分配资源,建立沟通和协商机制。

(4)实施:需要利益相关者的参与和意识,使组织能够明确解决决策中的不确定性,同时还确保可以考虑任何新的或后续的不确定性;如果设计和实施得当,风险管理框架将确保风险管理流程成为整个组织所有活动的一部分,包括决策制定,并充分捕捉外部和内部环境的变化。

(5)评价:评价风险管理框架的有效性。

(6)改进:持续监控和调整风险管理框架以应对外部和内部变化。

3.1.4　过程

风险管理过程涉及将策略、规程和实践系统地应用到风险的沟通与协商、语境建立以及评估、处置、监控、评审、记录和报告等活动中。这个过程如图 3.3 所示。

风险管理过程应该是管理和决策的一个组成部分,并整合到组织的结构、运营和过程中。它可以应用于战略、运营、计划或项目级别。一个组织内可以有许多风险管理过程的应用,这些应用被定制以实现目标并适应应用它们的外部和内部环境。在整个风险管理过程中,应考虑人类行为和文化的动态和可变性。尽管风险管理过程通常按顺序呈现,但实际上它是迭代的。

图 3.3　风险管理过程

（1）沟通和协商：目的是帮助利益相关者了解风险、决策依据以及需要采取特定行动的原因。

（2）范围、语境、准则：目的是定制风险管理流程，实现有效的风险评估和适当的风险处置。涉及定义过程的范围，以及理解外部和内部背景。

（3）风险评估：是风险识别、风险分析和风险评价的全过程。应以系统、迭代和协作的方式进行，并借鉴利益相关者的知识和观点。它应该使用最好的可用信息，并在必要时辅以进一步调查。

（4）风险处置：目的是选择和实施解决风险的方案。选择最合适的风险处置方案涉及平衡与实现目标相关的潜在收益与实施的成本、努力或劣势。

（5）监视与评审：目的是确保和提高过程设计、实施和结果的质量和有效性。应在该过程的所有阶段进行。包括规划、收集和分析信息、记录结果和提供反馈。结果应纳入整个组织的绩效管理、测量和报告活动。

（6）记录与报告：通过适当的机制记录和报告风险管理过程及其结果。

3.2　信息安全风险管理

信息安全风险管理围绕着信息安全的基本属性（简称"安全属性"，比如保密性、完整性、可用性）和信息安全风险的基本要素（简称"风险要素"）展开。首先，从每个安全属性的角度对各个风险要素及其相互关系进行识别、分析和评价，得出反映风险重要程度的风险等级（即"风险评估"）。然后，对照事先确定的风险接受准则，判断风险是否可接受；对于不可接受的风险，针对各个风险要素分别采取相应的控制措施，包括针对资产的保护和备份措施、针对威胁主体的威慑和打击措施、针对威胁行为的防范和抵御措施、针对脆弱性的加固和补丁措施、针对影响的抑制和弥补措施，从而改进和完善现有的控制措施（即"风险处置"，包括风险规避（risk avoidance）、风险修正（risk modification）、风险保留（risk retention）、风险分担（risk sharing））。

3.2.1　安全属性

相关安全概念如下。

ISO/IEC 27000：2018 中定义信息安全（information security）为：保持信息的保密性、完整性和可用性。除此之外，还可能涉及其他属性，如真实性、可核查性、抗抵赖性和可靠性等。

由于信息存在于信息系统中，信息系统进而存在于支撑环境（机房、场地等）中，故要保护信息的安全，也需要保护信息系统和支撑环境的安全。这里信息本身的安全性是目的，信息系统和支撑环境的安全性是手段。

ISO/IEC TS 27100：2020 中定义网络安全（cybersecurity）为：保护人民、社会、组织和国家，将面临的网络安全风险控制在可接受范围内。比如：社会、组织和国家的稳定性和连续性，人员和组织的资产（包括数据）安全，人的生命和健康安全。需要注意的是另外一个网络安全（network security）是指通信网络的安全，本书绝大部分的"网络安全"是cybersecurity。

ISO/IEC 2382：2015 中定义隐私保护（privacy protection）为：为确保隐私所采取的措

施,这些措施包括数据保护以及对收集、合并和处理个人数据的限制。

ISO/IEC 30145-2:2020 中定义可信赖(trustworthiness)为:以可验证的方式满足涉众期望的能力。根据上下文或行业,以及所使用的具体产品或服务、数据和技术,应用不同的特征,并需要验证,以确保利益相关者的期望得到满足。可信赖的特征包括可靠性、可用性、弹性、安全性、隐私性、安全、可核查性、透明度、完整性、真实性、质量、有用性和准确性等。可信赖是一种属性,可以应用于服务、产品、技术、数据和信息,在治理的上下文中,也可以应用于组织。本书以可信赖作为人工智能和算法、系统、服务等安全的属性之一,选取了常见的特征,如图 3.4 所示。

上述定义中涉及的各种属性定义如下。

(1) 保密性(confidentiality):不向未经授权的个人、实体或过程提供或披露信息的属性。[ISO/IEC 27000:2018,3.10]

(2) 完整性(integrity):准确性和完备性。[ISO/IEC 27000:2018,3.36]

(3) 可用性(availability):可被授权实体按需访问和使用的属性。[ISO/IEC 27000:2018,3.7]

(4) 真实性(authenticity):实体和所宣称的一致。[ISO/IEC 27000:2018,3.6]

(5) 质量(quality):在指定条件下使用时,数据特征满足规定和隐含需求的程度。[ISO/IEC TS 5723:2022,3.2.10]

(6) 可核查性(accountability):该属性确保实体的操作可以唯一地跟踪到该实体。[ISO/IEC 7498-2:1989]

(7) 不可抵赖性(non-repudiation):能够证明所声称事件或行动的发生及其发起实体的能力。[ISO/IEC 27000:2018,3.48]

(8) 有效性(validity):通过测量应该测量的内容和产生可用于预期目的的结果来评估达到其目的的程度。如果评估结果受到与评估既定目标无关技能的过度影响,则评估的效度较低。[ISO/IEC 23988:2007,3.25]

(9) 可靠性(reliability):与预期行为和结果一致。[ISO/IEC 27000:2018,3.55]

(10) 透明性(transparency):(1)确保所有与隐私相关的数据处理,包括法律、技术和组织设置都可以被理解和重构。[ISO/IEC TR 27550:2019,3.24](2)系统或过程的一种属性,其含义是公开和可核查。[ISO/IEC 27036-3:2013,3.3](3)开放、全面、可访问、清晰和可理解的信息呈现。[ISO/IEC TS 5723:2022,3.2.19]

(11) 有用性(usability):系统产品或服务能够被指定的用户在指定的使用环境中有效、高效和满意地用于实现指定的目标的程度。[ISO/IEC TS 5723:2022,3.2.21]

(12) 弹性(resilience):抵抗破坏影响的能力。[ISO/IEC 27031:2011,3.14]

(13) 隐私(privacy):不干涉个人私生活或事务的自由。[ISO/IEC TS 5723:2022,3.2.9]

(14) 安全(safety):一个系统的属性,在定义的条件下,它不会导致人类生命、健康、财产或环境受到威胁的状态。[ISO/IEC TS 5723:2022,3.2.17]

(15) 安全性(security):抵制旨在对系统造成伤害或损坏的故意的、未经授权的行为。[ISO/IEC TS 5723:2022,3.2.18]

(16) 可说明性(explainability):AI 系统的属性,以人类能够理解的方式表达影响 AI 系统结果的重要因素。[ISO/IEC 22989:2022,3.5.7]

(17) 可解释性(interpretability):理解底层(AI)技术如何工作的水平。[ISO/IEC TR

29119-11:2020，3.1.42]

（18）可控性(controllability)：允许人类或其他外部代理干预系统的功能运行。[ISO/IEC TS 5723:2022，3.2.5]

（19）鲁棒性(robustness)：系统在各种情况下保持其性能水平的能力。[ISO/IEC TS 5723:2022，3.2.16]

（20）准确性(accuracy)：对观察、计算或估计结果与真实值或公认为真实值的接近程度的度量。[ISO/IEC TS 5723:2022，3.2.2]

（21）偏见(bias)：对某些物体、人或群体的系统性区别对待。[ISO/IEC TR 24368:2022，3.2]

（22）公平性(fairness)：处理、行为或结果尊重既定事实、社会规范和信仰，不受偏袒或不公正歧视的决定或影响。公平不等同于没有偏见。偏见并不总是导致不公平，不公平可能是由偏见以外的因素引起的。[ISO/IEC TR 24368:2022，3.7]

安全就是对保护对象相关安全属性的保持。数智安全涉及的安全属性如图 3.4 所示，虽然相比于信息安全有扩展，但信息安全风险管理的原则、方法、过程等仍然适用。

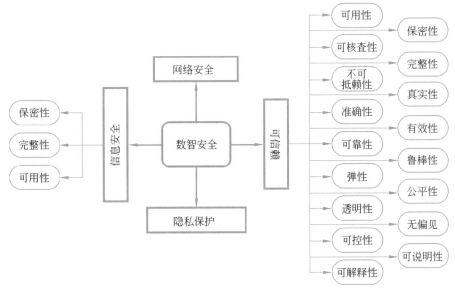

图 3.4　数智安全属性

3.2.2　风险要素

明确了要保护什么之后，就需要明确风险在哪里，信息安全风险的基本要素是指信息系统及其支撑环境从安全角度考虑所面临风险的基本组成成分，包括资产、威胁、脆弱性、影响和控制措施。

（1）资产(asset)：对组织具有价值的任何东西。即保护对象。

（2）威胁(threat)：导致对系统或组织伤害事件的潜在原因。

（3）脆弱性(vulnerability)：可能被一个或多个威胁利用的资产或资产组的弱点。

（4）影响(impact)：信息安全事件的结果。

（5）控制措施(control)：处理风险的实践、规程或机制。

其中资产是核心要素,其他都是围绕资产而生的,即威胁是资产面临的威胁,脆弱性是资产自身的脆弱性,影响是资产损失带来的负面影响,控制措施是保护资产的措施。

风险表征的是不确定性,即威胁可能发生,可能产生负面的影响;一旦威胁已经发生,但尚未产生负面影响,风险即演变为了事态(event);更进一步,如果已经产生了负面影响,则事态已演变为事件(incident)。

3.2.3 控制措施

明确了保护什么和相应风险之后,就可以有针对性地采取控制措施处置风险,包括任何过程、策略、设备、惯例或其他处置风险的措施。

控制措施包括:组织控制措施、人员控制措施、物理控制措施、技术控制措施。控制措施从不同角度有不同的属性分类。

(1)类型:从控制何时以及如何处置与信息安全事件发生相关的风险的角度来查看控制的属性。属性值包括 preventive(在威胁发生前采取行动)、detective(在威胁发生时采取行动)和 corrective(在威胁发生后采取行动);

(2)安全属性:从控制措施将有助于保持哪些安全属性的角度来看。属性值包括保密性、完整性和可用性等;

(3)网络空间安全概念:从网络空间安全框架中定义的网络空间安全概念与控制措施关联的角度来查看。属性值包括识别、保护、检测、响应和恢复;

(4)操作功能:操作功能是从信息安全功能的实践者角度来查看控制措施的属性。属性值包括治理、资产管理、信息保护、人力资源安全、物理安全、系统和网络安全、应用安全、安全配置、身份和访问管理、威胁和漏洞管理、连续性、供应商关系安全、法律和合规性、信息安全事件管理和信息安全保障。

(5)安全域:是从四个信息安全域的角度来看待控制的属性。属性值包括治理与生态系统、保护、防御和弹性。"治理和生态系统"包括"信息系统安全治理与风险管理"和"生态系统网络安全管理";"保护"包括"IT 安全架构""IT 安全管理""身份和访问管理""IT 安全维护"和"物理和环境安全";"防御"包括"检测"和"计算机安全事件管理";"弹性"包括"运营的连续性"和"危机管理"。

3.2.4 管理过程

依据 ISO/IEC 27005(对应国标 GB/T 31722),信息安全风险管理过程可以迭代进行风险评估和/或风险处置活动。进行风险评估的迭代方法可以增加每次迭代评估的深度和细节。迭代方法最大限度地减少识别控制所花费的时间和精力,同时仍确保与适当评估风险之间的良好平衡。

语境建立是指综合信息安全的内部和外部语境用于信息安全风险管理或信息安全风险评估,需要确定风险管理的对象和范围、确定相关的基本要求、实施风险评估、建立和维护信息安全风险标准、选择合适的信息安全风险管理途径和方法。

风险评估包括以下活动。

(1)风险识别:发现、识别和描述风险;回答风险是什么(What)、在哪里(Where)和何时(When)发生的问题;具体包括识别风险 5 要素:资产识别、威胁识别、脆弱性识别、影响识别、现有控制措施识别。

（2）风险分析：是理解风险类型和确定风险水平的过程，包括考虑风险的原因和来源、特定事件发生的可能性、该事件产生后果的可能性以及这些后果的严重性；回答风险为什么（Why）发生和相对级别（Level）的问题；具体包括：分析资产价值并赋值即资产价值分析，分析威胁主体动机和威胁行为能力并赋值，即威胁程度分析，分析脆弱性被威胁利用的难易程度并赋值即脆弱程度分析，分析资产因信息安全事件可能受到影响的严重程度并赋值，即影响程度分析，分析信息安全事件发生可能性，即可能性分析。

风险计算示例如下：

- 威胁潜力＝T（威胁主体动机＋，威胁行为能力＋）
- 信息安全事件发生的可能性＝P（脆弱程度＋，威胁潜力＋）
- 信息安全事件后果的严重性＝S（资产价值＋，影响程度＋）
- 信息安全风险值＝R（信息安全事件发生的可能性＋，信息安全事件后果的严重性＋，信息安全控制措施的有效性－）

其中，R、P、S 和 T 为计算函数，其表达方式既可以是数学公式也可以是计算矩阵；"＋"表示正相关参数（即与函数值正相关）；"－"表示负相关参数（即与函数值负相关）。

（3）风险评价：将风险分析的结果与风险标准进行比较，以确定风险和/或其重要性是否可以接受，基于这种比较，可以考虑是否需要处置。回答风险有多么（How）严重的问题。

风险评估应尽可能确保一致、有效和可重现的结果。此外，结果应该具有可比性，例如确定风险水平是否增加或减少。

组织应确保其信息安全风险管理方法与组织风险管理方法保持一致，以便任何信息安全风险都可以与其他组织风险进行比较，而不是单独考虑。有两种主要的评估方法：基于事件的方法和基于资产的方法。

如果风险评估提供了足够的信息来有效地确定将风险处置到可接受水平所需的操作，那么任务就完成了，接下来就是风险处置。如果信息不充分，则应进行另一轮风险评估。这个可能涉及风险评估范围的改变、相关领域的专业知识，或通过其他方式收集所需信息，以将风险处置到可接受的水平。

风险处置涉及以下迭代过程。

（1）制定和选择风险处置方式（风险规避、风险修正、风险保留、风险分担）。

（2）规划和实施风险处置。

（3）评估该处置的有效性。

（4）判断剩余风险是否可接受。

（5）如不可接受则进一步处置。

有可能风险处置并不能立即达到剩余风险可接受的状态。在这种情况下，可以进行另一次尝试以找到进一步的风险处置，或者可以进行另一次风险评估的迭代，无论是整体还是部分。这可能涉及风险评估语境的变化（例如通过修改范围）和相关领域专业知识的参与。有关相关威胁或漏洞的知识可以在下一次风险评估迭代中就合适的风险处置活动做出更好的决策。

3.3 人工智能风险管理

基于风险管理基础标准 ISO 31000:2018《风险管理指南》,ISO/IEC 23894《信息技术 人工智能 风险管理指南》梳理了人工智能的风险,给出了人工智能风险管理的流程和方法。在人工智能风险管理中,语境建立、风险评估、风险处置和记录与报告 4 个基本步骤需要体现人工智能的特性,监视与评审和沟通与协商则贯穿于这 4 个基本步骤之中。

由于人工智能技术的潜在复杂性、缺乏透明度和不可预测性,应特别考虑人工智能系统项目级别的风险管理过程。这些系统项目级别的过程应该与组织的目标保持一致,并且应该与其他级别的风险管理同步。例如,人工智能项目的升级和经验应纳入到更高级别,如战略、运营和规划级别,以及其他适用的级别。

风险管理过程的范围、语境和准则直接受到 AI 系统生命周期影响。风险管理过程和 AI 系统生命周期的关系如表 3.1 所示。

表 3.1　风险管理过程和 AI 系统生命周期关系

风险管理 AI 系统生命周期	AI 风险管理框架	AI 风险管理过程				
		范围、语境、准则	风险评估	风险处置	监视与评审	记录与报告
与风险管理相关的组织活动	监管机构为人工智能风险管理指定方向。高层管理人员参与。建立高水平的风险管理偏好和一般标准	接收和处理来自人工智能系统风险管理流程的反馈报告。改进风险管理框架,依赖于扩展和细化风险管理工具:				
		风险准则目录	潜在风险源目录。风险源评估和测量技术目录	缓解措施目录	用于监视和控制 AI 系统的技术目录	用于追踪、记录、报告内外部利益相关方共享关于 AI 系统的信息的既定方法和定义格式的目录
开始	根据组织和利益相关者的原则和价值观,监管机构检查人工智能系统的目标。全面分析确定 AI 系统是否可行,并定位组织寻求解决的问题	通过定制组织的风险管理框架,建立 AI 系统风险管理流程和系统风险标准	识别指定 AI 系统的风险来源(可能以多层方式)并详细描述	建立详细的风险处置计划	实施、测试和评估必要的"概念证明"方法	记录分析结果和建议,并传达给最高管理层
设计与开发 检验和确认	监管机构根据收到的反馈报告,不断重新评估系统的目标、有效性和可行性	根据反馈报告,可能会修改 AI 系统的风险标准	不断执行风险评估(可能是多层面的)	实施风险处置计划。持续实施风险处置和风险评估,直到达到确定的风险准则	在测试、验证和证明期间,对系统组件和整个系统的风险处置计划进行评估和调整	结果被记录并反馈给相关的风险管理过程活动。如必要,这些结论将被传达给管理层和监管机构

续表

风险管理 AI 系统生命 周期	AI 风险 管理框架	AI 风险管理过程				
		范围、语境、 准则	风险评估	风险处置	监视与评审	记录与报告
部署	监管机构根据收到的反馈报告，不断重新评估系统的目标、有效性和可行性	AI 系统的风险准则和风险管理过程将根据必要的"配置"变更进行调整	不断执行风险评估（可能是多层面的）	风险处置计划可能会因"配置"的变化和实施而进行更新。持续实施风险处置和风险评估，直到达到确定的风险准则	重新评估 AI 系统的风险处置计划，以便进行必要的调整	结果被记录并反馈给相关的风险管理过程活动。如必要，这些结论将被传达给管理层和监管机构
运行监视 持续确认	监管机构根据收到的反馈报告，不断重新评估系统的目标、有效性和可行性	AI 系统的风险标准可能会根据反馈报告而被修改	该系统的风险评估计划可能会根据风险准则的变化而进行调整	该系统的风险处置计划可能会根据风险评估结果中的风险变化进行调整	对系统组件的风险处置计划进行评估和调整	
再评价	监管机构重新审视 AI 系统的目标及其与组织和利益相关方的原则和价值观，通过分析，确定可行性	根据特定目的和范围、运行监控的结果和新的监管要求，重新评估 AI 系统的风险管理过程和系统的风险准则	针对现有 AI 系统风险源清单，检查任何可能存在的相关性和差距	风险处置计划可能会更新。持续实施风险处置和风险评估，直到达到确定的风险准则	重新评估 AI 系统的风险处置计划，以便进行必要的调整	
退役或更换 触发新的风险管理过程，实现新的目标、风险及其缓解措施。	监管机构重新审视 AI 系统的目标及其与组织和利益相关方的原则和价值观，通过分析，确定可行性	建立 AI 系统的风险管理、报废流程和系统报废风险准则	确定并详细描述了特定 AI 系统报废的风险来源	制定详细的风险处置方案	实施、测试和评估必要的"概念验证"方法	

3.3.1　语境建立

　　人工智能风险管理的第一步确定范围、语境和准则，目的是针对性设置风险管理过程，以便进行有效的风险评估和适当的风险应对。对于使用人工智能的组织，人工智能风险管理的范围、人工智能风险管理过程的背景以及评估风险对支持决策过程的重要性的标准应加以扩展，以确定组织中正在开发或使用人工智能系统的地方。这种人工智能开发和使用的清单应被记录在案,并纳入组织的风险管理过程中。

1. 定义范围

组织应界定其风险管理活动的范围。由于风险管理过程可以在不同层面(例如,战略、运行、方案、项目或其他活动),因此必须明确所考虑的范围、相关目标以及它们与组织目标的一致性。在规划时,考虑事项包括:目标和需要做的决策、每一步流程取得的预期结果、时间、地点,具体的包含和除外的内容、适当的风险评估工具和技术、需要的资源、责任和记录,与其他项目、流程和活动的关系。该范围应考虑到一个组织不同级别的具体任务和责任。此外,应该考虑组织开发或使用的数智系统的目标和目的。

2. 外部和内部语境

外部和内部语境是组织寻求确定和实现其目标的语境。风险管理过程的语境应建立在对组织运行所处的外部和内部语境的理解之上,并应反映应用风险管理过程的活动的具体语境。理解语境很重要,因为风险管理是在组织的目标和活动的语境下进行的、组织因素可能是风险的来源、风险管理过程的目的和范围可能与整个组织的目标相关。

建立风险管理过程的外部和内部语境,组织应该通过考虑包括但不限于表 3.2 所示因素。

表 3.2　风险管理过程的外部和内部语境

外 部 语 境	内 部 语 境
① 社会、文化、政治、法律、法规、金融、技术、经济和语境因素,无论是国际、国家、区域还是地方 ② 影响组织目标的关键驱动因素和趋势 ③ 外部利益相关方的关系、观念、价值、需求和期望 ④ 合同关系和承诺 ⑤ 网络及相关系统的复杂性	① 愿景、使命和价值观 ② 治理、组织结构、岗位和责任 ③ 战略、目标和方针 ④ 组织的文化 ⑤ 组织采用的标准、准则和模式 ⑥ 能力,从资源和知识(例如,资本、时间、人员、知识产权、过程、系统和技术)层面理解 ⑦ 数据、信息系统和信息流 ⑧ 与内部利益相关方的关系,考虑到他们的观念和价值 ⑨ 合同关系和承诺; ⑩ 相互的依存和互连性

由于人工智能系统的潜在影响巨大,在形成和建立风险管理过程的语境时应特别注意其利益相关者的环境。应谨慎考虑的利益相关方,包括但不限于:组织本身、客户、合作伙伴和第三方、供应商、最终用户、监管机构、民间组织、个人、受影响社区及社会。

其他涉及外部和内部语境因素,可包括:人工智能系统是否会伤害人类、拒绝提供基础服务(如中断将危及生命、健康或人身安全)或侵犯人权(例如通过不公平和有偏见的自动化决策)或造成环境危害;外部和内部对组织社会责任、环保责任的期望。

3. 确定风险准则

组织应规定其相对于目标可能承担或可能不承担的风险的数量和类型,确定风险准则以评估风险的意义和支持决策过程。风险准则应与风险管理框架保持一致,并根据所考虑的活动的具体目的和范围进行定制。风险准则应反映组织的价值、目标和资源,并与有关风险管理的方针和声明相一致。应该考虑组织的义务和利益相关方的观点来确定准则。

虽然风险准则应在风险评估过程开始时建立,但它们是动态的,必要时应不断检查修正。在定义风险准则时需要考虑的因素,如表 3.3 所示。

表 3.3　定义风险准则时需要考虑的因素

定义风险准则考虑因素 （根据 ISO 31000:2018，6.3.4）	其他考虑因素 （开发和使用人工智能系统）
影响结果和目标的不确定性的性质和类型（有形的和无形的）； 如何确定和测量结果（正负两方面）和可能性	组织应采取合理步骤，了解 AI 系统所有部分的不确定性，包括所使用的数据、软件、数学模型、物理扩展和系统方面的人机回圈（如数据收集和打标签期间的任何相关人类活动）
时间相关因素	参考 ISO 31000:2018
使用测量的一致性	组织应该意识到人工智能是一个快速发展的技术领域。根据运行中的人工智能系统有效性和适当性，测量方法保持一致
如何确定风险等级	组织应建立一致的方法来确定风险水平。方法应反映人工智能系统对不同目标的潜在影响。 （人工智能的 11 个目标：问责机制、专业知识、数据质量、环境影响、公平性、可维护性、隐私性、鲁棒性、人身安全、信息安全、透明度和可解释性）
如何综合考虑多个风险的组合和序列	参考 ISO 31000:2018
组织的能力	在确定组织的人工智能风险偏好时，应考虑组织的人工智能能力、知识水平和减轻人工智能风险的能力

3.3.2　风险评估

　　针对确立的风险管理对象所面临的风险进行识别、分析和评价。风险评估应该系统、迭代和协调地进行，并利用利益相关方的知识和观点。它应该使用最好的可用信息，必要时补充进一步的查询。

　　人工智能安全风险应根据与组织相关的风险准则和目标进行识别、量化或定性描述，并确定优先级。在识别人工智能系统的风险时，应根据所考虑系统的性质及其应用环境考虑各种风险来源，包括：环境复杂性、缺乏透明度和可解释性、自动化程度、与机器学习相关的风险来源、系统硬件故障、系统生命周期故障、技术准备。虽然上述风险来源并不全面，但经验表明，对于首次执行风险评估工作或将人工智能风险管理集成到现有管理结构中的任何组织，将这些风险来源作为基线是有价值的。因此，从事 AI 系统开发、供应或应用的组织应将其风险评估活动与系统生命周期保持一致。不同的风险评估方法可以应用于系统生命周期的不同阶段。

3.3.3　风险处置

　　风险处置的目的是选择和实施解决风险的方案。风险处置涉及反复优化过程，制定和选择风险处置方案、策划和实施风险处置、评估处置的有效性、决定剩余风险是否可接受，如果不能接受则采取进一步措施。

　　1. 风险处置方案选择

　　选择最合适的风险处置方案包括平衡与实现目标有关的潜在利益与实现的成本。风险处置方案不一定在任何情况下都适用，处置风险的选择可能涉及以下一个或多个：决定不启动或停止实施有风险的活动来避免风险、承担或整合风险以追求机会、消除风险源、改变

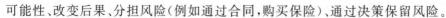

可能性、改变后果、分担风险(例如通过合同,购买保险)、通过决策保留风险。

风险处置的理由不仅仅限于经济考虑,还应考虑到组织的所有义务、自愿承诺和利益相关方的观点。应根据组织的目标、风险准则和可用资源来选择风险处置方案。在选择风险处置方案时,组织应考虑利益相关方的价值、感知和参与能力,以及与其沟通和协商的最适当方式。虽然同样有效,一些风险处置可能比其他的更容易被一些利益相关方接受。即使精心设计和实施,也可能不会产生预期的结果,并可能产生意想不到的后果。监视与评审需要成为实施风险处置的一个组成部分,以确保不同形式的处置变得有效并保持有效。

风险处置也会引入需要管理的新风险。如果没有可供选择的处置方案,或者如果处置方案没有充分改变风险,则应记录风险并持续进行评审。决策者和其他利益相关方应该知道风险处置后剩余风险的性质和程度。剩余风险应记录下来,并进行监测、评审,并在适当的情况下做进一步处置。

2. 准备和实施风险处置计划

风险处置计划的目的是指明如何实施所选择的处置方案,以便相关人员理解安排,并且可以监测针对计划的进展。处置计划应清楚地确定应实施风险处置的顺序。

处置计划应与适当的利益相关方协商,纳入组织的管理计划和过程。处置计划中提供的信息应包括:选择处置方案的基本原理,包括获得预期的益处、负责批准和实施计划的人、建议的行动、所需资源,包括突发事件、绩效评估、制约因素、所需的报告和监测、何时开始和结束。风险处置计划一旦形成文件,就应实施其中所选择的风险处置措施。

3.3.4 监视与评审

监视与评审的目的是确保和提高过程设计、实施和结果的质量与有效性。在最开始规划风险管理流程时,应该将持续监视和定期评审作为其中的一部分内容,明确界定人员职责。流程的所有阶段都应该进行监视和评审。监视和评审包括计划、收集和分析信息、记录结果和提供反馈。监视和评审的结果应纳入整个组织绩效的管理、评估和报告等活动中。

3.3.5 记录与报告

应通过适当的机制记录和报告风险管理流程及其成果。记录与报告的目的是在整个组织内同步风险管理的活动和成果、为决策提供信息、改进风险管理活动、协助与利益相关方的互动,包括对风险管理活动有职责的相关方。关于建立、保留和处理文件化信息的决定应考虑但不限于:它们的用途、信息敏感性以及外部和内部环境。

报告是组织治理的组成部分,应提高与利益相关方沟通的质量,并支持最高管理和监督机构履行其职责。报告应考虑的因素包括但不限于:不同的利益相关方及其特定的信息需求和要求,报告的成本、频率和及时性,报告方法,信息与组织目标和决策的相关性。

组织应建立、记录并保持一种系统,用于从实施阶段和实施后阶段收集和验证产品或类似产品的信息。该组织还应收集和审查有关市场上类似系统的公开资料。然后应该评估这些信息与人工智能系统可信度的可能相关性。特别是,应评估以前未发现的风险,以及以前评估的风险的可接受程度。这些信息可以作为目标、用例或经验教训的调整,提供并纳入组织的人工智能风险管理过程。

如果这些条件中的任何一个适用,组织应执行以下各项:评估对以往风险管理活动的影响,并将评估结果反馈到风险管理过程中。检讨人工智能系统的风险管理工作。如果存在剩余风险或其可接受性发生变化的可能性,应评估其对现有风险控制措施的影响。评估的结果应该被记录。风险管理记录应允许通过所有风险管理过程对每个已识别的风险进行跟踪。记录可以利用组织所同意的公共模板。

除了记录范围、语境和准则、风险评估和风险处置外,记录应至少包括以下信息:对所分析系统的描述和识别、方法应用、人工智能系统的预期用途说明、进行风险评估的个人和组织的身份、风险评估的职权范围和日期、风险评估的发布情况、目标是否达到及达到何种程度。

3.3.6　沟通与协商

沟通与协商的目的是协助利益相关方理解风险、明确做出决策的依据以及需要采取特定行动的原因。沟通旨在提高对风险的认识和理解,而协商则涉及获得反馈和信息以支持决策。两者之间的密切协调应促进真实、及时、相关、准确和可理解的信息交换,同时考虑到信息的保密性和完整性以及个人的隐私权。

与适当的外部和内部利益相关方的沟通和协商,应贯穿风险管理过程的所有步骤内和整个流程中进行。

沟通和协商的目的是:为风险管理过程的每个步骤汇集不同领域的专业知识;确保在确定风险准则时适当考虑不同的观点;评价风险;提供足够的信息,促进风险监督和决策;在受风险影响的人群中树立一种包容性和主人翁意识。

可能受到数智系统影响的利益相关者可能比最初预期的要多,可能包括不被考虑的外部利益相关者,也可能扩展到社会其他群体。

3.4　信息安全管理体系

3.4.1　信息安全管理体系概述

1. 基本概念

1)信息

信息是一种资产,与其他重要的业务资产一样,对组织的业务至关重要,因此需要得到适当的保护。信息可以以多种形式存储,包括:数字形式(如存储在电子或光媒体上的数据文件)、物质形式(如纸上),以及以员工知识形式表示的未呈现信息。信息可能通过各种方式进行传输,包括:快递、电子或口头通信。无论信息采用何种形式,或以何种形式传输,它总是需要适当的保护。

在许多组织中,信息依赖于信息通信技术。这项技术通常是组织的一个基本元素,有助于促进信息的创建、处理、存储、传输、保护和销毁。

2)信息安全

信息安全确保信息的保密性、可用性和完整性。信息安全涉及应用和管理适当的控制措施,包括考虑到各种威胁,以确保业务的持续成功和连续性,并最大限度地减少信息安全事件的后果。

信息安全是通过实施一套适用的控制措施来实现的,这套控制措施通过选定的风险管理过程进行选择,包括策略、过程、规程、组织结构、软件和硬件,用以保护已识别的信息资产。必要时,需要规定、实施、监视、评审和改进这些控制措施,以确保满足组织的特定信息安全和业务目标。相关的信息安全控制措施也是期望与组织业务过程无缝集成。

3)管理

管理涉及在适当的结构中指导、控制和持续改进组织的活动。管理活动包括组织、处理、指导、监督和控制资源的行为、方式或实践。管理结构从小型组织中的一个人扩展到大型组织中由许多人组成的管理层级。

信息安全管理涉及通过保护组织的信息资产来实现业务目标所需的监督和决策。信息安全管理通过制定和使用信息安全策略、规程和指南来表达,然后由与组织相关的所有个人在整个组织中应用这些策略、规程和指南。

4)管理体系

管理体系使用资源框架来实现组织的目标。管理体系包括组织架构、策略、规划活动、责任、实践、规程、过程和资源。

在信息安全方面,管理体系使组织能够满足客户和其他利益相关方的信息安全要求,改进组织的计划和活动,满足组织的信息安全目标,遵从法律法规、规章制度和行业规定,并且以有组织的方式管理信息资产,来促进持续改进和调整当前的组织目标。

5)过程方法

组织需要识别和管理许多活动,以便既有效果又有效率地运作。需要管理任何使用资源的活动,以便能够使用一组相互关联或相互作用的活动将输入转换为输出,这也称为过程。一个过程的输出可直接形成另一个过程的输入,通常这种转换是在计划和受控的条件下进行的。组织内过程系统的应用,以及这些过程的识别、交互及其管理,可称为"过程方法"。

2. 要素和原则

信息安全管理体系(Information Security Management System,ISMS)由策略、规程、指南及相关资源和活动组成,由组织集中管理,目的在于保护其信息资产。ISMS 是建立、实施、运行、监视、评审、维护和改进组织信息安全来实现业务目标的系统方法。它是基于风险评估和组织的风险接受程度,为有效地处置和管理风险而设计的。分析信息资产保护的需求,并根据需要应用适当的控制措施来切实保护这些信息资产,有助于 ISMS 的成功实施。

为保障 ISMS 的成功实施,可以遵循下列基本原则:认识到信息安全的必要性,分配信息安全的责任,明确管理者的承诺和利益相关方的利益,提升信息安全管理的社会价值,开展信息安全风险评估来确定适当的控制措施,以达到可接受的风险程度。在此基础上提升安全能力建设,将安全作为信息网络和系统的基本元素,主动防范和发现信息安全事件。同时,确保信息安全管理方法的全面性,并能够做到根据组织业务、外部环境和法律法规要求的变化,持续对信息安全进行再评估并酌情进行修改。

3. 作用和意义

实现信息安全需要管理风险,包括与组织内部或组织使用的所有形式的信息相关的物理、人为和技术威胁带来的风险。采用 ISMS 是期望其成为组织的一项战略决策,并且该决策有必要根据组织的需要进行无缝集成、扩展和更新。组织 ISMS 的设计和实施受组织的需要和目标、安全要求、采用的业务过程以及组织的规模和结构的影响。ISMS 的设计和运行需要反映组织的利益相关方(包括客户、供应商、业务伙伴、股东和其他相关第三方)的利益和信息安全要求。

在相互连接的世界中,信息和相关的过程、系统和网络组成关键业务资产。组织及其信息系统和网络面临来源广泛的安全威胁,包括计算机辅助欺诈、间谍活动、蓄意破坏、火灾和洪水。恶意代码、计算机黑客和拒绝服务攻击对信息系统和网络造成的损害已变得更加普遍、更有野心和日益复杂。

ISMS 对于公共和私营部门业务都很重要。在任何行业中,ISMS 都使电子商务成为可能,对风险管理活动至关重要。公共和私营网络的互联以及信息资产的共享增加了信息访问控制和处理的难度。此外,包含信息资产的移动存储设备的分布可能削弱传统控制措施的有效性。当组织采用了 ISMS 标准体系,便可向业务伙伴和其他受益相关方证明其运用一致且互认的信息安全原则的能力。

在信息系统的设计和开发中,信息安全并不总是被考虑到的。而且,信息安全常被认为是技术解决方案。然而,能通过技术手段实现的信息安全是有限的,若没有 ISMS 的适当管理和规程支持,信息安全可能是无效的。将安全性集成到功能完备的信息系统中可能是困难和昂贵的。ISMS 涉及确认哪些控制措施到位,需要仔细规划并注意细节。例如,可能是技术(逻辑)、物理、行政(管理)或组合的访问控制提供了一种手段,以确保根据业务和信息安全要求授权和限制对信息资产的访问。

ISMS 的成功采用对于保护信息资产非常重要,它使组织能够更好地确保其信息资产得到持续的充分保护,免受威胁;保持一个结构化和全面的框架,来识别和评估信息安全风险,选择和应用适用的控制措施,并测量和改进其有效性。另一方面,可以持续改进其控制环境,有效地实现法律法规的合规性。

3.4.2　信息安全管理体系过程

组织在建立、监视、保持和改进其 ISMS 时,需要采取如下步骤。

(1)识别信息资产及其相关的信息安全需求,评估信息安全风险和处置信息安全风险。

(2)选择并实施相关控制措施,以管理不可接受的风险。

(3)监视、保持和改进组织信息资产相关控制措施的有效性。

同时,为确保 ISMS 持续有效地保护组织的信息资产,有必要不断重复上述步骤,以识别风险或组织战略或业务目标的变化。

1. 识别信息安全需求

在组织的总体战略和业务目标、规模和地理分布的范围内,可通过了解如下方面来识别信息安全需求,包括已识别的信息资产及其价值,信息处理、存储和通信的业务需要,法律法规、规章制度和合同要求。根据风险评估工作需要,对与组织信息资产相关的风险进行有条不紊的评估包含分析信息资产面临的威胁、信息资产存在的脆弱性、威胁实现的可能性,以及任何信息安全事件对信息资产的潜在影响。期望相关控制措施的支出与感知到的风险成为现实所造成的业务影响相称。

2. 评估信息安全风险

管理信息安全需要一种适合的风险评估和风险处置方法,该方法可包括对成本和收益、法律要求、利益相关方的关切以及其他适合的输入和变量的判断。风险评估可以根据风险接受准则和与组织相关的目标来识别、量化并按重要性排列风险。评估结果宜指导和确定适当的管理行动及其优先级,以管理信息安全风险,并实施为防范这些风险而选择的控制措施。

需要注意的是,有必要定期进行风险评估,以应对信息安全要求和风险状况的变化,例如,资产、威胁、脆弱性、影响、风险评价以及发生重大变化时的变化。这些风险评估宜以能够产生可比较和可重现结果的有条不紊的方法进行。为保障信息安全风险评估的有效性,建议具有明确界定的范围,以便有效,还包括与其他区域风险评估的关系。

ISO/IEC 27005(对应国标 GB/T 31722)提供信息安全风险管理指南,包括关于风险评估、风险处置、风险接受、风险报告、风险监视和风险评审的建议。风险评估方法的例子也包括在内。

3. 处置信息安全风险

以风险管理为核心,在考虑风险处置之前,需要确定风险是否可接受。例如,如果评估风险较低或处置成本对组织不具有成本效益,则可接受风险。此类决定要予以记录。

对于经过风险评估后识别的每个风险,需要做出风险处置决策。风险处置的可能选项包括:一是采用适当的控制措施来降低风险;二是明知而客观地接受风险,前提是这些风险明确地满足组织的风险接受策略和准则;三是通过不允许可能导致风险发生的行为来规避风险;四是与其他方共担相关风险,例如,保险公司或供应商。对于那些已决定采用适当控制措施来处置的风险,可以选择和实施这些控制措施。

4. 选择和实施控制措施

一旦识别了信息安全需求,确定和评估了所识别信息资产的信息安全风险,并做出了处置信息安全风险的决定,则选择和实施风险降低的控制措施。控制措施宜确保将风险降低至可接受的程度,同时考虑到以下因素:国家和国际法律法规的要求和约束;组织目标;运行要求和约束;风险降低相关的实施和运行成本,并保持与组织要求和约束相称;监视、评价和改进信息安全控制措施的效果和效率以支持组织目的的目标。控制措施的选择和实施宜记录在适用性声明中,以满足合规要求以及控制措施的实施和运行投入与信息安全事件可能导致的损失之间平衡的需要。

宜在系统和项目需求规划和设计阶段考虑信息安全控制措施。如果不这样做,可能会导致额外的成本和低效的解决方案,并且在最坏的情况下,无法实现足够的安全性。控制措施可从 ISO/IEC 27002(对应国标 GB/T 22081)或其他控制措施集中选择。或者,可设计新的控制措施,以满足组织的特定需要。有必要认识到,某些控制措施可能不适用于每个信息系统或环境,也不适用于所有组织。有时,实施所选择的一组控制措施需要时间,在此期间,风险程度可能高于长期所能容忍的程度。风险准则宜涵盖控制措施实施期间短期风险的可承受性。随着控制措施的逐步实施,宜将在不同时间点估算或预计的风险程度告知利益相关方。

5. 监视、保持和改进 ISMS 有效性

组织需要根据其策略和目标监视和评估 ISMS 的执行情况,并将结果报告给管理层审查,从而保持和改进 ISMS。这种 ISMS 审查检查 ISMS 是否包括适用于处置 ISMS 范围内风险的特定控制措施。此外,根据所监视区域的记录,提供对纠正、预防和改进措施进行验证和追溯的证据。

6. 持续改进

ISMS 持续改进的目的是提高实现信息保密性、可用性和完整性目标的可能性。持续改进的重点是寻找改进的机会,而不是假设现有的管理活动已经足够好或已尽其可能。

采取改进措施,首先分析和评价现状,以识别改进的地方。在此基础上,制定改进的目标,寻找实现目标的可能解决方案,评价这些解决方案并做出选择。继而,实施选定的解决方案,测量、验证、分析和评价实施结果,以确定目标已实现。最后,正式确认实施方案并予

以改进。必要时,对结果进行评审,以确定进一步的改进机会。因此,改进是一个持续活动,即经常重复行动。客户和其他利益相关方的反馈、信息安全管理体系的审核和评审也可用于识别改进机会。

3.4.3　信息安全管理体系要点

1. 组织语境

首先,要理解组织及其语境,组织应确定与其意图相关的,且影响其实现信息安全管理体系预期结果能力的外部和内部事项。

其次,理解相关方的需求和期望,组织应确定信息安全管理体系相关方,这些相关方与信息安全相关的要求,相关方的要求可包括法律、法规要求和合同义务。

最后,确定信息安全管理体系范围,组织应确定信息安全管理体系的边界及其适用性,以建立其范围。在确定范围时,应考虑组织实施的活动之间的及其与其他组织实施的活动之间的接口和依赖关系。

2. 领导力

最高管理层应通过以下活动,证实对信息安全管理体系的领导和承诺:确保建立了信息安全策略和信息安全目标,并与组织战略方向一致;确保将信息安全管理体系要求整合到组织过程中;确保信息安全管理体系所需资源可用;沟通有效的信息安全管理及符合信息安全管理体系要求的重要性;确保信息安全管理体系达到预期结果;指导并支持相关人员为信息安全管理体系的有效性做出贡献;促进持续改进;支持其他相关管理角色,以证实其领导按角色应用于其责任范围。

最高管理层应建立信息安全方针,该方针应与组织意图相适宜并包括对满足适用的信息安全相关要求的承诺,形成文件化信息并可用。最高管理层应确保与信息安全相关角色的责任和权限得到分配和沟通,并向最高管理者报告信息安全管理体系绩效。

3. 规划

组织应在相关职能和层级上建立信息安全目标。信息安全目标应与信息安全方针一致,考虑适用的信息安全要求,以及风险评估和风险处置的结果,并适当时更新。组织应保留有关信息安全目标的文件化信息。

组织应确定并提供建立、实现、维护和持续改进信息安全管理体系所需的资源。确定在组织控制下从事会影响组织信息安全绩效的工作人员的必要能力,确保上述人员在适当的教育、培训或经验的基础上能够胜任其工作。适用时,采取措施以获得必要的能力,并评估所采取措施的有效性,保留适当的文件化信息作为能力的证据。

在组织控制下工作的人员应了解信息安全方针,其对信息安全管理体系有效性的贡献,包括改进信息安全绩效带来的益处;不符合信息安全管理体系要求带来的影响。在沟通方面,组织应确定与信息安全管理体系相关的内部和外部的沟通需求。

4. 运行

开展运行规划和控制,组织应规划、实现和控制所需要的过程,保持文件化信息达到必要的程度,以确信这些过程按计划得到执行。组织应控制计划内的变更并评审非预期变更的后果,必要时采取措施减轻任何负面影响。

开展信息安全风险评估。按计划的时间间隔,或当重大变更提出或发生时,执行信息安全风险评估。实现信息安全风险处置计划,保留信息安全风险处置结果的文件化信息。

5. 绩效评价

（1）评价信息安全绩效以及信息安全管理体系的有效性。分析和评价监视和测量的结果，包括信息安全过程和控制；适用的监视、测量、分析和评价的方法，以确保得到有效的结果。

（2）按计划的时间间隔进行内部审核，以提供信息，确定是否符合组织自身对信息安全管理体系的要求，是否得到有效实现和维护。管理评审应考虑以往管理评审提出的措施的状态，与信息安全管理体系相关的外部和内部事项的变化，风险评估结果及风险处置计划的状态以及持续改进的机会。

6. 改进

当发生不符合时，组织应评价采取消除不符合原因的措施的需求，评审任何所采取的纠正措施的有效性；必要时，对信息安全管理体系进行变更，持续改进信息安全管理体系的适宜性、充分性和有效性。

7. 安全控制措施

控制的选择取决于组织决策，该决策基于风险接受准则、风险处置选项、组织采用的通用风险管理方法；控制的选择也必须遵守所有相关的国家法律法规。同时控制的选择也取决于控制交互方式以提供纵深防御。有关控制选择的更详细信息以及其他的风险处置选项，可参见 ISO/IEC 27005。控制措施详见 ISO/IEC 27002《信息技术 安全技术 信息安全控制实用规则》。

8. 实施信息安全管理体系

ISMS 的实施是一种重要活动，通常作为组织的一个项目来执行。图 3.5 给出了规划 ISMS 项目的 5 个阶段以及主要输出文档，包括：获得管理者对启动 ISMS 项目的批准；定义 ISMS 的范围和 ISMS 的方针策略；进行组织分析；进行风险评估和规划风险处置；设计 ISMS。

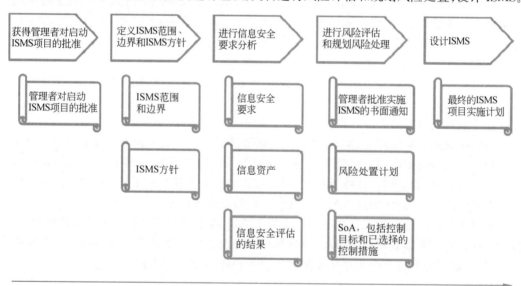

图 3.5　ISMS 项目的各个阶段

3.4.4　信息安全管理标准体系

信息安全管理体系（ISMS）标准体系由已发布或制定中的相互关联的标准组成，并包含

许多重要的结构组件。这些组件的重点是规定如下要求的标准：一是 ISMS 的要求（ISO/
IEC 27001）；二是对进行 ISO/IEC 27001 符合性认证的认证机构的要求（ISO/IEC 27006）；
三是对具体行业 ISMS 实施的附加要求框架（ISO/IEC 27009）。其他文件为 ISMS 实施的
各个方面提供指导，包括通用过程以及具体行业指导。ISMS 标准体系中各标准之间的关
系如图 3.6 所示，对于已转国家标准的国际标准，加括号标出对应的国家标准编号。

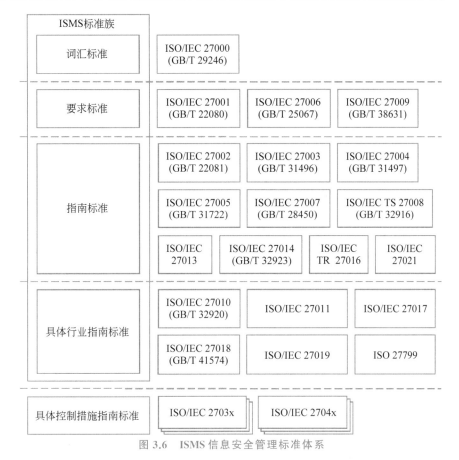

图 3.6　ISMS 信息安全管理标准体系

　　通过采用 ISMS 标准体系，降低信息安全风险（即降低信息安全事件发生的可能性和/
或造成的影响）。具体而言，实施 ISMS 标准体系可以形成一个结构化框架，支持规范、实
施、运行和保持一个全面、经济有效、创造价值、集成和一致的 ISMS，以满足组织跨不同运
行和场所的需要。在企业风险管理和治理的语境下，协助管理层以负责任的方式持续管理
和运用其信息安全管理方法，包括就信息安全的整体管理对业务和系统所有者进行教育和
培训。促进全球公认的良好信息安全实践，使组织有自由采纳和改进适合其具体环境的相
关控制措施，并在面对内部和外部变化时保持这些控制措施。提供信息安全的共同语言和
概念基础，使其更容易信任符合 ISMS 的业务伙伴，特别是如果其需要由一个被认可的认证
机构根据 ISO/IEC 27001 进行认证。增加利益相关方对组织的信任，对信息安全投资进行
更有效的经济管理。

　　一方面，ISMS 提高了组织持续实现其信息资产所需关键成功因素的可能性。另一方
面，许多因素对于 ISMS 的成功实施至关重要，以使组织能够实现其业务目标。ISMS 管理

体系的关键成功因素可以包括：信息安全策略、目标和与目标一致的活动；设计、实施、监视、保持和改进符合组织文化的信息安全的方法与框架；各级管理层，特别是最高管理层的明确支持和承诺；对应用信息安全风险管理（见 ISO/IEC 27005）实现的信息资产保护要求的理解；有效的信息安全意识、培训和教育计划，告知所有员工和其他相关方信息安全策略、标准等中规定的信息安全义务，并激励员工采取相应的行动。除此之外，还有需要建立有效的信息安全事件管理过程，采取有效的业务持续性管理方法以及用于评价信息安全管理绩效和反馈改进建议的度量系统。

3.5 本章小结

通过本章学习，读者可以更深入地理解"风险"的概念，比如，风险包含哪些要素？风险控制有哪几种方式？风险能够完全消除吗？风险管理模型在实际中如何发挥作用？风险管理包含哪些环节？风险可以看成是"不确定性对目标的影响"，具有客观性、偶然性、损害性、不确定性、相对性、普遍性、社会性等性质，风险是不可能也没有必要被完全消除的。因此，数智安全风险管理是对数智化相关风险进行识别、评估和控制的一系列协调活动，是实现数智系统安全保障目标的基础。

从风险的角度看安全，安全的系统即残余风险可控的系统。面临的风险程度不同、资产价值不同、系统重要性不同，要采取的风险控制措施也不一样，需要识别风险、评估风险并采取安全措施处置风险，确保安全措施的成本与资产价值之间取得平衡，将风险降低到可接受的程度。

思考题

1. 风险评估有哪些要点，数据安全风险评估的要素包含哪些内容，围绕数据安全评估实施流程对某一环境进行详细描述。
2. 针对中小型企业，思考如何应用信息安全管理体系提升企业安全防护水平？
3. 针对数据跨境需求的企业，应考虑哪些合规风险，如何开展数据安全风险管理？
4. 思考数智安全伦理方面可能有哪些风险及如何防范？

实验实践

以互联网企业或其他依赖大数据和智能算法的企业为例，设计业务和场景需求，尝试采用信息安全风险评估方法进行风险自评估，请设计出评估流程并对各环节进行展开说明。

第 4 章

网络安全保护基础

随着信息技术的不断发展,网络环境也日益复杂和开放,各行各业都面临着严重的网络安全问题,因此,需要通过建立一个网络安全防御体系来抵御风险,增强网络系统安全防护能力。

本章首先介绍网络安全等级保护基础知识,由于业务目标不同、使用技术不同、应用场景不同等因素,不同的等级保护对象会以不同的形态出现,表现形式可称之为基础信息网络、信息系统(包含采用移动互联等技术的系统)、云计算平台/系统、大数据平台/系统、物联网、工业控制系统等。形态不同的等级保护对象面临的威胁有所不同,安全保护需求也会有所差异。为了便于实现对不同级别的和不同形态的等级保护对象的共性化和个性化保护,等级保护要求分为安全通用要求和安全扩展要求。安全通用要求针对共性化保护需求提出,等级保护对象无论以何种形式出现,必须根据安全保护等级实现相应级别的安全通用要求;安全扩展要求针对个性化保护需求提出,需要根据安全保护等级和使用的特定技术或特定的应用场景选择性实现安全扩展要求。安全通用要求和安全扩展要求共同构成了对等级保护对象的安全要求。其中,网络安全等级保护通用要求又分为技术要求和管理要求,技术要求部分包含安全物理环境、安全通信网络、安全区域边界、安全计算环境和安全管理中心五个层面;管理要求部分包含安全管理制度、安全管理机构、安全管理人员、安全建设管理、安全运维管理五个层面。安全扩展要求包括云计算安全扩展要求、移动互联安全扩展要求、物联网安全扩展要求和工业控制系统安全扩展要求。

关键信息基础设施安全是在网络安全等级保护制度基础上,实行重点保护,结合我国关键信息基础设施安全保护现状和发展需求,进一步介绍了我国关键信息基础设施标准体系建设和工作环节。最后,针对供应链存在的安全风险,提出了供应链安全风险管控措施,加强供应链安全建设管理。

4.1 网络安全等级保护

网络系统的安全保障不是靠单一的产品或技术就可以实现的,而是需要社会共同承担责任及义务。同时,网络安全是各国面临的共同挑战,呈现出本地化、国际化和全球化的特征。因此,网络安全工作应坚持统筹规划、合理布局,应对网络安全问题应区别于传统安全,需要采用法律法规、政策、标准、管理和技术等全方位手段进行综合治理。

1994 年颁布实施的《中华人民共和国计算机信息系统安全保护条例》(国务院令第 147号)明确指出:"计算机信息系统实行安全等级保护"。

2003 年发布的《国家信息化领导小组关于加强信息安全保障工作的意见》(中办发

[2003] 27 号)旨在加强信息安全保障工作的能力和水平,维护国家安全和群众利益,要求抓紧建立信息安全等级保护制度,制定信息安全等级保护的管理办法和技术指南。

2007 年颁布实施的《信息安全等级保护管理办法》(公通字 [2007] 43 号,以下简称《办法》)是为规范信息安全等级保护管理,提高信息安全保障能力和水平,维护国家安全、社会稳定和公共利益,保障和促进信息化建设,依据《中华人民共和国计算机信息系统安全保护条例》等有关法律法规而制定的办法。《办法》中明确了等级保护工作流程分为五个核心环节,即定级、备案、安全建设整改、等级测评和监督检查。

2017 年正式实施的《中华人民共和国网络安全法》(以下简称为《网络安全法》)提出"国家实行网络安全等级保护制度",明确要求网络运营者应当按照网络安全等级保护制度的要求,履行安全保护义务。等级保护从信息系统安全扩展为网络安全(俗称等保 2.0)。

4.1.1　等级保护安全框架

等级保护对象主要包括:信息系统、网络基础设施、云计算、大数据、物联网、工业控制系统等,根据等级保护对象确定安全保护等级,完成对等级保护对象的安全建设或整改,针对等级保护对象的特点建立安全技术体系和安全管理体系,构建具备相应等级安全保护能力的网络安全综合防御体系,全面提升网络安全保护能力。依据 GB/T 22239—2019《信息安全技术　网络安全等级保护基本要求》,网络安全等级保护框架如图 4.1 所示。

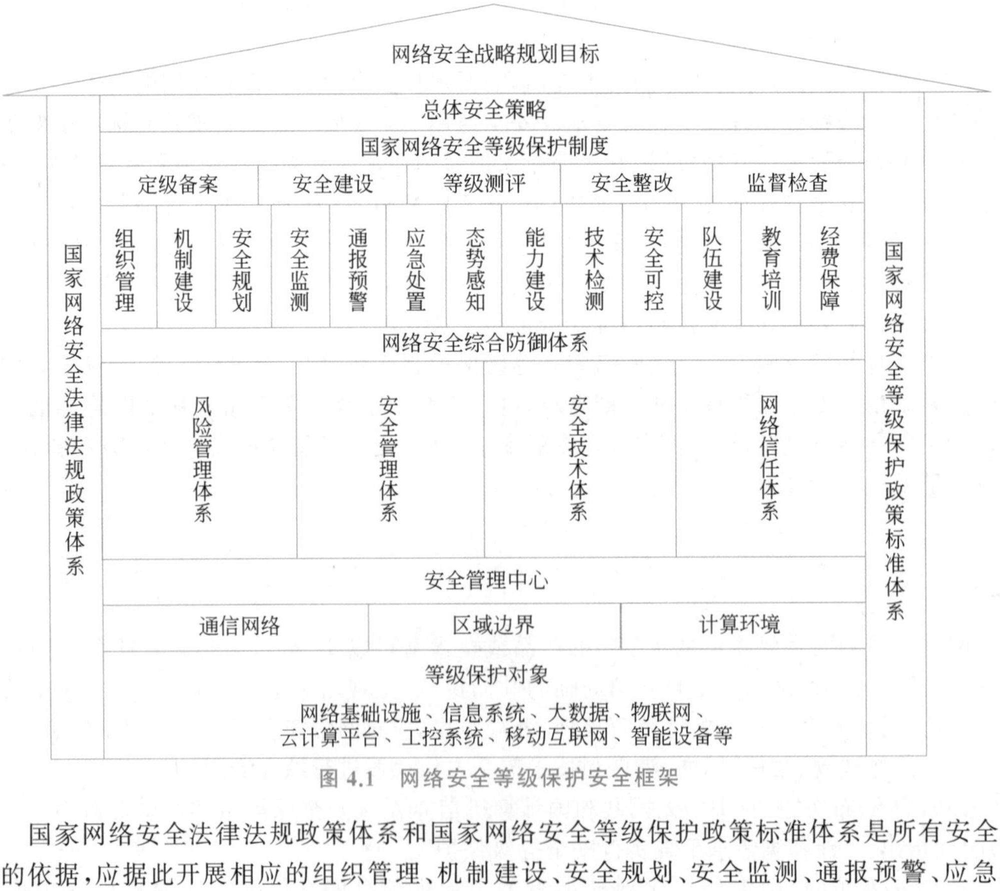

图 4.1　网络安全等级保护安全框架

国家网络安全法律法规政策体系和国家网络安全等级保护政策标准体系是所有安全工作的依据,应据此开展相应的组织管理、机制建设、安全规划、安全监测、通报预警、应急处置、态势感知、能力建设、技术检测、安全可控、队伍建设、教育培训和经费保障工作。

使用到的关键技术包括：基于可信计算、强制访问控制、结构化保护、多级互联技术和审计追查技术。

1. 基于可信计算

可信计算是指在计算和通信系统中广泛使用基于硬件安全模块所构建的计算平台，以提高系统的整体安全性。可信计算技术利用终端完成对网络攻击的防护，整个链路经过可信认证的终端具有合法的网络身份，并具备对各种病毒、恶意代码程序的识别和防范能力。基于可信计算构建的平台，其关键是构建一个可信根，在此基础上构建完整的信任链。以构建的可信根为起点，形成连接硬件平台、操作系统和网络化应用的信任闭环，一级信任一级，进而将这种信任扩展到整个移动网络系统。可信计算模块是一种硬件芯片，能够实现对各种可信度量的存储、密钥生成、加密签名和数据的安全存储等。作为整个可信计算终端的核心，可信计算模块的性能对可信平台的性能起决定性作用。

2. 强制访问控制

强制访问控制技术是一种访问约束机制，用于对信息系统中的信息分级和分类进行管理，以保证每个用户只能访问那些被标明可以由其访问的信息。用户（或者其他主体）与文件（或者其他客体）都被标记了固定的安全属性（例如安全级、访问权限等）。在每次访问时，系统通过检测安全属性来确定一个用户是否有权访问该文件。

3. 结构化保护技术

结构化保护技术针对安全保护等级为第四级的系统进行自身健壮性保护，防止被旁路篡改，是基于可信计算技术实现的安全保护技术。该技术通过保证安全部件自身的可信、安全部件间的连接可信及安全部件配置参数的可信，确保安全部件始终正常执行，无法被旁路和篡改。

4. 多级互联技术

多级互联技术是用于解决不同等级系统之间边界防护访问控制问题的技术。多级互联技术依据安全策略对信息流向进行严格控制，以对跨系统的互联、互通、互操作进行安全保护，确保用户身份的真实性、操作的安全性及抗抵赖性，确保进出安全计算环境、安全区域及安全通信网络的数据的安全。

5. 审计追查技术

审计追查技术在利用本地数据和预定义的分析规则进行分析、发现网络威胁的基础上，通过大数据挖掘和机器学习算法在海量数据中进行分析和审计，同时将来自云端的威胁信息与从本地采集的数据进行关联比对（关联与 IP 地址相关的其他 IP 地址、域名、注册者及曾在网络上发起的恶意行为），获得攻击者的背景信息、攻击路径，从而实现有效的追查分析，提高对未知威胁的发现能力。

网络安全等级保护是对存储、传输、处理的国家重要信息、单位法人及其他组织及公民的信息系统分等级进行保护，所涉及的信息安全产品按等级进行管理，对信息系统中发生的信息安全事件分等级进行响应、处置。采用"一个中心，三重防护"的设计思想，确保体系架构、资源配置和安全策略满足新时代、新体系的防护需求。"一个中心，三重防护"模型如图 4.2 所示。

"一个中心，三重防护"模型，是在安全管理中心和安全计算环境、安全区域边界、安全通信网络支持下的主动免疫三重防护框架，从而实现网络安全合规方案的定制化设计，构建等

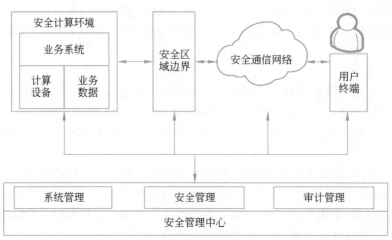

图 4.2 "一个中心，三重防护"模型

保 2.0 时代基本要求、测评要求、定级指南等标准体系框架，信息系统安全防护体系以安全计算环境为基础，以安全区域边界和安全通信网络为保障，以安全管理中心为核心，从被动防御转变为主动防御，从静态防御转变为动态防御，从单点防护转变为整体防护，从粗放防护转变为精准防护。

4.1.2 等级保护标准体系

等保 2.0 标准体系如图 4.3 所示，主要包括：GB 17859—1999《计算机信息系统 安全保护等级划分准则》、GB/T 22239—2019《信息安全技术 网络安全等级保护基本要求》、GB/T 22240—2020《信息安全技术 网络安全等级保护定级指南》、GB/T 25058—2019《信息安全技术 网络安全等级保护实施指南》、GB/T 25070—2019《信息安全技术 网络安全等级保护安全设计技术要求》、GB/T 28448—2019《信息安全技术 网络安全等级保护测评要求》、GB/T 28449—2018《信息安全技术 网络安全等级保护测评过程指南》等。

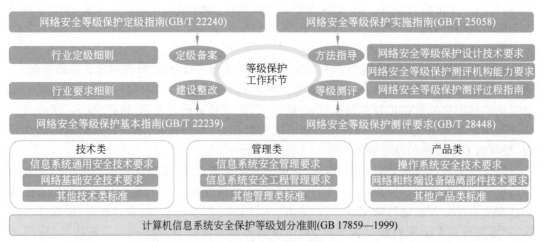

图 4.3 等级保护标准体系

GB 17859—1999《计算机信息系统 安全保护等级划分准则》，构建了安全等级的划分标准和安全等级保护的具体办法。

GB/T 22239—2019《信息安全技术 网络安全等级保护基本要求》将安全要求分为安全通用要求和安全扩展要求。其中,安全通用要求是等级保护对象必须满足的要求,细分为网络安全技术和网络安全管理两大类,网络安全技术包括安全物理环境、安全通信网络、安全区域边界、安全计算环境、安全管理中心,网络安全管理包括安全管理制度、安全管理机构、安全管理人员、安全建设管理、安全运维管理。安全扩展要求包括云计算安全扩展要求、移动互联安全扩展要求、物联网安全扩展要求、工业控制系统安全扩展要求。

网络安全等级保护按照受侵害的客体和对客体的侵害程度两个因素,将网络分为 5 个安全保护等级,如表 4.1 所示,从第一级到第五级,逐级增高。

表 4.1　五个网络安全保护等级

受侵害的客体	对客体的侵害程度		
	一般损害	严重损害	特别严重损害
公民、法人和其他组织的合法权益	第一级	第二级	第二级
社会秩序、公共利益	第二级	第三级	第四级
国家安全	第三级	第四级	第五级

（1）受侵害的客体。等级保护对象受到破坏时所侵害的客体包括三个方面。
* 公民、法人和其他组织的合法权益。
* 社会秩序、公共利益。
* 国家安全。

（2）对客体的侵害程度。等级保护对象受到破坏后对客体的侵害程度有三种。
* 一般损害。
* 严重损害。
* 特别严重损害。

定级要素与网络安全保护等级的关系如表 4.2 所示。

表 4.2　定级要素与网络安全保护等级的关系

等　级	对　　象	受侵害的客体	侵害程度	监管强度
第一级	一般网络	公民、法人和其他组织的合法权益	一般损害	自主保护
第二级		公民、法人和其他组织的合法权益	严重损害	指导
		社会秩序、公共利益	一般损害	
第三级	重要网络	公民、法人和其他组织的合法权益	特别严重损害	监督检查
		社会秩序、公共利益	严重损害	
		国家安全	一般损害	
第四级	特别重要网络	社会秩序、公共利益	特别严重损害	强制监督检查
		国家安全	严重损害	
第五级	极端重要网络	国家安全	特别严重损害	专门监督检查

为准确确定网络安全保护等级,杜绝盲目追求安全性而定级过高,防止逃避监督检查而定级偏低,应参考 GB/T 22240—2020《信息安全技术 网络安全等级保护定级指南》标准来确定网络安全等级。

4.2 等级保护通用技术要求

依据 GB/T 22239—2019《信息安全技术 网络安全等级保护基本要求》第三级通用要求内容,本节主要从安全物理环境、安全通信网络、安全区域边界、安全计算环境和安全管理中心五个层面对网络安全技术体系进行阐述和分析。通用技术要求体现了从外部到内部的纵深防御思想,对等级保护对象的安全防护应考虑从通信网络到区域边界再到计算环境的从外到内的整体防护,同时考虑其所处的物理环境的安全防护。

4.2.1 安全物理环境

1. 物理位置选择

机房环境选择在雨水不易渗漏,门窗不因风雨造成尘土严重,机房周围建筑,如:屋顶、墙体、门窗和地板等设施完整良好,无破损开裂,且建筑物具有抗震审批文档。重要行业单位的主机房或灾备机房,尽量选择在自然灾害较少的环境中,机房的位置不宜选择在顶层或地下室。

2. 物理访问控制

机房出入口是进入机房的第一道屏障,电子门禁系统的部署可以避免无关人员随意进入机房,增强机房的安全性和可靠性。此外,电子门禁系统的另一个作用是可以对进出机房的人员进行记录,系统一旦遭受到破坏,可以进行事件追溯。

3. 防盗窃和防破坏

为保证机房各系统正常工作,防止不法分子对机房内的设施进行盗窃和恶意破坏,机房内应装置防盗报警系统或安排专人负责监控并响应视频监控系统。在将设备固定后,需在明显处注明标识,方便对机房内的设备进行管理和维护。机房内的通信电缆铺设在隐蔽安全处,防止通信线缆破坏后影响系统的正常运行。

4. 防雷击

微电子设备内部由众多微小的电子元器件组成,具有高密度、高响应、低时延和低功耗等特性,使其对雷电、过压等电力系统的影响非常敏感。为消除雷电、过压等带来的风险隐患,机房的配电柜内须装置性能好的电源二级防过电压防雷保护系统。机房的供电系统至少二级防浪涌处理,关键设备或重要负载末端也要进行防浪涌处理,机房内采用综合接地手段,相线、零线、PE 线分色应符合国家标准。

5. 防火

机房发生火灾事故通常是由电线短路、过载发热和其他违规操作等问题造成的。如恶意破坏、纵火、自然灾害、闪电和电压不稳会极大提升机房发生火灾事件的风险,一旦发生火灾响应慢、扑救困难和破坏性大等,给单位和人员造成难以估量损失,因此采取相关措施对火灾事故进行预防和自动消防。配备符合国家相关部门标准的火灾自动消防系统,如七氟丙烷等自动灭火设备,并对设备进行定期巡检,机房内安装应急照明装置、维修工具,墙体、顶棚、壁板和隔断采用耐热不易燃的建筑材料。

6. 防水和防潮

机房一旦发生渗水、漏水、水蒸气结露等现象,会对设备造成损坏和信息丢失,电缆线路在潮湿的地方会生锈或是引起短路,给人员带来触电的风险,因此需要加强机房内的防水防潮措施,机房顶棚、地面和墙体四周要加强防水和防潮措施,窗户禁止开启,安装防水防潮检测报警系统,实时监控机房内湿度信息。

7. 防静电

机房静电具有隐蔽性、潜在性和随机性特点,静电不仅会对电路形成干扰,导致电路中的电子元器件发生击穿和毁坏,甚至还会造成设备运行出现故障,使系统服务中断带来重大损失,因此需要对静电采取相关防护措施。机房内可铺设防静电地板,机柜接地且插口采用三角插口,在机房门口装置人体静电消除仪器,操作人员须穿戴防静电服和防静电手环,按相关流程进行操作。

8. 温湿度控制

机房内的设备大多采用的是微电子电路、精密机械设备等组合而成,而这些设备由于自身属性,易受到温度、湿度的影响,影响设备自身的功能及寿命,因此,需采用相关措施保证设备在机房内运行的稳定性和可靠性。

机房内装置可调节温湿度的空调设备,空调设备数量及部署须根据机房内的实际情况安装。保持机房内温度不宜超过 25℃,相对湿度范围应在 45%～65%。如果设备自身能够在所处环境的温湿度中正常运行,可以不使用温湿度调节措施。

9. 电力供应

机房内电气设备繁多,如果供电系统不能正确、稳定地运行,可能会造成严重的后果,轻则业务系统中断,重则造成生命财产损失。因此,需采取相关措施对供配电进行安全管理。通过配备稳压器和过压防护等电气设备,以此保证线路电压突然发生变化时不影响设备正常运行。通过配备 UPS 设备保证在突然断电情况下提供不间断电源,维持系统在一定时间内的正常运行。机房电源系统采用冗余方式,由两路不同形式的供电线路进行供电。

10. 电磁防护

为消除线路之间的电磁干扰,机房内电源线和通信线缆进行隔离铺设。此外,计算机、显示器等电子设备在正常运行时,不可避免地会产生电磁波,该电磁波可能携带计算机正在处理的数据信息,存在会被专用设备窃取其信息的风险,因此关键设备(核心网络设备、涉密设备等)需要进行电磁防护。

强电和弱电需要进行隔离铺设,通常情况下强电走地板下,弱电走高架桥,或强弱电均走高架桥,但不同桥架分开,或均走地下,但需要采用不同线槽,线路之间的间距应不小于15cm。铁质线槽可有效防护电磁干扰且可以保护线缆安全。机柜柜门应使用防外界电磁干扰的屏蔽门。

4.2.2　安全通信网络

1. 网络架构

在网络系统中,通常网络架构可以划分为不同的区域,各区域之间采用技术措施进行网络隔离,且在网络出口处配备防火墙、隔离网闸等安全设备进行防护。根据实际业务需求特点和安全防护要求划分为不同的安全域,并根据方便管理及控制的原则分配地址,在安全域之间设置防火墙等安全设备进行防护。

对可用性和实时性要求较高的系统。网络区域中关键业务网络节点满足高峰期业务处理能力和网络带宽。服务器对外提供数据信息的,要增强对协议的访问控制。重要的网络层级要保证通信线路和网络设备的硬件冗余,分布式控制系统设备、重要通信设备等应实现双网冗余或环网功能。

2. 通信传输

在通信传输过程中,采用密码技术或校验技术来保护数据的完整性,采用密码技术来保证数据的保密性,防止关键信息被第三方窃取、篡改、破坏。采用提供通信加密和通信校验的网络系统,开启加密的通信协议。

通信过程中的数据可以使用奇偶校验、累加校验或 CRC 校验等方式进行数据校验。对于关键数据,如鉴别信息等应采取密码技术对其保护,Web 服务可以采用 HTTPS 协议进行防护,当采用广域网对网络系统中的设备进行数据或指令通信时,应采用加密认证技术措施完成身份认证、访问控制和数据加密传输,例如 VPN 等方式。

3. 可信验证

通信设备如交换机、路由器等具备可信验证功能,基于可信根,构建可信链,对通信设备的系统引导程序、系统程序、参数、应用等进行验证。对应用程序业务关键调用等重要操作进行实时动态可信验证,对违规操作进行记录、告警,并生成日志,发送至安全管理中心。

4.2.3 安全区域边界

1. 边界防护

网络系统中不同层级和安全域通常位于不同的网络区段,采用防火墙或网络隔离设备进行安全防护。跨越边界的通信需要通过受控接口,并以最小化开放原则,只允许采用专有协议通过,并对协议内容规范进行深度检测。未授权的设备通常带有未知病毒等恶意代码,任意连接内网会造成病毒传播或扩散的风险,因此需要采取技术手段对此进行检查或限制。

2. 访问控制

设定访问控制策略向不可信设备拒绝一切通信,这是一种比较安全的防护方法。对于受控接口内的通信,还需根据源地址、目的地址、源端口、目的端口、应用协议和应用内容等方面进行检查,提供允许/拒绝访问的能力。核查设备中访问控制策略,删除多余或无效的访问控制规则,增强网络隔离设备的实时性,提高工作效率。

3. 入侵防范

入侵防范是一种可识别潜在的威胁并迅速地做出应对的网络安全防范办法。入侵防范技术作为一种积极主动的安全防护技术,提供了对外部攻击、内部攻击和误操作的实时保护,在网络系统受到危害之前拦截和响应入侵。入侵防范在不影响网络和主机性能的情况下能对网络和主机的入侵行为进行监测,在发生严重入侵事件时提供报警。

4. 恶意代码和垃圾邮件防范

在网络系统的关键网络节点处部署恶意代码防范产品时要保证系统的业务通信性能和连续性,可采用白名单形式的恶意代码防范产品,并且应以最小化原则,只允许网络系统中使用的专有协议通过。

5. 安全审计

安全审计是通过一定的安全防护策略,利用记录、系统活动和用户活动等信息,检查、审查和检验操作事件的环境及活动,从而发现系统漏洞、入侵行为或改善系统性能的过程,也是审查评估系统安全风险并采取相应措施的一个过程,是提高系统安全性的重要举措。安全审计不但能监视和控制来自外部的入侵,还能监视来自内部人员的违规和破坏行动,为网络违法与犯罪的调查取证提供有力支持。在第三级系统中,安全审计加强了对于远程连接到互联网用户行为的审计日志单独审计,记录其操作和访问日志,并进行数据分析。

6. 可信验证

可信验证是基于可信根,构建可信链,一级度量一级,一级信任一级,把信任关系进行传递的过程,从而保证设备运行过程和启动过程的可信。针对可信验证过程中产生的可信性被破坏的行为需与安全管理中心建立报警和审计机制。

4.2.4 安全计算环境

1. 身份鉴别

(1)身份鉴别是网络业务应用系统(软件系统)、应用服务器和终端以及计算机网络系统中确认操作者身份的过程,为确保安全,确定该用户是否具有对某种资源(包括操作系统和数据库系统等)的访问和使用权限,需要对登录的用户进行身份标识和鉴别。

(2)对于在网络系统、网络应用服务器和终端以及计算机网络系统中登录的用户,为确保用户身份是可信的,对操作系统、应用程序登录失败的用户应启用结束会话、限制非法登录次数等措施。

(3)在网络应用服务器和终端以及计算机网络系统以远程管理方式进行用户登录的过程中,应采取传输信息加密的方式确保鉴别信息的保密性。

(4)应使用两种或两种以上组合的鉴别认证方式加强身份鉴别的可靠性和安全性,通过统一的认证接口,采用认证加固功能和密码策略,在保证便捷性的同时加强认证环节,实现组合的鉴别技术对用户进行身份鉴别。

2. 访问控制

对于默认账户,通常是具备一定权限的管理账户,必须要重命名并修改默认密码,不可以使用系统默认名和默认口令,这些都是高风险项。对于多余、无效、长期不用的账户要及时删除,建议定时(每周、每月、每季度等)针对无用账户进行清理。不能存在共享用户,即一个账户多人或多部门使用,这样不便于审计,出现事故无法准确定位故障点,不能进行追责。

3. 安全审计

对用户进行安全审计,主要安全目标是为了保持对系统用户行为的跟踪,以便事后追溯分析。应关注用户操作日志和行为信息的安全审计,审计覆盖范围应覆盖到服务器、防火墙、交换机等每个系统资源相关用户。对用户登录信息进行审计,能够及时准确地了解和判断安全事件的起因和性质,并对审计记录必须提供有效的安全保护措施。

4. 入侵防范

网络安全计算环境的入侵防范,主要安全目标是防止服务器、终端等设备和其他网络系统计算资源由于自身存在的操作系统漏洞、应用程序后门、系统服务、默认端口等安全风险遭受外来非法入侵,从而导致生产数据被破坏、操作系统崩溃、设备宕机、损坏甚至危及人身安全等安全事件。

(1)企业或集成商在进行系统安装时,遵循最小安装原则,仅安装业务应用程序及相关的组件。

(2)企业或集成商进行应用软件开发时,需要考虑应用软件本身对数据的符合性进行检验,确保通过人机接口或通信接口收到的数据内容符合系统应用的要求。

(3)企业或集成商在选择主机安全防护软件时,除了要考虑主机安全防护软件的安全

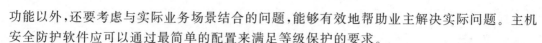

功能以外,还要考虑与实际业务场景结合的问题,能够有效地帮助业主解决实际问题。主机安全防护软件应可以通过最简单的配置来满足等级保护的要求。

(4)解决安全漏洞最直接的办法是更新补丁,企业可委托第三方安全厂家对系统进行漏洞的扫描,发现可能存在的已知漏洞,根据不同的风险等级形成报告,企业或集成商根据报告在离线环境经过测试评估无误后对漏洞进行修补。

5. 恶意代码防范

服务器和终端操作系统易遭受主机病毒威胁,木马和蠕虫泛滥,防范恶意代码的破坏尤为重要,应采取病毒查杀、系统防御、系统加固、日志告警、统计分析等避免恶意代码攻击的技术措施,或者以白名单方式构建安全可靠的服务器、终端等主机设备运行环境,有效阻断恶意代码感染路径或运行条件。

除了可信验证技术手段外,可以采用恶意代码防护工具。可以采取平台化管理,安全设备集中防护;也可以分区域,前置安全设备(NGFW、WAF、IDPS 等)。同时也要做好主机层面的恶意代码防护工作,安装必要的杀毒软件或杀毒模块。

6. 可信验证

可信验证是基于可信根,构建可信链,一级度量一级,一级信任一级,把信任关系扩大到计算节点,从而保证计算节点可信的过程。

可信根内部有密码算法引擎、可信裁决逻辑、可信存储寄存器等部件,可以向节点提供可信度量、可信存储、可信报告等可信功能,是节点信任链的起点。可信固件内嵌在 BIOS 之中,用来验证操作系统引导程序的可信性。可信基础软件由基本信任基、可信支撑机制、可信基准库和主动监控机制组成。

7. 数据完整性

数据完整性是指重要数据在传输和存储过程中,应采用校验技术或密码技术确保信息或数据不被未授权用户非法篡改或在被篡改后能够迅速识别,以保证其完整性。重要数据包括但不限于鉴别数据、重要业务数据、重要审计数据、重要配置数据、重要视频数据和重要个人信息等。其他服务的重要数据,例如备份、数据上送等可以使用相关安全产品或服务进行数据完整性安全防护。通常采用具备主机加固、主机防护功能的系统进行服务器、交换机等计算资源中数据存储过程中的数据完整性安全防护。

8. 数据保密性

数据保密性安全要求实现的安全目标主要是指采用密码技术保证重要数据在传输和存储过程中的保密性。重要数据包括但不限于鉴别数据、重要业务数据和重要个人信息等。

通常应由网络应用软件自带数据保密安全功能,或采用具备数据防泄露功能(Data Leak Protection,DLP)的系统进行服务器、交换机等计算资源中数据存储过程中的数据保密性安全防护。

通常网络系统、网络应用软件应具有数据加密安全功能,或采用具备认证加密、VPN 功能的安全设备(使用 SSH、VPN、TLS、HTTP 等协议)进行网络应用服务器、交换机等计算资源之间数据传输过程中的数据加密性安全防护。

需要注意的是敏感信息泄露、数据库加密、弱口令管理、系统与数据库不使用同样的账户、备份的数据由专人管理等基本安全工作。

9. 数据备份恢复

网络系统生产数据和运行数据重要程度不言而喻,因此必须要做好业务系统、数据服务器数据的备份容灾。在进行数据备份时,必须根据实际需要配置备份策略。对重要的业务应用系统应采用本地容灾方式保障业务不中断,对相关的本地生产数据进行定时、实时的数据备份,并提供异地数据备份功能,通过通信网络将重要数据定时、实时备份至备份场地,从而保证一旦发生故障,损坏或者丢失的数据可快速恢复,不会对用户造成大的损失。此外,重要数据处理系统初始设计时,要考虑系统硬件设施、功能组件配置的热冗余,保证重要数据处理系统的高度安全可用。

10. 剩余信息保护

剩余信息保护主要针对主机和应用系统层面,不涉及网络和安全设备。鉴别信息应该是指用户身份鉴别的相关信息,敏感数据就是个人信息或企业重要信息。等保 2.0 第三级系统中要求对这两类信息的存储空间再次分配前,应得到完整的释放。对于操作系统、内存和磁盘存储,可采取多次删除后覆盖的手段。对于应用系统,在设计时就应将这项功能集成在系统中。

11. 个人信息保护

个人信息的保护应根据个人信息的使用场景不同采取不同的管控措施。对于个人信息在数据生命周期的不同阶段以及数据所处不同状态,数据面临的安全风险及需要实现的安全目标都会有所不同;同时,在不同状态下与数据相关的系统元素(主机、应用、存储、网络)也都有不同。所以需要采用不同安全机制和技术,对可能存在的安全风险进行控制。能够采用的安全机制包括认证、授权、控制、加密和审计;实施的对象包括人员、设备、应用和网络。

4.2.5 安全管理中心

1. 系统管理

安全管理中心的系统应当设置系统管理员账户,同时对系统管理员账户的使用进行身份鉴别。安全产品或组件具备一种或多种身份鉴别方式。具有审计管理权限的用户可以对系统管理员用户的各类操作进行审计。

系统管理员可以对安全管理中心系统的资源、运行状况进行配置和管理,其功能包括但不限于用户身份配置管理、系统资源管理、系统加载和启动、系统运行异常处理、数据和设备的备份和恢复等。

2. 审计管理

安全管理中心的系统应当设置审计管理员账户,同时对审计管理员账户的使用进行身份鉴别。安全产品或组件具备一种或多种身份鉴别方式。具有审计管理权限的用户可以对审计管理员用户的各类操作进行审计。对审计管理员用户的审计需要由另一个审计管理员用户来进行。

审计管理员可以通过安全产品自身或额外的审计工具对审计记录进行分析,并根据分析结果进行处理,包括但不限于根据安全审计策略对审计记录进行存储、管理和查询等。

3. 安全管理

安全管理中心的系统应当设置安全管理员账户,同时对安全管理员账户的使用进行身份鉴别。安全产品或组件具备一种或多种身份鉴别方式。具有审计管理权限的用户可以对安全管理员用户的各类操作进行审计。

安全管理员可以对系统中的安全策略进行配置,包括安全参数的设置,主体、客体进行统一安全标记,对主体进行授权(例如网络的访问控制策略等),配置可信验证策略等。

4. 集中管控

在网络系统中划分出特定的网络区域作为安全管理中心的管理区域,对分布在网络中的安全设备或安全组件进行管控。

各安全产品应具有将各类运行状况和审计数据主动发送至安全管理平台的功能,包括但不限于网络链路、安全设备、网络设备和服务器等的运行状况。安全管理平台在汇总并进行集中分析后,向用户提供分析报告和相关告警、处置建议等。并依据《网络安全法》要求将审计记录留存六个月以上。

4.3 等级保护通用管理要求

网络安全管理要求体现了从要素到活动的综合管理思想。依据 GB/T 22239—2019《信息安全技术 网络安全等级保护基本要求》第三级通用要求内容,本节主要从安全管理制度、安全管理机构、安全管理人员、安全建设管理和安全运维管理五个层面对网络安全管理体系进行阐述和分析。管理要求需要的"机构""制度"和"人员"三要素缺一不可,同时还应对系统建设整改过程中和运行维护过程中的重要活动实施控制和管理。

4.3.1 安全管理制度

1. 安全策略

网络安全工作的总体方针和安全策略的制定,应明确网络安全的总体目标、安全管理工作的范围、网络安全工作的原则和机构的安全管理框架。总体方针和安全策略应是最高层的安全文件,以文件方式发布,可以是单一文件,也可以是一套文件。安全策略文件中应涵盖网络安全责任机构、职责和网络安全工作运行的模式。网络安全责任机构应是网络系统中保护对象全生命周期中关键的网络安全管理活动的责任部门。安全管理框架应包含安全组织机构、岗位职责划分、人员安全管理、环境安全管理、资产安全管理、系统建设安全管理、系统运行安全管理、安全事件处置和安全事件应急响应等方面内容。

2. 管理制度

安全管理制度应覆盖到网络安全等级保护对象的全生命周期,包括设计、建设、开发、测试、运维、升级和改造等各个环节。也应包含安全物理环境、安全管理机构、安全管理人员、安全建设和安全运维等方面内容。安全管理制度是一套文档体系,可划分若干个制度,若干个分册。

安全操作规程是各项安全管理活动的具体操作步骤和操作方法,可以是策略文档、操作手册、记录表单或规范方法,但应涵盖使用范围、目的、具体的管理活动、具体的规范方式等内容。

安全管理制度体系应当覆盖网络安全等级保护测评对象的全部方面,从顶层的总体方针策略,到具体执行的管理制度,以及日常的操作规程和各类记录表单文档等,管理制度所包含的重点内容如表 4.3 所示。

表 4.3　管理制度包含的重点内容

制 度 类 型	包含的重点内容
安全管理制度	1. 机房安全管理文档 2. 办公环境安全管理文档 3. 网络设备安全管理文档 4. 系统安全管理文档 5. 供应商管理文档 6. 变更管理文档 7. 备份与恢复管理文档 8. 软件设计、开发与测试管理文档 9. 办公环境管理文档 10. 介质安全管理文档 11. 恶意代码防范管理文档 12. 应急预案管理文档 ……

3. 制定和发布

安全管理制度的制定应该规范化,应该在机构内部相关的部门或专门的人员的负责和指导下进行,并覆盖安全管理制度的起草、审定、论证和发布等主要环节,且制度文档的格式、编号和要求应该统一。

安全管理制度的发布应通过内部机构认可(审批通过、签名或盖章等),并通过机构允许的有效发布渠道进行发布,发布范围应仅覆盖到该制度所涉及的相关部门即可,如部门公告栏发布、内部办公系统发布、机构电子邮箱发布、企业办公终端 App 发布和正式文件发布等方式。

安全管理制度的发布应进行文件版本控制,版本控制信息中应涵盖文档编号、受控范围、文档版本号、发布日期和生效日期等基本信息。

4. 评审和修订

安全管理制度的定期并没有限定期限,一般来说每年组织一次较好,也可以进行约定。论证和审定的范围主要根据安全管理制度实际落实情况,对该制度存在的不合理内容或缺失内容进行修订,例如某类操作规范是否合理、管理制度体系是否完备等方面。

4.3.2　安全管理机构

1. 岗位设置

设立指导和管理网络安全工作的委员会或领导小组,负责单位的网络安全管理的全局工作,最高负责人应由单位的主管领导担任、委任或授权,并应以文件形式明确其组成机构的工作职责。网络安全领导委员会或领导小组的主要职责包括对机构安全管理制度体系的适用性和合理性进行审定、对机构内部关键的网络安全管理活动进行授权和审批,统筹机构的网络安全管理的全局性工作等。

2. 人员配备

避免拥有关键操作权限的人员因操作失误或渎职问题导致安全管理活动中断,应配备一定数量的安全管理人员,如系统管理员、审计管理员和安全管理员等,这里的一定数量是建议每种管理员配备至少 2 位或 2 位以上,其中的安全管理员与其他管理员岗位不能兼任,并且应提供管理人员任职名单。

3. 授权和审批

为了保证系统发生安全问题时能够被溯源,机构对每个部门和岗位的职责应明确授权审批事项、审批部门和批准人等信息,并以文件形式确定授权和审批的制度,对审批程序和范围等内容进行规范。各项审批活动应进行记录,并与相应的职责文件能够对应。

审批程序中必须涵盖系统变更、重要操作、物理访问、系统接入等事项,如在变更管理制度、机房管理制度和网络管理制度中明确审批流程等,其中对重要的安全活动还要求建立逐级审批制度。审批活动应具备审批记录、审批程序、审批部门以及批准人应与审批制度文档相应。

需定期对相关审批事项进行审查活动,对发生变更的事项,例如审批部门、审批项目和审批人等信息进行更新,并留存更新记录以便查证。

4. 沟通和合作

对机构内部的涉及多个业务部门的等级保护对象的运行,需要各部门的配合与协调,建议采取定期例会和不定期召开会议的形式进行协商处理。应以文件形式确立各类管理人员、组织内部机构和网络安全管理部门的合作与沟通机制,并对每次协商活动进行记录,记录应该涵盖会议内容、会议时间、参会人员和会议结果等信息。对外部单位应建立联系列表,包含外联单位名称、合作内容、联系人和联系方式等信息,并应对该表进行实时更新。

5. 审核和检查

建立定期常规安全检查机制,并以制度文件形式落实。常规的安全检查范围包括系统日常运行、系统漏洞和修复以及系统备份与恢复等情况,一般是以月度、季度、半年或一年为期限开展,需留存安全检查记录。

定期进行全面的安全检查,可由机构内部组织或通过第三方机构进行。检查范围包含现有的安全措施是否有效及落实情况、安全配置与安全策略是否一致、安全管理制度的执行情况等,并对全面检查活动进行文档记录。

4.3.3 安全管理人员

1. 人员录用

对安全管理人员的录用需要指定或授权专门的部门或人员来负责,并应在员工的聘用合同中明确安全职责范围和责任,保证安全管理人员录用过程的规范性。

对重要安全岗位的人员应进行身份、安全背景、专业资格或资质方面的审查,并对技术人员的专业技术水平进行考核,需留存审查和考核的相关记录或文档。

与安全管理岗位所录用的所有人员签署保密协议,明确保密的范围、责任、违约责任、协议的有效期和责任人等内容。对关键岗位还应签署安全岗位责任协议,明确岗位安全责任、协议的有效期和责任人等内容。

2. 人员离岗

对以任何原因(离职、退休、合同到期、辞职和解雇等)离岗的人员都应在人员离岗前办理离岗手续,终止该人员拥有的全部权限,包括系统及物理环境,软硬件等,如技术文档、操作软件、操作账户口令、工作证、密钥及计算机设备等,并留存人员离岗记录文档,并记录离岗人员的归还资产清单。

调离的保密承诺可单独签署也可在保密协议中有相关条款说明,需要有调离人员的签字文档。

3. 安全意识教育和培训

对各类人员(普通用户、运维用户、管理用户和机构负责人等)进行安全教育、岗位技能和安全技能培训,并对培训过程记录,明确培训周期、方式、内容和考核方式等内容。相关的安全责任和惩戒措施制度文档中应包括具体的安全责任条款和惩戒方式方法等内容。

对不同岗位的培训分别制定培训计划,培训内容应涵盖网络安全的基础知识、岗位操作规程等内容,并对留存培训记录,对参加培训的人员、培训的内容和培训的考核结果等内容进行描述。

4. 外部人员访问管理

对外部人员访问建立管理文档,明确外部人员能够访问的物理环境范围、进入的条件和访问控制措施等内容,并进行记录,包括外部人员访问重要区域的进入时间、离开时间、陪同人员和访问的区域等内容。

对外部人员接入受控网络的情况进行管理,以管理文档的形式确定外部人员接入受控网络的申请和审批流程,记录外部人员的访问权限、受控批准人、访问账户和时间周期等内容。

对获得授权的外部访问人员要签署保密协议,对操作的范围进行控制,如不得进行非授权操作、不得复制和泄露敏感信息等。

获得访问权限的外部人员离场后,按流程清除访问权限,并进行登记记录。

4.3.4　安全建设管理

1. 定级和备案

《信息安全技术 网络安全等级保护定级指南》明确了定级的方法和理由,《等级保护对象安全等级保护定级报告》是全国各类等级保护对象定级报告的通用模板。

定级结果的合理性和准确性需要安全技术专家的论证评审。定级结果为第三级的,可组织本行业和网络安全行业专家进行评审。定级结果需由上级部门或本单位相关部门批准。有主管部门的,备案材料需向主管部门和公安机关备案;没有主管部门的,备案材料需向相应公安机关备案。

2. 安全方案设计

确定安全保护等级后,安全规划设计需要依据安全保护等级的要求、风险分析的结果来补充、调整、确定基本安全保护措施,安全设计方案应当包含保护对象安全保障体系的总体安全策略、安全技术框架、安全管理策略、总体建设规划、详细设计方案等内容,并经过相关部门和网络安全行业专家的论证、审定和批准。

保护对象是整个单位等级保护对象的一部分,其安全方案应作为单位整体安全规划的一部分;保护对象的安全性可能与其他系统存在依赖、共享、支撑关系,需要系统性地规划与设计;对于涉及访问控制、数据保护等设计内容,应采用适配保护等级的密码技术。

3. 产品采购和使用

网络安全产品采购应遵循国家的管理要求,比如《网络安全法》《密码法》《网络安全审查办法》《网络关键设备和网络安全专用产品相关国家标准要求(征求意见稿)》《信息安全技术 网络安全专用产品安全技术要求》等。

涉及商用密码产品的,应当按照《密码法》中有关商用密码的要求,从网络关键设备和网

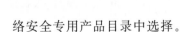

络安全专用产品目录中选择。

4. 自行软件开发

为避免开发过程中对系统的影响,要保证开发环境与实际运行的环境(如办公网)物理隔离,测试数据和测试结果完全可控。并制定软件开发的管理制度,明确开发过程的控制措施和开发人员的行为准则,制定相应的编程语言编写规范,以便于代码的阅读、理解、维护、修改、跟踪调试及整合。

开发人员需要编制软件从需求分析、概要设计、详细设计、编码、测试、交付、验收、维护全流程的相关文档和使用指南,并对这些系统开发文档的存档、使用、交流等进行严格控制,便于指导相关技术人员对程序资源库的访问、维护、更新进行严格的控制。软件交付用户前,应当通过工具测试和人工确认的方式进行软件的代码安全审计,以发现其中的漏洞或恶意代码。

5. 外包软件开发

与自行软件开发一样,对于外包软件,在交付前同样需要进行恶意代码检测,以保证软件的安全性。可要求外包方进行检测或机构内部自行检测。

软件开发完成之后,外包方应当按照协议约定提交软件需求分析、初步设计、详细设计、编码、测试、使用指南等系列规范的文档。

后门和隐蔽信道的审查可通过专业的机构进行,若外包方无法提供该类审查报告,则需要提供书面材料保证软件源代码中不存在后门和隐蔽信道。

6. 工程实施

等级保护对象工程实施应当指定或授权专门的部门或人员负责工程实施过程的管理,以保证实施过程的正式有效性。

工程实施过程的控制需要事先制定实施方案,以明确工程时间限制、进度控制和质量控制等内容。

对于外包实施项目,需要第三方工程监理的参与,以控制项目的实施过程,对工程进展、时间计划、控制措施、工程质量等进行把关。

7. 测试验收

测试验收包括两种情形,一种是外包单位项目实施完成后的测试验收,另一种是机构之间的内部开发部门移交给运维部门的验收。无论是哪种形式,均需要严格的测试验收方案,对验收的条件、标准、结果进行详细说明。

为保证系统建设工程按照既定方案和要求实施,并达到预期要求,工程交付后正式运行之前,应当指定或授权专业机构依据安全方案进行安全性测试。安全性测试不局限于抗DDoS、敏感数据泄露、缓冲区溢出漏洞等典型脆弱点,特别对密码应用,应测试其保密性、完整性和可用性。

8. 系统交付

系统在工程实施并验收完成之后,需要根据协议有关要求,对照交付清单完整交付相应设备、软件、文档。交付单位或部门应当提交系统建设的过程文档以及系统运行维护的详细技术和管理文档,并对运维和操作人员进行必要的培训,方便后期的运营维护。

9. 等级测评

对等级保护对象进行等级测评是检验系统是否达到相应等级保护要求的主要途径,也是发现系统安全隐患的重要途径。选择有资质的测评机构对系统进行定期的测评,有助于及时发现系统的问题并进行整改。对定为三级的保护对象,应当每年至少进行一次等级测评。

系统的重大变更,是指网络结构调整、大范围的设备更换、系统功能的较大变化。在这类重大变更之后,必须重新进行等级测评。同时,应重新评估系统的级别是否发生变化,若有变化,则需要按照新的安全保护等级要求进行测评。

10. 服务供应商选择

对各类供应商的选择,均应符合国家的相关管理要求(如服务资质、产品资质(商用密码产品的检测认证)、运维资质、信息系统集成资质等)。为了防范服务商引入新的安全问题,在选择服务商时除了考虑其具有相应的服务资质外,还需要全面审查其相关背景、服务经历,同时以协议或合同的方式明确其职责以及后期的服务承诺。

对供应商的监视和评审主要基于与其签订协议或合同中约定的网络安全相关条款和条件,检验其所提供服务与约定的符合程度,通过定期评审其工作服务报告,确保其有足够的能力,可按既定的工作计划履行其服务职责。

4.3.5　安全运维管理

1. 环境管理

良好的机房环境管理可以避免机房环境发生不可控变化引起的安全风险,极大提高机房的安全性和可靠性。

指定部门或人员负责机房安全管理工作,对机房出入进行管理,对基础设施进行定期维护。机房出入登记表记录来访人员、来访时间、离开时间、携带物品等信息。基础设施维护记录包含维护日期、维护人、维护设备、故障原因、维护结果等方面内容。机房管理制度覆盖物理访问、物品进出和环境安全等方面内容,明确来访人员的接待区域。

2. 资产管理

资产管理是为了对资产进行分类标识,依据标识的资产价值选取适当的管理手段和措施来保证资产安全。

资产清单需要包括资产类别(含设备设施、软件、文档等)、资产责任部门、重要程度和所处位置等内容。资产管理制度明确资产的标识方法(一般依据资产的重要程度等),不同类别的资产选取不同的管理措施。信息分类文档规定分类标识的原则和方法(如根据信息的重要程度、敏感程度或用途不同进行分类),信息资产管理办法规定不同类信息的使用、传输和存储等要求。

3. 介质管理

介质需要存放在符合其存放条件的环境中,并由专人管理。介质管理记录包括介质归档、查询、使用和定期盘点等情况。在介质进行物理传输时,对人员选择环节、打包环节、交付环节等制定规范化管理要求。介质管理的重点内容如表 4.4 所示。

表 4.4　介质管理的重点内容

文档类型	包含的重点内容
介质管理记录	(1) 介质归档记录(包括介质名称、存放地点等) (2) 介质使用记录(包括使用人员、使用时间、使用用途、归还时间等) (3) 介质查询记录(包括查询介质名称、查询人员、查询时间等) (4) 介质盘点记录(包括盘点介质名称、盘点人员、盘点时间、盘点结果等) (5) 介质物理传输规范(包括人员选择环节、打包环节、交付环节等)

4. 设备维护管理

通过部门或人员岗位职责文档明确指定专人或专门部门对各类设备、线路进行定期维护。设备维护管理制度明确维护人员的责任、维修和服务的审批、维修过程的监督控制等方面，还包括设备带离的审批流程。

通过信息分类文档明确重要数据、敏感数据和授权软件的定义，在设备维护管理制度中明确含有重要数据的设备带离时的加密手段和措施；含有敏感数据和授权软件的设备报废或重用时，进行完全清除或完全覆盖的手段和措施。

设备维护管理制度包括明确维护人员的责任、维修和服务的审批、维护过程的监督控制等方面内容，设备维护管理包含的重点内容如表 4.5 所示。

表 4.5　设备维护的重点内容

制度及文档类型	重 点 内 容
部门或人员岗位职责文档	(1) 指定专人或专门部门对各类设备、线路进行定期维护
设备维护管理制度	(1) 设备维护内容、方式方法 (2) 维护人员责任 (3) 现场维修和服务的审批流程、实施时的监督 (4) 送出维修和服务的审批流程、实施时的监督 (5) 含有重要数据的设备带离时的加密手段和措施 (6) 含有敏感数据和授权软件的设备报废或重用时，进行完全清除或完全覆盖的手段和措施
信息分类文档	(1) 重要数据的定义 (2) 敏感数据的定义 (3) 授权软件的定义

任何设备均面临维护，设备维护管理制度需要涉及所有层次。

5. 漏洞和风险管理

识别安全漏洞和隐患的方式多种多样，通过网络漏洞挖掘系统，对网络系统所使用的专用控制设备进行未知漏洞挖掘；通过网络漏洞扫描系统，对网络系统所使用的专用系统进行漏洞扫描；通过渗透测试对网络系统所使用的专用系统进行渗透；通过网络安全相关部门的安全通报，识别网络系统所使用的专用系统的安全隐患。针对安全漏洞和隐患识别的结果，经过评估可能的影响后进行修补。

通过定期的安全测评活动，以安全测评报告的形式，记录发现的安全漏洞和隐患，并对这些安全漏洞和隐患进行评估和修补，最终增强系统的安全性。

常见的网络安全测评报告的重点内容如表 4.6 所示。

表 4.6　网络安全测评报告的重点内容

文档类型	重 点 内 容
网络安全测评报告	(1) 网络安全测评的范围、方式方法等 (2) 发现的安全漏洞和隐患 (3) 对安全漏洞和隐患的评估结果 (4) 安全漏洞和隐患的修补措施

6. 网络和系统安全管理

网络和系统安全管理文档中管理员划分不同角色（至少划分为网络管理员和系统管理

员),并定义各个角色的责任和权限;明确账户管理人员及相关审批流程;网络和系统安全管理文档覆盖网络和系统的安全策略、账户管理(用户责任、义务、风险、权限审批、权限分配、账户注销等)、配置文件的生成及备份、变更审批、授权访问、审计日志管理、日常操作、升级与打补丁、登录设备和系统的口令更新周期等方面。常见的网络和系统安全管理的重点内容如表 4.7 所示。

表 4.7　网络和系统安全管理的重点内容

制度及文档类型	重点内容
网络和系统安全管理文档	(1) 不同角色的责任和权限 (2) 安全策略 (3) 账户管理及相关审批流程 (4) 配置管理 (5) 变更审批流程 (6) 授权访问管理(运维工具的接入审批流程、远程运维的审批流程等) (7) 日志管理 (8) 日常操作规范(覆盖运维工具、远程运维、日志分析工具等) (9) 升级与打补丁 (10) 口令更新周期
设备或系统的配置和操作手册	(1) 配置手册 (2) 操作手册
运维操作日志	(1) 日常巡检工作 (2) 运行维护记录 (3) 参数的设置和修改 (4) 日志、监测和报警数据等的分析、统计及报告 (5) 变更运维的操作记录 (6) 运维工具的操作记录 (7) 远程运维的操作记录

7. 恶意代码防范管理

采取培训和告知等方式提升员工的防恶意代码意识,通过恶意代码防范管理制度明确对外来计算机或存储设备接入系统前进行恶意代码检查。

网络运维负责在数据中心统一部署防火墙、入侵检测系统等防范设备,实现接入业务的恶意代码防范,网络运维负责组织内部所有信息处理设施防病毒软件的安装、自动扫描设置和定期升级。负责对所使用的操作系统进行补丁升级。对电子邮件接收或下载软件开启病毒实时防护,进行检查。

8. 配置管理

网络系统中的配置信息包含网络设备接口、IP 地址、MAC 地址和掩码等信息,也包括网络拓扑结构、各个设备安装的软件组件、软件/固件组件的版本和补丁信息、各个设备或软件组件的配置参数等。

9. 密码管理

在密码管理过程中需要遵循以下法律标准:

(1)《中华人民共和国密码法》。

(2) GM/T 0065—2019《商用密码产品生产和保障能力建设规范》。

(3) GM/T 0066—2019《商用密码产品生产和保障能力建设实施指南》。

(4) GM/T 0067—2019《基于数字证书的身份鉴别接口规范》。

(5) GM/T 0068—2019《开放的第三方资源授权协议框架》。

(6) GM/T 0069—2019《开放的身份鉴别框架》。

(7) GM/T 0071—2019《电子文件密码应用指南》等。

密码相关产品需要获得有效的国家密码管理主管部门规定的检测报告或密码产品认证证书。

10. 变更管理

变更方案包含变更类型、变更原因、变更过程、变更前评估等内容。在变更控制制度的申报和审批程序规定需要申报的变更类型、申报流程、审批部门、批准人等方面内容。变更实施方案中明确变更中止或失败后的恢复程序(恢复流程)、工作方法和职责,必要时对恢复过程进行演练。变更管理的重点内容如表 4.8 所示。

表 4.8　变更管理的重点内容

制度类型	重点内容
变更管理制度	(1) 变更方案(包括变更类型、变更原因、变更过程、变更前评估等内容) (2) 变更申报和审批(包括变更类型、申报流程、审批部门、批准人等方面内容) (3) 变更实施流程(包括变更实施方案、变更实施记录、变更中止或失败后的恢复程序、工作方法和职责等)

11. 备份与恢复管理

制定定期备份的重要业务信息、系统数据、软件系统的列表或清单,明确备份方式、频度、介质、保存期等内容,制定数据的备份策略和恢复策略、备份程序和恢复程序等。备份与恢复管理的重点内容如表 4.9 所示。

表 4.9　备份与恢复管理的重点内容

文档类型	重点内容
备份和恢复的策略文档	(1) 需要备份的重要业务信息、系统数据、软件系统的列表或清单 (2) 备份方式、频度、介质、保存期等内容 (3) 数据的备份策略和恢复策略、备份程序和恢复程序等

12. 安全事件处置

《网络安全法》中明确要求应当按照事件发生后的危害程度、影响范围等因素对网络安全事件进行分级,并规定相应的应急处置措施。

网络安全事件分类分级制度,可以有效地提高安全事件响应速度,及时采取相应的处理和报告制度。安全事件的事后总结可以吸取经验教训,防止同类事件的再次发生。安全事件处置的重点内容如表 4.10 所示。

表 4.10　安全事件处置的重点内容

文档类型	重点内容
安全事件报告和处置管理文档	(1) 安全事件分类 (2) 安全事件分级 (3) 安全事件的报告、处置和响应流程 (4) 安全事件的总结分析

13. 应急预案管理

《网络安全法》中明确要求建立健全网络安全风险评估和应急工作机制,制定网络安全事件应急预案,并定期组织演练。

针对机房、系统、网络等各个方面制定应急预案,包括应急处理流程、系统恢复流程等内容,定期对相关人员进行应急预案培训和演练,定期评估并修订完善应急预案。

14. 外包运维管理

选取外包运维服务商时需要符合国家有关规定,外包运维服务协议明确约定外包运维的范围、工作内容、安全要求(包含可能涉及对敏感信息的访问、处理、存储要求,对基础设施中断服务的应急保障要求等内容)等。外包运维服务的重点内容如表 4.11 所示。

表 4.11　外部运维服务的重点内容

文档类型	重点内容
外包运维服务协议	(1) 外包运维的范围 (2) 外包运维的工作内容 (3) 外包运维服务商具有等级保护要求的服务能力 (4) 外包运维的安全要求

4.4　等级保护安全扩展要求

安全扩展要求是采用特定技术或特定应用场景下的等级保护对象需要增加实现的安全要求,针对云计算、移动互联、物联网和工业控制系统等新技术的应用,GB/T 22239—2019 提出了安全扩展要求。

4.4.1　云计算安全扩展要求

采用了云计算技术的信息系统通常称为云计算平台。云计算平台由设施、硬件、资源抽象控制层、虚拟化计算资源、软件平台和应用软件等组成。云计算平台中通常有云服务商和云服务客户/云租户两种角色,软件即服务(SaaS)、平台即服务(PaaS)、基础设施即服务(IaaS)是三种基本的云计算服务模式。在不同的服务模式中,云服务商和云服务客户对资源拥有不同的控制范围,控制范围决定了安全责任的边界,如图 4.4 所示。

云计算安全扩展要求是在通用安全要求的基础上针对云计算平台特点提出的特殊保护要求。云计算安全扩展要求涉及的控制点包括物理环境的基础设施位置、通信网络的网络架构、区域边界的访问控制、区域边界的入侵防范、区域边界的安全审计、计算环境的身份鉴别、计算环境的访问控制、计算环境的入侵防范、镜像和快照保护、数据完整性和保密性、数据备份恢复、剩余信息保护、集中管控、云服务商选择、供应链管理和云计算环境管理。

4.4.2　移动互联安全扩展要求

采用移动互联技术的等级保护对象,其移动互联部分由移动终端、移动应用和无线网络 3 部分组成。移动终端通过无线通道连接无线接入设备接入;无线接入网关通过访问控制策略限制移动终端的访问行为;后台的移动终端管理系统负责对移动终端的管理,包括向客户端软件发送移动设备管理、移动应用管理和移动内容管理策略等。移动互联应用架构如图 4.5 所示。

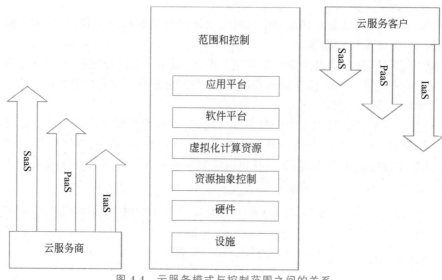

图 4.4　云服务模式与控制范围之间的关系

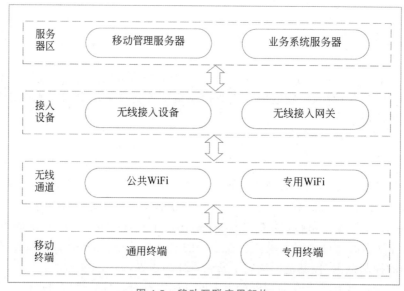

图 4.5　移动互联应用架构

　　移动互联安全扩展要求主要是针对移动终端、移动应用和无线网络部分提出的特殊安全要求,它们与等级保护通用要求共同构成针对采用移动互联技术的等级保护对象的完整安全要求。移动互联安全扩展要求涉及的控制点包括无线接入点的物理位置、有线网络与无线网络之间的边界防护、有线网络与无线网络之间的访问控制、有线网络与无线网络之间的入侵防范,移动终端管控、移动应用管控、移动应用软件采购、移动应用软件开发和配置管理。

4.4.3　物联网安全扩展要求

　　物联网通常从架构上可分为 3 个逻辑层,即感知层、网络传输层和处理应用层,如图 4.6

所示。其中感知层包括传感器节点和传感网网关节点,或 RFID 标签和 RFID 读写器,也包括这些感知设备及传感网网关、RFID 标签与阅读器之间的短距离通信(通常为无线)部分;网络传输层包括将这些感知数据远距离传输到处理中心的网络,包括互联网、移动网以及几种不同网络的融合;处理应用层包括对感知数据进行存储与智能处理的平台,并对业务应用终端提供服务。对大型物联网来说,处理应用层一般是云计算平台和业务应用终端设备。

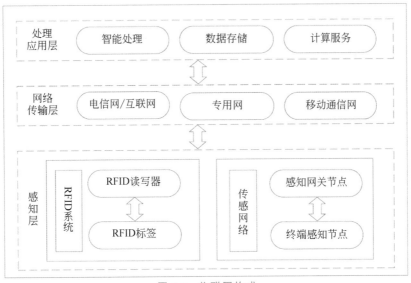

图 4.6　物联网构成

对物联网的安全防护应包括感知层、网络传输层和处理应用层。由于网络传输层和处理应用层通常由计算机设备构成,因此这两部分按照等级保护通用要求进行保护。物联网安全扩展要求是针对感知层提出的特殊安全要求,它们与等级保护通用要求共同构成针对物联网的完整安全要求。物联网安全扩展要求涉及的控制点包括感知节点设备物理防护、感知网的接入控制、感知网的入侵防范、感知节点设备安全、网关节点设备安全、抗数据重放、数据融合处理和感知节点的管理。

4.4.4　工业控制系统安全扩展要求

工业控制系统通常是对可用性有较高要求的等级保护对象。工业控制系统是几种类型控制系统的总称,包括数据采集与监视控制系统(SCADA)、集散控制系统(DCS)和其他控制系统。工业控制系统通常用于如电力、水和污水处理、石油和天然气、化工、交通运输、制药、纸浆和造纸、食品和饮料以及离散制造(如汽车、航空航天和耐用品)等行业。

工业控制系统的层次模型从上到下一般分为 5 个层级,如图 4.7 所示,依次为企业资源层、生产管理层、过程监控层、现场控制层和现场设备层,不同层级的实时性要求有所不同,对工业控制系统的安全防护应包括各个层级。由于企业资源层、生产管理层和过程监控层通常由计算机设备构成,因此这些层级按照网络安全等级保护通用要求进行保护。

工业控制系统安全扩展要求是针对现场控制层和现场设备层提出的特殊安全要求,它们与安全通用要求一起构成针对工业控制系统的完整安全要求。工业控制系统安全扩展要求涉及的控制点包括室外控制设备物理防护、网络架构、通信传输、访问控制、拨号使用控

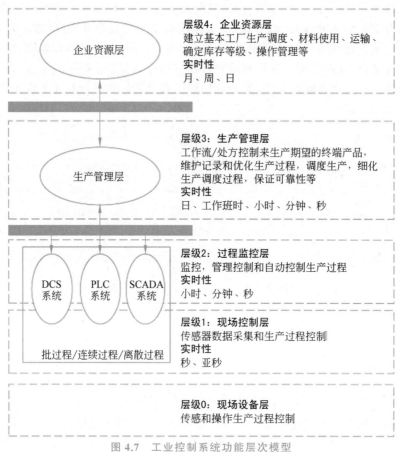

图 4.7　工业控制系统功能层次模型

制、无线使用控制、控制设备安全、产品采购和使用以及外包软件开发。

4.5　关键信息基础设施安全保护

4.5.1　关键信息基础设施安全保护现状

关键信息基础设施是指公共通信和信息服务、能源、交通、水利、金融、公共服务、电子政务、国防科技工业等重要行业和领域,以及其他一旦遭到破坏、丧失功能或者数据泄露,可能严重危害国家安全、国计民生、公共利益的重要网络设施及信息系统等。近年来,随着互联网技术的飞速发展,关键信息基础设施面临的威胁日益严重,一旦网络系统遭受攻击,不仅会造成自身瘫痪,还会带来一系列的连锁反应,影响国家经济发展和社会稳定,因此,采用必要手段提高关键信息基础设施安全防护,已成为世界各国关注的焦点,许多国家都在加强对关键信息基础设施的保护力度,推进关键信息基础设施安全保护工作。

1. 国外关键信息基础设施安全保护

美国政府为加强关键信息基础设施安全保护发布了一系列的法律文件。如 1996 年克林顿政府颁布第 13010 号行政令,这是美国首次提出关键基础设施的概念,也是第一个针对关键基础设施的行政令。1998 年,美国总统克林顿政府发布了第 63 号总统令《对关键基础设施保护的政策》,列举了 8 个重点行业作为国家关键基础设施,其中包括:信息和通信、银行和金融、电力、运输、供水、天然气与石油、政府运转、应急服务,要求确保关键基础设施的安全。2001 年,美国颁布了著名的《爱国者法案》,重新界定了关键基础设施的范畴,无论物理环境或虚拟环境,其遭到破坏或失去运转能力时,将对美国国家安全、经济安全、公共健康等其中的一项或多项产生破坏性影响。2013 年,美国总统奥巴马签署了第 21 号总统令,将关键基础设施重新确定为 16 类,确定了包括化学制品、商业设施、通信、关键制造业等在内的 16 类关键领域。2021 年,美国总统拜登签署《关于改善关键基础设施控制系统网络安全的国家安全备忘录》,旨在推动联邦政府和关键基础设施之间的合作,改善关键基础设施网络安全。

欧盟为加强关键信息基础设施安全保护发布了一系列的法律文件。2004 年,欧盟发布《打击恐怖主义活动,加强关键基础设施保护的通讯》,针对性研讨了关键基础设施的相关保护举措。2006—2009 年间,欧盟先后发布《保护关键基础设施的欧洲计划》《2008 年欧盟关键基础设施认定和安全评估指令》,正式提出关键信息基础设施安全评估方法。2017 年 11 月,欧盟发布了《关键信息基础设施领域的物联网安全基线指南》,旨在指导欧洲在关键信息基础设施领域如何应用物联网。

日本也相继出台关键信息基础设施保护的相关立法和政策。2014 年 11 月,日本国会众议院表决通过《网络安全基本法》,规定电力、金融等重要社会基础设施运营商、网络相关企业、地方自治体等有义务配合网络安全相关举措或提供相关情报。2015 年 5 月,日本政府修订《关键信息基础设施保护基本政策》(第三版)明确了本国的关键信息基础设施领域,并规定新的网络系统服务以维护网络安全。2018 年 7 月,日本政府发布《第三项网络安全战略》,该战略内容中,特别强调了针对物联网设备、金融行业以及关键基础设施和供应链面临的威胁攻击。2021 年 9 月,日本政府通过(并发布)了《未来三年的网络安全战略》草案,明确提出要让关键基础设施得到良好的保护,并为 IT 设备制定新的安全和可靠性标准。

2. 国内关键信息基础设施安全保护

随着我国网络强国战略的不断建设和实施,我国在网络安全领域不同阶段制定了一系列的安全防护战略和措施。2016 年 4 月 19 日召开的网络安全和信息化工作座谈会上,习近平总书记提出要加快构建关键信息基础设施安全保障体系,切实做好国家关键信息基础设施安全防护。2017 年《网络安全法》正式实施,其中第三十一条,明确规定"关键信息基础设施在网络安全等级保护制度的基础上,实行重点保护"。国家鼓励关键信息基础设施以外的网络运营者自愿参与关键信息基础设施保护体系,按照国务院规定的职责分工,负责关键信息基础设施安全保护工作的部门分别编制并组织实施本行业、本领域的关键信息基础设施安全规划,指导和监督关键信息基础设施运行安全保护工作,建设关键信息基础设施应当确保其具有支持业务稳定、持续运行的性能,并保证安全技术措施同步规划、同步建设、同步使用。2020 年 9 月公安部制定出台了《贯彻落实网络安全等级保护制度和关键信息基础设施安全保护制度的指导意见》(公网安〔2020〕1960 号),指导重点行业、部门全面落实网络安全等级保护制度和关键信息基础设施安全保护制度,进一步健全完善国家网络安全综合防控体系,有效防范网络安全威胁,切实保障我国的关键信息基础设施、重要网络和数据安全。《关键信息基础设施安全保护条例》(以下简称为《条例》)自 2021 年 9 月 1 日起施行,《条例》在《网络安全法》框架下,从多领域、多角度全面阐释关键信息基础设施安全保护的重要性和必要性,落实关键信息基础设施运营者的义务和责任,对关键信息基础设施的网络安全提出明确的监管要求,保障关键信息基础设施安全稳定运行。

4.5.2 我国关键信息基础设施标准体系

关键信息基础设施的安全保护标准体系,是提升我国网络安全防护能力的重中之重,只有规范化、标准化的防御体系,才能有效保护我国关键信息基础设施面对外部的攻击、侵入、干扰和破坏。

目前,全国信息安全标准化技术委员会在充分考虑我国关键信息基础设施安全特性的基础上,围绕安全保障体系建设各维度,从分析识别、安全防护、检测评估、监测预警、主动防御、事件处置以及供应链安全等方面开展了标准研制与标准试点工作。GB/T 39204—2022《信息安全技术 关键信息基础设施安全保护要求》站在运营者的角度,对开展安全保护工作提出了安全要求,为运营者落实安全主体责任提供依据。《信息安全技术 关键信息基础设施安全测评要求》是从第三方评估机构开展关键信息基础设施安全测评工作,提出相应的安全评估方法,针对《信息安全技术 关键信息基础设施安全保护要求》的各项要求内容,描述对应的测评方法。《信息安全技术 关键信息基础设施安全检查评估指南》提出了保护工作部门开展关键信息基础设施安全检查评估的流程和指标,《信息安全技术 关键信息基础设施安全控制措施》《信息安全技术 关键信息基础设施安全防护能力评价方法》《信息安全技术 关键信息基础设施信息技术产品供应链安全要求》等标准提出了运营者加强安全保护的措施手段,为有效开展自身安全能力建设、提高安全防护水平提供了全方位、系统化、层次化的标准化指导。

4.5.3 关键信息基础设施安全保护工作环节

关键信息基础设施运营者应在满足网络安全等级保护相应级别要求的基础上,围绕安全风险管理,根据自身具体情况和识别的安全风险,选择应采取的安全控制措施,确保将安全风险控制在可接受的范围。关键信息基础设施安全保护体系,主要用于明确关键信息基础设施安全保护工作需求、环节和范围,指导国家关键信息基础设施安全保护体系建设。关键信息基础设施安全保护主要分为六个核心环节如图 4.8 所示。

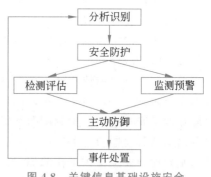

图 4.8 关键信息基础设施安全保护工作环节

(1)分析识别:围绕关键信息基础设施承载的关键业务,开展业务依赖性识别、关键资产识别、风险识别等活动。本活动是开展安全防护、检测评估、监测预警、主动防御、事件处置等活动的基础。

(2)安全防护:根据已识别的关键业务、资产、安全风险,在安全管理制度、安全管理机构、安全管理人员、安全通信网络、安全计算环境、安全建设管理、安全运维管理等方面实施安全管理和技术保护措施,确保关键信息基础设施的运行安全。

(3)检测评估:为检验安全防护措施的有效性,发现网络安全风险隐患,应建立相应的检测评估制度,确定检测评估的流程及内容等,开展安全检测与风险隐患评估,分析潜在安全风险可能引发的安全事件。

（4）监测预警：建立并实施网络安全监测预警和信息通报制度，针对发生的网络安全事件或发现的网络安全威胁，提前或及时发出安全警示。建立威胁情报和信息共享机制，落实相关措施，提高主动发现攻击能力。

（5）主动防御：以应对攻击行为的监测发现为基础，主动采取收敛暴露面、捕获、溯源、干扰和阻断等措施，开展攻防演习和威胁情报工作，提升对网络威胁与攻击行为的识别、分析和主动防御能力。

（6）事件处置：运营者对网络安全事件进行报告和处置，并采取适当的应对措施，恢复由于网络安全事件而受损的功能或服务。

4.6　供应链安全

供应链（Supply chain）是指生产及管理过程中，将产品或服务提供给最终用户活动的上游与下游企业所形成的网链结构。国家有关部门和运营者持续加强供应链安全监督检查工作，关注各企业供应链安全管理工作，重点审查运营者采购安全可信的网络产品和服务方面的组织管理、制度制定和落实执行情况，加强运营者对供应链安全管理意识，开展供应链管理风险评估，严格遵守国家相关要求开展关键网络产品和服务的采购、建设、使用和运维，降低供应链安全风险。

4.6.1　安全风险

1. 资产识别

重点关注供应链的关键资产，因为这些资产对运营者正常开展系统业务有直接联系，资产一旦遭受破坏，会给产品或服务造成严重影响。关键资产识别的主要特征有：承载的关键业务；关键的业务系统、组件（软件、硬件和固件）、功能和流程；在系统中的被依赖程度，需要在系统中进行提升的组件和功能；关键组件、系统、功能、信息采集和审查，如部署或研发地点、物理结构和逻辑交付路径、与重要组件有关的信息流等；已被确定识别的关键组件与供应链信息、日志记录和系统开发生命周期相关联，确认供应链关键路径；关键功能依赖性，如漏洞补丁的通信协议等；对整个供应链的接入点审查，识别并限制对关键功能、组件的直接访问（如最小访问原则）；在系统生命周期内可能存在的恶意变更。

2. 威胁识别

供应链威胁识别因素见表 4.12，威胁源主要有物理环境、供应链攻击和人为错误。其中，物理环境主要是由环境因素带来的供应链安全威胁。供应链攻击是不法分子通过供应链发起的网络或物理攻击。供应链的研发、设计、生产、集成、存储、交付、运维等任意环节都存在供应链攻击。人为错误是指供应链内部人员、供应商人员等人员本身原因造成的错误，如未按相关制度流程而导致的事故。

表 4.12　供应链安全威胁来源

类　　型	示　　例
物理环境	静电、灰尘、潮湿、地震、洪灾、鼠蚁虫害、电磁干扰、台风、意外事故等环境危害或自然灾害；软件、硬件、数据、通信线路、电力、云计算平台等基础设施的故障；贸易管制、限制销售、知识产权等国际环境因素；罢工等人为突发事件

类　　型		示　　例
供应链攻击	假冒伪造者	假冒伪造者通过不法手段获取或买卖伪造组件用于盈利,尤其是假冒伪劣者购买库存积压产品,得到组件的设计原理图、代码程序等技术资料,通过违法销售渠道进行售卖
	恶意攻击者	恶意攻击者试图渗透或中断供应链,植入病毒、木马等恶意软件进行非法访问,采集数据或造成破坏
	商业间谍	商业间谍等对供应链的产品或服务,主动发起的物理或网络攻击,非法获取组件的相关信息,损坏业务功能或操作系统
	内部人员	内部不满员工对产品或服务进行盗窃、篡改、伪造或恶意破坏等,采取自主或勾结外部人员的行为进行窃取相关技术文档等知识产权,通过非法销售给竞争对手或外部情报机构,获得相关利益
	供应商人员	供应商人员在供应链的研发、设计、生产、集成、存储、交付、运维等环节,通过供应链管理的脆弱性,对其进行恶意攻击或对其上游组件进行恶意篡改或伪造
人为错误		内部人员、供应商人员存在意识不足、专业知识掌握不够充分、缺乏培训、不满足岗位技术要求而造成供应链基础设施故障,由此带来供应链中断

供应链可能面临的典型安全威胁见表4.13,主要包括恶意篡改、假冒伪劣、供应中断、信息泄露、违规操作和其他威胁。

表 4.13　供应链安全威胁

类　　型	描　　述	示　　例
恶意篡改	在供应链的设计、开发、采购、生产、仓储、物流、销售、维护、返回等某一环节,对产品或上游组件进行恶意篡改、植入、替换等,以嵌入包含恶意逻辑的软件或硬件	恶意程序、硬件木马、外来组件被篡改、未经授权的配置、供应信息篡改
假冒伪劣	产品或上游组件侵犯知识产权、质量低劣等问题	不合格产品、未经授权的生产、假冒产品
供应中断	由于人为或自然的原因,造成产品和服务的供应量或质量下降,甚至出现供应链中断或终止	人为或自然的突发事件中断、基础设施故障、国际环境影响、不正当竞争行为、不被支持的组件
信息泄露	供应链上传递的敏感信息被非法泄露	供应链的共享信息、商业秘密泄露
违规操作	供方的违规操作行为	供应商违规收集或使用用户数据、滥用大数据分析、非法远程控制用户产品、影响市场秩序
其他威胁	供应链的全球分布性为供应链安全带来了新的威胁或挑战	需方安全风险控制能力下降、法律法规差异性挑战、全球化供应链管理挑战

3. 脆弱性识别

供应链脆弱性是指产品与服务在研发、设计、生产、集成、存储、交付、运维等任一供应链环存在的漏洞缺陷造成的安全隐患。脆弱性是资产的本身属性,只有当被威胁利用时会造成严重影响,而没有被威胁利用时,无需过多施加控制措施,但应时刻监视和关注其变化。

供应链脆弱性影响因素主要包括:产品或服务在供应链整个生命周期内的系统或组件;系统的开发和运维环境;物流运输和交付使用环境,包括物理和逻辑环境等。供应链安全脆弱性识别应围绕其关键资产开展,针对每一项需要保护的资产,识别可能被威胁利用的脆弱性,并对其严重程度进行评估。供应链脆弱性示例见表 4.14。

表 4.14　供应链脆弱性

类型	子类	示　　例
供应链生命周期的脆弱性	开发阶段脆弱性	产品和服务在设计、开发阶段可能存在安全隐患,如:产品和服务设计时未对安全需求、安全威胁进行分析,开发时未遵循安全开发流程,没有建立完善的配置管理控制产品或组件的变更,没有适当的操作流程来检测伪造品、替换零件,合作或外包开发没有明确安全要求,第三方软件使用前没有进行安全检查等
	供应阶段脆弱性	产品和服务在生产、集成、仓储、交付等供应阶段可能存在安全隐患,如:采购时无法识别被篡改或伪造的组件,生产环境的物理安全访问控制不严,采用了不可靠或不安全的仓储商,运输时产品被植入、篡改或替换,供应商未经授权私自预装程序等
	运维阶段脆弱性	产品和服务在运维阶段可能存在安全隐患,如:产品返回维修时被植入、篡改或替换,缺乏对安全漏洞的应急响应能力,售后人员盗窃用户数据等
供应链基础设施的脆弱性	供应链管理脆弱性	供应链安全管理缺乏或管理不严,可能存在安全隐患,如:未完全建立供应链安全管理制度和流程,缺乏供应链安全责任部门和人员,在选择供应商时未考虑网络安全要求,没有对供应商的绩效和安全风险进行定期评估,缺乏对外包项目、外包人员的安全规定等
	供应链信息系统脆弱性	供应链信息系统,可能存在安全隐患,如:未对供应商访问供应链相关信息进行访问控制,个人信息保护未满足相关法规标准要求,未对个人信息访问和使用进行控制,供应链信息不透明,信息系统存在漏洞等
	上下游脆弱性	供应链、供应商安全能力参差不齐,供应链整体安全水平不高,如:一些供应商的产品安全标准和供应链安全管理流程缺乏,也有的供应商不能及时发现安全缺陷并进行修复和响应等;由于上游供应商安全能力不足、产品市场被部分企业垄断、部分下游供应商安全检测能力有限、长期合作独家供应商造成依赖等原因,导致下游供应商难以控制和追溯上游的供应链风险
	供应链物理安全脆弱性	厂房、仓库、数据中心、机房的位置,缺少抵御自然灾害或人为破坏等的能力

4.6.2　技术安全措施

1. 物理与环境安全

供应链物理与环境安全包括:外部人员访问供应链基础设施受控区域前得到授权或审批,由专人全程陪同,并登记备案;及时更新供方对供应链基础设施的物理访问权限;评估系统集成商是否具有物理与环境安全策略,是否具有持续保证物理与环境安全的能力,并通过合同协议对系统集成商的物理与环境安全进行要求;具有备用的工作场所、通信线路和供应链管理信息系统,防止自然灾害或不可抗力的外因导致供应链中断。

2. 系统与通信安全

供应链安全具备边界保护机制,保护供应链基础设施内的物理连接和逻辑连接;定期开展供应链基础设施边界安全脆弱性评估及抽样检查,并及时采取纠正措施;供应链基础设施中采用密码技术的,应符合国家密码管理相关规定;使用多个供应来源以提高通信系统组件可用性,减少供应链基础设施受损害的影响;确保供应链关键信息的传输安全,采取安全措施保证信息传输保密性。

3. 访问控制

通过设置访问控制策略建立用户的账户管理体系,包括用户注册、角色管理、权限和授权管理及身份鉴别等措施;在系统集成商、供应商和外部服务提供商发生变更的情况下,更新访问权限等控制措施;明确职责定位,并在职责定位的基础上,采取最小权限和授权机制;建立监控、审核和记录外部对供应链基础设施相关访问流程;限制组织内设备在外部信息系统中的使用;依据不同的访问级别,把供应链基础设施的接口,选择性地提供给系统集成商、供应商和外部服务提供商;使用自动化方式实现账户管理,包括通知变更、禁用过期账户、自行审核高危操作和超时自动注销等;从供应链角度,对组织与外部供应商互连的信息系统和操作任务进行核查和记录,包括了解与各类供方的组件/系统连接状况、共同开发和操作环境、共享的数据请求和检索事务等。

4. 标识与鉴别

对供应链基础设施的系统或人员分配身份标识,对访问供应链基础设施的用户(包括组织内部用户、外部供应商用户进行身份标识和鉴别。对管理供应链基础设施内非组织用户身份标识和鉴别的建立、审计、使用和撤销,交付前产品标识的改变提供相应的规则,使所交付的产品在供应链中可进行验证,对设备和组件分配产品标识,使用编码、条码、ID 或者组织自定义的其他标识。

5. 供应链完整性保护

对可能造成供应链基础设施破坏的行为进行监控(如外部攻击或软件开发过程中植入的恶意代码);网络系统和组件的完整性进行测试和验证(如使用数字签名或校验机制),或使用有限权限环境(如沙箱)等;确保实施代码鉴别机制,如数字签名,以确保供应链框架和信息系统的软件、固件和信息的完整性;采取硬件完整性保护措施,如硬件拆箱保护措施;验证集成商、供应商和外部服务提供商提供的篡改保护机制。

6. 可追溯性

建立和维护可追溯性的策略和程序,记录和保留信息系统、组件或供应链中产品和服务的原产地或原提供商的相关信息,对于可追溯性的改变,跟踪、记录并通知到有关供应链相关人员,确保追溯到对信息系统或供应链中组件、工具、数据和过程有影响的个人;确保可追溯信息和可追溯更改记录的抗抵赖性,包括时间、用户信息等;建立可追溯基线,对组件、系统以及整个供应链进行记录、监测和维护,并将可追溯基线嵌入供应链流程和相关信息系统;使用多种可重复的方法跟踪可追溯性的变更,包括变更的数量和频率,减少过程、程序和人为的错误,例如,配置管理数据库可用于跟踪对软件模块、硬件组件和文档的更改。

4.6.3 管理安全措施

1. 管理安全措施

(1)管理制度。制定供应链管理的总体方针和安全策略,说明供应链管理的总体目标、范围、原则和安全框架等;对供应链建立安全管理制度,包含供应链生命周期中主要活动、供应链基础设施和外部供应商管理等内容;对供应链管理人员或操作人员执行的重要管理操作建立操作规程;在供应商关系发生重大变化或供应链发生重大安全事件时,对供应链安全管理制度进行检查和审定,对存在不足或需要改进的安全管理制度进行修订。

（2）管理机构。明确负责指导和协调组织相关部门的供应链安全管理工作的供应链安全管理部门，并定义供应链安全管理职责；提供用于供应链安全管理的资金、人员和权限等可用资源。

（3）人员管理。制定针对涉及供应链基础设施的人员的安全要求，包括管理者、员工和第三方人员等，确保涉及供应链各部门、各环节的责任人的可信度，可以满足对其职位的安全要求。及时终止离岗和调任人员对供应链基础设施的访问权限。包括：采购和承包人员、供应链和物流人员、运输和接收人员、信息技术人员、质量人员、高级管理人员、系统管理员、网络管理员、安全管理员。明确划分管理供应链的人员职责定位，包括：高级管理人员以及支撑供应链的签约、物流、交付/接收、采购安全等职责定位；供应链管理人员和负责完成管理的需方组织内部人员的职责定位；覆盖系统生命周期的系统工程师或安全工程师，涉及需求定义、开发、测试、部署、维护、更新、更换、交付和接收、IT 技术等职责定位。

2. 供应链生命周期管理

明确供应链管理人员在配置管理中的职责定位，包括确定和协调组织不同部门间在配置管理中的目标、范围、角色、职责、义务和管理规范，制定覆盖全生命周期的配置管理策略，包括定义在整个系统开发生命周期中的配置参数，定义信息系统的配置项并进行配置管理，考虑配置项的数据留存、追踪和元数据等。与系统集成商、外部服务提供商等供应商协调配置管理策略。建立相应的实施配置管理控制程序，包括向产品和服务插入和删除组件的规程，制定主体配置操作手册，依据手册对设备进行安全访问、优化配置更改等工作。

将信息系统设置为仅提供基本功能，禁止或限制使用不必要的物理和逻辑端口、协议或服务，指定可以实现系统最少功能的组件，以减少供应链受到攻击的风险。对产品/服务和供应链基础设施的变更进行安全影响分析，以确定是否需要采取额外的安全控制措施。

及时记录和保存系统的基本配置信息，包括网络拓扑结构、各个设备安装的软件组件、软件版本和补丁信息、各个设备或软件组件的配置参数等。在组织内部建立和维护配置管理基线，包括：

（1）建立信息系统和供应链基础设施的配置基线，并与系统集成商、外部服务提供商和供应商达成一致。

（2）建立基线配置的规范，并可根据需要建立基线配置的开发及测试环境。

（3）记录基线配置的变更和相关组织的通报、调整。

（4）运行和维护基线配置的基本要求，通过基本要求保证供应链的基本安全条件。

（5）定期审核和更新基线配置，实现基线变化的可追溯。

3. 采购外包与供应商管理

1）供应商选择

制定供应商选择策略和制度，根据产品和服务的重要程度对供应商开展安全调查，对关键产品和服务供应商实行筛选，与产品和服务供应商进行合作时，组织宜考虑以下几方面因素。

（1）优先选择满足下列条件的供应商：保护措施符合法律法规安全要求，组织运转过程和安全措施相对透明，对下级供应商、关键组件和服务的安全实行进一步核查，在合同中声明不使用有恶意代码产品或假冒产品，使用可信任的员工。

（2）交货周期短且稳定。

（3）使用可信或可控的分发、交付和仓储手段。

（4）限制从特定供应商或国家采购产品和服务。

在签署合同前对供应商进行调查，根据实际情况，包括但不限于。

（1）分析供应商对信息系统、组件和服务的设计、开发、实施、验证、交付、支持过程。

（2）评价供应商在开发信息系统、组件或服务时接受的安全培训和积累的经验，以判断其安全能力。

2）采购过程

在采购前建立与供应链的信息安全风险承受能力相适应的采购策略，制定供应商的信息安全基线要求，安全要求宜包括相关的管理要求、技术要求、透明性、供应链的信息安全事件共享、组件的废弃或留存规则、数据、知识产权和其他相关要求。与供应商签订产品和服务采购协议，并体现产品和服务安全保障、保密和验收准则等内容。要求供应商对其交付的网络安全产品实行安全配置，并在安全组件、安全服务重启或重装后进行安全默认配置。确保与供应商签订的服务水平协议中的相关指标，不低于与客户所签订的服务水平协议中的相关指标。产品和服务供应商制定用户文档，可涵盖以下信息。

（1）产品和服务的安全配置，以及安装和运行说明。

（2）与管理功能有关的配置和使用方面的注意事项。

（3）有助于用户更安全地使用信息系统、组件或服务的方法或说明；对用户安全责任和注意事项的说明。

3）供应商管理

要求供应商提供所交付产品和服务的安全功能、应急响应措施和培训计划，在供应商发现其交付的产品和服务的脆弱性和漏洞后，及时通报并进行快速修复；供应商对其交付的产品和服务实行防篡改措施，并协助组织定期检查产品和服务是否受到篡改；供应商制定和实施防赝品的策略和规程，检测并防止赝品组件进入产品和服务；供应商变更时，对供应商变更带来的安全风险进行评估，并采取有关措施对风险进行控制。根据组织供应链安全检查需求或系统安全要求，产品和服务供应商协助提供供应链相关资料；要求供应商在合同约定期限内持续提供支持，若供应商需使用不被支持的产品和服务时需获得组织管理层批准。

4.7 本章小结

本章重点介绍了网络安全等级保护和关键信息基础设施安全保护的基础知识，以等级保护第三级安全通用要求为例，网络安全技术主要包含安全物理环境、安全通信网络、安全区域边界、安全计算环境和安全管理中心5个层面，体现了从外部到内部纵深防御的思想；网络安全管理主要包含安全管理制度、安全管理机构、安全管理人员、安全建设管理、安全运维管理5个层面，体现了要素到活动的综合管理思想。最后针对供应链安全风险和控制措施进行了相关介绍，用于识别和评估组织供应链中日常和异常的风险和漏洞，制定相关策略以应对风险威胁，加强供应链安全管理，确保业务连续性。

思考题

1. 如果一个企业的网络系统被定级为第3级，结合所学的等级保护知识，构建系统的网络架构需要注意什么？在开展等级测评时，需要考虑什么？

2. 为提高网络系统的安全性,防范网络攻击和恶意代码植入,请举例说明 3 个有效的
安全防护策略?

实验实践

通过学习本章的网络安全保护知识,结合你所在的校园网,画出学校校园网的网络拓扑
结构分析其安全性,并给出整改建议。

第 5 章

数智安全技术基础

本章重点介绍数智安全的基础技术,包括密码技术、身份管理技术、访问控制技术、日志及安全审计技术等。这些基础安全技术的典型应用是 4A,即认证(Authentication)、授权(Authorization)、账号(Account)及审计(Audit),是身份和访问管理的四个基本环节。它们构成了一个完整的闭环,确保只有授权的用户才能访问系统或资源,并对用户的操作进行监控和审计。

5.1 密码技术

作为信息安全的核心技术,密码技术被广泛应用于数据加密、消息验证、身份鉴别、访问控制、电子印章、隐私计算、数字防伪、数字版权、区块链等多个应用领域。本节介绍密码学的发展过程、研究内容、基本概念及范畴等内容,以理解密码技术的基本原理。此外,本节还简要介绍密码技术标准化相关内容。

5.1.1 密码技术概述

1. 密码学的发展过程

密码学是指研究密码理论与技术的专门学科。从几千年前神秘性的字谜开始,密码学的发展已有数千年,广泛应用于军事、政治、商业和生活的方方面面。

现代密码学则起源于 1949 年香农(数学家、信息论创始人)发表的论文《保密系统的通信理论》,该论文科学地阐述了保密系统的设计、分析及评价的原理,为密码学奠定了理论基础,密码学从此开始成为一门科学。

自 20 世纪六七十年代开始,现代密码学研究走向公开领域并开始高速发展。1976 年,美国密码学家 Diffie 和 Hellma 发表了论文《密码学的新方向》(New Direction in Cryptography),正式提出了公钥密码体制(Public Key Cryptosystem),允许同时公开密码算法及加密公钥,解决了不可靠信道下密钥交换的难题,改变了人类几千年来的单钥密码体制。如今,密码技术几乎被应用在所有的信息技术产品中,人们生活中常见的身份证、门禁卡、银行卡、电子发票、数字人民币、虚拟货币等都采用了密码技术,密码学已经成为信息化、数字化、智能化发展不可或缺的基石。

2. 密码学的研究内容

根据 GB/T 25069—2022《信息安全技术 术语》的定义,密码学(Cryptology)是研究密码与密码活动本质和规律,指导密码实践的学科,主要探索密码的编制、破译以及管理的一般规律。密码学包括密码编码学(Cryptography)和密码分析学(Cryptanalysis)两部分。密码编码学主要研究信息的编码,构建各种安全有效的密码算法和协议,用于消息的加密、认证等方面;密码分析学是研究破译密码获得消息,或对消息进行伪造。

密码学中常见的概念包括:明文、密文、加密、解密、密码算法、密钥等,下面进行简要介绍。

(1) 明文(plaintext):是未加密的原始数据,一般用小写字母 m 或 p 表示。全部的明文集合称为明文空间,一般用大写字母 M 或 P 表示。在信息系统中,明文通常是一段文本,也可以是一个文件,也可以是图片、音视频、网络比特流等。

(2) 密文(ciphertext):是采用密码算法,将明文变换后的数据,一般用小写字母 c 表示。全部的密文集合被称为密文空间,一般用大写字母 C 表示。

(3) 密码算法(cryptographic algorithm):是描述密码处理过程的算法。

(4) 加密算法(encryption algorithm):是将明文转换为密文的算法,一般用大写字母 E 表示加密算法。

(5) 解密算法(decryption algorithm):是将密文转换为明文的算法,一般用大写字母 D 表示解密算法。

(6) 加密(encipherment/encryption):是对数据进行密码变换以产生密文的过程,可以用 $E(p)$ 表示通过加密算法 E 对明文 p 进行加密过程。

(7) 解密(decipherment/decryption):是与加密过程对应的逆过程,可以用 $D(c)$ 表示通过解密算法 D 对密文 c 进行解密过程。

(8) 密钥(key):是在加密或解密算法中实施控制的参数,一般用小写字母 k 表示。全部的密钥集合称为密钥空间,一般用大写字母 K 表示。根据密钥是用在加密算法还是解密算法过程中,可以分为加密密钥和解密密钥。

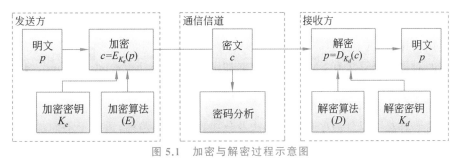

图 5.1　加密与解密过程示意图

图 5.1 描述了加密与解密的基本过程。加密过程可表示为:$c = E_{K_e}(p)$,即发送方的加密过程是使用加密算法(E)基于加密密钥(K_e)将明文(p)转换为密文(c);密文(c)经通信信道传输给接收方,期间可能受到攻击者的窃听或干扰,攻击者通过密码分析过程试图还原明文或篡改信息;解密过程可表示为:$p = D_{K_d}(c)$,即接收方的解密过程是使用解密算法(D)基于解密密钥(K_d)将密文(c)转换为明文(p)。

3. 密码技术的保护作用

密码技术在数智安全保护中是不可或缺的,能够提供保密性、完整性、真实性、不可否认性等安全保护能力。

(1) 在保密性方面,可通过对称加密、非对称加密、数字信封等密码技术,对抗网络窃听、数据窃取、敏感信息泄露等威胁。

(2) 在完整性方面,可通过哈希函数、消息认证码、数据加密、数字签名等密码技术,对抗数据篡改、数据破坏、重放攻击等威胁。

（3）在真实性方面,可通过口令和共享密钥、数字证书、数字签名等密码技术,对抗身份假冒等威胁。

（4）在不可否认性方面,可通过数字签名等密码技术,对抗数据发送及接收中的否认问题。

5.1.2 密码技术原理

1. 数据加密技术

1) 对称密码算法

对称密码算法的基本特征是用于加密和解密的密钥是一样的,或实质上等同,即从其中一个容易推导出另一个。因此,对称密码算法也被称为对称密钥算法、秘密密钥算法或单钥密码算法。所使用的密钥被称为"对称密钥"。

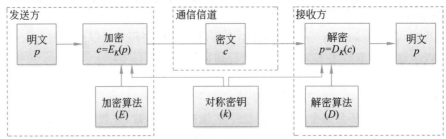

图 5.2 对称密码算法使用示意图

图 5.2 描述了对称密码算法的加密和解密过程,与图 5.1 所描述的过程区别在于加密过程 $c=E_k(p)$ 与解密 $p=D_k(c)$ 所使用的密钥均为对称密钥 (k),且对称密钥 (k) 应通过安全的方式发送给接收方。

典型的对称密码算法有 SM4 算法、数据加密算法(Data Encryption Standard,DES)、高级加密标准(Advanced Encryption Standard,AES)、国际数据加密算法(International Data Encryption Algorithm,IDEA)等。

对称密码算法可以分为序列密码算法及分组密码算法两种,适用于不同加密需求的应用场景。其中,序列密码算法也称为流密码算法,是将明文消息按字符逐位地加密。序列密码算法适用于流式数据加密,如网络音视频通信。我国的祖冲之算法(ZUC)属于序列密码算法。分组密码算法是将明文按组分成固定长度的块,用同一密钥和算法对每一块加密,每个输入块加密后产生得到一个固定长度的密文输出块。常见的分组密码算法有 SM4、DES、IDEA 等。

2) 非对称密码算法

非对称密码体制又称双钥或公钥密码体制,其加密密钥和解密密钥不同,从一个很难推出另一个。其中,一个可以公开,称为公开密钥(public key),简称公钥;另一个必须保密,称为私有密钥(private key),简称私钥。一对相关联的公钥和私钥被称为非对称密钥对。典型的非对称密码算法有 SM2、RSA、ECC 和 ElGamal 等。

图 5.3 描述了非对称密码算法的加密和解密过程,其加密过程 $c=E_{PK}(p)$ 所使用的密钥为公开密钥(PK),解密过程 $p=D_{SK}(c)$ 所使用的密钥为私有密钥(SK),其中公开密钥(PK)可通过不可靠的通信信道传输。

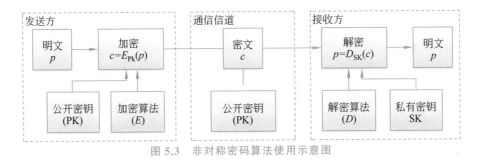

图 5.3 非对称密码算法使用示意图

与对称加密相比,公钥加密的速度较慢,一般适用于短数据的加密,如用于共享密钥交换等场景。

2. 信息认证技术

认证技术主要起到鉴别和确认的作用,一般被用于验证主体的真实性、数据的完整性、访问及操作的不可否认性等。本节将介绍与之相关的杂凑函数、消息鉴别码算法及数字签名等密码技术相关内容。

1)杂凑函数

杂凑函数也称为散列函数、哈希函数。杂凑函数的作用是接收一个消息作为输入,产生固定长度的字串。这个固定长度的字串被称为散列值、哈希值或摘要值。杂凑函数的特点是能够应用到任意长度的数据上,并且能够生成大小固定的输出。对于任意给定的 x,杂凑函数 $H(x)$ 的计算相对简单,易于软硬件实现。安全的杂凑函数需要满足以下性质:

(1)单向性:对任意给定的码 h,寻求 x 使得 $H(x)=h$ 在计算上是不可行的;

(2)弱抗碰撞性:任意给定分组 x,寻求不等于 x 的 y,使得 $H(y)=H(x)$ 在计算上不可行;

(3)强抗碰撞性:寻求任何的 (x,y) 对,使得 $H(x)=H(y)$ 在计算上不可行。

典型杂凑函数有 SM3、MD5、SHA-1 等。

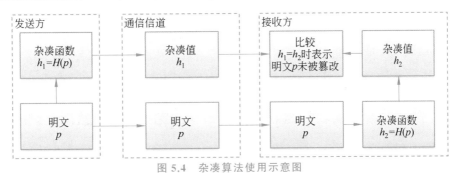

图 5.4 杂凑算法使用示意图

图 5.4 描述了杂凑函数的常见使用过程,其过程 $h_1=H(p)$ 表示发送方通过杂凑函数 (H) 以明文 (p) 作为输入,得到杂凑值 (h_1);明文 (p) 和杂凑值 (h_1) 经通信信道传输给接收方;接收方通过同样的杂凑函数 (H) 将接收的明文 (p) 作为输入,得到杂凑值 (h_2);如果杂凑值 (h_1) 与杂凑值 (h_2) 相等,则认为明文 (p) 在传输过程中未被篡改。需要注意的是,杂凑函数 (H) 和明文 (p) 在通信信道传输过程中存在被同时篡改的可能性。

2)消息鉴别码

消息鉴别码(Message Authentication Code,MAC)也被称为消息认证码,它也是将一个任意长度的消息变换成一个固定长度的、较短的字串。和杂凑函数不同的是,消息鉴别码在计算过程中需要使用一个密钥来生成字串,而验证方在验证消息鉴别码时也需要知道该密钥才能进行计算。

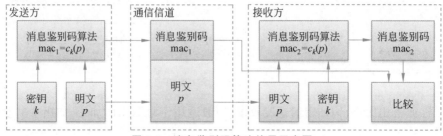

图 5.5　消息鉴别码算法使用示意图

图 5.5 描述了消息鉴别码算法的常见使用过程,其过程 $mac_1 = C_k(p)$ 表示发送方通过消息鉴别码算法(C)基于密钥(k)以明文(p)作为输入,得到消息鉴别码(mac_1);明文(p)和消息鉴别码(mac_1)经通信信道传输给接收方;接收方通过同样的消息鉴别码算法(C)基于相同的密钥(k)将接收的明文(p)作为输入,得到消息鉴别码(mac_2);如果消息鉴别码(mac_1)与消息鉴别码(mac_2)相等,则认为明文(p)在传输过程中未被篡改。其使用的密钥(k)应通过安全的方式发送给接收方。

3) 数字签名

数字签名(digital signature),是附加在数据单元上的一些数据,或是对数据单元做密码变换,这种附加数据或密码变换被数据单元的接收者用以确认数据单元的来源和完整性,达到保护数据,防止被人(例如接收者)伪造的目的。可以看作是以数字化形式进行的"签名",以替代纸质签名、印章等。其基本要求是:签名与所签原始数据的"绑定",不可篡改且容易验证;签名的不可否认性及不可伪造性。数字签名可保护数据的完整性、不可否认性、真实性,且具备易认证、不可伪造、不可抵赖、不可篡改等特点。

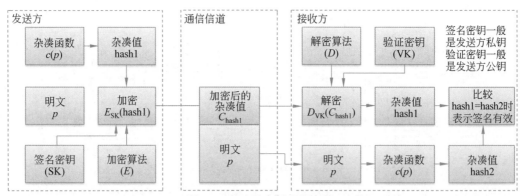

图 5.6　数字签名过程示意图

图 5.6 描述了数字签名的常见使用过程,其加密过程 $E_{SK}(hash1)$ 表示,发送方首先使用杂凑函数(C)以明文(p)作为输入,得到杂凑值($hash1$),并进一步使用加密算法(E)基于签名密钥(SK)以杂凑值($hash_1$)作为输入,得到加密后的杂凑值(C_{hash1});明文(p)和加密后的杂凑值(C_{hash1})经通信信道传输给接收方;接收方的解密过程 $D_{VK}(C_{hash1})$ 表示,使用解密算法(D)基于验证密钥(VK)将接收到的加密后的杂凑值(C_{hash1})作为输入,得到解密后的

杂凑值(hash1),并使用同样的杂凑函数(C)以明文(p)作为输入,得到杂凑值(hash2),如果杂凑值(hash1)与杂凑值(hash2)相等,则表示签名有效。其中,签名密钥(SK)一般是发送方私钥,验证密钥(VK)一般是发送方公钥。

在数智应用中,尤其是电子商务中通信双方相互之间传递消息时,不可否认性非常重要,它一方面要防止发送方否认曾经发送过的消息,另一方面还要防止接收方否认曾经接收过的消息,以避免通信双方可能存在欺骗和抵赖,数字签名是解决这类问题的有效方法。

3. 数字证书与公钥基础设施

1) 数字证书

数字证书的概念是 1978 年由 Kohnfelder 提出的,也称为公钥证书,其内容包含了用户身份信息、公钥,并以 CA(可信第三方认证机构)数字签名形式确保用户信息及公钥的真实性。数字证书和一对公、私钥相对应,公钥以明文的形式放到数字证书中,私钥为拥有者秘密掌握。CA 确保数字证书中信息的真实性,可以作为终端实体的身份证明。在电子商务和网络信息交流中,数字证书常用来解决相互间的信任问题。数字证书和生活中的身份证、驾驶证等证件的作用相似,都是用来证明身份的,因此数字证书会记录用户身份关联的信息,如:证书所有人名称等。按照 X.509V3 数字证书格式标准,数字证书一般包含:证书的版本信息、唯一序列号、所使用的签名算法、发行机构名称、有效期、所有人名称、所有人的公开密钥、发行者对证书的签名等内容。我国数字证书格式国家标准 GB/T 20518—2018《信息安全技术 公钥基础设施 数字证书格式》兼容于 X.509V3 标准,同时要求支持使用我国的密码算法。

如图 5.7 所示,数字证书生成过程可简要描述为:①证书申请者将主体身份信息、主体公钥提交给权威机构(CA);②CA 在信息中附加上自身名称,并使用自己的私钥对混合的信息进行数字签名,将签名与主体信息生成一份数字证书,并发布到 CA 的目录服务器上;③证书申请者和其他用户均可通过 CA 的目录服务器查询和获取证书;④只有证书申请者具备公钥对应的私钥,可以使用私钥进行签名;⑤其他用户可以使用证书附带的公钥验证签名是否由证书真正的所有者生成,其他人无法伪造。

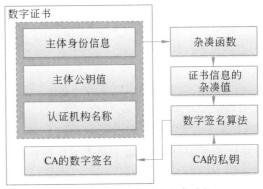

图 5.7　数字证书及其生成过程

数字证书的优点如下。

(1) 数字证书中的公钥不需要保密,其管理、保护成本较低。

(2) 证书本身不易伪造、容易验证,易于通过 CA 的数字签名验证证书的完整性和真实性。

（3）证书易于使用，证书除了使用 CA 认证中心的目录服务获取外，还可以通过任何文件交换形式传递，如电子邮件、IM 等，且可离线使用，无需 CA 等第三方参与，对使用场景的适应能力强。

（4）结合 PKI/CA 体系时，CA 认证中心会对证书申请者进行一定程度的身份审核，证书对应身份的可靠性会更有保障（但不是绝对的）；用户间只需通过 CA 就可获取其他用户证书，简化了用户间证书交换的难度。

2）公钥基础设施

公钥基础设施（Public Key Infrastructure，PKI）：是基于公钥密码技术，可用于提供保密性、完整性、真实性及抗抵赖性等安全服务的基础设施。PKI 主要用来解决大规模网络中的网络信任问题，即通过分发和管理数字证书，确保网络中各主体的身份真实性和可验证性。因此，PKI 的主要功能包括了数字证书的生成、管理、存储、分发和撤销等。

公钥基础设施能够用来满足网络空间身份真实性、数据完整性及行为不可抵赖性等安全需求，在网上银行、电子商务、电子政务、互联网金融等多种场景有广泛应用。随着物联网、车联网、工业互联网及各类智能体的普及，机器身份管理成为热点话题，PKI 也可为这些设备、程序、组件提供身份验证及数据安全保护等能力。

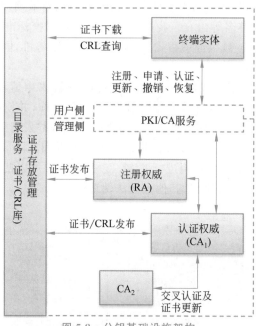

图 5.8　公钥基础设施架构

如图 5.8 所示，公钥基础设施一般由终端实体（证书持有者和应用程序）、注册权威（Registration Authority，RA）、认证权威（Certificate Authority，CA）、证书存放管理（目录服务，证书/CRL 库）等构成。其中：

（1）终端实体（证书持有者和应用程序）：可以是人、设备、进程等，是证书的最终用户和拥有者，拥有公私密钥对和相应公钥。

（2）注册权威（RA）：RA 又称证书注册中心，是数字证书的申请、审核和注册中心，同时也是 CA 认证机构的延伸。在逻辑上 RA 和 CA 是一个整体，主要负责提供证书注册、审核以及发证功能。

（3）认证权威（CA）：CA 是证书签发权威机构，也称数字证书管理中心，它作为 PKI 管理实体和服务的提供者，管理用户数字证书的生成、发放、更新和撤销等工作。

（4）证书存放管理（目录服务，证书/CRL 库）：一般通过轻量级目录协议（LDAP）及证书撤销列表（Certificate Revocation List，CRL，也称"证书黑名单"）等方法，负责证书存放管理，提供证书保存、修改、删除和获取等功能。

5.1.3 密码技术标准化

1. 国产密码技术概述

国密算法是国产密码算法的简称，是指我国国家密码管理部门认定的、我国自主研发的密码算法，主要包括对称加密算法、非对称加密算法、杂凑算法等多种密码算法。

对于涉及重要数据或重要应用的信息系统，应当使用国密算法来保护。根据《中华人民共和国密码法》第二十六条中规定，"涉及国家安全、国计民生、社会公共利益的商用密码产品，应当依法列入网络关键设备和网络安全专用产品目录，由具备资格的机构检测认证合格后，方可销售或者提供"；第二十七条对"商用密码应用安全性评估"也给出了明确要求。《关键信息基础设施安全保护条例》第五十条也规定"关键信息基础设施中的密码使用和管理，还应当遵守相关法律、行政法规的规定"。

我国已形成以 SM1、SM2、SM3、SM4、SM7、SM9、ZUC 等为代表的国产商用密码技术体系。

SM1 算法是对称密码算法，分组长度为 128 位，密钥长度也为 128 位。

SM2 算法是非对称加密算法，其采用 ECC 椭圆曲线密码机制，可以用来实现数字签名、密钥交换以及数据加密应用。

SM3 算法是杂凑算法，适用于应用中的数字签名和验证、消息鉴别码的生成与验证以及随机数的生成，可满足多种密码应用的安全需求。

SM4 算法是国产对称密码算法，属于分组算法。该算法的分组长度为 128 位，密钥长度为 128 位。

SM7 算法是一种分组密码算法，分组长度为 128 位，密钥长度为 128 位。SM7 的算法文本目前没有公开发布。

SM9 是基于一种非对称密码算法。和 SM2 算法不同的是，SM9 算法是一种基于标识的密码算法，即可以直接使用用户的标识（如邮件地址、手机号码、身份证号等）作为公钥。

ZUC 祖冲之算法是一种序列密码算法，也是一种对称加密算法，该算法已经用于 3G、4G 等无线通信领域。

2. 密码标准体系框架

我国密码标准体系由技术维、管理维和应用维 3 个维度刻画，如图 5.9 所示。

其中，技术维包含密码基础类标准、基础设施类标准、密码产品类标准、应用支撑类标准、密码应用类标准、密码检测类标准和密码管理类标准 7 大类密码标准，这 7 类标准的相互关系如图 5.10 所示。

管理维上，我国密码标准可以分为国家标准、行业标准和团体标准 3 种类型；应用维从密码应用领域的视角来刻画密码标准体系。"应用领域"既包括不同的社会行业，如金融、电力、交通等，也包括不同的应用场景，如物联网、云计算等。

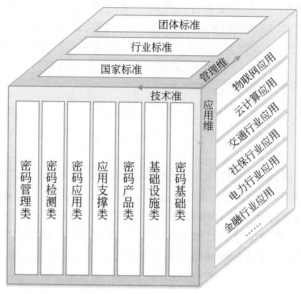

图 5.9　密码标准体系框架

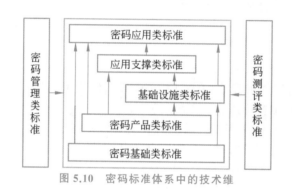

图 5.10　密码标准体系中的技术维

3. 密码算法标准国际化

我国积极推进商用密码算法 SM2、SM3、SM4、SM9、ZUC 等纳入国际标准。其中：

2011 年 9 月,我国设计的祖冲之密码算法(ZUC)被批准成为新一代宽带无线移动通信系统(LTE)国际标准,即 4G 的国际标准。

2017 年 11 月,我国 SM2 和 SM9 数字签名算法正式成为国际标准 ISO/IEC14888-3/AMD1《信息安全技术 带附录的数字签名 第 3 部分:基于离散对数的机制-补篇 1》的内容,由 ISO 正式发布。

2018 年 10 月,我国 SM3 杂凑密码算法成为 ISO/IEC10118-3:2018《信息安全技术 杂凑函数第 3 部分:专用杂凑函数》的内容,由 ISO 正式发布。

2018 年 11 月,作为补篇纳入国际标准的 SM2/SM9 数字签名算法,以正文形式随 ISO/IEC14888-3:2018《信息安全技术 带附录的数字签名 第 3 部分:基于离散对数的机制》最新一版发布。

2020 年 4 月,我国 ZUC 序列密码算法正式成为国际标准 ISO/IEC18033-4/AMD1《信息技术 安全技术 加密算法 第 4 部分:序列算法-补篇 1》的内容,由 ISO 正式发布。

2021 年 2 月,我国 SM9 标识加密算法作为国际标准 ISO/IEC18033-5:2015/AMD1:

2021《信息技术 安全技术 加密算法 第 5 部分：基于标识的密码补篇 1：SM9》，由 ISO 正式发布。

2021 年 6 月，我国 SM4 分组密码算法作为国际标准 ISO/IEC 18033-3：2010/AMD1：2021《信息技术 安全技术 加密算法 第 3 部分：分组密码补篇 1：SM4》，由 ISO 正式发布。

2021 年 10 月，我国 SM9 密钥协商协议正式成为国际标准 ISO/IEC11770-3：2021《信息安全 密钥管理 第 3 部分：使用非对称密码技术的机制》的内容，由 ISO 正式发布。

5.2　身份管理技术

身份管理也是网络安全中最基本、最常见的安全技术之一，是对各类 IT 资源、数据保护的首要方法。而其中身份管理作为主体访问客体的前提，其安全性直接影响信息系统的安全性。本节内容将介绍身份管理技术的基本概念、原理及主要应用场景。

5.2.1　身份管理概述

1. 身份管理的基本概念

身份（identity）是与某一实体相关的一组属性。需要说明的是，这里的实体并不特指人，而是包括人在内的软件、硬件、智能体等任何参与访问过程的实体。在网络中，一个实体可能同时具备多个身份，而多个实体也可能共同拥有同一个身份，如图 5.11 所示。

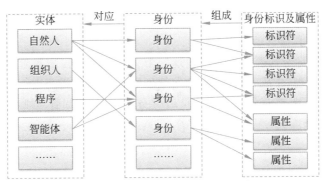

图 5.11　实体、身份及标识的关系示意图

身份的本质是对某一实体的映射或关联，表明是谁、具备哪些特征，而这个映射关系是靠标识、特征描述等信息与实体进行关联的。在生活中的自然人的身份常用如下标识：公民户籍信息、公民身份号码、护照、驾照等，也可以是电话号、银行卡号、社会保险号、车牌号、个人生物特征信息等。

随着数智化的发展，在网络空间中所使用的身份标识可被称为"数字身份"或"网络身份"。数字身份（digital identity）是以数字代码表达的身份，可在网络空间中用于识别和查询。数字身份有助于大幅提高整体社会效率、释放数字经济潜力和价值。常见的数字身份如：网络账号、电子邮件地址、互联网协议（IP）地址号、设备识别码、网络通用资源定位符（URL）等。随着大数据及人工智能的发展，身份标识已经不局限于以上的内容，通过大数据分析及机器学习等方式，可以通过网络操作行为特征、多信息关联等形式推定实体身份，一方面提高了人工智能的识别能力，但另一方面也对实体身份及信息的保护带来了难度。

数字身份的管理方式大致分为中心化数字身份、联盟式数字身份、分布式数字身份三种方式。其中，中心化数字身份一般由单一的权威机构管理；联盟式数字身份由多个权威机构共同管理或者由机构联盟进行管理，身份数据具备一定的可移植性；分布式数字身份则改变了应用提供商控制数字身份的模式，由分布式的基础设施对数字身份进行管理。目前，万维网联盟（World Wide Web Consortium，W3C）已发布了分布式数字身份（Decentralized Identifiers，DID）规范，将 DID 定义为新的全球唯一标识符，可以用于人、设备、程序等各类实体的身份标识。

2. 身份和访问管理

本节介绍的身份管理技术和下节介绍的访问控制技术两者密切相关，有时也被一并称为身份和访问管理（Identity and Access Management，IAM）。身份和访问管理是一种安全规程，其目标是通过管理身份标识、身份鉴别、权限管理和授权、监测和审计管理等过程，确保正确的实体（人、程序、智能体及其他事物）能够不受干扰地按需使用已授权的资源（IT 资产、服务、应用及数据等），确保经鉴别的实体能且仅能访问已授权的 IT 资产、服务、应用及数据等。

身份管理既可以在系统内部使用，又可以在跨系统或跨组织的场景中使用，在数字化、智能化时代，身份管理的范围及场景会更复杂。在网络空间的范畴开展身份管理，还需要实现网络空间内各类实体（公民个人、企业法人、各类组织机构、各类服务提供方等）的相互识别和信任，以提高身份管理的安全性及效率，并降低投入及运营成本。

用以实现身份管理的系统被称为身份管理系统（identity management system），是由策略、规程、技术和其他资源组成，用于维护身份信息（包括相关的元数据）的系统。身份管理系统通常用于实体的标识或鉴别。能予以部署来支持基于身份管理系统的域中所识别的某一实体的身份信息的其他自动化决策。

如图 5.12 所示，身份管理和访问管理是一个关联过程。在配置阶段，身份管理负责完成用户登记的身份管理，生成身份凭证，访问管理则根据身份凭证进行访问授权配置；在操作阶段，身份管理基于实体提供的身份凭证进行身份鉴别，访问管理则根据鉴别结果进行访问控制。

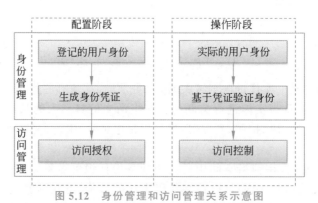

图 5.12　身份管理和访问管理关系示意图

身份管理所涵盖的范围包括如下几方面：

（1）身份的生成。即实体如何获取、生成自己的网络身份凭证的过程，如：采用标识符、数字证书等形式。

（2）身份的保护。即如何防止身份被盗用或冒用，确保身份使用过程中使用安全的协议。如：以口令形式保护电子邮箱账号、以面部识别（生物特征识别）技术验证实体身份、以数字证书形式签发数字身份等。

（3）身份的使用。即在进行网络资源访问时对所使用的凭证进行验证，并基于身份进行授权及访问控制等。

（4）身份的运维。即在身份管理的生命周期内，对身份进行新建、修改、替换、监测、禁用、恢复、注销等过程。

3. 身份管理模型

身份标识与实体身份绑定，用于网络资源访问中实体身份证明。存储身份标识的设备、载体或对象被称为身份载体。身份载体的硬件形式包括身份证、银行卡、SIM 卡、智能卡、USB Key、安全芯片等；身份载体的软件形式包括数字证书、软令牌、文件等。不同的载体其安全性有所差异，在选用时需要根据应用的安全要求确定安全、合规的身份载体。企业身份鉴别令牌的权威颁发机构是企业信息管理部门等。使用时，身份标识也可用链接形式与实体的角色、属性及权限关联。

如图 5.13 所示，身份管理模型中的参与方包括：

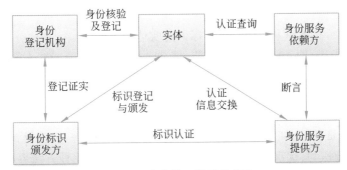

图 5.13　身份管理模型示意图

（1）实体（entity）：是存在或者可能存在的任何具体或抽象的事物，也包括这些事物间的关系。实体的存在和与之有关的数据是否可用无关，实体既可以是个体的自然人，也可以是组织机构、软件、硬件、智能体、对象、事件、理念、过程等。实体的数字身份是在网络资源访问中标识特定实体的一系列属性的集合。属性描述了实体的某种特征或信息，如：生物特征、身份标识等。

（2）身份登记机构和身份发放机构：负责指配或发布身份，包括身份核验、登记、维护和撤销等过程。对身份真实性要求高的身份应由权威公信机构发放，如：身份证的权威颁发机构是公安机关、SIM 卡的权威颁发机构是运营商。

（3）身份服务提供方（Identity Providers，IdP）：也称为身份提供商，负责为身份的查询、验证等提供服务。

（4）身份服务依赖方。一般是各网络服务提供方（Service Providers，SP）。网络服务提供方一方面通过身份服务提供方验证被服务实体的身份标识，以提供服务；另一方面，网络服务提供方也需要对自己的身份进行标识，以实现双向鉴别。例如：在访问某网站服务时可以选用微信等鉴别方式，此时微信就扮演了身份服务提供方的角色，而某网站就是网络服务提供方，其在提供服务时需要使用可信的证书证明自己的身份，这样一方面网站通过微信鉴别了访问者的身份，另一方面访问者通过证书验证了网站的身份，实现了双向鉴别。

一般情况下，实体需要首先向身份登记机构出示并登记其身份，并由身份标识颁发方核验后向实体颁发身份标识。在身份的使用过程中，主体需要首先通过出示身份标识，以完成身份识别(Identification)过程,如:输入用户名、出示令牌等,以宣称其实体身份;身份服务提供方进一步通过身份鉴别过程,如:密码验证、挑战/应答、证书验证等,证明实体所宣称身份是真实、可靠的,其核心原则是实体必须具有"唯一的身份"。在身份得以证明的基础上,进一步通过访问控制进行授权和审计。

5.2.2 身份鉴别技术

身份鉴别的相关概念包括:

(1) 鉴别(authentication)是验证某一实体所声称身份的过程。

(2) 实体鉴别(entity authentication)是证实某一实体就是所声称的实体的过程。

(3) 单边鉴别(unilateral authentication)是两个实体之间仅一方向而另一方向不提供身份保证的实体鉴别。

(4) 相互鉴别(mutual authentication)是实体双方均向对方提供身份保证信息的鉴别机制。

1. 身份鉴别的因素

在身份鉴别中,有多种方法证明身份标识与实体的关联。

(1) 所知:既证明"你知道什么",例如,账号及口令、个人标识码(Personal Identification Number,PIN)、短信验证码等。此种方式是最广泛的身份鉴别方法,其优点是实现简单、成本低,但只能提供弱鉴别。此种方法容易受到暴力破解、木马窃取、线路窃听、重放攻击等威胁。

(2) 所有:既证明"你拥有什么",例如,USB Key、硬件令牌、物理设备等。此种方式是采用较多的鉴别方法,其优点是必须拥有设备、安全性高。但此种方法容易受到设备损坏、凭证复制等威胁。

(3) 所是:既证明"你是什么",例如,指纹、面部特征、声纹、掌纹、虹膜、视网膜、心率等,也可能包括:击键习惯、步态、签名、复杂图形识别能力等。此种方式也是正在广泛使用的鉴别方法,其优点是难以复制,但这种方法存在错误率可能较高、识别稳定性差等问题。

一般情况下,以上几种鉴别方法的安全性递增。但需要注意的是,任何一种证明方法都存在弊端,可以被攻击,因此为提高鉴别的可靠度,需要采取多种方式组合的鉴别,被称为多因素鉴别(Multi-Factor Authentication,MFA)。还有一种身份鉴别的方法是基于风险的身份验证,仅在检测到存在更高风险时,如:定位超出设定边界、IP地址归属地发生变化、被检测到行为等,才提示用户进行进一步的身份鉴别。

2. 用户名口令鉴别技术

用户名口令组合是使用最广泛的身份鉴别方法,它是基于"所知"的鉴别手段。一般认为用户名口令鉴别属于弱鉴别方式,其面临的威胁如:

(1) 口令设置不够复杂容易被猜测或暴力破解;

(2) 口令存储于服务器,但服务存储方式不当,如直接存储口令明文或采用不安全的杂凑算法及加密方式等,可能因服务器被攻击而泄露;

(3) 客户端使用浏览器或应用软件时,需要经常输入口令,且口令可能被记录或存储在Cookie中,可能因木马、肩窥等原因导致口令泄露;

(4) 使用他人计算机时密码可能被记录;

(5) 密码在网络传输时,可能因线路被嗅探而泄露;

（6）被记录的口令传输报文、Cookie 等可能被攻击者用于重放攻击（replay attack），使攻击者即便不知道原始密码也可以正常访问。

3. 动态口令鉴别技术

动态口令鉴别技术是采用一次性口令（One-Time Password，OTP）的方式应对用户名口令方式嗅探及重放攻击等问题。OTP 要求在用户身份鉴别时，从用户端传递到服务端的口令每次都是不一样的。OTP 一般实现的思路是：用户登录时仍然使用同一个固定口令（这里通常称为"秘密通行短语"），但是并不将这个口令传送到服务端，而是在加入变化因子并进行计算后得到 OTP，使每次登录认证传递的口令都不相同，服务端则需要做同样的变换，以验证送过来的 OTP 是否正确。动态口令鉴别技术也有一些弊端，例如，动态口令一般需要额外的设置或软件，部署及使用不便；动态口令需要两端对变化因子同步变化（时间同步或动作同步），在实现中容易因不同步导致鉴别失败。

4. 短信验证码鉴别技术

短信验证码是以手机短信形式发送 4～6 位的随机动态验证码，用户在鉴别时需要同时输入用户名、静态口令及动态验证码。这种鉴别技术的安全性是略高于仅仅使用用户名和口令的鉴别。短信验证码的优点如下：

（1）短信的通信方式和网络不同，属于两条不同的通信线路，降低了验证码被网络嗅探的可能性；

（2）手机的普及性很高，其部署、使用成本较低，用户的使用难度也可接受。

但值得注意的是，它本质上还是基于"所知"的方法，短信虽然需要手机作为接收端，但短信的内容仍可因木马等因素可以被截获、转发，并不能完全证明"所有"。

5. 智能卡及智能密码钥匙鉴别技术

智能卡（smart card）是具有中央处理器的集成电路卡，从数据传输方式上，智能卡可分为接触式智能卡和非接触式智能卡。

在身份管理中，身份标识及其载体被复制是难以接受的，尤其在基于公钥密码技术的身份鉴别中，私钥是不容泄露的。智能卡技术采用芯片作为身份标识的载体，且芯片经过专门设计，不可以被复制，解决了身份标识容易泄露的问题。在鉴别时，用户必须使用读卡器（接触式）或 NFC 协议（非接触式），并使用智能卡的 PIN 码来验证，具有较高的安全性。由于采用硬件方式且不可复制，可以有效杜绝伪造，智能卡被认为是基于"所有"的鉴别机制。但不能认为采用了智能卡就能绝对保证身份鉴别的可靠性，作为物理设备，智能卡可能丢失或被盗，PIN 码也可能存在弱口令或泄露。

6. 生物特征识别鉴别技术

基于生物特征识别的身份鉴别是以人体唯一、可靠且稳定的生物特征为依据。常见的生物特征识别如：指纹、掌纹、静脉、面部、虹膜、视网膜、声纹等，还有其他的方式如：心跳/脉搏、步态、签字力度识别、击键模式识别等。生物特征识别是基于"所是"的鉴别机制，其安全性根据识别方式和实现方式的不同有所差异，其部署和使用成本也会有较大差异。指纹识别、面部识别、声纹识别等在生活中已经得到广泛应用。在保密性要求高的场所则可能会使用掌纹、静脉、虹膜、视网膜，甚至是多种方式相结合。但生物特征识别也并非完全可靠，一是生物特征存在被复制的可能性，如指纹等已经有较成熟的复制方式、虹膜也可能通过高清摄像复制、具备一定表情能力的面部复制也已被验证等，因此生物特征识别也需要和其他鉴别方式结合使用。

生物特征识别技术,如指纹识别、面部识别、声纹识别等,在电子支付、身份验证等个人身份认证场景中被广泛采用。其便捷性和安全性得到认可,未来的应用前景十分广阔。

标准方面,国际标准化组织(ISO)主要由生物特征识别分技术委员会(ISO/IECJTC1/SC37)和信息安全分技术委员会(ISO/IEC JTC1/SC27)负责相关标准的编制,已发布及在编标准超过150项,而我国目前在生物特征识别方面已经制定和发布了超过80项国家标准。

5.2.3 身份管理应用

身份管理技术在云、大数据等数智安全场景中被广泛应用,其应用模式一般可分为集中式和分布式两大类。其中,集中式是指由系统内单一实体完成所有验证及授权过程;分布式则是由系统中的各实体执行验证及授权过程,此种方式因管理分散、保持一致性困难、维护成本高等,已不适合数智化复杂场景的身份管理。

1. 单点登录

单点登录(Single Sign On,SSO)是用户一次性进行身份鉴别之后就能够访问多个授权应用的登录机制。

单点登录属于集中式身份管理技术,一般允许鉴别主体在系统上只进行一次身份验证过程即可访问多个网络资源,而不需要反复验证。SSO 的优势在于,用户只需鉴别一次,提高了使用的便利性;鉴别一般会采用多因素鉴别等更安全的机制,也同时提升了鉴别的可靠性、安全性;各应用系统无需单独维护用户账号,无须进行账号合并或重复管理,降低了维护成本,对于入职及离职管理,也可以在一个地方进行添加和删除,管理便利性和安全性得到极大提升。不过,SSO 也有其缺点,一旦身份标识泄露或鉴别过程被攻击,则攻击者就可以访问多个资源;部署 SSO 后,全部网络资源对 SSO 依赖更高,存在单点故障风险,一旦 SSO 系统故障可能会导致全部网络资源不可访问。

2. 联合身份管理

在数智应用场景中,联合身份管理(Federated Identity Management,FIM)也是常见的 SSO 形式,例如,以微信、QQ 等互联网应用验证为基础的各类网站及移动 App 等。FIM 将单一组织的 SSO 扩展到组织之外,基于应用集成单位、合作伙伴或供应商间的互信,并就共享身份的方法达成一致。用户只需在联合身份管理组织中的任意一个登录一次,其凭据与身份便可在多个应用中使用,方便了用户访问互联网资源及服务。FIM 需要多个组织在身份和访问管理过程中采用统一的交互"语言",常见的方式如:安全断言置标语言(Security Assertion Markup Language,SAML)、服务配置置标语言(Service Provisioning Markup Language,SPML)、可扩展访问控制置标语言(Extensible Access Control Markup Language,XACML)、OAuth 2.0(开放授权 2.0)、OpenID 等。

3. 基于云计算的身份即服务模式

身份即服务(Identity as a Service,IDaaS)是提供身份和访问管理的第三方服务,一般采用云托管的形式,可提供多因素身份鉴别、单点登录及身份管理等服务。

IDaaS 可以理解为基于云服务的软件即服务(Software as a Service,SaaS)形式的身份管理。具备更好的云原生性,对符合其标准的应用,可提供统一的单点登录、身份验证和访问控制等能力,解决了 IAM 系统使用中存在的开发效率低、运营使用成本高等问题。

当前的身份即服务解决方案往往可以提高 4A 的能力,即:统一账号管理(Account)、统一身份鉴别(Authentication)、统一授权管理(Authorization)及统一审计管理(Audit)。

4. 机器身份管理

"机器身份"是指确立数字设备访问及交易活动有效性的数字密钥、权证和证书等。随着数字化、智能化的深入,越来越多的物联网设备、自动化机器、智能体等参与到业务活动中,机器身份管理已经成为数字时代身份管理新的挑战。

所谓"机器"是与"自然人"相对应的人造物,其范围非常宽泛,如:终端设备、服务器等、API 组件、应用系统、云计算设施及容器、智能体等,据统计机器身份的数量是"自然人"对应身份的 10 倍以上,且在高速增长,机器身份管理将是未来安全策略管理中的重要内容。"机器"种类多、数量大,机器身份管理与"自然人"的身份管理存在明显差异,会导致管理难度增加、管理成本提高,对现有的身份管理体系带来严峻挑战,需要更多自动化、智能化的过程。

另一方面,大量的终端设备、物联网设备的加入,也导致安全漏洞的增加,近年来针对机器身份成倍增长,且攻击所占比重也在快速增高,机器的自身安全性已经成为安全防护中最大的短板。

机器身份管理不仅仅是技术问题,而是一个数字身份治理的过程。需要从管理体系和技术体系两方面同时改进。例如:建立机器识别流程、建立针对机器的身份和公钥基础设施等。

5.2.4 身份管理标准化

身份管理是访问控制、安全监测、安全审计等的基础,也是数智安全保护的基础。随着数智化的深入发展,各类互联化、泛在化、分布式的应用将对身份管理提出更高的要求,身份管理既要应对激增的应用规模、也需要防范数据泄露、保护个人隐私,数智时代需要以标准化为基础开展身份管理。身份管理和访问控制密切关联,本部分内容仅介绍身份管理相关的标准化内容,访问控制相关标准详见后文。

身份管理相关标准起步于 20 世纪 90 年代,我国在发展初期以采用国际标准为主,如GB/T 15843—2008《信息技术 安全技术 实体鉴别》系列标准等同采用了 ISO/IEC 9798 系列标准。21 世纪初,国内许多企业和机构也开展了相应的标准前期研究,信安标委在 2010 年先后启动了身份管理框架和个人信息保护等基础标准项目。当前,随着信息化、数字化的推进,在《网络安全法》及网络安全等级保护等法律法规推动下,我国已经形成了相对完善的身份管理标准体系,包括 GB/T 15843 系列、GB/T 34953 系列、GB/T 40651 等标准规定了实体鉴别相关要求;GB/T 36629 规定了公民网络电子身份标识相关要求;GB/T 26237、GB/T 27912、GB/T 28826、GB/T 30267、GB/T 40660 等标准则规定了生物特征识别相关内容;GB/T 29242、GB/T 30275、GB/T 31501、GB/T 31504、GB/T 36633 规定了身份鉴别和授权相关要求。

国际标准方面,ISO/IEC JTC1/SC27 是信息安全领域的分技术委员会,其 WG5(第 5 工作组)负责身份管理及隐私保护相关标准研制工作。与身份管理相关的标准如:ISO/IEC 24760 系列、ISO/IEC 29146、ISO/IEC 29115 等。其中,ISO/IEC 24760-1 介绍了身份管理相关术语和概念、体系架构、合规管理等内容;ISO/IEC 24760-2 介绍了身份信息生命周期模型、身份管理系统实现指南及身份管理框架的实现和运行要求等;ISO/IEC 24760-3 介绍了身份管理系统的设计、实现、运行的通行惯例。另外,ISO/IEC 19792、ISO/IEC 19989 系列、ISO/IEC 24745、ISO/IEC 24761、ISO/IEC 27553 系列、ISO/IEC 29109 系列等标准则规定了生物识别相关的安全评估、信息保护、身份验证使用、数据交换等内容。

图 5.14 是在参照《电子认证 2.0 白皮书》(2018 版)的"鉴别与授权标准体系框架"基础上,以本节 5.2.1 身份管理概述中介绍的身份和访问管理关系为框架组织的"身份与访问管理标准体系框架"。分为身份管理、访问管理及集成与应用三个主要层面,其中身份管理包括标识、验证与证明、鉴别三个类别,访问管理主要为授权类别。

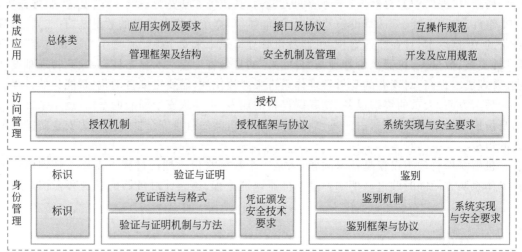

图 5.14 身份与访问管理标准体系框架

身份管理中,标识类标准主要规范自然人、组织、软件、硬件、智能体等实体的身份标识等过程;验证与证明类标准主要在鉴别前规范实体身份登记、凭证管理、验证与证明等过程;鉴别类标准主要规范利用身份凭据完成实体身份属性的验证过程。

访问管理中,授权类标准主要规范已鉴别实体与角色、策略绑定过程,并基于访问控制技术对限制资源的访问。

集成应用类标准主要规范 PKI 技术、身份管理和访问控制等的集成与应用。

5.3 访问控制技术

上一节介绍了身份管理技术,解决了用户主体的身份识别及鉴别问题,接下来则需要对用户进行授权,并对用户的访问行为进行监控和记录,以确保其行为可审计、追溯和问责,只有在身份鉴别可靠的基础上审计日志才有意义。作为身份和访问管理内容的延续,本节将重点介绍访问控制的机制及主要应用方法。

5.3.1 访问控制概述

访问控制(access control)重要的安全功能之一,是一种确保数据处理系统的资源只能由经授权实体以授权方式进行访问的手段。访问控制的任务是对用户的访问权进行管理,防止对信息的非授权篡改和滥用;其目标是限制主体对客体的未授权访问,或者说已授权主体能且仅能在授权范围内访问、操作被授权客体,从而保证用户在系统安全策略下正常工作。常见的访问控制如:物理访问控制、网络访问控制、应用及服务访问控制、文件访问控制等。

访问控制的要素如下。

（1）主体（Subject）：主体是访问中主动活动的实体、是操作动作的发起者。通过对客体的访问，主体可以接收客体的信息及数据（读），也可以改变客体的信息、数据及状态（写和执行等）。通常，主体可以是用户、程序、进程、服务、设备等。

（2）客体（Object）：客体是访问中被访问、被操作的实体，向主体提供信息和数据。通常，客体可以是文件、数据库、设备、程序、进程、服务、存储介质等。

（3）授权（authorization）：是根据预先认可的安全策略，赋予主体可实施相应行为权限的过程。常见的授权包括读、写、执行、拒绝访问等。

（4）访问控制策略（access control policy）：是实施访问控制决策所遵循的一组规则。策略是访问控制的重要元素，它定义了组织对安全的基本要求，确定了各类信息资产、数据要素的保护要求、方法及程度。

5.3.2 访问控制模型

访问控制过程如图 5.15 所示，主体向访问控制实施部件提交访问请求，收到主体的访问请求后，访问控制实施部件将该请求提交给访问控制决策部件，访问控制决策部件依据请求中的主体、客体和访问权判断是否允许访问。如果依据当前访问控制规则，允许该授权，则将决策结果返回访问控制实施部件，访问控制实施部件则允许主体执行对客体的授权访问，反之则拒绝访问。

图 5.15 访问控制模型

访问控制模型是对一系列访问控制规则集合的描述，可以是非形式化的，也可以是形式化的。

常用的访问控制模型如下。

1. 强制访问控制

强制访问控制（Mandatory Access Control，MAC）是指主体和客体都有一个固定的安全属性，访问控制决策部件用该安全属性来决定一个主体是否可以访问某个客体，安全属性是强制性的规定，它由安全管理员或操作系统根据限定的规则确定，不能随意修改。访问控制决策部件通过比较客体和主体的安全属性来决定主体是否可以访问客体。

强制访问控制模型有多种类型，基本的模型包括 BLP、Biba、Clark-Willson 和 Chinese Wall 等几种。

2. 自主访问控制

自主访问控制（Discretionary Access Control，DAC）允许客体的属主（创建者）决定所有主体对该客体的访问权限，其实现的理论基础是访问控制矩阵（access control matrix），即包含主体、客体及其权限分配的矩阵。

在实际实现中,访问控制多以访问控制表(Access Control List,ACL)和访问能力表(Capability Table)的形式体现,可以认为它们是访问控制矩阵的子集。其中,以访问控制表最为常见,如表 5.1 所示。

表 5.1 访问控制列表示例

	客体 a	客体 b	客体 c
主体 1	读、写、所有		读、所有
主体 2	读	读、写、所有	
主体 3			读
主体 4	读、写	读、写、	

自主访问控制可根据主体身份和访问授权进行决策,能够自主地将访问权的全部或子集授予其他主体,提高了权限管理的灵活性,被广泛采用。但在实际使用中,随着系统复杂性提高,其管理的复杂性会随之提升,使得管理效率下降,导致安全性难以有效保证。

3. 基于角色的访问控制

基于角色的访问控制(role-based access control,RBAC)是一种对某一角色授权,许可其访问相应对象的访问控制方法。在 RBAC 中,一个主体必须扮演某个角色,且必须激活这一角色才能对客体进行访问或操作,相当于间接控制主体对客体的访问。RBAC 支持对特定安全策略进行集中管理,其策略能够减少授权管理的复杂性、降低管理开销,适用于复杂的访问控制环境。

4. 基于属性的访问控制

基于属性的访问控制(Attribute Based Access Control,ABAC)是一种逻辑访问控制方法,在这种方法中,对执行操作的授权是通过评估与主体、客体、申请操作相关联的属性来确定的,在某些情况下,还会根据描述许可操作的策略的环境条件来确定。相对 RBAC 而言,ABAC 是一种更加灵活的授权模型,可以通过实体的属性、操作类型、相关的环境来控制是否有对操作对象的权限。

5. 基于策略的访问控制

基于策略的访问控制(Policy-Based Access Control,PBAC)是一种将角色和属性与逻辑结合以创建灵活的动态控制策略的方法。PBAC 支持运行时授权,因此它是动态的,并具有允许实时进行更改的能力,不是直接描述用户和资源的访问关系,而需要实时计算得到。相对而言,PBAC 可以避免 RBAC 的粗粒度、静态、角色爆发等缺陷。

6. 基于任务的访问控制

基于任务的访问控制(Task-Based Access Control,TBAC)模型是一种以任务为中心的,并采用动态授权的主动安全模型。该模型的基本思想是:授予用户的访问权限,不仅仅依赖主体、客体,还依赖于主体当前执行的任务、任务的状态。当任务处于活动状态时,主体拥有访问权限;一旦任务被挂起,主体拥有的访问权限就被冻结;如果任务恢复执行,主体将重新拥有访问权限;任务处于终止状态时,主体拥有的权限马上被撤销。TBAC 适用于工作流、分布式处理、多点访问控制的信息处理以及事务管理系统中的决策制定,但最显著的应用还是在安全工作流管理中。

5.3.3 零信任访问控制

零信任(Zero Trust,ZT)是一种以资源保护为核心的网络安全理念。任何对资源的访问,无论主体和资源是否可信,主体和资源之间的信任关系都需要从零开始,通过持续环境感知与动态信任评估进行构建,从而实施访问控制,如图 5.16 所示。

图 5.16　零信任访问控制模型

零信任访问模型描述零信任参考体系架构下的主体访问资源过程。通过持续环境感知、动态信任评估、最小权限访问的循环过程,进行零信任策略决定与执行,实现对资源的访问保护。

按照 GB/T 18794.3—2003 定义的通用访问控制框架,主体作为发起者、资源作为目标,由主体、资源、核心组件和支撑组件组成零信任参考体系架构,如图 5.17 所示。

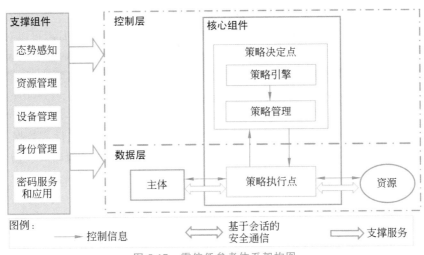

图 5.17　零信任参考体系架构图

(1) 核心组件由策略决定点和策略执行点组成,执行主体对资源的策略决定。

(2) 支撑组件由密码服务和应用、身份管理、设备管理、资源管理、态势感知组件组成,提供多来源信息以及支撑主体、资源和核心组件运行的多种服务。

(3) 不确定数据传输所在网络环境的安全性,所有实现主体到资源之间数据传输的组件共同组成数据层,包括主体到资源之间的信道、网络设备、密码系统/设备等,在控制层的管理和控制下,采用密码技术建立、维持或阻断主体到资源的数据访问信道。

5.3.4　访问控制标准化

访问控制是各类网络通信、开放系统互连(Open System Interconnection,OSI)、信息应用系统等的基础安全能力,涉及 ISO 参考模型中物理层、数据链路层、网络层、传输层、会话层、表示层、应用层等多个层面,其访问控制模型具备一定的通用性、其应用及实现协议则因场景不同存在较大差异。标准方面,在网络安全等级保护相关标准、ISO 27000 系列标准等各类信息安全标准中均有访问控制相关内容,也有针对网络通信、鉴别与授权、开放系统互连等专项领域的访问控制标准。从数智安全角度,学习访问控制标准内容主要是为了解决数智化业务应用场景下应该遵循哪些访问控制框架、相关协议规范及应用规范等内容。其中,访问控制模型类标准,如:GB/T 25062—2010、GB/T 18794.3—2003、GB/T 39205—2020、ISO/IEC 15816、ISO/IEC 29146:2016、ISO/IEC 10181 等;访问控制协议规范类标准,如:GB/T 29242—2012、GB/T 30280—2013、GB/T 30281—2013、ITU-T X.1144—2013等;访问控制应用类标准,如:GB/T 31491—2015、GB/T 31501—2015、GB/T 36960—2018、ISO 22600 等。

5.4 日志及安全审计

5.4.1 日志及安全审计概述

我国《网络安全法》第二十一条(三)明确规定,网络运营者应"采取监测、记录网络运行状态、网络安全事件的技术措施,并按照规定留存相关的网络日志不少于 6 个月",这意味着所有网络运营者均需要采用日志及安全审计技术。

日志及安全审计的主要目标是对安全事件进行发现和预防。通过日志可以对网络安全行为进行跟踪、记录、追溯和问责,可以起到有效的预防和震慑作用。因此,日志及安全审计技术是数智安全事件溯源、追责的基础,也是安全评估及安全改进的重要依据,是数智安全中的必要性基础技术。

如图 5.18 所示,日志及安全审计过程一般是由日志发生器产生各类日志,如:网络日志、安全日志、系统日志等,这些日志由日志记录器记录、存储在日志文件或数据库中,并根据日志分析需要分发给相应日志分析器;安全审计人员通过制定审计策略及规则,利用日志分析器对存储的历史日志及当前实时日志进行分析,并产生审计分析报告。

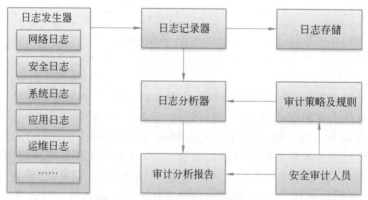

图 5.18　日志及安全审计基本过程

5.4.2 日志记录技术

审计日志(audit logging)是以评审、分析和持续监视为目的的相关信息安全事态的数据记录。网络安全所需关注的日志种类较多,包括:网络日志、安全日志、系统日志、应用日志、运维日志等,这些日志可以反映网络主体的行为。有效的日志审计需要建立在日志可靠的基础上,在网络攻击中,攻击者是有可能修改或擦除被攻击服务器上的日志的,这造成日志内容不准确、无法反映实际的网络攻击行为。

日志及安全审计的通常做法是采用集中记录及审计的方式,如:部署日志集中审计监控系统、安全信息和事态管理(Security,Information,and Event Management,SIEM)系统等系统进行集中存储和审计。

日志从日志发生器传递到日志记录器的方式比较灵活,可以通过接口、文件、数据库及TCP/IP 协议等多种方式,其中 syslog 是最常见的日志传输及收集方式之一。syslog 常被称为系统日志或系统记录,是一种利用 TCP/IP 协议在网络上传递日志记录的标准。syslog 最早由 Eric Allman 在 20 世纪 80 年代开发,最初仅用于其 Sendmail 项目。但由于其实现简单、使用便捷被 UNIX、Linux 及其他各类操作系统所采用,成为事实上的日志传输标准。syslog 的标准化过程十分漫长,2001 年定义的 RFC3164 中描述了 BSD syslog 协议,但并不是强制性的,仅作为"建议"或者"约定";由于 BSD syslog 协议使用了不可靠的UDP 协议,无法确认日志接收方是否成功接收了日志,可能出现日志丢失、伪造、篡改等情况;为了解决这个问题,RFC 又定义了 RFC3195,使用 TCP 协议可靠地传递 syslog 日志。2009 年 3 月 RFC 发布了 syslog 的最新标准 RFC 5424,对 syslog 进行了进一步的规范。

5.4.3 安全审计技术

安全审计(security audit)是对信息系统记录与活动的独立评审和考察,以评价系统控制的充分程度,确保对于既定安全策略和运行规程的符合性,发现安全违规,并在控制、安全策略和过程三方面提出改进建议。安全审计一般认为包含了两重含义,一是借助日志记录和监测分析工具对网络安全活动进行跟踪,二是检查或评估网络安全的具体过程及其结果,以确定是否符合安全策略、管理制度及合规要求。

安全审计的主要作用如下。

(1)震慑和警告潜在的攻击者。

(2)评价安全控制是否恰当,便于及时调整,以保证安全策略有效。

(3)对系统控制及安全策略的变化进行反馈及评价,为安全控制的改进及调整提供依据。

(4)追溯安全事件过程,评估安全损害,为安全定责提供依据。

(5)为安全管理及分析人员提供基础数据,用于分析潜在的安全威胁行为及脆弱性。

安全审计可分为系统审计、应用审计及用户审计等类型。其中,计算机系统审计(computer-system audit)是检查计算机系统所用的规程,评估其有效性和准确性,并提出改进建议的过程;系统审计的内容可包括登录状态、登录身份、登录时间、所用设备、执行的操作及执行结果等。应用审计是对应用系统的详细操作行为进行审计,以弥补系统审计无法跟踪应用操作的不足;应用审计的内容如:数据文件的打开及关闭、数据记录或字段的增删改查、数据的输入及输出等。用户审计则以用户为视角,对用户的所有鉴别、认证过程、所有操作行为、所有访问数据及资源的行为等进行审计分析。

常见的安全审计过程如下。

(1)按照系统及数据的重要程度,设定安全审计的频率及内容。

（2）对访问过程进行安全审计，以确定访问行为符合安全策略要求，证明安全措施及权限管理有效。

（3）对用户权限进行安全审计，以确保权限分配符合"最小特权原则"。

（4）特权账户安全审计，对系统管理员、运维人员、安全管理员等特权账户进行全面审计，确保其行为符合安全策略及管理制度要求。

（5）其他安全审计和审查，如：漏洞管理审计、配置管理审计、变更管理审计、供应链安全审计、研发安全审计等，对安全管理中的专项内容进行深入审计和审查，以确保这些过程符合安全策略及管理制度要求。

（6）编制审计报告，并将审计结果通报给相关部门、人员用以改进。

5.4.4　日志及安全审计标准化

日志及安全审计是信息化、数智化的必要能力，其发展始终伴随着各类软硬件系统的发展，相应的标准化也同步开展，如上文所述的 RFC 3164《The BSD syslog Protocol》、RFC 3195《Reliable Delivery for syslog》等就是早期的协议标准。在数智安全领域，日志及安全审计标准化更是达成监测、跟踪、溯源、问责、改进等安全管控能力所必要的，因此也必然作为各类安全设备、系统的必备功能。早在 20 世纪 90 年代 ISO 发布的 ISO/IEC 10164-8：1993，ISO/IEC 10181-7：1996 等标准中就明确了安全审计的相关功能要求，我国同步采用了相关标准，并发布了 GB/T 17143.8—1997、GB/T 18794.7—2003 等国家标准。另外，随着等级保护制度的推行，对安全审计类技术产品和服务的需求不断提高，我国也适时发布了相关技术产品要求、测评方法以及安全审计服务相关标准，如：GB/T 20945—2013、GB/T 37941—2019、GB/T 34960.4—2017、GB/T 39412—2020、GB/Z 41290—2022 等。

5.5　本章小结

本章介绍了数智安全相关的基础安全技术，这些技术之间是密切相关的。密码技术是数智安全保护的基石，也常常和其他各类安全技术结合使用。身份管理和访问控制技术则是密切关联的两类技术，也都是数智安全的基础技术。身份管理技术解决了访问主体、客体身份的标识、管理、鉴别等问题，并在具体实践上从身份鉴别和身份管理实施的角度进行了应用。身份管理是访问控制的前提，访问控制在身份管理和鉴别的基础上，对主体访问客体的权限进行管理。具体实践上，需要根据安全要求及目的的不同，选择不同的访问控制方法模型。此外，本章还介绍了日志及审计技术，可以对网络安全行为进行跟踪、记录、追溯和问责，可以起到有效的预防和震慑作用。

思考题

1. 随着量子信息技术的发展，目前已经实现了基于量子物理特性的量子密码（Quantum Cryptography）。请问在量子时代，密码学将会如何发展？

2. 随着数智化的深入发展，数字身份将成为数字经济及数字社会的基础。当前的数字身份管理仍以集中式的管理方式为主，在未来分布式数字身份管理将发挥更大的作用。分布式数字身份管理该以何种方式实现？

3. 在传统物理环境、云及虚拟化环境中,访问控制模型如何选择需要考虑多方面因素,探索适应未来数智时代的访问控制方法是信息安全领域的长期课题。2013 年,美国国家标准协会/国际信息技术标准委员会(ANSI/INCITS)发布了下一代访问控制(NGAC)的首个标准,相关研究工作仍在持续开展。请思考 NGAC 从哪方面进行了改进,与其他访问控制模型的差异及优劣有哪些?

4. 古典密码技术包括凯撒密码、栅栏密码等多种方法,请思考古典密码的缺点有哪些?

5. 请了解柯克霍夫的军用保密器六个设计原则有哪些?

实验实践

1. 通过对密码技术原理的学习,已了解了常见的数据加解密过程,请以身边的设备、系统及软件为目标,对其采用的密码技术类型及使用过程进行分析。

2. 基于本章学习到的身份及访问管理相关知识,以 Linux 或 Windows Server 操作系统为基础,以学校或机构为假想管理目标,部署并设置多角色账号及权限管理。

3. 自行寻找 ELK 等开源日志审计分析系统,并以身边的设备及操作系统为审计目标,尝试搭建一套能够对 syslog 日志进行记录及审计的系统,并实现动态的日志信息分析及呈现。

第 6 章

检测评估与认证

数字化、智能化给社会、政治、经济、文化和教育等各个方面注入了新的活力,人们在享受便利的同时,也面临着日益突出的安全挑战,党政机关、企事业单位和公民个人对数智技术和服务的"安全""可信"要求十分迫切,产品能否安全使用、网络系统是否安全运行,成为了数智化发展的一个关键问题。要获得对产品、系统,甚至包括人员和承担单位的网络安全信心,不能光靠使用者直觉和感觉,而必须有科学、客观和正确的评判结果,因此,对网络系统、技术产品、人员和组织的检测、评估与认证就应运而生。本章先对检测、评估与认证的相关概念进行介绍,然后按照网络系统、信息技术产品、网络安全人员、组织资质的类别分别对目前常见的检测、评估与认证工作进行介绍。

6.1 检测评估与认证基础

针对网络空间环境下的信息技术产品和服务开展检测、评估与认证具有十分重要的意义。首先,可以在市场中建立信息技术产品和服务的信任机制,传递权威可靠信息,有效降低市场交易风险;其次,可以辅助监管部门加强网络安全监管,优化信息技术产品和服务的准入和事中事后监管,规范市场秩序,降低监管成本;再次,测评认证是国际上普遍采取的规范市场和便利贸易的有效手段,建立统一标准、统一程序和统一体系,有利于国际流通和互信。

6.1.1 基本概念

检测、评估与认证中涉及的词汇术语比较多,本节对主要的词汇术语进行简要解释。

(1) 合格评定。合格评定是指与产品(包括服务)、过程、体系、人员或机构有关的规定要求得到满足的证实。合格评定的专业领域包括检测、检查和认证,以及对合格评定机构的认可活动。合格评定对象包括接受合格评定的特定材料、产品(包括服务)、安装、过程、体系、人员或机构。

(2) 认证。认证是指由具备第三方性质的认证机构证明产品、服务、管理体系、人员符合相关标准和技术规范的合格评定活动,即指由认证机构证明产品、服务、管理体系符合相关技术规范或标准的合格评定活动。

(3) 认证机构。认证机构是指依法经批准设立,独立从事产品、服务和管理体系符合标准、相关技术规范要求的合格评定活动,并具有法人资格的证明机构。

(4) 认可。认可是指对认证机构、检查机构、实验室以及从事评审、审核等活动的人员,由认可机构对其能力和执业资格进行的合格评定活动。认证与认可是合格评定链中的两个不同环节。

（5）第三方。第三方是指就所涉及的问题而言，公认与相关各方均独立的个人或团体，即独立于供需双方的第三方机构实施检测、评估与认证。

（6）审核。审核是指获取审核证据并对其进行客观评价以确定满足审核准则程度的，系统的、独立的和文档化的过程。

（7）检测。检测是指按照程序确定合格评定对象一个或多个特性的活动。通俗地说，就是依据技术标准和规范，使用仪器设备，进行评价的活动，其评价结果为测试数据。检测包括检查和测试。

（8）检查。检查是指测评人员通过对测评对象（文档、设备、安全配置等）进行观察、查验、分析和取得证据的过程。检查也可称作检验。

（9）测试。测试是指评估对象按预定方法/工具产生特定行为，以获取证据来证明其安全确保措施是否有效的过程。

（10）评估。评估是指对于某一产品、系统或服务，对照某一标准，采用相应的评估方法，以建立合规性并确定其所做是否得到确保的验证。评估按照业务类型划分，可包括风险评估、等级保护测评、安全评估、个人信息安全影响评估、数据安全风险评估等形式。

（11）测评。测评包含检测与评估的相关概念。

（12）风险评估。风险评估是指风险识别、风险分析和风险评价的整个过程。风险评估包括检查评估和自评估两种形式。

（13）检查评估。检查评估是指由所评估网络信息系统所有者的上级主管部门、业务主管部门或国家相关监管部门发起，依据国家有关法规与标准，对信息系统安全管理进行的评估活动。

（14）自评估。自评估是指由信息系统所有者自身发起，组成组织内部的评估小组，依据国家有关法规与标准，对信息系统安全管理进行的评估活动。

（15）等级保护测评。等级保护测评是指测评机构依据国家网络安全等级保护制度规定，按照有关管理规范和技术标准，对已定级备案的非涉及国家秘密的网络（含信息系统、数据资源等）的安全保护状况进行检测评估的活动。

（16）安全评估。安全评估是指按安全标准及相应方法，验证某一安全可交付件与适用标准的符合程度及其安全确保程度的过程。

6.1.2　我国网络安全认证认可工作

在国家认监委之下，我国成立了中国合格评定国家认可委员会（China National Accreditation Service for Conformity Assessment，CNAS）、中国认证认可协会（Chinese certification and Accreditation Association，CCAA）来管理和落实认证认可工作。其中，CNAS统一负责对认证机构、实验室和检查机构等的认可工作，它是在原中国认证机构国家认可委员会（CNAB）和中国实验室国家认可委员会（CNAL）的基础上合并重组而成的；CCAA是由认证认可行业的认可机构、认证机构、认证培训机构、认证咨询机构、实验室、检测机构及部分获得认证的组织等单位会员和个人会员组成的非营利性、全国性的行业组织。由CNAS认可的认证机构、实验室和检查机构则负责具体的认证工作。

我国网络安全认证认可工作符合整体认证认可的管理要求，国家认监委会同有关部门推进了统一的网络安全产品认证认可体系的建设，成立了国家信息安全产品认证管理委员会及其执委会,成立了专门的认证机构,公布了信息安全产品强制性认证、指定认证机构和指定实验室,公布了认证实施规则,明确了强制性认证所依据的技术标准、规范以及相关技术指标。

6.1.3 工作原则

面向网络安全的检测、评估与认证工作,需要客观、准确、全面地对信息技术产品和服务进行评价,主要遵循以下原则。

(1)综合性原则。检测、评估与认证需从整体和全局上把握信息技术产品和服务不同维度、不同层面保障体系的建设效果、运行状况和整体态势,形成多维的、动态的、综合的网络安全保障评价标准。

(2)科学性原则。检测、评估与认证必须是在符合我国国情、符合行业特点、充分认识网络安全保障体系的科学基础之上建立的,把网络安全各构成要素作为一个有机整体来考虑。对各构成要素的测评工作必须符合理论上的完备性、科学性和正确性,测评方法和标准必须具有明确完整的科学内涵。

(3)适用性原则。检测、评估与认证应该能够在时空上覆盖网络安全保障的各个层面,满足完整性和全面性方面的客观要求。尤其是必须考虑由于经济、地区等原因造成的各机构间发展状况的差异,尽量做到不对基础数据的收集工作造成困扰,尽量简约。

(4)导向性原则。对信息技术产品和服务开展检测、评估与认证的目的不是单纯评出名次及优劣的程度,更重要的是引导和鼓励被评价对象向正确的方向和目标发展,要引导被测对象网络安全健康发展。

(5)可操作性强原则。可操作性强直接关系到网络安全检测、评估与认证工作的落实与实施,包括数据的易获取性(具有一定的现实统计基础,所选的指标变量必须在现实生活中是可以测量得到的或可通过科学方法聚合生成的)、可靠性(通过规范数据的来源、标准等保证数据的可靠与可信)、易处理性(数据便于统计分析处理)以及结果的可用性(便于实际操作,能够满足合规性要求)等方面。

(6)定性定量结合原则。在对网络安全保障构成要素进行评估时,所选取的指标有的是反映最终效果的定性指标,有的是能够通过项目运行过程得到实际数据的定量指标。对于评估最终效果而言,指标体系中这两方面的因素都不可或缺。但为了使指标体系具有高度的操作性,必须在选取定性指标时,舍弃部分与实施效果关系不大的非关键因素,并尽量将关键的定性指标融合到对权重分配的影响中去。该指标设计的定性定量结合原则就是将定性分析反映在权重上,定量分析反映在指标数据上。

6.2 网络系统评估认证

网络系统的安全是关乎国家稳定、企业生存与发展的重大课题。在信息技术日益发展的今天,如何通过信息系统安全评估认证工作,最大限度使组织尽早发现可能存在的安全隐患,并提出有效的整改措施,已经成为当前网络信息系统安全保障工作的重点。

6.2.1 网络系统评估概述

网络系统评估致力于为党政机关、企事业单位提供科学、客观、规范、务实的安全评估内容,经过长期的标准研究、工具探索、项目实践,目前已形成多种类型的评估,如表 6.1 所示。

表 6.1 网络系统评估主要类别

系统评估角度	已开展的评估类型
安全防护能力评估	关键信息基础设施安全评估
	涉密信息系统分级保护评估
	网络安全等级保护测评
	商用密码应用安全性评估
	个人信息安全评估
	网络信任体系评估
	网络系统安全监控
隐患发现能力评估	信息系统风险评估
	数据安全风险评估
应急处置能力评估	灾难备份评估
	事件处置评估
信息对抗能力评估	应急演练评估
供应链安全评估	软件供应链安全评估
	源代码安全评估

6.2.2 信息系统风险评估

网络安全保障本质上是风险管理的工作,信息安全风险和事件不可能完全避免,关键在于如何控制、化解和规避风险。网络安全建设和管理只有在正确地、全面地认识风险后,才能在规避风险、降低风险、转移风险、接受风险之间做出正确的判断。

信息系统风险评估,是从风险管理角度,运用科学的方法和手段,系统地分析网络信息系统所面临的威胁及其存在的脆弱性,评估安全事件一旦发生可能造成的危害程度,提出有针对性的抵御威胁的防护对策和整改措施。并为防范和化解网络安全风险,或者将风险控制在可接受的水平,从而最大限度地保障网络和信息安全提供科学依据。

1. 评估依据

(1) GB/T 20984—2022《信息安全技术 信息安全风险评估方法》。

(2) 网络安全风险评估行业标准。

(3) 用户自身业务安全需求。

2. 评估方法

信息系统风险评估一般采取配置核查、工具测试、专家访谈、资料审阅和专家评议等方式开展。

(1) 配置核查。由评估人员在委托单位现场根据调查模板内容获取并分析信息系统关键设备当时的安全配置参数。

(2) 工具测试。由评估人员采用自动化工具对被评估系统进行漏洞检测。

(3) 专家访谈。由评估人员到委托单位同信息安全主管、IT 审计部门、开发部门及运维部门按模板要求进行面对面访谈。

(4) 资料审阅。采用分时段系统查阅和有针对性抽样查阅的方法,查阅信息系统建设、运维过程中的过程文档、记录等资料。

（5）专家评议。组织专家运用恰当的风险分析方法进行集体会诊评议。

3. 评估实施流程

信息系统风险评估实施流程包括评估准备、风险识别、风险分析、风险评价 4 个步骤，沟通与协商、评估过程文档贯穿整个风险评估过程，如图 6.1 所示。

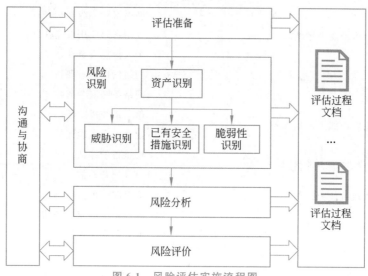

图 6.1　风险评估实施流程图

6.2.3　网络安全等级保护测评

网络安全等级保护测评是合规性评判活动，必须依照网络安全等级保护的国家有关标准开展。标准中对测评指标来源、测评方法的选择、测评内容的确定以及结果判定等都有具体规定。按照等级保护制度，网络安全等级二级及以上的网络信息系统都必须进行等级保护测评。

1. 测评依据

- 《信息系统安全等级保护管理办法》。
- 《信息系统安全保护等级测评准则》。
- GB/T 22240—2020《信息安全技术　网络安全等级保护定级指南》。
- GB/T 22239—2019《信息安全技术　网络安全等级保护基本要求》。
- GB/T 28448—2019《信息安全技术　网络安全等级保护测评要求》。
- GB/T 28449—2018《信息安全技术　网络安全等级保护测评过程指南》。
- GB/T 25058—2019《信息安全技术　网络安全等级保护实施指南》。
- GB/T 25070—2019《信息安全技术　网络安全等级保护安全设计技术要求》。
- GB/T 28449—2018《信息安全技术　网络安全等级保护测评过程指南》。
- GB/T 36959—2018《信息安全技术　网络安全等级保护测评机构能力要求和评估规范》。
- GB/T 36958—2018《信息安全技术　网络安全等级保护安全管理中心技术要求》。
- GB　17859—1999《计算机信息系统　安全保护等级划分准则》。

2. 测评方法

网络安全等级保护测评主要工作包括访谈、文档审查、配置核查、工具测试和实地察看。网络安全等级保护测评方法是测评人员依据测评内容选取的、实施特定测评操作的具体方法，涉及访谈、核查和测试等 3 种基本测评方法。

(1) 访谈。测评人员与被测定级对象有关人员(个人/群体)进行交流、讨论等活动，了解相关信息，并获取相关证据。在访谈范围上，不同等级定级对象在测评时有不同的要求，一般应基本覆盖所有的安全相关人员类型。

(2) 核查。核查细分为文档审查、实地察看和配置核查等几种具体方法。其中，文档审查是依据技术和管理标准，现场对安全方针文件、安全策略、安全管理制度、安全管理的执行过程文档、系统设计方案、网络设备的技术资料、系统的各种运行记录文档、机房建设相关资料、机房出入记录等文档进行审查，审查相关文档是否齐备以及是否保持一致；实地察看是根据被测系统的实际情况，测评人员到系统运行现场通过实地观察人员行为、技术设施和物理环境状况，并判断人员的安全意识、业务操作、管理程序和系统物理环境等方面的安全情况；配置核查是指利用上机验证的方式核查应用系统、主机系统、数据库系统以及各设备的配置是否正确，是否与文档、相关设备和部件保持一致，对文档审核的内容进行核实(包括日志审计等)。

(3) 测试。利用技术工具对系统进行测试，包括基于网络探测和基于主机审计的漏洞扫描、渗透性测试、功能测试、性能测试、入侵检测和协议分析等。

访谈、核查和测试 3 种基本测评方法的测评力度可以通过其测评的深度和广度来描述，其中：

(1) 访谈深度：分为简要、充分、较全面和全面 4 种。简要访谈只包含通用和高级的问题；充分访谈是在简要访谈的基础上增加一些较为详细的问题；较全面访谈则是在充分访谈的基础上增加一些有难度和探索性的问题；全面访谈比较全面访谈要求涉及较多有难度和探索性的问题。

(2) 访谈广度：在访谈人员的构成和数量方面体现访谈广度，即访谈时覆盖的不同类型人员和数量的多少。

(3) 核查深度：也分为简要、充分、较全面和全面 4 种。简要核查是指仅考虑功能性的文档、机制和活动，并使用简要的评审、观察或核查以及核查列表和其他相似手段进行简短测评；充分核查要求有详细的分析、观察和研究，除了功能性的文档、机制和活动外，还适当需要一些总体或概要设计信息；较全面核查则应有更详细的观察、更彻底的分析和研究，除了功能性的文档、机制和活动、总体概要外，还需要一些详细设计以及实现上的相关信息；全面核查是在较全面核查的基础上，还需要总体概要、详细设计以及实现上的相关信息。

(4) 核查广度：在核查对象的种类(文档、机制等)和数量上体现核查广度，即核查覆盖不同类型的对象和同一类对象的数量多少。

(5) 测试深度：测试的深度体现在执行的测试类型上，包括功能测试、性能测试和渗透测试。功能测试和性能测试只涉及机制的功能规范、高级设计和操作规程；渗透测试涉及机制的所有可用文档，并试图智取进入等级保护对象。

(6) 测试广度：在被测试的机制种类和数量上体现测试广度，即测试覆盖不同类型的机制以及同一类型机制的数量多少。

在不同级别的等级保护对象安全测评中，测评的广度和深度要求如表 6.2 所示。

表 6.2　网络安全等级保护测评等级划分

测评力度	测评方法	第一级	第二级	第三级	第四级
广度	访谈	测评对象在种类和数量上抽样,种类和数量都较少	测评对象在种类和数量上抽样,种类和数量都较多	测评对象在数量上抽样,在种类上基本覆盖	测评对象在数量上抽样,在种类上全部覆盖
	核查				
	测试				
深度	访谈	简要	充分	较全面	全面
	核查				
	测试	功能测试	功能测试	功能测试和测试验证	功能测试和测试验证

3. 测评流程

网络安全等级保护测评工作流程包括 4 个基本测评活动:测评准备活动、方案编制活动、现场测评活动、报告编制活动。而测评相关方之间的沟通与洽谈应贯穿整个测评过程。

(1) 测评准备活动。本活动是开展方案编制活动和现场测评活动的前提和基础,主要工作是完成定级对象相关资料的收集和分析、准备测评所需要的工具和表单等资料。

(2) 方案编制活动。本活动为现场测评提供最基本的文档和指导方案。本活动的主要任务是整理测评准备活动中获取的定级对象相关资料,确定相适应的测评对象、测评指标以及测评内容,并确定相应的工具测试方案、撰写测评指导书和测评方案。

(3) 现场测评活动。本活动主要任务是按照测评方案的总体要求,分步实施所有测评项目和进行结果记录,并在最后进行结果确认和资料归还。

(4) 分析与报告编制活动。现场测评工作结束后,测评机构应对现场测评获得的测评结果(也称为测评证据)进行汇总分析,形成等级测评结论,并编制测评报告。

6.2.4　商用密码应用安全性评估

商用密码应用安全性评估(以下简称"密评")是指在采用商用密码技术、产品和服务集成建设的网络系统中,对其密码应用的合规性、正确性和有效性进行评估。对于有效规范密码应用,切实保障国家网络和信息安全,具有重要作用。

1. 密评依据

- 《中华人民共和国密码法》。
- 国务院办公厅《国家政务信息化项目建设管理办法》。
- 国家密码管理局《信息安全等级保护商用密码管理办法》。
- GB/T 39786—2021《信息安全技术 信息系统密码应用基本要求》。
- GM/T 0054—2018《信息系统密码应用基本要求》。
- GM/T 0115—2021《信息系统密码应用测评要求》。
- GM/T 0116—2021《信息系统密码应用测评过程指南》。
- 中国密码学会密评联委会《信息系统密码应用测评要求》。
- 中国密码学会密评联委会《信息系统密码应用测评过程指南》。

2. 等级划分

参照 GB/T 22239 规范的网络安全等级要求,密评将待测信息系统密码应用划分为 5 个等级,从低到高分别是第一级、第二级、第三级、第四级和第五级,各等级表述如下。

- 第一级,是信息系统密码应用安全要求等级的最低等级,要求信息系统符合通用要求和最低限度的管理要求,并鼓励使用密码保障信息系统安全。
- 第二级,是在第一级要求的基础上,增加操作规程、人员上岗培训与考核、应急预案等管理要求,并要求优先选择使用密码保障信息系统安全。
- 第三级,是在第二级要求的基础上,增加对真实性、机密性的技术要求以及全部的管理要求。
- 第四级,是在第三级要求的基础上,增加对完整性、不可否认性的技术要求。
- 第五级为最高要求,密码应用技术要求和管理要求目前未公开描述。

3. 密评方法

商用密码应用安全性评估一般采取工具测试、专家访谈、资料审阅和专家评议等方式开展。

- 工具测试:由密评人员采用工具对商用密码应用安全性进行检测。
- 专家访谈:由密评人员到委托单位同网络安全主管、IT 审计部门、运维人员、开发人员交谈,了解密码应用情况。
- 资料审阅:采用分时段系统查阅和有针对性抽样查阅的方法,查阅网络信息系统建设、运维过程中的过程文档、记录等资料。
- 专家评议:组织专家进行集体会诊评议。

4. 密评流程

密评流程包括 4 项基本测评活动:测评准备活动、方案编制活动、现场测评活动、分析与报告编制活动,如图 6.2 所示。在整个密码应用安全性评估过程中,测评方与被测单位之间将会持续进行沟通和洽谈。

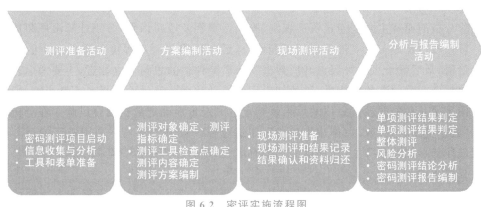

图 6.2　密评实施流程图

(1) 测评准备活动:本活动是开展测评工作的前提和基础,主要任务是掌握被测网络信息系统的详细情况,准备测评工具,为编制密评方案做好准备。

(2) 方案编制活动:本活动是开展测评工作的关键活动,主要任务是确定与被测网络信息系统相适应的测评对象、测评指标、测评检查点及测评内容等,形成密评方案,为实施现场测评提供依据。

(3) 现场测评活动:本活动是开展测评工作的核心活动,主要任务是根据密评方案分步实施所有测评项目,以了解被测网络信息系统真实的密码应用现状,获取足够的证据,发现其存在的密码应用安全性问题。

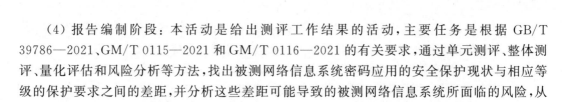

（4）报告编制阶段：本活动是给出测评工作结果的活动，主要任务是根据 GB/T 39786—2021、GM/T 0115—2021 和 GM/T 0116—2021 的有关要求，通过单元测评、整体测评、量化评估和风险分析等方法，找出被测网络信息系统密码应用的安全保护现状与相应等级的保护要求之间的差距，并分析这些差距可能导致的被测网络信息系统所面临的风险，从而给出各个测评对象的测评结果和被测网络信息系统的评估结论，形成密评报告。

6.2.5 数据安全风险评估

在数智化发展趋势下，网络系统中的数据流转、汇聚、融合与应用等场景大幅增加，数据应用技术的复杂性、数据大量汇聚的风险性、数据深度挖掘的隐私性都对网络系统的数据安全保护提出新的挑战。因此，开展网络系统数据安全风险评估工作可以有效发现数据安全建设和治理过程中的风险隐患，防范数据安全威胁。

1. 评估依据
- 《中华人民共和国数据安全法》。
- 《中华人民共和国网络安全法》。
- 《中华人民共和国个人信息保护法》。
- 《关键信息基础设施安全保护条例》。
- 《数据出境安全评估办法》。
- GB/T 41479《信息安全技术 网络数据处理安全要求》。
- GB/T 20984—2007《信息安全技术 信息安全风险评估规范》。
- GB/T 22239—2019《信息安全技术 网络安全等级保护基本要求》。

2. 评估思路

风险分析的原理主要是通过资产识别、脆弱性识别及威胁识别，分别计算出威胁造成损失的严重程度以及该安全事件发生的可能性，然后利用损失严重程度与事件发生的可能性得到风险值，最后赋予风险等级。开展数据安全风险评估的思路与之相近，主要考虑已知威胁利用数据资产脆弱性的可能性，以及如果发生这种利用所产生的后果或不利影响（即危害程度），使用威胁和脆弱性信息以及后果影响定性或定量地确定数据安全风险。在分析中重点围绕"数据生命周期"或"数据应用场景"，评估业务或威胁场景之下利用资产的某个脆弱性造成破坏的可能性有多大，破坏后的影响有多大，进而综合评价安全风险。

3. 评估方法

数据安全风险评估一般采取配置核查、工具测试、专家访谈、资料审阅和专家评议等方式开展。

- 配置核查：测评人员在现场根据调查模板内容获取并分析信息系统关键设备当时的安全配置参数。
- 工具测试：由资深测评人员采用工具对当前数据安全状况进行检测。
- 专家访谈：由资深测评人员按模板要求，同组织信息安全主管部门、IT 审计部门、开发部门及运维部门进行面对面访谈。
- 资料审阅：采用分时段系统查阅和有针对性抽样查阅的方法，查阅信息系统建设、数据安全建设的过程文档、记录等资料。
- 专家评议：组织专家运用恰当的风险分析方法进行集体会诊评议。

4. 评估流程

数据安全风险评估流程包括数据识别、法律遵从、数据处理、支撑环境和特殊场景数据跨境流动等方面开展风险评估。

（1）对业务进行梳理、理清数据资产、确认数据资产范围及重要程度，这是风险评估的基础，因此数据识别安全重点是进行数据资产的识别摸底工作。

（2）在梳理数据处理活动风险时，首先考虑是否存在违法行为风险，依据已发布的法律法规进行法律遵从性评估。

（3）在满足合法性的基础上进而开展数据处理活动的风险评估工作，评估数据自身的风险以及承载数据所需环境的风险。

（4）在风险发现过程中，一旦涉及数据的跨境流动和数据主权风险，将以数据跨境流动为重点关注场景，开展数据跨境流转的风险评估工作，评估数据跨境流动过程中的数据安全风险。

（5）数据安全风险评估结果可作为数据安全治理、监督、审计和评价的重要参考依据。

6.2.6 软件供应链安全评估

软件供应链是一个全球分布的、具有供应商多样性、产品服务复杂性、全流程覆盖等诸多特点的复杂系统，在软件供应链各个供应活动中均可能引入安全隐患，导致软件漏洞、软件后门、恶意篡改、假冒伪劣、知识产权风险、供应中断、信息泄露等安全风险。因此，针对软件供应链开展安全评估是保障软件安全稳定运行的必要措施。

1. 评估依据

• 《中华人民共和国数据安全法》。

• 《中华人民共和国网络安全法》。

• 《网络安全审查办法》。

• GB/T 36637—2018《信息安全技术 ICT 供应链安全风险管理指南》。

• GB/T 39204—2022《信息安全技术 关键信息基础设施安全保护要求》。

• GB/T 37980—2019《信息安全技术 工业控制系统安全检查指南》。

2. 评估方法

（1）材料核查：测评机构对重要信息基础设施软件产品和服务的相关材料进行核查，包含软件产品、软件服务、供应关系、软件物料清单、软件构成图谱、第三方组件等内容。

（2）工具测试：由资深测评人员采用工具对软件产品和服务开展资产识别、漏洞挖掘、后门排查、渗透测试等工作。

（3）专家访谈：由资深测评人员到现场同软件供应链供方、需方等相关人员进行面对面访谈。

（4）专家评议：组织专家运用恰当的风险分析方法进行集体会诊评议。

3. 评估流程

软件供应链安全风险评估从软件采购、外部组件使用、软件交付、软件运维、软件废止等供应活动管理方面进行评估，结合机构管理、制度管理、人员管理、供应商管理、知识产权管理等方面展开，如图 6.3 所示。

（1）软件采购：评估软件供应商满足组织软件安全需求的情况，进行安全需求分析，明确软件供应链安全实现过程中的安全标准和要求。

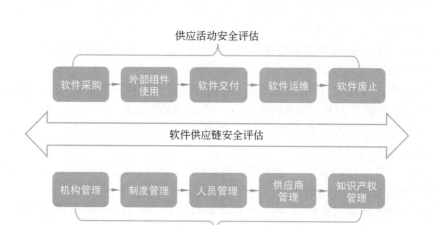

图6.3　软件供应链安全风险评估流程

（2）外部组件使用：开展软件供应关系、组件成分及依赖关系和访问控制策略等评估，对来源于开放源代码社区和第三方的代码、组件和软件的部分进行完整性验证、安全性测试和依赖关系分析。

（3）软件交付：对交付软件进行完整性验证、功能、性能及安全性测试，包括但不限于源代码、二进制代码、组件等供应链安全分析工作。

（4）软件运维：评估软件运维安全监控与防护、风险评估、应急响应等方面的人员及技术能力。

（5）软件废止：评估软件产品废止处理流程的规范性，重点检查数据是否最小留存。

（6）机构管理：评估组织软件供应链管理机构、人员能力，重点评估在供应关系管理、软件供应链实体要素识别、软件供应链风险识别、响应及防范等方面的水平。

（7）制度管理：评估组织围绕软件供应链风险识别和防范明确软件供应链安全的总体方针、安全制度和策略。

（8）人员管理：评估组织供应链安全保障人员及其需具备的软件供应链实体要素的识别和安全风险管理能力。

（9）供应商管理：对软件供应商背景、能力、资质审查以及持续安全提供产品或服务等内容进行评估。

（10）知识产权管理：对供需双方因知识产权问题导致的法律安全风险进行评估。

6.3　产品检测评估认证

网络空间安全的复杂性使得用户越来越难以判定所购置或使用的信息技术产品是否安全可靠。为此，在信息技术产品提供商（开发者）、用户（消费者）之外，由中立的第三方安全测评机构（评估者）对信息技术产品进行安全性测评，提供权威的测评认证结果成为了一种市场必然。

6.3.1　产品测评认证概述

信息技术产品测评认证包括：信息技术产品分级评估、国家信息安全产品认证、网络安全专用产品安全管理、商用密码产品认证、云计算服务安全性评估等。

1. 信息技术产品分级评估

采用 GB/T 18336—2015 等国家标准,对国内外信息技术产品的安全性进行测评,其中包括各类信息安全产品如防火墙、入侵监控、安全审计、网络隔离、VPN、智能卡、卡终端、安全管理等,以及各类非安全专用 IT 产品如操作系统、数据库、交换机、路由器及应用软件等。

2. 国家信息安全产品认证

按照原国家质检总局、国家认监委 2008 年第 7 号公告《关于部分信息安全产品实施强制性认证的公告》;原国家质检总局、财政部、认监委 2009 年第 33 号公告《关于调整信息安全产品强制性认证实施要求的公告》;国家认监委 2010 年第 26 号公告《关于信息安全产品认证制度实施要求公告》,我国开展国家信息安全产品认证、网络关键设备和网络安全专用产品、IT 产品信息安全认证等安全认证,获得认证证书的产品表明其符合相应的信息安全规范和标准要求。国家信息安全产品认证主要包括防火墙、安全隔离与信息交换产品、安全路由器、智能卡、安全操作系统等类别。网络关键设备和网络安全专用产品认证包括路由器、交换机、服务器等网络关键设备与 Web 应用防火墙(WAF)、入侵检测系统(IDS)、入侵防御系统(IPS)等网络安全专用产品。IT 产品信息安全认证主要包括工控产品、物联网终端产品、云计算安全防护产品、智能卡类产品认证等类别。

3. 网络安全专用产品安全管理

为加强网络安全专用产品安全管理,推动安全认证和安全检测结果互认,避免重复认证、检测,依据《中华人民共和国网络安全法》《关于发布〈网络关键设备和网络安全专用产品目录(第一批)〉的公告》(2017 年第 1 号)、《国家认监委 工业和信息化部 公安部 国家互联网信息办公室关于发布承担网络关键设备和网络安全专用产品安全认证和安全检测任务机构名录(第一批)的公告》(2018 年第 12 号)、《关于统一发布网络关键设备和网络安全专用产品安全认证和安全检测结果的公告》(2022 年第 1 号),自 2023 年 7 月 1 日起,列入《网络关键设备和网络安全专用产品目录》的网络安全专用产品应当按照《信息安全技术 网络安全专用产品安全技术要求》等相关国家标准的强制性要求,由具备资格的机构安全认证合格或者安全检测符合要求后,方可销售或者提供。

具备资格的机构是指列入《承担网络关键设备和网络安全专用产品安全认证和安全检测任务机构名录》的机构。

国家互联网信息办公室、工业和信息化部、公安部、国家认证认可监督管理委员会发布更新《网络关键设备和网络安全专用产品目录》《承担网络关键设备和网络安全专用产品安全认证和安全检测任务机构名录》。

国家互联网信息办公室会同工业和信息化部、公安部、国家认证认可监督管理委员会统一公布和更新符合要求的网络关键设备和网络安全专用产品清单,供社会查询和使用。

4. 商用密码产品认证

国家市场监督管理总局会同国家密码管理局制定发布国推商用密码认证的产品目录、认证规则和有关实施要求,商用密码从业单位可自愿向具备资质的商用密码认证机构提交认证申请。国家密码管理局商用密码检测中心作为商用密码产品认证机构,依据商用密码标准和规范,对智能密码钥匙、智能 IC 卡、安全认证网关、密码键盘等产品开展认证工作。

5. 云计算服务安全性评估

为提高党政机关、关键信息基础设施运营者采购使用云计算服务的安全可控水平,国家互联网信息办公室、国家发展和改革委员会、工业和信息化部、财政部制定了《云计算服务安全评估办法》,据此开展面向云计算的评估工作(简称"云评估")。云评估参照国家有关网络安全标准,发挥专业技术机构、专家作用,客观评价、严格监督云计算服务平台的安全性、可控性,为党政机关、关键信息基础设施运营者采购云计算服务提供参考。国家互联网信息办公室会同国家发展和改革委员会、工业和信息化部、财政部建立云计算服务安全评估工作协调机制,审议云计算服务安全评估政策文件,批准云计算服务安全评估结果,协调处理云计算服务安全评估有关重要事项。

6.3.2 信息技术产品分级评估

信息技术产品分级评估是指依据国家标准 GB/T 18336—2015《信息技术 安全技术 信息技术安全评估准则》,综合考虑产品的预期应用环境,通过对信息技术产品的整个生命周期,包括技术、开发、管理、交付等部分进行全面的安全性评估和测试,验证产品的保密性、完整性和可用性程度,确定产品对其预期应用而言是否足够安全,以及在使用中隐含的安全风险是否可以容忍,产品是否满足相应评估保障级的要求。

1. 评估依据

依据国标 GB/T 18336—2015 开展分级评估业务,该标准等同采用国际标准 ISO/IEC 15408。

2. 评估方法

评估方法主要包括文档审核、安全性测试、现场核查。

(1) 文档审核。审核提交的申请文档材料是否符合 GB/T 18336—2015 标准要求。GB/T 18336—2015 第 3 部分对各个保障级别所需的文档内容有严格的要求,随着分级评估保障级别的增加,所需提交的文档所包含的内容就越全面,同时对每个文档内容的要求也越高。

(2) 安全性测试。安全性测试包括独立性测试、穿透性测试和安全性能测试 3 种。其中,独立性测试是指为了验证被评估产品所提供的安全功能是否能够正确实现,评估者从申请方提供的测试文档中抽取一定数量的测试用例,并经重新设计后来完成对安全功能的验证性测试操作;穿透性测试是指评估者通过验证被评估产品在预期环境下是否存在明显的可被利用的脆弱性的过程;安全性能测试是指对于存在性能测试需求的产品,评估者参考 RFC2544、RFC3511 等标准和规范,对被评估产品实施安全性能方面测试。

(3) 现场核查。现场核查主要完成核查配置管理,审查产品的开发和交付安全。现场核查的形式包括文档证据审查、实际环境审查以及与有关人员交流。EAL3 级(含)以上的分级评估须进行现场核查。

3. 评估流程

信息技术产品分级评估流程主要分为受理阶段、预评估阶段、评估阶段、注册阶段 4 个阶段,如图 6.4 所示。

(1) 受理阶段。申请方向测评机构提出分级评估申请。根据业务内容的要求,申请方需提交的证据包括分级评估申请书、分级文档、评估对象、实现安全功能的源代码(EAL4 级及以上需提供此项)。由受理人员对申请方提交的申请书进行审核。如果未通过审核,受理部门会根据提交材料的实际情况提出反馈意见,申请方应根据反馈意见进行补充或修改。通过审核后,执行受理审批流程,申请方签订测评协议、交纳测评费用。

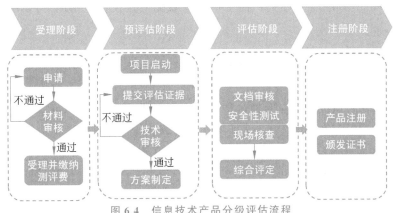

图 6.4　信息技术产品分级评估流程

（2）预评估阶段。受理完成后,申请方应提交符合测评要求的产品。确认收到产品后,测评机构的评估组人员通知申请方评估工作正式启动,并将需申请方配合的相关事宜一并告知,同时,评估组人员先对文档材料进行技术审核,来判定提交的材料内容是否符合要求。如果未通过审核,评估人员会根据提交材料的实际情况提出反馈意见,申请方应根据反馈意见进行补充或修改,并提交修改后的文档。通过审核后,评估组人员根据申请的级别制定评估方案。

（3）评估阶段。评估方案制定完成后,评估组人员根据方案,严格遵照评估进度开展评估工作,必要时可要求申请方提供技术支持,配合完成有关操作。评估中出现的属于申请方的问题,评估组出具观察报告交由申请方签字确认。在测评过程中如发现被测产品存在技术问题,申请方可选择进行回归测试或者主动放弃合同权益。如进行回归测试,则申请方在收到回归测试通知单后应及时反馈。回归测试需要申请方承担额外的费用,具体费用根据发现问题的复杂或难易程度等核算工作量来收取。评估组人员根据各评估内容的评估结果,进行综合评定,并出具评估技术报告,该报告将作为产品是否通过分级评估的直接依据。评估报告交由专家评审组进行评审,通过后进入下一阶段。

（4）注册阶段。通过评估的产品,测评机构对其进行注册及颁发证书,并将结果公开发布。在证书有效期届满前,由申请方向测评机构重新提出分级评估申请。通过评估的产品,测评机构将为其颁发新的证书。

6.3.3　商用密码产品认证

为促进商用密码产业健康有序发展,根据《中华人民共和国产品质量法》《中华人民共和国密码法》和《中华人民共和国认证认可条例》,国家市场监督管理总局、国家密码管理局根据部门职责,开展了商用密码检测认证工作。其中,商用密码认证目录由国家市场监督管理总局、国家密码管理局共同发布,商用密码认证规则由国家市场监督管理总局发布。

1. 认证依据

商用密码产品认证时主要参考的标准包括 GB/T 37092—2018《信息安全技术 密码模块安全要求》、GB/T 38625—2020《信息安全技术 密码模块安全检测要求》、GM/T 0028《密码模块安全技术要求》、GM/T 0002《SM4 分组密码算法》、GM/T 0003《SM2 椭圆曲线公钥密码算法》、GM/T 0004《SM3 密码杂凑算法》、GM/T 0065《商用密码产品生产和保障能力

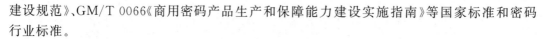

建设规范》、GM/T 0066《商用密码产品生产和保障能力建设实施指南》等国家标准和密码行业标准。

2. 认证流程

商用密码产品认证流程包括认证委托、型式试验、初始工厂检查、认证评价与决定、获证后监督等环节。

(1) 认证委托。认证机构应明确认证委托资料要求,包括产品技术文档,生产能力、质量保障能力、安全保障能力说明等。认证委托人应按认证机构要求提交认证委托资料,认证机构在对认证委托资料审核后及时反馈是否受理的信息。

(2) 型式试验。认证机构应根据认证委托资料制定型式试验方案,包括型式试验的样品要求和数量、检测标准项目、检测机构信息等,并通知认证委托人。认证委托人应按型式试验方案提供样品至检测机构,并保证样品与实际生产产品一致;必要时,认证机构也可采用生产现场抽样的方式获得样品。认证委托人可在认证结束后取回型式试验样品。检测机构应对型式试验全过程做出完整记录,并妥善管理、保存、保密相关资料,确保在认证有效期内检测结果可追溯。型式试验结束后,及时向认证机构和认证委托人出具型式试验报告。

(3) 初始工厂检查。认证机构应根据产品认证通用要求,结合 GM/T 0065《商用密码产品生产和保障能力建设规范》、GM/T 0066《商用密码产品生产和保障能力建设实施指南》等标准对认证委托产品的生产企业实施初始工厂检查,检查内容包括其生产能力、质量保障能力、安全保障能力和产品一致性控制能力等。

(4) 认证评价与决定。认证机构对型式试验、初始工厂检查结论和相关资料信息进行综合评价,做出认证决定。对符合认证要求的,颁发认证证书并允许使用认证标志;对暂不符合认证要求的,可要求认证委托人限期整改,整改后仍不符合的则书面通知认证委托人终止认证。

(5) 获证后监督。认证机构应对认证有效期内的获证产品和生产企业进行持续监督。获证后监督可不预先通知生产企业,一般采用工厂检查的方式实施,必要时可在生产现场或市场抽样检测。认证机构对获证后监督结论和相关资料信息进行综合评价,评价通过的,可继续保持认证证书、使用认证标志;不通过的,认证机构应当根据相应情形做出暂停或者撤销认证证书的处理。

6.4 人员评估认证

在网络安全保障工作中,人才是最核心、最活跃的因素。2016 年 4 月 19 日,在全国网络安全和信息化工作座谈会上,习近平总书记讲话强调"网络空间的竞争,归根结底是人才竞争"。加强网络安全人才队伍建设,已成为维护国家网络安全和建设网络强国任务的核心需求。

我国网络安全人才评估认证已经发展了 20 年左右的时间,目前市场上出现了 10 余个网络安全人才评估认证证书,主要包括信息安全工程师、CISP、NISP、CISAW、CSPEC、CIIPT、CCSRP 等,下面对这些评估认证作简要介绍。

1. 信息安全工程师

2003 年,为适应国家信息化建设的需要,原人事部、原信息产业部发布《计算机技术与软件专业技术资格(水平)考试暂行规定》(国人部发[2003]39 号),规划了我国计算机技术与软件专业的专业技术水平测试,也是该专业方向的职称资格考试。2007 年,原人事部办公厅、原信息产业部办公厅联合发布《关于计算机技术与软件专业技术资格(水平)考试新增专业有关问题的通知》(国人厅发[2007]139 号),新增"信息安全工程师"中级资格专业考试,考试通过可获得相应证书。

"信息安全工程师"是我国职称资格专业考试中唯一的网络安全类别考试。该考试目前由国家人力资源和社会保障部负责组织专家审定考试科目,考试大纲和试题,具体考务工作由工业和信息化部教育与考试中心,电子教育中心(原中国计算机软件考试中心)负责。

"信息安全工程师"的认证对象是从事计算机信息安全方面的从业人员,能够遵照信息安全管理体系和标准工作,防范黑客入侵并进行分析和防范;通过运用各种安全产品和技术,设置防火墙、防病毒、IDS、PKI、攻防技术等;进行安全制度建设与安全技术规划、日常维护管理、信息安全检查与审计、系统账号管理与系统日志检查等。

2. 注册信息安全专业人员(CISP)

注册信息安全专业人员(Certified Information Security Professional,CISP)是中国信息安全测评中心自 2002 年推出的一项旨在提高我国网络安全从业人员素质,保持其能力持续提高的专业人才培训认证业务。CISP 通过建立网络安全人才在意识、基础知识、技能方面的标准,为面向实践的网络安全人才选拔提供有效的手段。

根据工作领域和实际岗位工作的需要,CISP 分为注册信息安全工程师(Certified Information Security Engineer,CISE)和注册信息安全管理人员(Certified Information Security Officer,CISO)两个基础类别。同时发展出 10 余个细分方向,包括注册信息安全专业人员-审计师(Certified Information Security Professional-Auditor,CISP-A)和注册信息安全专业人员-渗透测试工程师(Certified Information Security Professional- Penetration Testing Engineer,CISP-PTE)等。

CISP 培训认证适用于企业信息系统管理人员、IT 管理人员、IT 审计人员、信息化咨询顾问、网络安全厂商或服务提供商以及其他网络安全相关从业人员。

3. 国家信息安全水平考试(NISP)

国家信息安全水平考试(National Information Security Test Program,NISP)也是由中国信息安全测评中心推出的认证证书。NISP 主要面向在校大学生,与 CISP 无缝对接,填补了在校大学生无法考取 CISP 认证的空白,主要目的在于加快普及信息安全知识、培养信息安全专业人才的"预备役"。

NISP 认证对象适合在信息安全企业、信息安全咨询服务机构、信息安全测评认证机构、社会各组织、团体、大专院校、企事业单位从事有关信息系统/网络建设、运行和应用管理,他们具备基本的信息安全意识,对网络信息安全有较为完整的认识,掌握电脑、手机安全防护、网站安全、电子邮件安全、Intranet 网络安全部署、操作系统安全配置、恶意代码防护、常用软件安全设置、防火墙的应用等技能,并能够担负起小型网络信息安全工作。

NISP 认证分为一级和二级,只有考取 NISP 一级证书才能考取 NISP 二级。NISP 二级的考试内容与 CISP 考试一致,二级证书可换为 CISP 证书。

4. 网络安全保障从业人员认证(CISAW)

网络安全保障从业人员认证(Certified Information Security Assurance Worker,CISAW)是由中国网络安全审查技术与认证中心(China CyberSecurity Review Technology and Certification Center,CCRC)组织的,面向 IT 从业人员,特别是与网络安全工作密切相

关的高级管理人员、专业技术人员推出的人员资格认证和专业水平认证。

CISAW 适用于从事网络安全相关工作的所有人员,如组织的管理人员(包括 CIO、CSO、信息技术管理部门和风险控制管理部门的人员),IT 相关的技术人员(包括运维、开发和集成人员),从事网络安全服务组织的技术人员(包括网络安全产品研发人员、网络安全咨询人员、网络安全服务实施人员和外派服务人员)。

根据《网络安全保障从业人员认证分类分级细则》,CISAW 包括了面向在校学生(大学生和研究生)预备级认证、面向在职人员的基础级(Ⅰ级)认证和面向各专业方向人员的专业水平认证,分为专业级(Ⅱ级)和专业高级(Ⅲ级),共 4 个级别。目前设置的专业方向包括安全软件、安全集成、安全管理、安全运维、政务安全、服务管理、风险管理、网络攻防和业务连续性。

5. 等级测评师(DJCP)

网络安全等级测评师(DJCP)是由中关村信息安全测评联盟颁发的认证证书。

网络安全等级测评人员需持等级测评师证上岗,等级测评师认证可通过网络安全等级保护培训和考试后获得。该培训主要是对开展网络安全等级保护工作的主要内容、方法、流程、政策和标准等内容进行解读,对信息系统定级备案、安全建设整改、等级测评、安全检查等工作进行详细解释说明。

等级测评师分为初级等级测评师、中级等级测评师和高级等级测评师三级,其中初级等级测评师又分为技术和管理两类。在培训认证对象上,初级测试师的培训认证对象是等保测评实施人员(分为技术、管理两个方向);中级测评师的培训认证对象是等保测评项目负责人;高级测评师的培训认证对象是等保测评机构技术负责人。

6. 重要信息系统保护人员(CIIPT)

重要信息系统安全保护人员(Critical Information Infrastructure Protection Training,CIIPT)是由公安部信息安全等级保护评估中心颁发的认证证书。

随着信息技术的飞速发展,关键信息基础设施(Critical Information Infrastructure,CII)(或称为"重要信息系统")的安全保护(Critical Information Infrastructure Protection,CIIP)越来越成为人们关注的焦点,其安全保护水平直接关系到我国公众利益、经济秩序和国家安全。重要信息系统安全保护人员 CIIPT 培训认证的目标是为我国重要信息系统的规划、设计、建设、运行维护培养大量的专业技术人员,按照我国网络安全等级保护的要求,能够有效执行对重要信息系统的安全保护工作。

CIIPT 培训认证的主要对象包括信息系统的规划设计、咨询服务、开发建设、安全测评、运营管理、维护和使用、监督检查人员。

CIIP 目前主要分为针对技术人员的 CIIP-A 和针对管理干部的 CIIP-D 两类证书培训。其中,CIIP-A 主要是针对各部门、各行业重要信息系统的管理决策、规划设计、建设整改、运行维护相关技术人员;CIIP-D 主要是针对管理干部人员。这两类证书根据能力不同又分初级、中级和高级 3 个级别。参加过基本课程并通过考试的分别获得信息安全管理员和信息安全管理师证书,获证后参加两次继续培训教育并均考试合格的依次分别获得中级信息安全管理员、中级信息安全管理师、高级信息安全管理员和高级信息安全管理师证书。

7. 网络与信息安全应急人员认证(CCSRP)

网络与信息安全应急人员认证(Certified Cyber Security Response Professional,CCSRP)是国家互联网应急中心(National Internet Emergency Center,简称 CNCERT 或

CNCERT/CC)推出的,面向重点行业网络与信息安全从业人员的技能认证。

　　CCSRP 培训认证以网络安全应急响应为切入点,覆盖网络与信息安全的事前、事中和事后等各方面的能力。该认证管理和技术并重,通用与特殊兼顾,理论与实践结合,重点培养网络信息安全从业人员解决实际问题的能力,致力于满足重点行业对网络安全人才的迫切需求。

　　CCSRP 培训认证对象是重点行业(电信、金融、制造、能源等)的大中型国有及民营企业的信息安全应急人员,职位包括但不限于安全管理类的首席安全官、网络安全经理、安全总监、合规经理、审计员等,安全技术类的系统安全管理员、安全运维中心分析员、工业控制系统工程师等。

　　CCSRP 培训认证分为两个级别,每个级别分为管理和技术两个基本方向。为兼顾行业差异性,CCSRP 在二级上还会依据行业领域细分通信、电力、石油炼化等子方向。

6.5　组织网络安全资质认证

　　目前,我国对企业主要开展了等级保护测评资质、商用密码应用安全性评估资质、实验室检测机构资质、网络安全服务资质以及信息安全管理体系资质等方面的测评认证工作。为形成对个人信息与重要数据的有效保护,国家市场监管管理总局与国家互联网信息办公室颁布建立 3 项数据安全认证制度:移动互联网应用程序(App)安全认证、数据安全管理认证和个人信息保护认证。

6.5.1　等级保护测评资质

　　为保障网络安全等级测评和检测评估工作的顺利开展,我国对开展等保测评的机构进行测评认证,并发放了等级保护测评资质。该资质最早是由国家网络安全等级保护工作协调小组办公室发放。2021 年 11 月 19 日,国家网络安全等级保护工作协调小组办公室发布《关于撤销网络安全等级测评机构推荐证书的公告》,同时中关村信息安全测评联盟发布了《关于启用〈网络安全等级测评与检测评估机构服务认证证书〉的公告》信安联[2021]32 号。该资质调整为公安部第三研究所发放,资质审核依据 TRIMPS-SC13-001:2021《网络安全等级测评与检测评估机构服务认证实施规则》的要求。自此,测评机构须持有经公安部第三研究所认证发放的新版《网络安全等级测评与检测评估机构服务认证证书》,才能开展相关工作。

　　2022 年 6 月 30 日,中国合格评定国家认可委员会发布:关于发布实施 CNAS-C01-A018《检验机构认可准则在网络安全等级测评领域的应用说明》的通知(认可委(秘)[2022]27 号)。该通知于 2022 年 7 月 1 日起实施,规定网络安全等级测评领域是中国合格评定国家认可委员会(CNAS)检验机构认可的重要技术领域,纳入 CNAS 体系。

6.5.2　商用密码应用安全性评估资质

　　2019 年颁布的《密码法》规定了商用密码检测、认证机构应当依法取得相关资质,并依照法律、行政法规的规定和商用密码检测认证技术规范、规则开展商用密码检测认证。随后,国家市场监督管理总局和国家密码管理局发布通告,将商用密码检测、认证机构资质纳入《认证认可条例》规定的认证认可制度体系中,由国家市场监督管理总局(国家认证认可监督管理委员会)会同国家密码管理局进行管理。

2021年6月11日,国家密码管理局公告(第42号)发布《商用密码应用安全性评估试点机构目录》,共有48家机构具备了我国商用密码应用安全性评估资质。通过审批的商用密码产品检测机构可以开展智能密码钥匙、智能IC卡、POS密码应用系统、PCI-E密码卡、IPSecVPN安全网关、SSLVPN安全网关、安全认证网关、密码键盘、金融数据密码机、服务器密码机、签名验签服务器、时间戳服务器、安全门禁系统、动态令牌认证系统、安全电子签章系统、电子文件密码应用系统、可信计算类密码产品等的检测工作。

6.5.3 实验室检测机构资质

中国合格评定国家认可委员会(CNAS)在网络与网络安全领域主要发放的组织资质为实验室认可、检测机构认可及管理体系认证认可等。资质发放的主要类型、依据和级别如表6.3所示。

表6.3 CNAS的服务资质类型、依据和级别

类 型	主要标准依据
实验室认可	《CNAS-CL01＜检测和校准实验室能力认可准则＞应用要求》(CNAS-CL01-G001:2018)、《实验室认可规则》(CNAS-RL01:2019)、《能力验证规则》(CNAS-RL02:2018)
检测机构认可	《检验机构认可指南》(CNAS-GI001:2018)、《检验机构认可规则》(CNAS-RI01:2019)、《能力验证规则》(CNAS-RL02:2018)
管理体系认证认可	全领域

6.5.4 网络安全服务资质

目前,我国以中国信息安全测评中心、中国网络安全审查技术与认证中心、中国电子技术标准化研究院、中国通信企业协会为首的多家权威机构开展网络安全服务资质的测评认证工作。

1. 中国信息安全测评中心

中国信息安全测评中心依据国内网络安全行业发展的现状,针对各个不同的子领域开展网络安全服务资质测评认证工作。这些资质测评认证参考应用能力成熟度模型理论,设置为一级至五级逐级升高,并在各子领域进行延伸。目前,中国信息安全测评中心发放的网络安全服务资质的类型和简要情况如表6.4所示。

表6.4 中国信息安全测评中心的服务资质测评认证类型、依据和级别

类型	主要标准依据	级别	目前发放级别
安全工程类	《信息安全技术 系统安全工程能力成熟度模型》(GB/T 20261—2020)	五级架构	三级
安全开发类	《信息安全技术 安全开发能力评估准则》	五级架构	二级
灾难恢复类	《信息安全技术 灾难恢复服务能力评估准则》(GB/T 37046—2018)	五级架构	二级
风险评估类	《信息安全技术 信息安全风险评估方法》(GB/T 20984—2022)	五级架构	二级

续表

类型	主要标准依据	级别	目前发放级别
信息系统审计类	《信息安全技术 信息系统审计评估服务能力准则》	五级架构	一级
云计算安全类	《信息安全技术 云计算安全服务能力评估准则》	五级架构	一级
大数据安全类	《信息安全技术 大数据安全能力评估准则》	五级架构	一级
安全运营类	《信息安全技术 安全运营服务能力评估准则》	五级架构	一级

2. 中国网络安全审查技术与认证中心

中国网络安全审查技术与认证中心开展的网络安全服务资质测评认证工作中,除数据中心服务能力成熟度为五级外,其他服务资质均分为三级,且从三级、二级、一级逐级升高,如表 6.5 所示。

表 6.5　中国网络安全审查技术与认证中心的服务资质测评认证类型、依据和级别

类型	主要标准依据	级别	目前发放级别
安全集成	内部要求	三级架构	一级
安全运维	内部要求	三级架构	一级
应急处理	内部要求	三级架构	一级
风险评估类	内部要求	三级架构	一级
软件安全开发		三级架构	一级
灾难备份与恢复	《信息安全技术 灾难恢复服务要求》(GB/T 36957—2018)	三级架构	一级
工业控制安全	内部要求	三级架构	一级
网络安全审计	内部要求	三级架构	一级
数据中心服务能力成熟度	《信息技术服务 数据中心服务能力成熟度模型(GB/T 33136—2016)	五级架构	四级
质量管理体系	内部要求	N/A	N/A

3. 中国电子技术标准化研究院

中国电子技术标准化研究院开发的网络安全服务资质测评认证包括信息技术服务标准(Information Technology Service Standards,ITSS)、软件过程能力及成熟度评估服务认证、数据中心服务能力成熟度评估等,如表 6.6 所示。

表 6.6　中国电子技术标准化研究院的服务资质测评认证类型、依据和级别

类型	主要标准依据	级别	目前发放级别
信息技术服务标准(ITSS)	《信息技术服务 运行维护 通用要求》	四级架构	四级
软件过程能力及成熟度评估服务认证(CMMI)	《软件能力成熟度模型》(SJ/T 11235—2001)、《软件过程能力评估模型》(SJ/T 11234—2001)、《软件过程及能力成熟度评估指南》	五级架构	五级
数据中心服务能力成熟度评估	《信息技术服务 数据中心服务能力成熟度模型》(GB/T 33136—2016)	五级架构	五级
信息系统建设和服务能力评估	信息系统建设和服务能力评估	五级架构	五级

类　　型	主要标准依据	级别	目前发放级别
隐私信息管理体系认证	ISO/IEC 27001:2013、ISO/IEC 27701:2019	N/A	N/A
云隐私保护认证	ISO/IEC 27018:2019	N/A	N/A
信息安全管理体系认证	ISO/IEC 27001:2013	N/A	N/A

4. 中国通信企业协会网络安全专委会

中国通信企业协会网络安全专委会开展的网络安全服务资质测评认证工作包括风险评估、安全设计与集成等,能力等级设置为一到三级,且逐级升高,如表 6.7 所示。

表 6.7　中国通信企业协会网络安全专委会的服务资质测评认证类型、依据和级别

类型	主要标准依据	级别	目前发放级别
风险评估	《通信网络安全防护管理办法》(工业和信息化部令第 11 号)、《工业和信息化部关于加强电信和互联网行业网络安全工作的指导意见》(工信部保〔2014〕368 号)、《电信网和互联网第三方安全服务能力评定准则》(YD/T 2669—2013)	三级架构	三级
安全设计与集成	《通信网络安全防护管理办法》(工业和信息化部令第 11 号)、《工业和信息化部关于加强电信和互联网行业网络安全工作的指导意见》(工信部保〔2014〕368 号)、《电信网和互联网第三方安全服务能力评定准则》(YD/T 2669—2013)	三级架构	三级
应急响应	《通信网络安全防护管理办法》(工业和信息化部令第 11 号)、《工业和信息化部关于加强电信和互联网行业网络安全工作的指导意见》(工信部保〔2014〕368 号)、《电信网和互联网第三方安全服务能力评定准则》(YD/T 2669—2013)	三级架构	三级
安全培训	《通信网络安全防护管理办法》(工业和信息化部令第 11 号)、《工业和信息化部关于加强电信和互联网行业网络安全工作的指导意见》(工信部保〔2014〕368 号)、《电信网和互联网第三方安全服务能力评定准则》(YD/T 2669—2013)	三级架构	三级

6.5.5　信息安全管理体系资质

ISO 27000 系列标准是 ISO 9001 质量管理体系认证的延伸和扩展。目前,ISO 27000系列标准已得到了国际上很多国家的认可,是国际上具有代表性的信息安全管理体系标准。组织可以仅遵从 ISO 27000 来建立和发展组织的信息安全管理体系,并申请获得信息安全管理体系认证。按照认证要求,ISO 27000 要求组织确定信息安全管理体系范围,制定信息安全方针,明确管理职责,以风险评估为基础选择控制目标与控制措施等一系列活动来建立信息安全管理体系。体系一旦建立,组织应按体系的规定要求进行运作,保持体系运行的有效性。信息安全管理体系认证的目的在于通过第三方审核机构对企业的信息安全体系进行审核、评价和指导工作,帮助企业提高其内部控制水平和管理能力,促进企业建立有效的网络安全保障体系;同时可增进不同组织间信息化往来的信用度,增强贸易伙伴之间的互信。

2006 年,我国开始引入 ISO 27000 系列标准并开展信息安全管理体系认证认可工作。2008 年 6 月,由全国信息安全标准化技术委员会等同采用 ISO/IEC 27001:2005 和 ISO/IEC 27002:2005 为国家推荐性标准 GB/T 22080—2008《信息技术 安全技术 信息安全管理

体系要求》、GB/T 22081—2008《信息技术 安全技术 信息安全管理实用规则》。之后在 2016 年,全国信息安全标准化技术委员会等同采用了 ISO/IEC 27001:2013 和 ISO/IEC 27002:2013,分别形成 GB/T 22080—2016《信息技术 安全技术 信息安全管理体系要求》和 GB/T 22081—2016《信息技术 安全技术 信息安全控制实践指南》。我国由国家认证监督委员会对 ISO27001/ GB/T 22080 信息安全管理体系证书的认证机构进行管理,由其授权的认证机构方可在国内进行审核发证。

6.5.6 数据安全认证

移动互联网应用程序(App)安全认证:依据 GB/T 35273《信息安全技术 个人信息安全规范》及相关标准、规范,按照《移动互联网应用程序(App)安全认证实施规则》,为规范移动互联网应用程序(App)收集、使用用户信息特别是个人信息的行为,加强个人信息安全保护,开展 App 安全认证工作。国家鼓励 App 运营者自愿通过 App 安全认证,鼓励搜索引擎、应用商店等明确标识并优先推荐通过认证的 App。

数据安全管理认证:依据 GB/T 41479《信息安全技术 网络数据处理安全要求》及相关标准规范,按照《数据安全管理认证实施规则》,对网络运营者开展网络数据收集、存储、使用、加工、传输、提供、公开等处理活动进行认证。国家鼓励网络运营者通过认证方式规范网络数据处理活动,加强网络数据安全保护。

个人信息保护认证:依据 GB/T 35273《信息安全技术 个人信息安全规范》、TC260-PG-20222A《个人信息跨境处理活动安全认证规范》,按照《个人信息保护认证实施规则》,对个人信息处理者开展个人信息收集、存储、使用、加工、传输、提供、公开、删除以及跨境等处理活动进行认证。国家鼓励个人信息处理者通过认证方式提升个人信息保护能力。

6.6 本章小结

数字化、智能化为代表的信息技术在成为驱动经济增长和科技创新的核心引擎的同时,也带来了巨大的网络安全挑战。由第三方权威机构开展的科学、客观和正确的测评认证,可以增强消费者对产品(服务)、系统,甚至包括人员和承担单位的网络安全信心,有助于推进世界各地相互之间增进对产品(服务)的了解和信任,进而推动贸易和经济的发展。本章首先介绍了网络安全测评认证的相关概念;然后,从网络信息系统、信息技术产品、网络安全从业人员以及组织网络安全资质等几个方面展开介绍相关的测评认证工作。在网络信息系统评估认证方面,围绕信息系统风险评估、网络安全等级保护测评、商用密码应用安全性评估、数据安全风险评估、软件供应链安全评估等展开了介绍;在信息技术产品测评认证方面,介绍了信息技术产品分级评估和商用密码产品认证的相关内容;在网络安全从业人员评估认证和组织网络安全资质测评认证方面,介绍了国内目前主要开展的相关证书和资质认证情况。

思考题

1. 信息系统风险评估、网络安全等级保护测评、商用密码应用安全性评估有何异同?
2. 通用准则(CC)将评估过程划分为功能和保证两部分,评估等级分为 EAL1、EAL2、

EAL3、EAL4、EAL5、EAL6 和 EAL7 共 7 个等级。等级越高,表示通过认证需要满足的安全保证要求越多,系统的安全特性越可靠。请详细对比 7 个等级的评估内容差异,以及可抵御的风险情况。

实验实践

1. 请选择一个信息系统,依据 GB/T 20984—2022《信息安全技术 信息安全风险评估方法》尝试开展规范的风险评估工作,并撰写风险评估报告。

2. 学校或合作机构提供的某个平台或系统想申请信息技术产品分级评估,请基于通用准则(CC)标准,评估该平台或系统的 7 个功能类,包括配置管理、分发和操作、开发过程、指导文献、生命期的技术支持、测试和脆弱性评估,以自查报告形式建议该平台或系统申请的分级评估类型。

3. 某组织目前具备开展网络安全等级保护测评、安全整改、系统集成、安全运维、安全测试等方面能力,请描述一下,该组织可以申请哪些资质,分析后形成一个总结报告。

第 3 部分　数　智　篇

第 7 章

个人信息保护

大数据、人工智能等技术在促进数字经济发展中发挥关键作用。然而由于大量数据中包含个人信息,对个人信息的过度收集、超范围使用等不当处理行为,所造成的个人信息权益危害的问题现象和风险隐患,成为了数字经济发展中的一大阻碍。随着近年来国际范围内对个人信息保护的愈发重视,人们对相关问题认识的提升,个人信息保护的相关概念、原则和目标逐步明晰,保护个人信息的立法程序和科学研究也在发展和成熟,从而形成了一系列个人信息保护法律法规、标准规范、技术措施,同时行业自律、监管和保障机制也日趋完善。

本章以我国已出台的法律和标准为切入点,围绕保护、风险、措施三个维度,针对个人信息保护的概念、原则、目标、保障措施、常用技术等展开介绍,旨在帮助读者了解和掌握个人信息保护的内涵外延、主要手段、常用个人信息保护技术的分类体系和基本原理,以及相关标准的制定情况等。

7.1 个人信息保护概念与原则

7.1.1 个人信息概念

1. 个人信息的定义

简单来讲,个人信息就是与自然人有关的各种信息。

2021 年 8 月 20 日颁布的《中华人民共和国个人信息保护法》(以下简称"《个人信息保护法》")第四条规定:"个人信息是以电子或者其他方式记录的与已识别或者可识别的自然人有关的各种信息,不包括匿名化处理后的信息。"

常见的个人信息类型包括姓名、出生日期、身份证件号码、个人生物识别信息、住址、通信联系方式、通信记录和内容、账号口令、财产信息、征信信息、行踪轨迹、住宿信息、健康生理信息及交易信息等。

2. 个人信息的判别

保护个人信息,首先要对其进行辨认。国家标准 GB/T 35273—2020《信息安全技术 个人信息安全规范》(以下简称"《个人信息安全规范》")给出了判定个人信息的两条路径。

一是识别,即从信息到个人,由信息本身的特殊性识别出特定自然人,个人信息应有助于识别出特定个人。

二是关联,即从个人到信息,如已知特定自然人,由该特定自然人在其活动中产生的信息(如个人位置信息、个人通话记录、个人浏览记录等)即为个人信息。

符合上述两种情形之一的信息,均应判定为个人信息。

此外,通过个人信息或其他信息加工处理后形成的信息,如果能够单独或者与其他信息结合识别特定自然人身份或者反映特定自然人活动情况的,也属于个人信息。

3. 个人信息的分类

个人信息可以依据不同的维度进行分类。

(1) 按照个人信息标识特定自然人的程度,可分为直接标识信息(或称"直接标识符")、准标识信息(或称"准标识符")两类。

直接标识信息是指在特定环境下可单独唯一识别特定自然人的信息。特定环境,即个人信息使用的具体场景,如在一个具体的学校,通过学号可以直接识别出一个具体的学生。常见的直接标识信息,如姓名、公民身份号码、护照号、驾驶证号、电子邮件地址、移动电话号码、银行账户、唯一设备识别码、车辆识别码、网络账号等。

准标识信息是指在特定环境下无法单独唯一标识特定自然人,但结合其他信息可以唯一标识特定自然人的信息。常见的准标识信息,如性别、出生日期或年龄、国籍、籍贯、民族、职业、婚姻状况、受教育水平及宗教信仰等。

(2) 按照一旦泄露或者非法使用,可能对个人权益造成的危害程度,可分为一般个人信息、敏感个人信息两类。

敏感个人信息是指一旦泄露或者非法使用,容易导致自然人的人格尊严受到侵害或者人身、财产安全受到危害的个人信息,包括生物识别、宗教信仰、特定身份、医疗健康、金融账户、行踪轨迹等信息,以及不满 14 周岁未成年人的个人信息。

7.1.2 个人信息保护的范畴

从保护维度来看,个人信息保护主要包括保护对象、保护属性、保护目标 3 个方面。

1. 保护对象

个人信息保护的对象是个人信息权益,个人信息权益是指自然人针对个人信息享有的受到法律保护的权益,属于个人权益的一部分(与个人信息相关的部分)。《个人信息保护法》第一条明确规定:"为了保护个人信息权益,规范个人信息处理活动,促进个人信息合理利用,根据宪法,制定本法"。第二条再次强调:"自然人的个人信息受法律保护,任何组织、个人不得侵害自然人的个人信息权益"。

2. 保护属性

从技术角度,个人信息保护的两个属性如下。

(1) 私密性:保障个人的私密信息或行为活动不被他人知晓。即已知特定自然人,使得他人无法知晓该特定个人的私密信息和行为活动,或者限制他人对其私密信息和行为活动的掌握程度或信息增益。例如,移动互联网应用程序(App)对用户的上网记录、聊天通信记录、精准定位、行踪轨迹、消费记录、操作行为记录、兴趣偏好等的过度刻画,以及在用户之间交互过程中,使得用户的私密信息或行为活动在其无感知或违背其意愿的情况下被他人所知晓。

(2) 隐匿性:使得个人身份不被他人识别,降低个人身份与敏感信息之间的关联性。即防止被他人直接或间接地找到、持续地追踪,从而与更多的信息形成关联,或者对其敏感信息进行推断,最终对个人权益造成影响。在统计、广告推荐等无需对个人进行唯一标识的场景中,为达到一定程度隐匿性,通常需要采用技术手段,对数据集中的标识符进行处理,或者采用可重置/可变更的唯一标识符等措施避免用户被永久追踪和刻画。

3. 保护目标

个人信息保护包括安全、可信、可控、可靠 4 个目标。

（1）安全：采取相应的加密、去标识化等安全技术措施和其他必要措施，防止个人信息泄露、篡改、丢失以及未经授权的访问，降低个人信息权益遭受侵害的风险。

（2）可信：明示个人信息处理的目的、方式和范围等规则，确保规则真实准确、具体明确、公开透明，保障个人的知情权。

（3）可控：明确个人在个人信息处理活动中的权利，并提供个人行使权利的方式和程序，在个人信息处理活动前征询个人同意，保障个人的决定权。

（4）可靠：依托监管治理、第三方检测、评估、认证等机制，对个人信息处理行为进行监督管理、测试验证。

7.1.3　个人信息处理相关概念

（1）个人信息的处理包括个人信息的收集、存储、使用、加工、传输、提供、公开及删除等。

其中，收集是指获得个人信息的控制权的行为。根据《个人信息安全规范》，如果软件提供者不对个人信息进行访问的，不属于收集。例如，离线导航软件在终端获取个人信息主体位置信息后，如果不回传至软件提供者，则不属于个人信息主体位置信息的收集。收集方式主要包括由个人信息主体主动提供、通过与个人信息主体交互或记录个人信息主体行为等自动采集，以及通过共享、转让、搜集公开信息等间接获取个人信息等。

（2）个人信息处理者是指在个人信息处理活动中自主决定处理目的、处理方式的组织、个人。

（3）个人信息处理规则包括个人信息的处理目的、处理方式，处理的个人信息种类、保存期限等。

（4）委托处理是指委托他人进行个人信息处理的行为，通常涉及与他人约定处理规则、保护措施、权利义务，委托他人按照约定处理，对处理活动进行监督等过程。

（5）个人信息跨境提供是指向中华人民共和国境外提供个人信息。

（6）自动化决策是指在没有人工参与的情况下，通过计算机程序自动分析、评估个人的行为习惯、兴趣爱好或者经济、健康、信用状况等，对个人特征进行刻画（也称进行"用户画像"），并依据"用户画像"得到的结果进行决策的活动。

7.1.4　个人信息权益与权利

个人信息权益是指自然人针对个人信息享有的受到法律保护的权益，包括名誉权、肖像权、隐私权等人格权利，以及在个人信息处理中不被歧视的权利。"个人在个人信息处理活动中的权利"是保障个人信息权益的一种方式，主要包括知情权和决定权。

（1）知情权包括处理个人信息前的告知、要求个人信息处理者公开处理规则、查阅复制权、规则解释说明权等。

其中，查阅复制权是指个人有权查阅其个人信息被处理的情况，并对处理的个人信息进行复制。规则解释说明权是指个人有权要求个人信息处理者对其个人信息处理规则进行解释说明。

（2）决定权包括对个人信息处理的同意权、拒绝权、同意的撤回权、可携带权、更正补充权、删除权等。

其中，可携带权，是指个人有权请求个人信息处理者将其所处理的个人信息转移至其指定的其他个人信息处理者。

更正补充权，是指个人有权请求个人信息处理者对不准确或者不完整的个人信息进行更正、补充。

删除权，是指个人在法定或约定的事由出现时，有权请求个人信息处理者删除其个人信息。

7.1.5　个人信息处理基本原则

1. 合法、正当、必要、诚信

合法是指个人信息处理行为应当根据法律法规规定进行，不能违反法律强制性规定，例如不得非法买卖他人个人信息。

正当是指以合理的、具有正当性的目的、方式处理个人信息，不得违背公序良俗。

必要是指就处理目的而言，对个人信息的处理是必要的，不得超出合理的限度。

诚信是指不通过误导、欺诈、胁迫等方式处理个人信息，以及不超出收集个人信息时约定和获得的授权使用目的、范围处理个人信息。违背诚信原则的行为，例如通过积分、奖励、优惠、红包等方式，或以虚假的、与实际情况不一致的目的声明，欺骗误导用户提供与 App 业务功能无关的个人信息或权限。

2. 目的明确

目的明确是指具有明确、合理的目的。不以模糊、笼统、宽泛的目的向用户告知处理规则。例如，App 以"提供存储相关功能"为由，向用户索要"存储权限"，未明确说明具体的处理目的。

3. 直接相关

直接相关是指与实现处理目的或提供服务直接相关，特别是收集个人信息时，限于实现处理目的的最小范围，不过度收集个人信息。其中，最小范围的含义包括类型最少，数量最少，频率最低、精度最低等。

个人信息对于服务的提供、目的的实现的相关性，可分为以下 3 种。

（1）必需（直接相关、直接关联）：没有个人信息的参与，相关的服务无法提供或处理目的无法实现。

（2）相关但非必需：没有个人信息的参与，服务和目的可以以其他方式提供和实现，这些实现方式或服务目的本身通常是附加的、增强的、可选的，因此对应的个人信息是可选的。

（3）无关：没有个人信息的参与，对于服务的提供或目的的实现，没有任何影响。

就该原则而言，个人信息处理者不应处理与所提供服务无关的个人信息（即使用户可能同意或主动提供），也不应强制处理非必需的个人信息。

4. 最小影响

最小影响是指采用对个人权益影响最小的方式处理个人信息。

个人权益影响与个人信息处理的目的、方式、范围有关。所处理个人信息的敏感程度越高，通常对个人权益影响越大。例如，因生物特征识别技术发展出现的身份鉴别新方式（如人脸识别、声纹识别、指纹识别等），以收集和使用生物识别信息替代口令，对个人权益影响更大。

5. 公开透明

公开透明是指公开个人信息处理规则,明示处理的目的、方式和范围。

此项原则要求个人信息处理者不得隐瞒或遗漏处理个人信息目的、方式和范围,而是应当全面细致地告知每项个人信息的处理规则、每项服务所需处理个人信息的类型等规则。

6. 保证质量

保证质量是指避免因个人信息不准确、不完整对个人权益造成不利影响。例如,在对个人权益有较大影响的自动化决策场景中,个人信息的质量可能导致产生对个人不利的自动化决策结果,从而直接影响个人权益。

因此,当个人请求更正、补充其个人信息时,个人信息处理者应对其个人信息予以核实,并及时更正和补充。

7. 安全负责

安全负责是指对处理活动负责,采取必要措施保障所处理的个人信息的安全,确保个人信息处理活动符合法律、行政法规的规定,并防止未经授权的访问以及个人信息泄露、篡改、丢失。包括制定内部管理制度和操作规程,对个人信息实行分类管理,采取相应的加密、去标识化等安全技术措施等。

8. 不得危害他人、国家安全、公共利益

除考虑个人信息处理活动对个人主体本身权益的影响外,还应考虑处理活动造成的外部性影响,不得非法收集、使用、加工、传输、非法买卖、提供或者公开他人个人信息,不得危害国家安全和公共利益。

7.2 个人信息保护影响评估

7.2.1 基本概念

个人信息保护影响评估(也称个人信息安全影响评估,Personal Information Security impact assessment,PIA)是一种分析、评估个人信息处理活动对个人权益的影响程度,判别和降低个人信息处理活动安全风险的方法论。区别于打钩式的合规评估,它基于风险的思想,是一种用于管理个人信息安全风险、保障个人权益的工具。

国家标准 GB/T 39335—2020《信息安全技术 个人信息安全影响评估指南》(以下简称《个人信息安全影响评估指南》)给出的定义为:"针对个人信息处理活动,检验其合法合规程度,判断其对个人信息主体合法权益造成损害的各种风险,以及评估用于保护个人信息主体的各项措施有效性的过程"。个人信息保护影响评估是《个人信息保护法》确立的制度之一(第五十五条),也是个人信息处理者在个人信息保护工作中的一项抓手。个人信息保护影响评估的对象是个人信息处理活动(特别是高风险个人信息处理活动)。

7.2.2 评估要求

1. 应当开展评估的情形

当个人信息处理者涉及对个人权益有重大影响的个人信息处理活动时,就应当事前进行个人信息保护影响评估,并对处理情况进行记录。

根据《个人信息保护法》第五十五条规定能够得出,"对个人权益有重大影响的个人信息处理活动"至少包括以下四种情形。

（1）处理敏感个人信息。

（2）利用个人信息进行自动化决策。

（3）委托处理个人信息、向其他个人信息处理者提供个人信息、公开个人信息。

（4）向境外提供个人信息。

2. 评估内容

根据《个人信息保护法》第五十六条规定，个人信息保护影响评估应当包括下列内容。

（1）个人信息的处理目的、处理方式等是否合法、正当、必要。

（2）（个人信息处理活动）对个人权益的影响及安全风险。

（3）（个人信息处理者）所采取的保护措施是否合法、有效并与风险程度相适应。

7.2.3　评估过程

个人信息保护影响评估的核心是以个人信息处理活动对个人权益影响程度以及安全事件发生的可能性等级两个要素，来衡量个人信息处理活动的安全风险，即：

$$风险等级＝个人权益影响程度×安全事件可能性等级$$

个人信息保护影响评估过程如图 7.1 所示。首先确定待评估的对象（如某业务场景），对其进行调研，梳理数据清单、数据流图；然后选取待评估的个人信息处理活动，分析该处理活动对个人权益的影响程度，以及现有安全保护措施的有效性（判断在多大程度上可能发生安全事件）；结合个人权益影响程度、安全事件可能性等级两方面，综合得出风险等级（如高、中、低），最终基于该结果进行研判和处置，例如风险等级为高则需要采取什么措施，或者确定该风险是否在可接受范围内。

7.2.4　方法流程

1. 评估方法

评估方法通常分为人员访谈、文档审查、技术检测 3 种。

（1）人员访谈：评估人员通过与相关管理、技术人员进行沟通、提问，了解个人信息处理活动、保护措施设计和实施等相关情况。

访谈的对象是个人或团体，如产品经理、研发工程师、个人信息保护负责人、法务负责人员、系统架构师、安全管理员、运维人员、人力资源人员和系统用户等。

（2）文档审查：评估人员通过对管理制度、安全策略和机制、合同协议、安全配置和设计文档、运行记录等文档资料进行审查，分析其所采取的安全保护措施。

文档审查的对象是规范、机制和活动，如个人信息保护策略规划和程序、系统的设计文档和接口规范、应急规划演练结果、事件响应活动、技术手册和用户/管理员指南、信息系统的硬件/软件中信息技术机制的运行。

（3）技术检测：评估人员通过人工或自动化工具进行检测，获得相关信息，并进行分析以便获取证据。

技术检测的对象是安全控制机制，如访问控制、身份识别和验证、安全审计机制、传输链路和保存加密机制、对重要事件进行持续监控、测试事件响应能力以及应急规划演练能力。

2. 实施流程

实施流程方面，主要分为评估准备、风险分析、结果处置 3 个阶段。

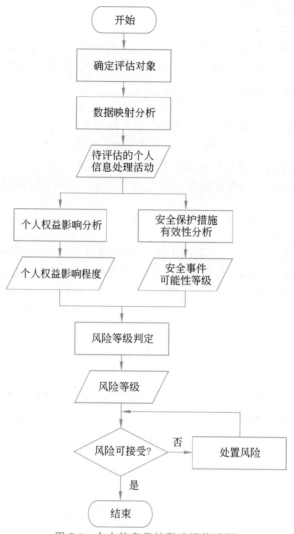

图 7.1 个人信息保护影响评估过程

(1) 评估准备阶段的主要工作包括:
- 确定评估目标。
- 确定评估范围,选取待评估的业务场景。
- 确定业务场景涉及的部门及人员。
- 确定业务场景涉及的其他组织或第三方(如果存在向第三方共享,或从第三方间接获取个人信息的情形)。
- 组建评估团队。
- 制定评估计划。

(2) 风险分析阶段的主要工作包括:
- 数据映射分析,调研梳理数据流图,确定待评估的个人信息处理活动。
- 个人权益影响分析。
- 安全事件可能性分析。
- 风险分析。

（3）结果处置阶段主要工作包括：
- 形成评估报告。
- 风险处置与持续改进。
- 记录留存。

7.2.5　风险分析

1. 权益影响分析

个人权益影响分析是个人信息保护影响评估区别于其他评估的核心特征。《个人信息安全影响评估指南》将个人权益影响分为"限制个人自主决定权""引发差别性待遇""个人名誉受损或遭受精神压力"和"人身财产受损"4 个方面。

（1）限制个人自主决定权。例如，被强迫执行不愿执行的操作、缺乏相关知识或缺少相关渠道更正个人信息、无法选择拒绝个性化广告的推送、被蓄意推送影响个人价值观判断的资讯等。

（2）引发差别性待遇。例如，因疾病、婚史、学籍等信息泄露造成的针对个人权利的歧视；因个人消费习惯等信息的滥用而对个人公平交易权造成损害等。

（3）个人名誉受损或遭受精神压力。例如，被他人冒用身份、公开不愿为他人知晓的习惯、经历等，被频繁骚扰、监视追踪等。

（4）人身财产受损。例如，引发人身伤害、资金账户被盗、遭受诈骗及勒索等。

2. 权益影响程度

《个人信息安全影响评估指南》将个人权益影响程度分为严重、高、中、低 4 个等级，并分别针对每个权益影响方面给出了不同影响程度的描述。个人权益整体影响的程度则由 4 方面影响程度综合得出，如表 7.1 所示。

表 7.1　个人权益影响程度

个人权益影响描述	影响程度	限制个人自主决定权	引发差别性待遇	名誉受损或精神压力	人身财产受损
个人信息主体可能会遭受重大的、不可消除的、可能无法克服的影响。如遭受无法承担的债务、失去工作能力、导致长期的心理或生理疾病、导致死亡等	严重	例如，个人人身自由受限	例如，因信息泄露造成歧视性对待以致被用人单位解除劳动关系	例如，名誉受损以致长期无法获得财务收入、导致长期的心理或生理疾病以至于失去工作能力、导致死亡等	例如，造成重伤、遭受无法承担的债务等
个人信息主体可能遭受重大影响，个人信息主体克服难度高，消除影响代价大。如遭受诈骗、资金被盗用、被银行列入黑名单、信用评分受损、名誉受损、造成歧视、被解雇、被法院传唤、健康状况恶化等	高	例如，被强迫执行违反个人意愿的操作、被蓄意推送消息影响个人价值观判断、可能引发个人人身自由受限	例如，造成对个人合法权利的歧视性待遇、造成对个人公平交易权的损害（无法全部或部分使用所提供的产品或服务）	例如，名誉受损以致被用人单位解除劳动关系、导致心理或生理疾病以致健康遭受不可逆的损害等	例如，造成轻伤、遭受金融诈骗、资金被盗用、征信信息受损等

续表

个人权益影响描述	影响程度	限制个人自主决定权	引发差别性待遇	名誉受损或精神压力	人身财产受损
个人信息主体可能会遭受较严重的困扰,且克服困扰存在一定的难度。如付出额外成本、无法使用所提供的服务、造成误解、产生害怕和紧张的情绪、导致较小的生理疾病等	中	例如,缺乏相关知识或缺少相关渠道更正个人信息、为使用应提供的产品或服务而付出额外的成本等	例如,造成误解、为使用所提供的产品或服务而需付出额外的成本(包含资金成本、时间成本等)	例如,造成误解、名誉受损(通过澄清可全部或部分恢复)、产生害怕和紧张的情绪、导致心理或生理疾病(通过治疗或纠正措施,短期可痊愈)等	例如,造成轻微伤、社会信用受损,为获取金融产品或服务,或挽回损失需付出额外的成本等
个人信息主体可能会遭受一定程度的困扰,但尚可以克服。如被占用额外的时间、被打扰、产生厌烦和恼怒情绪等	低	例如,被占用额外的时间	例如,耗费额外的时间获取公平的服务或取得相应的资格等	例如,被频繁打扰、产生厌烦和恼怒情绪等	例如,因个人信息更正而需执行额外的流程(或提供额外的证明性材料)等

3. 安全保护措施有效性分析

按照《个人信息安全影响评估指南》,分析安全保护措施的有效性主要考虑"网络环境和技术措施""个人信息处理流程规范性""参与人员与第三方""业务特点和规模及安全态势"4方面,具体包括:

(1)"网络环境和技术措施"是否能够保障信息系统安全。涉及处理活动相关信息系统的基本情况、处理活动相关信息系统已采取的安全措施等。

(2)"个人信息处理流程规范性"等是否符合《个人信息保护法》、GB/T 35273、GB/T 41391等合规要求。涉及个人信息处理活动、用户个人信息权益保障机制等。

(3)"参与人员与第三方"等方面的数据安全管理措施是否完善。涉及与个人信息安全相关的组织建设、制度流程、技术工具、人员能力。

(4)"业务特点和规模及安全态势"包括业务对个人信息处理的依赖性,处理个人信息的类型、数量、敏感程度,近期或曾经发生的安全事件情况及相关警示信息等。

4. 安全事件可能性等级

《个人信息安全影响评估指南》给出了安全保护措施有效性的不同程度描述和判定参考,安全事件可能性等级由4方面安全保护措施有效性综合得出,如表7.2所示。

表7.2 安全事件可能性等级

可能性描述	可能性等级	网络环境和技术措施	处理流程规范性	参与人员与第三方	业务特点和规模及安全态势
采取的措施严重不足,个人信息处理行为极不规范,安全事件的发生几乎不可避免	很高	网络环境与互联网及大量信息系统有交互现象,基本上未采取安全措施保护个人信息安全	该个人信息处理行为为常态、不间断的业务行为,该行为已经对个人主体的权益造成了影响,或收到了大量相关的投诉,并引起了社会关注	任意人员可接触到个人信息,对第三方处理个人信息的范围无任何限制,或已出现第三方滥用个人信息的情形	威胁引发的相关安全事件已经被本组织发现,或已收到监管部门发出的相关风险警报

续表

可能性描述	可能性等级	网络环境和技术措施	处理流程规范性	参与人员与第三方	业务特点和规模及安全态势
采取的措施存在不足,个人信息处理行为不规范,安全事件曾经发生过或已经在类似场景下被证实发生过	高	网络环境与互联网及其他信息系统有较多交互现象,采取的安全措施不够全面	该个人信息处理行为为常态、不间断的业务行为,个人信息处理行为不规范,且收到了相关的投诉	对处理个人信息相关人员的管理松散,未对第三方处理个人信息的范围提出相关要求	威胁引发的相关安全事件曾经在组织内部发生过,或已在合作方发生,或收到过权威机构发出的相关风险预警信息,或处理个人信息的规模超过 1000 万人
采取了一定的措施,个人信息处理行为遵循了基本的规范性原则,安全事件在同行业、领域被证实发生过	中	网络环境与互联网及其他信息系统有交互现象,采取了一定的安全措施	该个人信息处理行为为常态业务行为,个人信息处理行为规范性欠缺,且合作伙伴或同领域其他组织收到过相关的投诉	对人员提出了管理要求,对第三方处理个人信息的范围提出限制条件,但相应的管理和监督效果不明	威胁引发的相关安全事件已经在其他组织发现,或在专业机构相关报告中被证实已出现,或处理个人信息的规模超过 100 万人
采取了较有效的措施,个人信息处理行为遵循了规范性最佳实践,安全事件还未被证实发生过	低	网络环境比较独立,交互少,或采取了有效的措施保护个人信息安全	该个人信息处理行为为非常态业务行为,个人信息处理行为符合规范,几乎没有出现关于该行为的投诉	对人员的管理和审核比较严格,与第三方合作时提出有效的约束条件并进行监督	威胁引发的安全事件仅被专业机构所预测

5. 风险等级判定

特定个人信息处理活动的风险等级,按照表 7.3 由个人权益影响程度和安全事件可能性等级两个要素综合得出。

表 7.3 风险等级判定

风险等级		可能性等级			
		低	中	高	很高
影响等级	严重	中	高	严重	严重
	高	中	中	高	严重
	中	低	中	中	高
	低	低	低	中	中

7.2.6 风险处置

1. 形成评估报告

基于得出的个人信息处理活动的风险等级结果,可形成个人信息保护影响评估报告。

163

评估报告的内容主要包括评估所覆盖的业务场景、业务场景所涉及的具体的个人信息处理活动、负责及参与的部门和人员、已识别的风险、已采用及拟采用的安全控制措施清单、剩余风险等。

2. 风险处置和持续改进

根据评估结果风险等级,采取立即处置、限期处置、权衡影响和成本后处置,以及接受风险并承担损失等处置方式。持续跟踪风险处置的落实情况,评估剩余风险,并将风险控制在可接受的范围内。

3. 记录留存

留存个人信息保护影响评估报告和处理情况记录,按照《个人信息保护法》规定,应至少保存3年。

7.3 个人信息告知同意

7.3.1 基本概念

个人信息告知同意是个人信息处理者在个人信息处理活动中针对个人信息处理规则、处理活动的告知,以及取得个人同意等行为的总称。其中,告知是指使得个人知晓其个人信息处理活动及其有关规则的行为。同意是指个人对其个人信息处理进行自愿、明确做出授权的行为。

个人信息告知同意是保障个人知情权、决定权的主要方式之一。

告知的作用在于提高个人信息处理活动、处理规则的透明度,确保个人的充分知情,保障个人的知情权,包括"处理个人信息前的告知""公开个人信息处理规则"等。

同意的作用在于确保个人对于个人信息处理活动的自主选择,保障个人的决定权,包括对个人信息处理的"同意权""拒绝权"和"同意的撤回权"等。

7.3.2 处理个人信息的合法性基础

《个人信息保护法》第十三条规定了处理个人信息的合法性基础,包括以下7种情形。

(1) 取得个人的同意。

(2) 为订立、履行个人作为一方当事人的合同所必需,或者按照依法制定的劳动规章制度和依法签订的集体合同实施人力资源管理所必需。

(3) 为履行法定职责或者法定义务所必需。

(4) 为应对突发公共卫生事件,或者紧急情况下为保护自然人的生命健康和财产安全所必需。

(5) 为公共利益实施新闻报道、舆论监督等行为,在合理的范围内处理个人信息。

(6) 依照本法规定在合理的范围内处理个人自行公开或者其他已经合法公开的个人信息。

(7) 法律、行政法规规定的其他情形。

其中,(1)"取得个人的同意"是处理个人信息的核心的、首要的合法性基础。除非符合上述(2)~(7)情形之一,否则处理个人信息默认应当取得个人同意。

7.3.3　告知同意的适用情形

1. 告知的适用情形

告知适用于处理个人信息前,常见适用情形如下。

(1) 收集个人信息,包括:

- 通过个人填写、勾选、上传等方式收集个人信息。
- 通过软件程序或硬件设备等自动采集个人信息(包括 SDK、API、浏览器、智能终端、传感器、摄像头等)。
- 与个人交互并记录个人的行为(包括记录个人浏览、交易、客服咨询、使用服务等)。
- 从第三方间接获取个人信息。
- 从公开、非完全公开渠道获取个人信息。
- 从与个人相关的他人账号收集个人信息。
- 使用大数据、AI(人工智能)等技术分析、关联或生成个人信息。

(2) 提供、公开个人信息,包括:

- 向其他个人信息处理者提供其处理的个人信息。
- 向境外提供个人信息。
- 在一定范围内或向不特定范围公开个人信息。
- 因合并、分立、解散、被宣告破产等原因转移个人信息。

(3) 处理活动等发生变更,包括:

- 个人信息的处理目的、处理方式发生变更。
- 处理的个人信息种类发生变更。
- 因合并、分立、解散、被宣告破产等原因转移个人信息,接收方变更原先的处理目的、处理方式的。
- 向其他个人信息处理者提供其处理的个人信息,接收方变更原先的处理目的、处理方式的。
- 公开的范围发生变更,如从一定范围内公开变为向不特定范围公开。
- 个人信息的保存期限延长。
- 个人信息处理者的名称或者姓名和联系方式发生变更。
- 个人行使其权利的方式和程序发生变更。

(4) 其他情形,包括:

- 两个及以上的个人信息处理者共同决定个人信息的处理目的和处理方式。
- 在产品或服务中接入需处理个人信息的其他个人信息处理者的产品或服务。
- 处理的个人信息涉及该个人以外其他人的个人信息。
- 处理已公开的个人信息,对个人权益有重大影响。
- 停止运营某类业务功能,或停止运营产品或服务时。
- 个人行使权利,可能对其权益产生影响。
- 发生或者可能发生个人信息泄露、篡改、丢失等安全事件。
- 7.3.2 节中涉及处理个人信息的合法性基础中(2)～(7)的情形。

2. 不需要告知的情形

不需要告知的情形包括:

（1）法律、行政法规规定应当保密或者不需要告知的情形。

（2）紧急情况下为保护自然人的生命健康和财产安全无法及时告知（在紧急情况消除后及时告知）。

3. 同意的适用情形

同意适用于所有适用告知的，与个人信息处理规则、个人权益相关的情形，仅不包括：

（1）个人信息处理者的名称或者姓名和联系方式发生变更。

（2）个人行使其权利的方式和程序发生变更。

（3）停止运营某类业务功能或停止运营产品或服务。

（4）发生或者可能发生个人信息泄露、篡改、丢失等安全事件。

4. 应当重新取得同意的情形

应当重新取得同意的情形包括：

（1）个人信息的处理目的、处理方式和处理的个人信息种类发生变更。

（2）向其他个人信息处理者转移、提供个人信息，接收方变更原先的处理目的、处理方式（则接收方应重新取得个人同意）。

5. 免于同意的情形

7.3.2 节中涉及处理个人信息的合法性基础中（2）～（7）的情形，不需要取得个人同意。

7.3.4 告知同意的原则

1. 告知的原则

（1）形式公开透明：公开个人信息处理规则，不采取故意遮挡、隐藏等方式诱导个人略过告知内容。

（2）内容真实明确：告知个人信息的处理种类、目的、方式等规则与实际情况一致，确保内容真实、准确、完整，具体、明确、重点突出，不使用笼统、宽泛、误导、欺诈的表述。

（3）时机适时充分：在收集、提供、公开等个人信息处理活动发生之前告知，同时在特定的处理活动发生前再次提示。

（4）方式有效传达：尽可能通过交互式界面、邮件、电话或短信等充分显著的方式向相关个人进行告知，确保核心规则有效传达。

（5）语言清晰易懂：告知文本清晰易懂，符合个人的语言习惯，使用通用且无歧义的语言、数字及图示等。

2. 同意的原则

（1）充分知情：由个人在充分知情的前提下做出同意。

（2）自主选择：由个人自愿、明确地做出同意，不得强迫、胁迫个人做出同意。

（3）避免捆绑：区分产品或服务的业务功能，根据个人实际使用向其征询同意，避免"一揽子"征询同意，特别是将敏感个人信息、高风险处理活动与一般个人信息、其他处理活动相捆绑。

（4）可拒可撤：个人有权限制或者拒绝他人对其个人信息进行处理，同时，基于个人同意处理个人信息的，个人有权撤回其同意。个人拒绝或撤回同意，不影响与该个人信息无关的业务功能的正常使用。

7.3.5　告知同意的方式

1. 告知的方式

个人信息处理规则的告知方式通常分为一般告知、增强告知、即时提示 3 种。

（1）一般告知主要用于个人信息处理者在处理个人信息前向个人全面阐述个人信息处理规则。例如，专门、单独的隐私政策或文本协议，并以易于访问的方式公开展示。

（2）增强告知主要用于帮助个人理解个人信息处理规则中的关键内容或与特定业务功能处理目的相关的个人信息处理规则，且通常采用个人不可绕过的方式（如设置专门界面或单独步骤）向个人告知相关信息，以协助个人做出是否同意的决定。通常使用弹窗、邮件、短信、站内信等显著方式，向个人信息主体告知具体情况，并征询同意。例如，在 App 首次运行或用户使用到特定业务功能时，App 向用户弹窗告知所需申请的系统权限及其具体的使用目的，询问用户是否同意。

（3）即时提示主要用于在个人使用产品或服务过程中，进一步强化个人对收集个人信息目的的理解、方便个人获取有价值的信息等。通常使用弹窗、浮窗、短信、邮件、消息推送等显著方式，在已获得个人同意的基础上，于即将处理个人信息前再次提示。例如，在用户已同意提供面部识别特征用于特定目的的基础上，App 在通过摄像头开始采集人脸信息之前，对用户进行再次提示，避免用户的个人信息在违背意愿且事发突然的情况下被采集。

2. 同意的方式

根据同意的预设状态，同意的方式可分为默示同意和明示同意。

（1）默示同意，也称选出（opt-out）模式，是指预设个人同意，如果个人反对，则通过权限设置、明确拒绝等方式表示不同意，否则视为默认同意处理其个人信息。

在选出模式下，个人在已知晓个人信息处理规则的情况下的沉默、主动使用等行为，都被视为对个人信息收集行为的默认同意。例如，个人已知图像采集区域的存在而继续选择进入该区域或在该区域停留，又如个人已被告知通话将被录音而继续保持通话。

（2）明示同意，也称选入（opt-in）模式，是指在收集个人信息前，以个人通过书面、口头等积极的方式主动做出声明，或者自主做出肯定性动作，对其个人信息进行处理做出明确授权的行为。

个人表示明示同意的方式通常包括：通过交互式界面主动勾选、主动点击"同意"，主动填写输入，主动开启权限，主动出示证件、刷卡、刷指纹、刷脸，回复邮件短信，语音录音或视频录像等。

根据一次性征询同意事项的数量，同意的方式可分为概括性同意和单独同意。

（1）概括性同意，也称"一揽子"同意，是指一次性针对多种目的或方式的个人信息处理活动做出的同意。

（2）单独同意，是指个人针对其个人信息进行特定处理而专门做出具体、明确授权的行为，通常针对特殊类型的个人信息或特殊类型的个人信息处理活动，不与一般个人信息、其他类型处理行为一并征询个人同意。

此外，当涉及个人的重大人身、财产利益等重大利益时，一些法律法规做出了取得个人书面同意的规定。书面同意是指以纸质或数字电文等有形地表现所载内容，通过个人主动签名、签章等形式表达同意的行为。例如个人通过纸质或电子的书面声明、签字确认表示意愿。

7.4 个人信息保护技术

7.4.1 个人信息去标识化

2006年，Netflix开展了一项算法竞赛，并公布了来自50万名用户的电影评分数据集，以提高其电影推荐算法的准确性。尽管Netflix针对用户的身份标识信息进行了处理，然而通过与IMDB用户个人资料中的电影评分数据进行链接匹配，数据集中部分用户的身份仍遭到了揭露。Sweeney也曾于2002年指出，仅通过5位邮编、年龄和性别，就可以唯一标识87%的美国公民。

以上事例表明，简单地对身份标识信息采用删除、假名化等传统的数据脱敏技术无法提供充足的匿名保护，因为攻击者可能结合自身背景知识，通过链接外部公开数据集等方式，对所发布数据集中的个体进行重标识，从而导致其敏感信息的泄露。

另外，即使数据集的统计输出中不包含个人的身份标识信息，也可能存在风险。假设需要从数据集中查询患有疾病X的个体数量，当前100条记录中患疾病X的记录为5个，若数据集中增加了某人(Bob)后，针对101条记录的查询结果变为6个，则攻击者能够通过比对前后两次查询结果，推断出Bob患有疾病X，从而造成了个体的敏感信息泄露。

针对重标识攻击导致的个体敏感信息泄露问题，个人信息去标识化(de-identification)相关技术得到了发展和应用。个人信息去标识化旨在消除个人信息主体和敏感信息之间的关联性，使其在不借助额外信息的情况下，无法识别个人信息主体。通常首先设定一个隐私模型，然后通过泛化、抑制、随机化等手段对原始数据集进行处理，最终产生既满足隐私保护需求(如抵御链接攻击)，又保证足够可用性的结果数据集(有时也称"匿名数据集")。

1. 基本概念

1) 微数据(Microdata)

个人信息去标识化处理的对象通常是微数据。

微数据是以记录集合表示的数据集，逻辑上可通过表格形式表示，其中每条(行)记录对应一个个人信息主体，记录中的每个字段(列)对应一个属性。如表7.4所示，该微数据包含7名个人信息主体的记录，共涉及5种属性Name、Age、Sex、Zip Code和Disease。

表 7.4 微数据

Name	Age	Sex	Zip Code	Disease
Alex	28	Male	90014	Flu
Ben	29	Male	90014	Obesity
Chris	26	Male	90014	Indigestion
Donna	31	Female	90015	Hepatitis
Emma	33	Female	90015	Obesity
Flora	35	Female	90015	Flu
Gina	34	Female	90015	Cancer

2) 微数据属性分类

(1) 直接标识符：微数据中的属性，在特定环境下可以单独识别个人信息主体(例如表

7.4 中 Name 属性）。

（2）准标识符：微数据中的属性，结合其他属性可唯一识别个人信息主体（例如表 7.4 中 Age、Sex、Zip Code 属性）。

（3）敏感属性：包含个人信息主体敏感信息的属性（例如表 7.4 中 Disease 属性）。

3）等价类

等价类是指微数据中准标识符属性值相同的所有记录构成的集合。例如，删除表 7.4 中的 Name、Age 两列之后，前 3 行和后 4 行记录分别构成了 2 个等价类，每个等价类内的记录均在准标识符（Sex、Zip Code）的属性值上不可区分。

2. 隐私模型

1）隐私模型的类别

（1）抵御链接攻击的隐私模型。该类隐私模型认为当攻击者能够将记录所有者链接到已发布数据集中的记录（身份被披露）、已发布数据集中的敏感属性（敏感属性被披露）或已发布数据集本身（成员被披露）时，就会发生隐私威胁。分别称之为发生了记录链接攻击、属性链接攻击和表链接攻击。

（2）抵御概率攻击的隐私模型。该类隐私模型关注信息增益，认为处理后的结果数据集应该为攻击者提供除背景知识之外的少量额外信息。如果攻击者在先验信念（prior belief）和后验信念（posterior belief）之间有很大的差异，称之为发生了概率攻击。许多该类隐私模型并未将数据集中的属性明确地分类为直接标识符、准标识符、敏感属性。

2）记录链接攻击与 k-anonymity 模型

如图 7.2 所示，Medical Data 与 Voter List 是攻击者所掌握的 2 个数据集，其中 Medical Data 为"匿名数据集"（不包含直接标识符，但包含敏感属性），Voter List 为外部公开数据集（包含直接标识符，但不包含敏感属性）。假设攻击者知道目标个体的记录在 Medical Data 中（攻击者的背景知识），那么其可以通过 2 个数据集的共同属性 Date of Birth、Sex、ZIP 进行链接匹配，当匿名数据集中只有一条记录的 Date of Birth、Sex、ZIP 属性值组合与目标个体的相同时，攻击者便能够确定目标个体在匿名数据集中所对应的具体记录，从而得知目标个体的敏感属性值，此时称目标个体遭到了记录链接攻击。

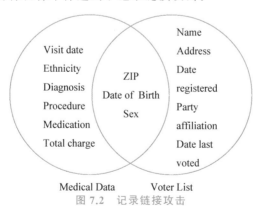

图 7.2　记录链接攻击

Samarati 和 Sweeney 针对记录链接攻击于 1998 年提出了 k-anonymity 模型，该模型利用了等价类的概念，基本思想是"将个体隐藏在一个大小至少为 k 的等价类中，使得该个体与其他至少 $k-1$ 个个体不可区分"。

定义（k-anonymity）：数据集是 k-anonymity 的，当数据集的每条记录与其他至少 $k-1$

条记录在准标识符上不可区分($k>1$)。

由于等价类的大小至少为 k，因此，通过链接准标识符确定特定个人在数据集中所对应记录的概率至多为 $1/k$。

如表 7.5 所示，删除表 7.4 中的 Name 属性列，并将 Age 属性列的值由精确值扩展为区间后，该数据集满足 3-anonymity。

表 7.5　3-anonymity 数据集

Age	Sex	Zip Code	Disease
[26，30]	Male	90014	Flu
[26，30]	Male	90014	Obesity
[26，30]	Male	90014	Indigestion
[31，35]	Female	90015	Hepatitis
[31，35]	Female	90015	Obesity
[31，35]	Female	90015	Flu
[31，35]	Female	90015	Cancer

3）属性链接攻击与相关隐私模型

虽然 k-anonymity 通过要求最低等价类大小限制了记录链接攻击造成的身份被披露风险，但是 k-anonymity 没有对等价类内敏感属性值的分布进行约束，因此无法限制攻击者基于等价类中敏感属性值的分布，对目标个体的敏感属性值进行进一步推测（属性链接攻击）。

如表 7.6 所示，数据集中第一个等价类内所有记录的 Disease 属性值均为 HIV，当攻击者知道 Bob（某个体）的性别为男，年龄为 26～30 岁，邮编为 90014，且该数据集中包含 Bob 的记录时，可确定 Bob 在第一个等价类中。此时，攻击者虽然无法确定 Bob 具体对应等价类中的哪一条记录，但是仍可确定 Bob 患有 HIV（同质性攻击）。

表 7.6　同质性攻击

Age	Sex	Zip Code	Disease
[26，30]	Male	90014	HIV
[26，30]	Male	90014	HIV
[26，30]	Male	90014	HIV
[31，35]	Female	90015	Hepatitis
[31，35]	Female	90015	Obesity
[31，35]	Female	90015	Flu
[31，35]	Female	90015	Cancer

（1）p-sensitive k-anonymity 模型。

针对 k-anonymity 在抵御同质性攻击方面的缺陷，Truta 等人于 2006 年提出了 p-sensitive k-anonymity 模型。该模型的基本思想是在数据集满足 k-anonymity 的基础上，对等价类中敏感属性的取值提出多样性要求，从而防止同质性攻击。

定义（p-sensitive k-anonymity）：数据集是 p-sensitive k-anonymity 的，当数据集满足 k-anonymity，且所有等价类的敏感属性至少包含 p 个不同的敏感属性值（$k>1,p\leqslant k$）。

（2）l-diversity 模型。

同在 2006 年，Machanavajjhala 等人提出了与 p-sensitive k-anonymity 相近的 l-diversity 模型。

定义（l-diversity）：数据集是 l-diversity 的，数据集中所有等价类的敏感属性至少包含 l 个"代表性良好"的敏感属性值。

其中，"代表性良好"共分为相异 l-diversity、熵 l-diversity、递归（c，l）-diversity 3 种含义。

相异 l-diversity 要求数据集中所有等价类的敏感属性至少包含 l 个不同的敏感属性值，是 l-diversity 最简单的形式，与 p-sensitive k-anonymity 的概念相近，两者的区别仅在于 p-sensitive k-anonymity 要求等价类的最小大小至少为 k，且每个等价类的敏感属性至少包含 p 个不同的敏感属性值；而 l-diversity 通过限制每个等价类的敏感属性至少包含 l 个不同的敏感属性值，使得匿名数据集间接地满足了 l-anonymity。

如表 7.7 所示，该数据集满足（Disease，2）-diversity 与（Religious belief，3）-diversity。

表 7.7　（Disease，2）-diversity、（Religious belief，3）-diversity 数据集

Age	Height	Weight	Disease	Religious belief
25	175	75	Indigestion	Christianity
25	175	75	Cancer	Islam
25	175	75	Obesity	Buddhism
30	180	80	HIV	Buddhism
30	180	80	HIV	Catholic
30	180	80	Flu	Hinduism

l-diversity 的缺陷如下。

- 如表 7.8 所示，假设知道 Alice（某个体）性别为女，年龄为 31～35 岁，邮编为 90015 且在数据集中，则可确定 Alice 的记录在第二个等价类中。虽然无法进一步确定 Alice 具体对应哪一条记录，但是根据该等价类中包含的敏感属性值 Asthma（哮喘）、Bronchitis（支气管炎）、Phthisis（肺结核）、Tracheitis（气管炎），可确定 Alice 患有呼吸系统疾病（语义相似性攻击）。

表 7.8　语义相似性攻击与近邻攻击

Age	Sex	Zip Code	Disease	Salary
[26，30]	Male	90014	Flu	950
[26，30]	Male	90014	Obesity	1000
[26，30]	Male	90014	Indigestion	1050
[31，35]	Female	90015	Asthma	2000
[31，35]	Female	90015	Bronchitis	1500
[31，35]	Female	90015	Phthisis	1000
[31，35]	Female	90015	Tracheitis	1500

- 如表 7.8 所示，当攻击者知道 Bob（某个体）在第一个等价类中时，虽然无法确定 Bob 的具体工资数额，但是能够推断 Bob 的工资在 1000 元左右（近邻攻击），因此多样性

约束不适用于数值型敏感属性。

- 当整个数据集的敏感属性值分布较为偏斜时,例如,某一匿名病患数据集中95%的个体患有流感,5%的个体患有HIV(敏感属性值分布偏斜),假设其中某一等价类有20%的个体患有流感,80%的个体患有HIV。此时,该等价类虽然满足相异2-diversity,但是攻击者能够以80%的概率推断等价类中的个体患有HIV,而相比之下,整个数据集中的HIV比例仅为5%,因此该等价类中的个体仍面临较高的敏感属性被披露风险(偏斜性攻击)。

（3）t-closeness 模型。

2007年,Li等人提出了 t-closeness 模型。该模型的核心思想是限制等价类中敏感属性值分布与整个数据集中敏感属性值分布的差异,从而限制攻击者获得的关于目标个体敏感属性值的信息增益。

定义(t-closeness)：数据集是 t-closeness 的,当数据集中所有等价类的敏感属性值分布与整个数据集的敏感属性值分布之间的距离不超过 t。

其中,"距离"是指概率分布之间的距离,t-closeness 模型常采用的距离度量为搬土距离(EMD,Earth Mover Distance)。

Li等人将信息增益解释如下。

假定观察者对于某人的敏感属性值有自己的先验信念 B_0；在得到整个匿名数据集的敏感属性值分布 Q 后,观察者的信念变为 B_1(即 $B_0 + Q = B_1$)；在得到个体的准标识符属性后,观察者可以确定该个体属于数据集中的哪一个等价类,然后根据该等价类的敏感属性值分布 P,观察者的信念变为 B_2(即 $B_1 + P = B_2$)。由此,可以将信息增益分为两部分,整个数据集中敏感属性值的分布 Q 与某一等价类中敏感属性值的分布 P。

Li等人认为,Q 应该被视为公开信息,因为在得到 Q 后,每个人的信念由 B_0 到 B_1,B_0 与 B_1 的差别越大,说明数据集的信息量越多,该数据集的价值越大。因此,Li等人认为不应当对 Q 进行限制,而应当对于 Q 和 P 之间的差别进行限制,这样既保留了 Q 带来的信息增益,又保证观察者得到关于个体敏感属性值的信息量尽可能少,从而降低了敏感属性被披露风险。

4）表链接攻击与 δ-presence 模型

表链接攻击指攻击者能够以一定的概率确定目标个体的记录在或者不在数据集中。

记录链接攻击和属性链接攻击都假设攻击者已经知道某个体的记录在匿名数据集中。但是在某些情况下,例如某医院发布了一个关于某类特殊疾病的匿名病患数据集,那么数据集中有(或者没有)某个体的记录就已经在一定程度上揭示了该个体的敏感信息。如果攻击者有较大把握推断发布的数据集中存在或不存在目标个体的记录,就会产生成员被披露。

如表7.9和表7.10所示,假设数据集B为攻击者与研究者(数据发布者)所共同拥有的外部公开数据集,数据集A为数据集B的子集(例如为数据集B中所有患有疾病X的个体记录组成的集合),研究者将数据集A转化为匿名数据集A'(假设满足2-anonymity),并对数据集A'进行发布。此时可以根据准标识符 Age、Sex、Zip Code 组合情况得出,数据集B中前4条记录存在于数据集A的概率均为1/2,后6条记录存在于数据集A的概率均为2/3。

Nergiz于2007年提出了针对表链接攻击的 δ-presence 模型。

定义(δ-presence)：给定一个私有数据集 T 与外部公开数据集 E,其中 E 包含 T,匿名

数据集 T' 满足 $(\delta_{\min}, \delta_{\max})$-presence,当对于 E 中所有记录 t,有 $\delta_{\min} \leqslant P(t \in T \mid T') \leqslant \delta_{\max}$。其中 $P(t \in T \mid T')$ 是指在给定匿名数据集 T' 的情况下,记录 t 出现在数据集 T 中的概率。上述例子中,数据集 A' 即满足 $(1/2, 2/3)$-presence。

δ-presence 通过限制成员被披露风险从而间接地限制了身份被披露风险和敏感属性被披露风险,但是 δ-presence 的缺陷在于:数据发布者能够获取和攻击者相同的外部数据集 E 这一假设不符合绝大多数的现实场景。

表 7.9　数据集 A′(表链接攻击)

Age	Sex	Zip Code
[31, 35]	Male	0217 *
[31, 35]	Male	0217 *
[26, 30]	Female	0218 *
[26, 30]	Female	0218 *
[26, 30]	Female	0218 *
[26, 30]	Female	0218 *

表 7.10　数据集 B(表链接攻击)

Name	Age	Sex	Zip Code
Adam	34	Male	02170
Bruce	32	Male	02172
Colin	31	Male	02174
Daniel	35	Male	02175
Emily	26	Female	02186
Faye	27	Female	02189
Gloria	28	Female	02188
Helen	28	Female	02183
Ivy	29	Female	02183
Julia	27	Female	02187

5) 概率攻击与差分隐私模型

(1) 背景。由于 k-anonymity 模型及其衍生模型的安全性与攻击者的背景知识相关,面对新型攻击需要不断完善扩展,且其无法提供严格的隐私保护水平证明方法,当模型参数改变时难以进行定量分析。Dwork 在 2006 年提出差分隐私模型,假设攻击者掌握最大背景知识,并基于数学基础提供了可量化评估方法,以期弥补 k-anonymity 模型的缺陷。差分隐私模型常用于抵抗基于统计概率的攻击,以统计人群中某疾病患者占比为例,通过随机函数 $\kappa = \Sigma + L$(对求和计算的结果增加随机噪声 L),Bob(某个体)的加入对于患者占比统计结果的影响很小,如图 7.3 所示。

(2) 狭义定义。一种对隐私性的定义,它限定了满足该定义的随机算法对于仅在一条记录上有差别的两个数据输入而言,得到任何输出的概率都是相近的,从而无法辨别随机算法的输出具体是来自哪个输入。

(3) ϵ-差分隐私和隐私保护预算。从狭义定义可知,设有随机函数 κ,对于数据集 D_1

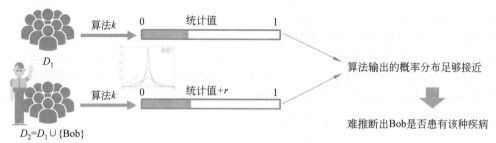

图 7.3　差分隐私模型用途示例

和 D_2，保证输出 S 的概率不发生显著变化，即：

$$P_r[\kappa(D_1)\in S]\leqslant\exp(\epsilon)\times P_r[\kappa(D_2)\in S]$$

此时，称函数 κ 可提供 ϵ-差分隐私保护。这里 ϵ 也被称为隐私保护预算，取值越小表示隐私保护的水平越高（如果 ϵ 为 0，则表示输出概率分布完全相同）。衡量输出分布的隐私损失可定义为 $\ln\left(\dfrac{P_r[\kappa(D_1)\in S]}{P_r[\kappa(D_2)\in S]}\right)\leqslant\epsilon$。$\epsilon$-差分隐私的定义十分严格，即使概率 $P_r[\kappa(D_1)\in S]$ 和 $P_r[\kappa(D_2)\in S]$ 小到可忽略不计，也需要保证对于每一个输出，这两个概率相差很小。

（4）(ϵ,δ)-差分隐私和松弛项。ϵ-差分隐私机制可能存在小概率时间，即对于某一个输出 ξ，在数据集 D_2 上产生的概率要比在数据集 D_1 上大得多。此时，隐私损失 $\ln\left(\dfrac{P_r[\kappa(D_1)\in S]}{P_r[\kappa(D_2)\in S]}\right)$ 的值为负，破坏了 ϵ-差分隐私的定义。为提高其实用性，相对于 ϵ-差分隐私，引入松弛项 δ，以获得 (ϵ,δ)-差分隐私，其定义为：

$$P_r[\kappa(D_1)\in S]\leqslant\exp(\epsilon)\times P_r[\kappa(D_2)\in S]+\delta$$

这意味着破坏差分隐私的概率 $\leqslant\delta$，即成功保护（即隐私损失小于 ϵ）的概率为至少为 $1-\delta$。一般 δ 取值非常小，如果 $\delta=0$，则认为函数 κ 可提供 ϵ-差分隐私保护。通过数据集中数据量 n 来讨论 δ 的取值，如果数据集中每条记录面临风险的概率均为 δ，为保护数据集中所有数据，$\delta\times n$ 的取值要尽量小，则可认为 $\delta=\dfrac{1}{100\times n}$ 表示仅有 1% 的概率存在泄露风险。但是，如果 δ 相对于 n 是不可忽略的函数时，数据量 n 越大，数据集存在风险的可能也越大。

（5）敏感度。敏感度是指删除数据集中任一记录对查询结果造成的最大改变，是衡量加入噪声大小的关键参数。噪声加入过少则无法保障足够安全，加入过多又会影响可用性。一般可分为全局敏感度和局部敏感度，其中全局敏感度由函数本身决定，而局部敏感度则由函数和数据集共同决定，同时参考了数据分布特征，因此局部敏感度通常会比全局敏感度小很多（可以认为全局敏感度是局部敏感度的上界）。

不同的函数有不同的全局敏感度，例如计数函数的全局敏感度较小（仅为 1），这时一般只考虑全局敏感度，而对于求平均值、求中位数等函数，则往往具有较大的全局敏感度，需要添加足够大的噪声才能保证隐私安全，因此可以使用局部敏感度。但由于局部敏感度体现了数据分布，可能会泄露敏感信息，为降低风险，使用时还可以引入新的参数，以期找到局部敏感度的平滑上界（在全局敏感度之下），以获得平滑敏感度，在减少噪声添加和避免泄露风险之间找到平衡。

（6）实现机制。差分隐私模型可通过不同机制实现，常采用拉普拉斯（Laplace）机制或指数机制。以拉普拉斯机制为例（图 7.4），通过插入符合拉普拉斯分布的噪声实现 ϵ-差分隐

私,其概率密度函数 $P(x)=\dfrac{1}{2\sigma}\mathrm{e}^{-\frac{|x-\mu|}{\sigma}}$,假设位置参数 $\mu=0$,则其尺度参数 σ 的拉普拉斯分布 $\mathrm{lap}(\sigma)$ 的密度函数为 $P(\mathrm{x})=\dfrac{1}{2\sigma}\mathrm{e}^{-\frac{|x|}{\sigma}}$。

对于给定数据集 D,设有函数 $f(D)$,其敏感度为 Δf,则随机算法 $\kappa(D)=f(D)+L(L$ 为随机噪声 $\mathrm{lap}(\Delta f/\epsilon))$,服从尺度参数为 $\Delta f/\epsilon$ 的拉普拉斯分布。

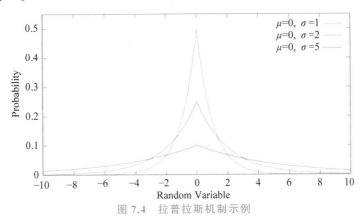

图 7.4　拉普拉斯机制示例

3. 常用处理技术

1) 泛化

泛化(Generalization)基于属性的泛化层次(Generalization Hierarchy)或分类树(Taxonomy Tree)的概念,如图 7.5 所示,通过将属性值替换为泛化层次中的父类(含义更加概括、范围更加宽泛)来降低属性值的粒度,同时仍保持属性值的真实性。

泛化一般可以分为全局重编码和局部重编码。其中,全局重编码又可分为全域泛化、子树泛化和兄弟结点泛化。

(1) 全域泛化:同一属性的所有取值都被泛化到泛化层次中的同一级别。

(2) 子树泛化:对于任意一个非叶子节点,其所有子节点必须泛化到相同的级别。

(3) 兄弟节点泛化:与子树泛化类似,但是允许一些子节点保持不被泛化。

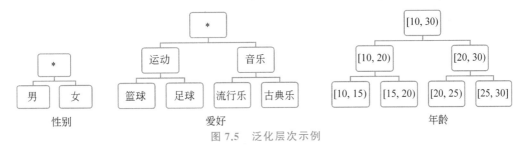

图 7.5　泛化层次示例

2) 抑制

抑制(Suppression)使用特殊值或符号替换某些属性值。

(1) 单元抑制:对数据集中的某一具体属性值的所有实例进行抑制。

(2) 记录抑制:对整条记录上的所有属性值进行抑制。

3) 其他常用技术

(1) 统计技术:抽样、聚合。

（2）假名化技术。

（3）随机化技术：噪声添加、置换、微聚集。

（4）数据合成技术。

4. 数据效用度量

数据效用度量用来衡量匿名数据集与原始数据集的差异，通常认为两者的差异越小，匿名数据集的效用越高，常用数据效用度量如下。

1）可辨别度（Discernibility Metric，DM）

可辨别度使用所有等价类大小的平方和度量去标识化产生的效用损失代价：

$$DM = \sum_{\text{EquivClasses}} |E|^2$$

其中，$|E|$ 为等价类包含记录的个数，即等价类的大小。

2）平均等价类大小（Average Equivalence Class Size，AECS）

平均等价类大小的计算公式如下：

$$AECS = \left(\frac{\text{total\_records}}{\text{total\_equiv\_classes}}\right)/k$$

其中，total_records 为记录总个数，total_equiv_classes 为等价类总个数，k 为匿名模型参数。

5. 去标识化效果评估

经去标识化处理后的个人信息仍存在重标识的风险，因此需要对重标识风险进行度量，以评估去标识化的效果。

1）重标识风险度量方法

重标识风险度量方法包括但不限于以下 3 种。

（1）隐私模型本身提供的基本保障，即隐私模型的参数。例如，k-anonymity 通过参数 k 限制最大重标识风险不超过 $1/k$。

（2）进一步区分典型的重标识攻击场景，针对不同场景设计相应的重标识风险量化指标，减少不必要的去标识化处理，以进一步提高匿名数据集的效用。例如，检察官攻击场景、记者攻击场景、营销者攻击场景下的不同指标。

（3）在计算数据集风险的基础上，结合环境风险计算总体风险。例如，针对完全公开共享、受控公开共享、领地公开共享等不同公开共享场景，采取不同的环境风险计算方法，设置不同的数据集重标识风险阈值 τ。

2）常见重标识攻击场景

基于攻击者的动机或目标，常见重标识攻击场景包括但不限于：

（1）检察官攻击场景：即重标识特定个人。攻击者具有特定个人的背景知识，且已知此人的数据记录存在于发布的匿名数据集中，目的是找出此人在数据集所对应的记录。

（2）记者攻击场景：即重标识任意个人。攻击者并不关心哪些人被重标识，目的是证明可以从所发布的匿名数据集中重标识出一些个体，以使得执行去标识化的组织难堪或名誉扫地。

（3）营销者攻击场景：即重标识尽可能多的个人。攻击者不关心哪些人被重标识，只追求正确重标识的比例足够高。

3）个人信息标识度分级

国标《信息安全技术 个人信息去标识化效果评估指南》提出了一种个人信息标识度分

级方法。

基于数据是否能直接识别个人信息主体,或能以多大概率识别个人信息主体,个人信息标识度分级划分为 4 级,用于个人信息去标识化效果分级。

- 1 级:包含直接标识符(例如:姓名、手机号、身份证号等),在特定环境下能直接识别个人信息主体。
- 2 级:消除了直接标识符,但重标识风险高于或等于设定阈值。
- 3 级:消除了直接标识符,且重标识风险低于设定阈值。
- 4 级:不包含任何标识符(包括直接标识符和准标识符)。例如,对数据进行汇总分析得出的聚合数据,包括总计数、最大值、最小值及平均值等。

6. 延伸探讨

1) 个人信息去标识化与数据脱敏的关系

数据脱敏的目的是通过对数据进行处理,降低数据的"敏感程度"。敏感程度可能体现在数据标识个人身份的程度,也可能体现在数据所包含信息的私密程度。因此,其处理的对象通常为数据中的敏感个人信息,此外也可能包括个人信息之外的任何"敏感"的数据。数据脱敏技术是一系列此类处理技术的总称。由于数据脱敏没有考虑隐私模型,因此无法有效抵御重标识攻击(如记录链接、属性链接、表链接、概率攻击)。通常针对单一数据集(分别针对单一属性)或单次查询,没有考虑多个数据集关联、多个准标识符组合,多次查询带来的链接攻击和概率攻击,以及攻击者的背景知识或攻击目的。

个人信息去标识化旨在消除个人信息主体与敏感信息之间的关联性,通过引入隐私模型(如 k-anonymity、差分隐私),能够防范重标识攻击,削减重标识风险。该风险很大程度上由隐私模型中的参数(如 k-anonymity 中的 k,差分隐私中的 ε、δ)来体现和度量。

去标识化相关技术由去标识化处理技术(如泛化、抑制等,也称为"匿名化操作")、隐私模型、去标识化算法等组成。以采用 k-anonymity 模型或其衍生模型为例,通常首先确定数据集中每个属性的类型(直接标识符、准标识符、敏感属性等),然后构建准标识符属性的泛化层次,接着设定结果数据集需满足的隐私模型和参数,最后根据去标识化算法/策略对原始数据集进行处理/转换,得到满足隐私模型的结果数据集。由于去标识化处理通常会降低数据的精确度(如泛化),因此通常需要引入数据效用度量,评估结果数据集的可用性。去标识化算法的目的则是在满足隐私模型的基础上,以较高效的方式,找到数据效用损失最小的解(即:将原始数据集转换为结果数据集的方案,例如对不同属性采取的各种泛化、抑制方案的组合结果)。

去标识化处理技术是在实现去标识化算法的过程中,所采用的对数据进行处理/转换的具体手段,主要由数据脱敏的一系列技术构成。去标识化仅针对个人信息,不包括非个人信息的数据。

2) 法律、标准、学术中的去标识化、匿名化相关概念辨析

根据国家标准 GB/T 37964—2019《信息安全技术 个人信息去标识化指南》中的定义,去标识化(de-identification),是指"通过对个人信息的技术处理,使其在不借助额外信息的情况下,无法识别个人信息主体的过程"。(类似地,《个人信息保护法》中的定义为"个人信息经过处理,使其在不借助额外信息的情况下无法识别特定自然人的过程")。

可以看出,"去标识化"是一个消除个人信息主体与敏感信息之间关联性的过程,所有能够实现该目标的技术,都可以归类为去标识化相关技术。在这些技术当中,通过采用 k-

anonymity、*l*-diversity、*t*-closeness 等抵御链接攻击的隐私模型（也称"匿名模型"，anonymity model），以一定的算法策略对原始数据集进行转换操作，得到满足匿名模型的结果数据集（通常用于向第三方提供或公开发布场景）的相关技术和模型，在学术上统称为数据匿名化（data anonymization）技术，且"数据匿名化技术"的概念范畴通常不包括差分隐私、加密等技术。

经过数据匿名化技术处理后，得到的满足匿名模型的结果数据集，即被认为是"匿名"的（有时也称为"匿名数据集"）。

而在法律方面，《个人信息保护法》将匿名化描述为"个人信息经过处理无法识别特定自然人且不能复原的过程"，虽然仍定义为一个"过程"，但"匿名化"更多被视作一种极为彻底的去标识化的"状态/程度"描述。

由于理论上重标识风险难以完全消除，因此通过数据匿名化技术得到的结果数据集，严格来说，仍难以达到法律对于"匿名化"程度的界定。

7.4.2　隐私保护计算技术

根据联合国大数据工作组发布的《隐私保护计算技术联合国手册》（UN Handbook on Privacy-Preserving Computation Techniques）隐私保护计算技术是"计算期间和计算之后保护数据隐私的技术"，其中包括了多方安全计算、同态加密、可信执行环境等。国际上其经常被包含在隐私增强计算（Privacy Enhancing Technologies，PETs）范畴之内，而在我国又常被简称为隐私计算。本节将对于常见的隐私保护计算技术进行介绍，从密码学出发，到基于密码的软硬件技术，也涵盖了利用智能合约、机器学习等解决特定个人信息保护问题的方案。

1. 多方安全计算（Secure Multi-party Computation，MPC）

多方安全计算技术是一种密码技术，其源于我国姚期智院士在 1982 年提出的"百万富翁问题"，并对其进行了证明，其后由 Goldreich、Micali 和 Widgerson 等扩展至多方。经过约 40 年的发展，多方安全计算的安全性和准确性已具有严格的密码学证明，能够让多个参与方的数据通过密码技术处理后（可以简单认为是一种"密文"形式）进行输入并协同计算一个指定函数，同时保证计算结果的正确性和输入数据的隐私性。多方安全计算技术通常采用秘密分享（Secret Sharing）、混淆电路（Garbled Circuit）、零知识证明（Zero-Knowledge Proof）等一系列技术实现，能够执行联合统计、联合建模、隐私集合求交和隐匿查询等功能。

1）基本原理

两个百万富翁比较到底谁更富有，但是又都不想让对方知道自己有多少钱，在没有可信的第三方的情况下如何进行？由图灵奖获得者姚期智院士于 1982 年提出的"百万富翁问题"，其主要研究为针对无可信第三方的情况下，如何安全地计算一个约定函数。1986 年姚院士用数学理论证明了凡是可以在数据明文上进行的计算，理论上都可以在密文上直接进行计算，并得出与明文计算完全一致的结果。同时需要保证：

（1）隐私性：MPC 协议执行过程中，攻击者无法推断出任何有关私有输入数据的信息。

（2）正确性：诚实参与方不会得到错误的计算结果。

2）安全与应用分析

作为一种密码学技术，多方安全计算协议的安全证明可在一定的安全假设下得到满足。安全假设一般分为两种：一是参与方半诚实假设，即参与方中只存在半诚实敌手（半诚实敌手会遵守 MPC 协议,但是对自己获得的数据进行任意处理,如推测其他参与方输入等)。另一种是参与方恶意假设,即参与方包含恶意敌手(恶意敌手可能在 MPC 协议执行过程中任意背离协议,如故意发送错误或捏造的数据等)。后一种假设要求系统在计算和通信资源方面付出更高昂的成本来保证参与方的隐私安全。另外,半诚实或恶意敌手的数量也是一个重要的安全假设的维度。在多方安全计算协议中,不诚实门限是指被敌手腐化(即完全控制)的参与方的最大数量,协议仅能抵御不大于门限数量的不诚实参与方。

在实践中,采用何种安全假设需要根据实际应用场景而定,如所采用的安全假设与应用场景实际情况不一致,例如在包含恶意敌手的环境中采用半诚实假设下的 MPC 协议,将导致数据安全隐患。另外,多方安全计算技术由于涉及密文计算和通信,其性能有较大损失,可能达到明文计算的 $10\sim100$ 万倍以上。近年来,在众多厂商、学者围绕密码学基础理论、底层协议、分布式计算、系统、算法、编译、芯片以及软硬件结合等方面持续攻坚下,并根据应用场景适当降低安全冗余,多方安全计算技术的性能损失目前已降低到了明文计算的 $10\sim100$ 倍。

2. 秘密分享(Secret Sharing,SS)

秘密分享理论是由 Shamir 和 Blakley 于 1979 年分别独立提出的,是一种通过将参与计算的数值分割成多个随机碎片发送给不同方来隐藏该数值,随后通过各方利用其碎片来重构该数值的方案。基于秘密分享构建的 MPC 协议,可保证计算过程中隐藏的数值不被任一方获得。

1)基本原理

假设有 n 个人共享秘密,只要有 t 方合作就能将秘密恢复出来,Shamir 秘密分享方案中将其称之为一个 $(t-n)$ 门限问题,其满足:

(1)任意 t 方或更多方合作可恢复密文,而任意 $t-1$ 方或更少方合作则无法恢复。

(2)构造一个 $t-1$ 次多项式,取函数上的 n 个点,则通过任意不少于 t 个点可解出多项式系数,以重构这个多项式,少于 t 个点则无法重构多项式。

2)通过秘密分享构建 MPC

先看简单的两方计算,如图 7.6 所示,A 和 B 分别有隐私数据 $X_A=126$ 和 $X_B=254$,求 $Y=X_A+X_B$。

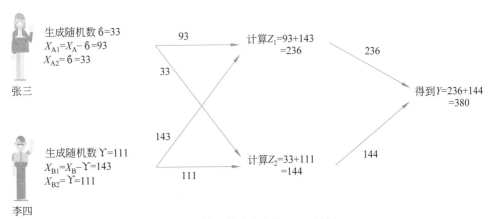

图 7.6　基于秘密分享的 MPC 示例

3)安全与应用分析

基于秘密分享构建的 MPC 协议(SS-MPC),其安全性同样可通过半诚实或恶意假设保证,且该安全性不会随着攻击者计算资源或能力的增加而显著降低。不过在应用前,仍需考虑不诚实门限等安全参数与实际场景的匹配程度等问题。另外,一些 SS-MPC 为提高效率,在预处理阶段离线批量生成伪随机数,此类协议还需满足随机性的要求。

与全同态加密等技术相比,SS-MPC 几乎没有因输入"加密"或保证计算准确性而额外增加的性能损耗。但由于计算过程通常会进行多轮的通信,因此网络延迟、丢包等将会对其性能有一些影响。

3. 混淆电路(Garbled Circuit,GC)

混淆电路是由姚期智院士于 1986 年基于不经意传输(Oblivious Transfer,OT)提出的实现方案,也是第一个通用的多方安全计算协议。混淆电路能够对任意函数求值,其原理是将计算电路的每个门都加密并打乱,保证计算过程中不会泄露原始输入和中间结果。后来,混淆电路由 Goldreich 等扩展至多方场景,用于抵抗恶意敌手。

1) 基本原理

以 Yao 氏混淆电路为例,通过两方安全计算协议求解任务的"布尔电路"值,如图 7.7 和图 7.8 所示。

(1) 生成随机数将真值表加密。

(2) 假设李四输入 $x=0$,张三输入 $y=1$,求 z。

输入 x:0 映射为作八筒,1 映射为二筒
输入 y:0 映射为作四条,1 映射为一条
输入 z:0 映射为作五万,1 映射为三万

与门真值表

x	y	z
0	0	0
0	1	0
1	0	0
1	1	1

加密的真值表

x	y	z
八筒	四条	$E_{(八筒,四条)}(五万)=富强$
八筒	一条	$E_{(八筒,一条)}(五万)=民主$
二筒	四条	$E_{(二筒,四条)}(五万)=文明$
二筒	一条	$E_{(二筒,一条)}(三万)=和谐$

打乱的加密表

x	y	z
二筒	一条	和谐
八筒	四条	富强
二筒	四条	文明
八筒	一条	民主

图 7.7 基于混淆电路的两方安全计算示例(1)

图 7.8 基于混淆电路的两方安全计算示例(2)

2) 通过布尔电路实现通用计算

定理:任意函数 $f:\{0,1\}^n \rightarrow \{0,1\}$ 可以被一个等价的规模最大为 $n \cdot 2^n$ 的布尔电路计算,如图 7.9 所示。

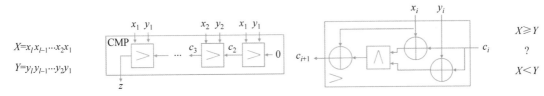

l比特数值的比较电路

图 7.9　通用混淆电路

3）安全与应用分析

基于混淆电路的 MPC 协议（GC-MPC），理论上支持任何类型运算，且有可数学证明的安全性。

但由于 GC-MPC 在处理复杂运算时需要产生庞大的电路，从而导致大量通信，相比于处理简单逻辑运算（如比较），性能有明显下降。在后续的扩展优化发展中（如 Goldreich 等提出 GMW 协议），引入了计算电路，仅保留了电路形式，大多不再使用真值表的方式。因此，GC-MPC 一般被用于构建两方安全计算，在一些数据量小的应用场景（如拍卖）有落地应用案例。

4. 同态加密（Homomorphic Encryption，HE）

同态加密技术是一种密码算法，由 Rivest 等提出，能够保证数据在密文上运算后解密的结果和在明文上进行对应运算的结果一致。随后，Goldwasser 和 Micali、Paillier、Boneh 等及 Gentry 对同态加密方案进行不断研究，实现了理论上可支持无限次加法和乘法运算的同态加密方法。后来，如基于门限的全同态加密（Threshold Fully Homomorphic Encryption，Threshold-FHE）等，也被用于构造多方安全计算协议。

1）基本原理

同态加密技术是使用公钥对明文加密后，在密文上离线计算，密文结果解密与明文运算的结果一致。同态加密技术可分为加法同态和乘法同态。在基于同态加密算法构建多方安全协议时，需要进行预处理，生成联合公钥以及私钥分片。私钥分片分别掌握在不同计算执行方手中，每个计算执行方除了对密文进行同态计算外，还可使用自身的私钥分片解密密文获得部分分片，而结果使用方只有组合足够多的分片才能获得最终的计算结果，如图 7.10 所示。

图 7.10　同态加密原理

2）同态加密分类

同态加密分类如下。

- 部分同态加密（Partially Homomorphic Encryption，PHE）：仅支持加法或乘法中一种。
- 全同态加密（Fully Homomorphic Encryption，FHE）：支持加法和乘法，计算效率低。

- 准同态加密(Somewhat Homomorphic Encryption,SHE):支持加法和乘法,操作步骤受限,计算效率略高于FHE。

3) 安全与应用分析

同态加密能够对密文数据进行计算之后再解密,因此密文计算过程无需密钥持有方参与,相对秘密分享、混淆电路等技术也省去了计算过程中的通信代价。但由于同态加密对算力的要求较高,其计算速度较慢,目前仍为明文计算的几千至几万倍,这也是导致同态加密工程化落地较慢的主要原因。

在实践中,同态加密中的计算执行方和结果使用方不能是同一个主体,否则持有私钥的结果使用方既能够对结果解密,也能对输入数据解密,从而导致数据泄露。另外,存储同态加密私钥的密码设备,还可能遭到侧信道攻击,防御此类攻击需要弱化或消除侧信道信息与密钥之间的关联性,让攻击者难以通过侧信道信息恢复敏感参数和密钥信息。

5. 可信执行环境(The Internet Engineering Task Force,IETF)

国际互联网工程任务组的TEEP(Trusted Execution Environment Provisioning)工作组给出了目前争议较小的一种可信执行环境(Trusted Execution Environment,TEE)定义,即可信执行环境是一个安全环境,该环境内的任何代码都不能被篡改,并且该代码使用的任何数据都不能被该环境外的任何代码读取或篡改。

1) 基本原理

TEE采用基于硬件机制的物理隔离(如enclave模型),保证数据和计算的安全性和完整性。具体地,其能够保证敏感数据在隔离和可信的环境内被处理,从而免受来自富执行环境(Rich Execution Environment,REE)的攻击,如图7.11所示。此外,与其他的安全执行环境相比,TEE可以端到端地保护可信应用(Trusted Application,TA)的完整性和机密性,能够提供更强的处理能力和更大的内存空间。在计算过程中,参与计算的数据以加密形式进入可信执行环境后,解密为明文进行计算,再加密后输出。因此,可信执行环境的硬件隔离保证了环境内部明文数据和计算逻辑的安全以及结果准确性,但其计算性能由于容量限制以及数据出入环境时的加解密过程而有所损耗。

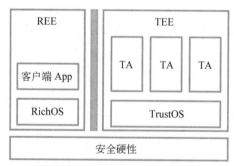

图 7.11 TEE 基本原理

2) 主要的产品形态

(1) 基于ARM:如TrustZone。

(2) 基于x86:如Intel SGX、AMD SEV。

3) 安全与应用分析

可信执行环境的安全性基于对硬件信任根的产生和其工程实现的信任,依赖于硬件本身安全性(如不存在漏洞)以及大型硬件厂商(主要芯片厂商均来自国外)。虽然具有较高的运算效率,但由于可信执行环境及其应用程序的运行需要获得硬件提供商或者平台运营方的远程认证和授权,这也给应用带来了一定的限制。

在可信执行环境的基础上 Intel、微软、IBM 等公司提出了"机密计算"的概念,机密计算依赖于可信执行环境提供的硬件环境,且更加关注数据使用的安全。这种"数据使用"可以是多方的数据联合计算,也可以是只有己方一方的数据运算,安全目标是能够防止可信环境以外的未授权系统或用户访问。机密计算联盟(Confidential Computing Consortium)将其定义为"通过在基于硬件的可信执行环境中执行计算来保护数据使用的一种技术",可被用于公共云服务器、本地服务器、网关、物联网设备、边缘部署、用户设备等,也不限于由任何特定处理器完成的此类可信执行(如 GPU 或网络接口卡)。

6. 零知识证明(Zero-Knowledge Proof,ZKP)

零知识证明最初由 Goldwasser、Micali 及 Rackoff 于 1985 年提出,指证明者能够在不向验证者提供任何有用信息的情况下,使验证者相信某个论断的正确性。

1) 基本概念

(1) 定义:使证明者 P 可让验证者 V 相信某个声明是正确的,且不泄露任何声明以外的信息的一种协议。

一般认为零知识证明提供了完整性、可靠性和零知识性 3 种安全保证:

* 完整性(Completeness):若声明为真,则诚实的 V 会接受(相信)诚实的 P 的声明。
* 可靠性(Soundness):若声明为假,则不诚实的 P 无法成功欺骗诚实的 V 相信声明(即成功的概率极低)。
* 零知识性(Zero-Knowledge):V 不获得任何有关声明的额外信息。

(2) 定理:每一个非确定性多项式(Non-deterministic Polynomial,NP)均存在与之相关的零知识证明。

2) 安全与应用分析

零知识证明提供的 3 种安全保证依赖于不同数学难题实现,所以大多数零知识系统在执行一次零知识证明设置时,都是以单个证明者和单个验证者"一对一"的方式进行交互和验证。在应用中若存在大量证明事件并行执行的情况,不一定能完全保证其安全性。

除此之外,零知识证明通常还依赖于不可证伪假设(Non-falsifiable assumptions)或 Fiat-Shamir 启发式(Fiat-Shamir Heuristic)等,应用该技术需要充分评估应用场景的安全需求,同时还需保证有足够的算力支撑。其中,zk-SNARKs 等协议已经大量用于保护区块链中的隐私信息。

7. 智能合约(SmartContract)与区块链(Blockchain)

智能合约是 Nick Szabo 于 1995 年提出的一种执行合约条款的可计算交易协议,即以信息传播、验证或执行合同为目的的计算机协议。智能合约允许在没有第三方的情况下进行可追踪、不可逆转可信交易,其通常具备规范性、不可逆性和可定制性。而区块链可以认为是一种分布式、网络化的数据管理技术,其核心技术是分布式共识协议以及相关密码学技术。二者结合首次出现在 2013 年。

1) 基本原理

借助区块链和密码技术,有效解决了传统智能合约缺少的防篡改防护,从而为参与计算过程的数据提供了只允许增加、禁止修改或删除的保护。而由于数据处理全流程上链,保证了执行记录的可查看、可追溯,同时提高了作恶的成本,也避免了中心化带来的影响。

2）安全与应用分析

利用智能合约与区块链,可对处理的个人信息及处理算法逻辑等内容进行多方的确认,并形成机器可自动化执行的条款。另外,可对执行过程进行不可篡改的存证,便于对个人信息处理过程进行事后追溯和审计,实现了个人信息在使用过程中的安全可控。但由于区块链的各个节点安全防护能力差异,以及智能合约编写者的能力差异,可能会导致安全事件的发生。另外,区块链的去中心化特点,以及一定的匿名性,暂时缺乏有效的监管手段。因此,其中涉及的信息通常也会结合其他技术,如权限控制,以及同态加密、多方安全计算等。

8. 联邦学习（Federated Learning, FL）

联邦学习是一种分布式机器学习框架,一般认为其兴起于 Google 公司在 2016 年为了保护用户数据隐私而提出的,在不集中用户数据的情况下,协同训练 Gboard 系统输入预测模型的方案。也有其他材料显示,其是 2013 年我国某团队首次提出,以解决医疗领域多中心合作难题。

1）基本原理

通过联邦学习,互不信任的机构能够在原始数据不离开本地的情况下,通过交换每轮迭代出的参数或梯度等中间计算结果,不断更新全局模型,从而实现联合建模,如图 7.12 所示。由于采用分布式建模的方式,联邦学习训练得到的模型与传统数据集中建模得到的模型相比可能会有一定的性能损失。考虑到实际应用的需求,与传统建模相比,联邦学习应该保证模型性能的损失足够小。

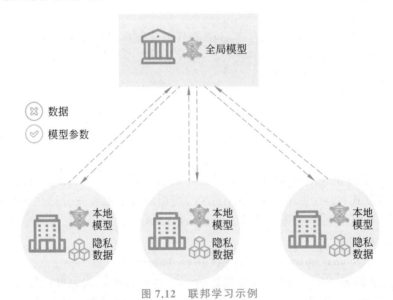

图 7.12　联邦学习示例

2）联邦学习分类

联邦学习按照联合建模的场景需求可分为 3 类。

（1）横向联邦：主要用于业态相同或相似的双方间进行样本联合。

（2）纵向联邦：主要用于业态不同但用户相同或相似的双方进行特征联合。

（3）联邦迁移：迁移学习（TransferLearning）在联邦学习框架中的应用,主要用于业态和用户均交集较少的双方间的迁移学习。

3）安全与应用分析

联邦学习的安全性建立在对中间计算结果不暴露原始数据的信任之上。然而,已有研究证明,联邦学习交换的中间计算结果可能被用来反推甚至完全恢复参与方的原始数据。对此,众多学者相继探索了联邦学习结合其他隐私保护计算技术的应用,常见的有应用差分隐私、多方安全计算、可信执行环境等技术保护参数或梯度交换中的隐私。因此,在实践中,联邦学习一般适用于对实时性要求高,但对安全性要求略低的联合建模场景。由于采用联邦学习训练的模型,其算法逻辑与应用场景嵌入较深、可解释性较难保证,即使采用上述技术保护,也还需要对中间计算结果、融合后的模型进行相应的安全评估。

9. 群体学习(Swarm Learning,SL)

群体学习于 2021 年 5 月首次被发表于 Nature 杂志,是一种新兴的分布式机器学习框架。该方法融合了边缘计算、区块链等技术,有效地解决了边缘节点加入及梯度融合过程中的信任问题。

1)基本原理

结合区块链技术,通过私人许可的区块链网络(Private Permissioned Blockchain Network),构建由多个群体节点组成的群体网络,节点之间通过该网络共享参数,利用节点本地数据以及网络提供的模型进行模型的训练。新参与者通过预授权加入网络,在区块链上智能合约中注册后,方可获得模型并执行训练。

2)安全与应用分析

群体学习在一方面,与联邦学习类似,可保障原始数据不出本地,降低个人信息泄露风险。而另一方面,其可确保各参与方公平、透明和安全地加入,并保障各方具有同等合并梯度或参数的权利。同时,其对所共享的机器学习模型也提供一定程度的攻击防护。在 Nature 杂志发表的论文中,群体学习被用于白血病以及新冠病毒(COVID-19)的诊断研究。

7.5 国内外个人信息保护相关标准

7.5.1 个人信息保护国际标准

ISO/IEC JTC 1/SC 27 的 WG5 身份管理和隐私保护技术工作组,主要负责隐私保护标准研制,已发布隐私保护标准如下。

通用框架(General framework)标准有 ISO/IEC 29100:2011《信息技术 安全技术 隐私框架》。

特定技术方面(Specific technology aspects)标准有: ISO/IEC 20889:2018《隐私增强数据去标识化术语和技术分类》、ISO/IEC 27559:2022《信息安全、网络安全和隐私保护 增强隐私的数据去标识框架》、ISO/IEC 29101:2018《信息技术 安全技术 隐私架构框架》、ISO/IEC 29191:2012《信息技术 安全技术 部分匿名、部分不可链接的身份验证的要求》。

管理(Management)标准有: ISO/IEC TS 27006-2:2021《对提供信息安全管理系统审计和认证的机构的要求第 2 部分:隐私信息管理系统》、ISO/IEC 27018:2019《信息技术 安全技术 在充当个人可识别信息(PII)处理者的公共云中保护 PII 的行为准则》、ISO/IEC 27555:2021《信息安全、网络安全和隐私保护 个人可识别信息删除指南》、ISO/IEC 27556:2022《信息安全、网络安全和隐私保护 以用户为中心的隐私偏好管理框架》、ISO/IEC 27557:2022《信息安全、网络安全和隐私保护 ISO 31000:2018 在组织隐私风险管理中的应用》、ISO/IEC 27701：2019《安全技术 ISO/IEC 27001 和 ISO/IEC 27002 隐私信息管理的扩展要求和指南》、ISO/IEC 29134：2017《信息技术 安全技术 隐私影响评估指南》、ISO/IEC 29151：2017《信息技术 安全技术 个人可识别信息保护实践指南》。

实施（Implementation）标准有：ISO/IEC TR 27550：2019《信息技术 安全技术 系统生命周期过程的隐私工程》、ISO/IEC 29190：2015《信息技术 安全技术 隐私能力评估模型》、ISO/IEC 29184：2020《信息技术 在线隐私声明和同意》。

特定应用领域（Application areas）标准有：ISO/IEC 20547-4：2020《信息技术 大数据参考架构第 4 部分：安全和隐私》、ISO/IEC TS 27570：2021《隐私保护 智慧城市隐私指南》。

7.5.2 个人信息保护国家标准

数据安全与个人信息保护国家标准主要由全国信息安全标准化技术委员会（TC260）下设的大数据安全标准特别工作组（SWG-BDS）归口和组织制定。截止到 2023 年 3 月，TC260 现有个人信息保护相关标准如图 7.13 所示。

个人信息处理通用规则标准有：GB/T 35273—2020《信息安全技术 个人信息安全规范》《信息安全技术 互联网平台及产品服务隐私协议要求》（报批稿）、《信息安全技术 敏感个人信息处理安全要求》（草案）、《信息安全技术 个人信息跨境传输认证要求》（草案）。

个人信息权益保障标准：GB/T 39335—2020《信息安全技术 个人信息安全影响评估指南》、GB/T 41817—2022《信息安全技术 个人信息安全工程指南》《信息安全技术 个人信息处理中告知和同意的实施指南》（报批稿）、《信息安全技术 基于个人信息的自动化决策安全要求》（草案）。

个人信息去标识化标准有：GB/T 37964—2019《信息安全技术 个人信息去标识化指南》、《信息安全技术 个人信息去标识化效果评估指南》（报批稿）。

App 个人信息安全标准有：GB/T 41391—2022《信息安全技术 移动互联网应用程序（App）收集个人信息基本要求》《信息安全技术 移动互联网应用程序（App）个人信息安全测评规范》（报批稿）、《信息安全技术 移动互联网应用程序（App）软件开发工具包（SDK）安全要求》（报批稿）、《信息安全技术 应用商店的移动互联网应用程序（App）个人信息处理规范性审核与管理指南》（报批稿）、《信息安全技术 移动智能终端的移动互联网应用程序（App）个人信息处理活动管理指南》（报批稿）、《信息安全技术 移动智能终端预置应用软件基本安全要求》（报批稿）。

网络平台个人信息保护标准有：GB/T 42012—2022《信息安全技术 即时通信服务数据安全要求》、GB/T 42013—2022《信息安全技术 快递物流服务数据安全要求》、GB/T 42014—2022《信息安全技术 网上购物服务数据安全要求》、GB/T 42015—2022《信息安全技术 网络支付服务数据安全要求》、GB/T 42016—2022《信息安全技术 网络音视频服务数据安全要求》、GB/T 42017—2022《信息安全技术 网络预约汽车服务数据安全要求》、《信息安全技术 大型互联网企业内设个人信息保护监督机构要求》（草案）。

生物识别信息保护标准有：GB/T 40660—2021《信息安全技术 生物特征识别信息保护基本要求》、GB/T 41773—2022《信息安全技术 步态识别数据安全要求》、GB/T 41806—2022《信息安全技术 基因识别数据安全要求》、GB/T 41807—2022《信息安全技术 声纹识别数据安全要求》、GB/T 41819—2022《信息安全技术 人脸识别数据安全要求》。

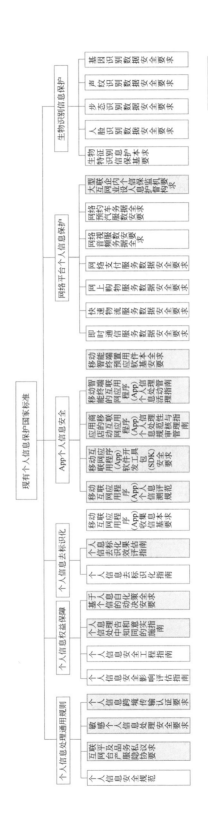

图 7.13 现有个人信息保护国家标准

7.6 本章小结

本章给出了个人信息保护的基本概念和原则、个人信息保护影响评估、个人信息告知同意、个人信息保护技术,以及个人信息保护相关的标准情况。

思考题

1. 处理个人信息需要遵守哪些原则?

2. 除 7.1.1 节中给出的示例外,请列出 3 种你认为敏感的个人信息,并说明其敏感在何处。

3. 个人权益影响有哪四方面? 个人在个人信息处理活动中有哪些权利?

4. 请列出 2 个"自动化决策"行为,它们分别可能影响个人权益的哪些方面?

5. 告知同意应遵守哪些原则?"告知"与"同意"是什么关系?

6. 微数据的属性通常可分为哪些类型? 每类分别举出两个例子。

7. 请简述 k-anonymity 模型的基本思想。

8. 日常生活中,你遇到了哪些不合理的个人信息处理行为? 合理的方式应该是怎么样的?

实验实践

1. 对于自己常用的 App,分别选取在告知同意方面做得最好和最差的共两款 App,说明其好和差在何处,并为差的 App 给出告知同意优化方案。

2. 找到一个包含个人信息的公开数据集,将其处理为满足 5-anonymity 的结果数据集。

第 8 章

App 个人信息安全治理

移动互联网应用(App)的广泛应用,在促进经济社会发展、服务民生等方面发挥着不可替代的作用。但与此同时,App 强制授权、过度索权、超范围收集个人信息的现象,且未制定并公开隐私政策、未经用户同意收集个人信息、未提供注销账号功能等不规范行为对个人权益造成损害,个人信息泄露、滥用等情形时有发生。

为此,近年来国家有关部门通过开展 App 个人信息安全治理工作,督促 App 运营者切实履行个人信息保护法律法规要求,提升了 App 个人信息保护水平,压实个人信息保护责任。本章从介绍 App 个人信息安全治理的视角出发,解析安全治理的依据,剖析典型的案例,展望安全治理的思路,以便读者能了解从个人信息保护理论到实践的全过程,掌握解决个人信息保护实际问题的方法。

8.1 App 个人信息安全治理基本情况

8.1.1 相关工作背景

近年来,侵犯公民个人信息犯罪仍处于高发态势,不仅严重危害公民个人信息安全,而且与电信网络诈骗等犯罪存在密切关联,甚至与绑架、敲诈勒索等犯罪活动相结合,社会危害日益突出。为切实加大对公民个人信息的刑法保护力度,《中华人民共和国刑法修正案(九)》对刑法第二百五十三条之一做出修改完善:一是扩大犯罪主体的范围,规定任何单位和个人违反国家有关规定,获取、出售或者提供公民个人信息,情节严重的,都构成犯罪;二是明确规定将在履行职责或者提供服务过程中获得的公民个人信息,出售或者提供给他人的,从重处罚;三是提升法定刑配置水平,增加规定"处 3 年以上 7 年以下有期徒刑,并处罚金"。修改后,"出售、非法提供公民个人信息罪"和"非法获取公民个人信息罪"被整合为"侵犯公民个人信息罪"。《中华人民共和国刑法修正案(九)》施行以来,各级公检法机关依据修改后刑法的规定,继续保持对侵犯公民个人信息犯罪的高压态势,案件量显著增长。2015年 11 月至 2016 年 12 月,全国法院新收侵犯公民个人信息刑事案件(含出售、非法提供公民个人信息、非法获取公民个人信息刑事案件)495 件,审结 464 件,生效判决人数 697 人。

与此同时,司法实践反映,侵犯公民个人信息罪的具体定罪量刑标准尚不明确,一些法律适用问题还存在争议,需要通过司法解释做出规定。为确保法律准确、统一适用,依法严厉惩治、有效防范侵犯公民个人信息犯罪,最高人民法院会同最高人民检察院,在公安部等有关部门的大力支持下,经深入调查研究、广泛征求意见,起草了《最高人民法院、最高人民检察院关于办理侵犯公民个人信息刑事案件适用法律若干问题的解释》(法释〔2017〕10 号,以下简称《解释》),自 2017 年 6 月 1 日起施行。上述司法解释施行以来,各级人民法院立足审判职能,依法惩治侵犯公民个人信息犯罪,案件数量显著增长。据统计,2017 年 6 月至 2021 年 6 月,全国法院新收侵犯公民个人信息刑事案件 10059 件,审结 9743 件,生效判决人数 21726 人,对 3803 名被告人判处 3 年以上有期徒刑,比例达 17.50%。

随着法律法规不断完善,行政监管的频度、力度也在不断增加,因个人信息保护遭受行政处罚的案例越来越多。《中华人民共和国民法典》(以下简称《民法典》)在 2021 年 1 月 1 日实施之后,通过民事诉讼方式保护自身个人信息权益成为了常见的手段,相关诉讼成为司法部门重点关注的方向,有效提升了民众的维权意识,保护了民众切身利益。

为进一步遏制个人信息超范围收集、强制索权、一揽子授权等广大民众反映强烈的问题,从行政监管视角出发,2019 年 1 月,国家互联网信息办公室、工业和信息化部、公安部、国家市场监督管理总局四部门联合发布《关于开展 App 违法违规收集使用个人信息专项治理的公告》,决定自 2019 年 1 月至 12 月,在全国范围内组织开展 App 违法违规收集使用个人信息专项治理(以下简称"App 专项治理")。后续,App 违法违规收集使用个人信息专项治理工作仍不断延续,成为行政监管部门加强个人信息保护监督管理的重要抓手。

8.1.2 App 专项治理整体工作思路

App 专项治理兼具综合性执法与督导的工作形式,其中包括多个方面与视角的工作内容,旨在促进行业生态能整体提升个人信息保护水平,广大民众能普遍提升个人信息保护的知识和技能。从工作思路来看,可以总结为以下几个方面。

1. 坚持网络安全靠人民,建立举报平台

首先,App 专项治理建立了专门针对 App 违法违规收集使用个人信息行为的举报渠道,鼓励网民广泛参与,受理网民投诉举报,以掌握真实情况。从举报问题来看,前 5 大典型问题分别为:超范围收集与功能无关个人信息、强制或频繁索要无关权限、存在不合理免责条款、无法注销账号、默认捆绑功能并一揽子同意。对于网民举报信息进行逐条核验,将问题属实、下载量大、用户常用的 App 纳入到重点评估范围。

2. 坚持依法治理,明确评估重点

针对广大网民反映强烈的 App 强制授权、过度索权、超范围收集个人信息等问题,App 专项治理坚持以《网络安全法》等法律法规为准绳,制定发布《App 违法违规收集使用个人信息行为认定方法》,将 App 违法违规收集使用个人信息行为概括为"未公开收集使用规则""未明示收集使用个人信息的目的、方式和范围""未经用户同意收集使用个人信息""违反必要原则,收集与其提供的服务无关的个人信息""未经用户同意向他人提供个人信息""未按法律规定提供删除或更正个人信息功能或未公布投诉、举报方式等信息"6 类行为,为统一监管执法尺度提供参考。

3. 坚持科学评估,遴选专业评估力量

为确保评估工作的科学性、专业性、公正性,App 专项治理综合考虑机构资质背景、人员规模、技术实力、测评经验、管理水平等因素,遴选专业评估机构对 App 收集使用个人信息情况进行评估。同时,分批次对评估机构进行培训,由评估机构遵照专项治理工作的技术规范文件和工作流程开展评估工作。

4. 坚持宣传科普,扩大治理效应

坚持网络安全为人民,App 专项治理加大宣传和科普力度,通过广大网民喜闻乐见的渠道和方式推广个人信息保护科普知识,提升网民个人信息保护意识和技能,切实保障人民群众在网络空间的合法权益。一是借助 3·15 晚会、高考等关键时间节点,曝光问题严重的 App、专题发布典型问题 App 评估结果,引起全社会的关注和重视,避免广大网民利益受损;二是通过 App 专项治理微信公众号等渠道发布科普文章,将个人信息保护知识进行通俗化解读,向网民普及正确的个人信息保护知识;三是联合其他媒体进行 App 收集使用个人信息情况问卷调查,走群众路线,充分了解民情民意,并以此为基础,优化治理工作方案。

8.1.3　四部门多措并举深化治理

在 App 专项治理工作开展同时,国家互联网信息办公室、工业和信息化部、公安部、国家市场监督管理总局等部门基于自身职责分工,开展了一系列措施,深化治理工作,形成长效机制,主要包括如下。

1. 国家互联网信息办公室、国家市场监督管理总局联合推动建立 App 个人信息安全认证制度

2019 年 3 月 15 日,国家互联网信息办公室、国家市场监督管理总局联合印发《关于开展 App 安全认证工作的公告》,推动建立 App 个人信息安全认证制度,按照 App 运营者自愿申请的原则,由具备资质的认证机构依据相关国家标准对 App 收集、存储、传输、使用个人信息等活动进行评价,符合要求后颁发安全认证证书并允许使用认证标识。通过鼓励搜索引擎和应用商店等明确标识并优先推荐通过认证的 App 等方式,引导消费者选用安全的 App 产品,利用市场机制的引领作用进一步规范 App 运营者的研发和推广行为,形成 App 领域个人信息保护的长效机制。

2. 工业和信息化部开展"电信和互联网行业提升网络数据安全保护能力专项行动""App 侵害用户权益专项整治工作"

工业和信息化部开展"电信和互联网行业提升网络数据安全保护能力专项行动",从完善制度标准、开展合规性评估、强化社会监督和行业自律等方面综合施策,加快推动构建行业网络数据安全综合保障体系。推动制定网络数据安全标准体系建设指南、数据分类分级、安全评估等 30 余项重点行业标准。印发行业网络数据安全合规性评估指引文件,以 2019 年为例,工业和信息化部部署全国基础电信企业、50 余家互联网企业及 400 余款 App 运营者对标开展合规性评估,及时发现整改数据泄露、滥用及违规对外提供等安全隐患,开展企业合规性评估优秀案例征集遴选和示范推广,促进行业提升数据安全保护水平。充分发挥行业组织作用,设立数据安全和个人信息举报专区,受理大量用户投诉举报。

工业和信息化部开展"App 侵害用户权益行为专项整治行动",重点整治违规收集使用用户个人信息等 8 类问题行为,推动一批 App 完成自查整改,对 236 款 App 下发整改通知书,公开通报 56 款 App,下架 3 款 App。

3. 公安部开展"净网"系列专项行动

以公安部"净网 2019"专项行动为例,集中整治 App 违法违规收集使用个人信息行为,健全完善发现、调查、查处、宣传等工作体系和行政执法规范,继续依法严厉打击侵犯公民个人信息违法犯罪行为,共检测评估 3.1 万余款 App,累计调查核查相关 App 违法违规线索 3129 条,依法整改 2090 款 App,依法查处 1121 款 App,集中曝光 100 款存在违法违规收集使用个人信息行为的 App。

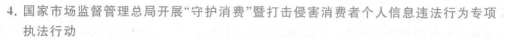

4. 国家市场监督管理总局开展"守护消费"暨打击侵害消费者个人信息违法行为专项
执法行动

国家市场监督管理总局开展"守护消费"暨打击侵害消费者个人信息违法行为专项执法
行动,以 2019 年为例,共立案查处各类侵害消费者个人信息案件 1474 件,查获涉案信息
369 万余条,罚没款 1946 万余元;组织执法联动 4225 次,开展行政约谈 3536 次。

8.1.4 App 个人信息安全认证

App 个人信息安全认证工作是一种治理工作的创新性举措,通过建立认证机制,可以
使 App 收集使用个人信息的执法监督演变为 App 运营者主动合规、第三方持续监督的
机制。

1. 两部委联合发布 App 安全认证公告

2019 年 3 月 13 日,为规范 App 收集、使用用户信息特别是个人信息的行为,加强个人
信息安全保护,根据《中华人民共和国网络安全法》《中华人民共和国认证认可条例》,国家市
场监督管理总局、国家互联网信息办公室联合发布《关于开展 App 安全认证工作的公告》
(简称《公告》),决定开展 App 安全认证工作。《公告》指出中国网络安全审查技术与认证中
心(以下简称"CCRC")作为 App 安全认证的认证机构,根据认证业务需要和技术能力确定
检测机构;认证机构和检测机构应按有关规定,客观、公正地开展认证和检测活动,并对认证
和检测结果负责;国家鼓励 App 运营者自愿通过 App 安全认证,鼓励搜索引擎、应用商店
等明确标识并优先推荐通过认证的 App。

2. App 安全认证在安全治理中的作用

App 安全认证是解决 App 违法违规收集使用个人信息问题的长效机制。国家推行
App 安全认证,采用国际通行的认证手段来帮助、促进 App 运营者提升个人信息保护能力
水平,有利于提升整个 App 运营行业的规范性,保护社会大众个人信息权益。

构建合作互信的数据流通环境,促进数据市场要素作用的发挥,已经成为各方共识。认
证在企业运营中提升产品质量、完善企业管理,在市场流通中传递权威信心、建立信任机制,
在国际贸易中协调市场准入、促进贸易便利,作为市场经济的基础性制度发挥着重要作用。
认证以全球通行的方式被普遍采用,在数据安全治理中也将发挥重要作用。

从国际上看,欧盟《通用数据保护条例》鼓励建立关于数据保护的认证机制,提升组织数
据保护水平,并用认可的手段对认证组织进行管理。《欧洲网络安全法案》提出为信息和通
信技术相关产品建立欧洲统一的网络安全认证框架,便于产品和技术的流通。《APEC 隐私
框架》也采用认证的方式来解决不同国家和地区间数据在不同网络运营者之间的流动问题。

从国内看,《中华人民共和国产品质量法》明确质量认证制度为国家的基本质量监督制
度。《网络安全法》中多个条款对网络安全认证和检测、评估等工作提出了明确要求,对于促
进和规范网络安全认证检测工作起到非常重要的作用。《数据安全法》第十八条提出国家促
进数据安全检测评估、认证等服务的发展,支持数据安全检测评估、认证等专业机构依法开
展服务活动。《个人信息保护法》第六十二条提出国家网信部门推进个人信息保护社会化服
务体系建设,支持有关机构开展个人信息保护评估与认证服务。

认证在验证合规、传递信任、支撑监管等方面发挥重要作用。一是采取自愿认证,程序
透明,公平公正的制度设计,通过出具权威第三方机构认证结果,供各方采信使用,实现传递
信任的效果。二是按照标准规范要求,证明运营者采取了适当的保护措施,有助于运营者及

负责人员展示其尽职工作。三是通过采取先进的认证制度和标准,有助于引导 App 运营者按照当前政策标准要求提升数据保护能力,解决实际问题。四是充分发挥第三方机构的独立、专业的特点,起到政策传导、业界反馈的作用。

3. App 安全认证机制介绍

(1) 认证依据。CCRC 依据《App 违法违规收集使用个人信息行为认定方法》、GB/T 35273—2020《信息安全技术　个人信息安全规范》、GB/T 41391—2022《信息安全技术　移动互联网应用程序(App)收集个人信息基本要求》等规定和国家标准编制了《移动互联网应用程序(App)安全认证实施规则》,通过技术验证规范、现场验证规范来进行 App 安全认证。

(2) 认证内容。依据 CCRC 制定的《移动互联网应用程序(App)安全认证实施规则》开展,主要针对个人信息的收集,个人信息的保存,个人信息的使用,个人信息的委托处理、共享、转让、公开披露,安全事件的处置审核情况,组织的个人信息安全管理要求,App 一致性审核情况。

(3) 认证流程。①认证申请:App 运营者提交申请认证的对应 App 版本并提交相应文件和资料。②认证受理:认证机构对申请资料进行审核后做出受理决定,并向认证申请方反馈受理决定。③技术验证:测评机构依据《App 违法违规收集使用个人信息行为认定方法》、GB/T 35273—2020《信息安全技术　个人信息安全规范》等依据文件,进行技术检测并出具技术验证报告。④现场审核:技术验证通过后,认证机构依据《App 违法违规收集使用个人信息行为认定方法》、GB/T 35273—2020《信息安全技术　个人信息安全规范》等依据文件,对 App 运营者进行现场审核,并出具现场审核报告。⑤认证决定:认证机构根据申请资料、技术验证结论和现场审核结论等进行综合评价,做出认证决定。认证决定通过后,由认证机构向 App 运营者颁发认证证书,并授权获证 App 运营者使用规定的认证标志。认证决定不通过的,终止认证。⑥获证后监督:获证 App 运营者应持续进行获证后自评价,并配合认证机构的监督活动。认证机构应对获证 App 和 App 运营者实施持续监督,监督方式包括日常监督和专项监督。获证 App 运营者在认证过程中存在欺骗、隐瞒、违反承诺等不当行为,认证机构将撤销认证。

(4) 技术验证机构管理。《关于邀请参加 2020 年国家级检验检测机构能力验证计划"移动互联网应用程序(App)个人信息安全测试"的通知》公布了 2020 年国家级能力验证计划中"移动互联网应用程序(App)个人信息安全测试"项目,旨在全国范围内筛选达到要求的"签约实验室"。对于已成为"签约实验室"的测评机构,CCRC 以 2 年为期开展"移动互联网应用程序(App)安全认证"签约实验室的复审考核,对于考核不通过的测评机构不再继续签约。

4. App 安全认证取得的成效

在 App 安全认证工作开展初期,CCRC 开启 App 安全认证试点工作,在 2019 年 3 月至 2020 年 6 月期间,共 25 家企业的 75 款 App 提出申请,28 款 App 纳入试点范围。28 款 App 涉及地图导航、网上购物、网络支付、旅游服务、网络社区等多种服务类型。最终 10 家企业的 18 款 App 通过 App 安全认证,CCRC 于 2020 年 9 月 20 日"国家网络安全宣传周个人信息保护日"向公众公布了这一结果。

App 安全认证试点工作覆盖了全部认证实施环节,有效验证了认证模式的科学性,认证工作程序的规范性,认证技术规范的可行性和可操作性。首批 10 家企业 18 款 App 获颁安全认证证书也标志着我国 App 安全认证工作正式开展,大幅提升了试点 App 的个人信息安全规范标准符合率,有效地发现了 App 存在的个人信息安全突出问题,促进 App 运营者的个人信息保护能力提升。

针对 App 版本迭代频率高的特点,CCRC 建立了持续监督工作机制,App 安全认证持续监督平台已经上线运行,实现对获证 App 持续符合性的自动化、智能化监测,充分利用互联网发挥网民监督、投诉举报的作用。

8.2 App 个人信息安全治理相关法规标准

8.2.1 App 个人信息安全治理相关法规解析

1.《App 违法违规收集使用个人信息行为认定方法》解析

国家互联网信息办公室、工业和信息化部、公安部、国家市场监督管理总局四部委联合制定发布了《App 违法违规收集使用个人信息行为认定方法》＜国信办秘字[2019]191 号＞(以下简称《认定方法》)。《认定方法》的出台,为监督管理部门认定 App 违法违规收集使用个人信息行为提供参考,为 App 运营者自查自纠和网民社会监督提供指引。《认定方法》的主要制定思路和内容包括以下方面。

1) 以问题为导向给出违法违规行为的认定细则

《认定办法》对 App 违法违规收集使用个人信息行为进行了归类、描述及举例。例如,明确隐私政策必须提供简体中文版,明确隐私政策难以访问的标准是多于 4 次点击等操作才能访问,明确 App 响应用户更正、删除个人信息及注销功能的承诺时限最长不得超过 15 个工作日等。内容足够具体为 App 运营者自查自纠提供重要参考,也为评估机构把握判定 App 违法违规收集使用个人信息的行为提供了准则。

2) 明确"知情同意"原则为 App 收集使用个人信息的前提

纵观全文,可以发现《认定办法》是在遵循"知情-同意"原则下进行制度构建,所谓"知情同意"原则,就是要求 App 在收集用户个人信息前,告知用户个人信息的处理状况(包括目的、方式、范围等),在网络服务的语境中通常表现为发布隐私政策等个人信息处理规则,用户在阅读后做出同意的表示。

很多 App 要求用户一次性同意所有业务功能收集个人信息,或要求用户授权其运营的其他产品及第三方插件收集用户个人信息,或要求用户授权与所谓的"关联企业"共享个人信息,不同意则不提供服务,《认定方法》对上述违法违规行为进行了详细描述。其中较为典型的是,App 将 targetSdkVersion 值设置为小于 23,要求用户一次性同意开启多个可收集个人信息的权限,用户不同意则无法安装使用的问题。该问题是早年低版本安卓系统应用中一个非常常见的问题,导致用户的权限被开启,个人信息被打包收集。在《认定方法》提出该问题后,经过 App 的整改,目前正规渠道下载的 App 均已不存在该问题。

此外,有些 App 在用户明确表示不同意后,仍频繁征求用户同意、干扰用户正常使用、强迫用户提供个人信息。对此,《认定方法》要求 App 运营者不得通过一揽子征求同意的方式、不同意则拒绝提供无关业务功能、频繁征求同意等强制性方式获得用户授权。

3) 明确收集使用规则需公开、透明、全面

有些 App 在隐私政策中使用"包括但不限于""可能用于"等开放式表述,未完整列出具体的个人信息类型,通过要求用户同意隐私政策而获得收集无限制多的个人信息的授权;有

些 App 在安装后,未征得用户同意,就开始使用 Cookie 等同类技术收集用户设备 IMEI 号、MAC 地址等个人信息;很多 App 为降低成本、提升效率,通过嵌入各类第三方插件(如 SDK)实现产品功能的多样化,而这些第三方插件成为"隐形扒手",在用户不知情的情况下收集个人信息,甚至将个人信息传至境外服务器;有些 App 故意隐瞒、掩饰收集使用个人信息的真实目的,或者使用模糊性语言使得收集个人信息目的不明确、难以理解,误导用户同意收集个人信息;有些 App 通过其他产品账号登录,未经用户同意,访问用户其他产品中的个人信息;有些 App 在其界面显示其他产品链接,一旦用户点击即默认注册,未经用户同意就将个人信息提供给第三方。

对此,《认定方法》要求 App 运营者通过逐项列举的方式明确 App 及委托第三方、嵌入第三方代码和插件收集个人信息类型,在收集个人敏感信息或获取权限时同步告知用户目的,确保用户知悉收集个人信息的真实、具体目的,收集使用行为要经过用户明确授权等。

4) 明确"默认保护个人信息"的原则

《认定办法》第三节明确规定了"以默认选择同意隐私政策等非明示方式征求用户同意"的行为可以被认定为未经用户同意收集使用个人信息,这是默认保护个人信息原则的体现。默认保护原则是个人信息保护中的一项重要原则,其主要是指在 IT 系统或业务实践中,其默认设置便可以保障用户的权益,而不需要用户额外的手动设置来保护自己的个人信息。也就是说,用户在使用 App 时,App 默认相关个人信息收集使用是关闭的,只有用户同意后才能开启。

5) 明确收集个人信息最小化的原则

《认定办法》第四节明确规定"收集的个人信息类型或打开的可收集个人信息权限与现有业务功能无关"的行为可以被认定为违反必要原则,收集与其提供的服务无关的个人信息。最小化原则同样是个人信息保护中的一项重要原则,其主要是指在收集过程中,应将个人信息的收集严格保持在最低限度,只收集用于实现其业务功能的个人信息,与其业务功能无关的个人信息一律禁止收集,将其所需要收集的数据量控制在最小的程度,以此来降低数据安全风险和隐私风险,因为只有不被收集才是最好的保护方式。

有些 App 收集与所提供服务无关的个人信息。很多 App 为了增加产品功能丰富性,通常将多种业务功能集中开发在一款产品中,要求用户同意所有业务功能所需个人信息,不提供任一个人信息,则拒绝提供所有服务。有些 App 在不使用相关功能时,仍频繁收集仅为此项功能所需的个人信息,或者超出业务功能所需频率收集个人信息。此外,利用个人信息和算法进行定向推送已成为一些互联网行业的一大营利模式,有些企业为实现精准推送,往往以改善程序功能、提高用户体验、定向推送等目的强迫用户提供并非实现业务功能所必需的个人信息;有些企业为了宣传产品,未经用户同意将所收集的用户个人信息提供给广告营销商处理,进行广告推送。

对此,《认定方法》要求不得收集无关的个人信息,不得强制收集非必要的个人信息。非必要信息包括"不是业务功能所必需""仅为改善服务质量、提升用户体验、定向推送信息、研发新产品所需要""新增业务功能所需个人信息"等。

6) 明确向第三方提供时需要获得用户的二次授权

《认定办法》第五节明确规定,App 在未获得用户授权的情况下,向第三方提供个人信息的,可以被认定为未经同意向他人提供个人信息。需要注意的是,《认定办法》中除了二次授权外,也提供了一种替代方法,那就是对个人信息进行匿名化(Anonymization)处理。所谓匿名化处理,是指一种使个人数据在任何情况下都不指向特定数据主体的个人数据处理方式,即使该处理后的数据与其他额外信息结合,凭技术性和组织性措施也无法指向一个可识别或被识别的自然人。被处理后的数据不再具有可识别性,因此也不再具有个人信息的特征。

7)明确用户对其个人信息的更正权和删除权

《认定方法》第六节明确规定了"未提供有效的更正、删除个人信息及注销用户账号功能"的行为可以被认定为未按法律规定提供删除或更正个人信息功能。更正权和删除权都是用户对其个人信息所享有的权利,其主要是指用户更正或删除其个人信息的权利。此外,《认定办法》还要求 App 应设置相应的投诉、举报渠道,方便用户实现其对自己个人信息相关权益的实现。

2.《常见类型移动互联网应用程序必要个人信息范围规定》解析

国家互联网信息办公室、工业和信息化部、公安部、国家市场监督管理总局联合制定了《常见类型移动互联网应用程序必要个人信息范围规定》〈国信办秘字[2021]14 号〉(以下简称《范围规定》),明确移动互联网应用程序(App)运营者不得因用户不同意收集非必要个人信息,而拒绝用户使用 App 基本功能服务。《范围规定》主要制定思路和内容包括以下方面。

1)首次将小程序明确纳入 App 收集个人信息的监管范围

《范围规定》第二条规定"App 包括移动智能终端预置、下载安装的应用软件,基于应用软件开放平台接口开发的、用户无需安装即可使用的小程序",首次将小程序明确纳入 App 收集个人信息的监管范围。

实际上,在监管部门的执法行动中,小程序早已被纳入相关 App 专项治理行动中。其中,天津市 2020 年 3 月 16 日印发的《天津市疫情防控 App 专项治理情况通报(第一期)》中共计 7 款问题 App,5 款为小程序;工业和信息化部开展的 App 侵害用户权益专项整治行动中,通报的未完成整改的 App 中也包含了小程序。

2)划定 39 类常见类型 App 的基本功能服务和必要个人信息范围

《范围规定》第三条明确了"必要个人信息"的定义,即"保障 App 基本功能服务正常运行所必需的个人信息,缺少该信息 App 即无法实现基本功能服务",该定义与《个人信息安全规范》第 5.2a)条规定的"收集的个人信息的类型应与实现产品或服务的业务功能有直接关联。直接关联是指没有上述个人信息的参与,产品或服务的功能无法实现"的保护理念一致。

《范围规定》第五条划定了 39 类常见类型 App 的基本功能服务和必要个人信息范围。从其划分方式可以看出,划分的逻辑为先界定"基本功能服务",再划定"必要个人信息"包含哪几项信息。对于界定"基本功能服务"的方法,《范围规定》并没有明确,可供参照的划分方法为《个人信息安全规范》附录 C 中第 C.2 条"区分基本业务功能和扩展业务功能"的规定。

《范围规定》仅在第五条列明了 39 类常见类型 App 的基本功能服务和必要个人信息范围,这 39 类之外的 App 没有具体的细化限制,但并不意味着其他类型的 App 可以随意收集用户个人信息。首先,《网络安全法》《个人信息保护法》等相关法律法规对收集个人信息必要性的规定是通用的,不限于这 39 类 App;其次,App 的类型较多,全部划分其基本功能服务和必要个人信息范围比较困难,而且可能还会不断有新类型的 App 出现,因此《范围规定》划定 39 类常见的 App,一方面将常见类型 App 进行了明确的规制;另一方面,对于 39

类之外的 App,这 39 类 App 的规定具有很好的参照意义,宜参照相近类型 App 的相应规定,审视现有业务收集的个人信息是否属于必要个人信息以及拒绝提供该等个人信息的影响是否经得住必要性原则的考验。

3)非基本功能服务可参照《范围规定》落实收集个人信息的必要性要求

《范围规定》明确了"不得因用户不同意收集非必要个人信息,而拒绝用户使用 App 基本功能服务",并界定了常见类型 App 的基本功能服务和必要个人信息范围,意味着常见类型 App 的基本功能服务收集的必要信息范围之外的信息以及非基本功能服务收集的个人信息均为非必要个人信息,在现行有效的以同意为主要合法性基础的法律框架下,要想收集使用该等个人信息均需要获得用户的同意,且还需要受制于必要性原则的约束。

对于非基本功能服务,根据前述《网络安全法》第四十一条的规定,其首先不得收集与服务无关的个人信息;其次,参照前述《范围规定》第 4 条,可以尝试划分非基本功能服务的必要信息,如果用户不同意提供某项非基本功能服务的必要信息,App 运营者可以拒绝提供该项非基本功能服务,但不能影响用户使用基本功能服务和其他非基本功能服务。

对此,可能会有人有疑问,如何划分非基本功能服务的必要信息?《范围规定》未做出相应规定,但可以理解,《范围规定》对基本功能服务必要信息的划分可予以参照。例如,某App 其基本功能服务为网络支付,其非基本功能服务还包括网络借贷、投资理财,该 App 需要依据《范围规定》第五条第五项对必要信息的规定来界定其必要信息范围,而其网络借贷、投资理财两项功能服务可以分别参照《范围规定》第五条第十二项、第二十三项划定必要信息范围。

4)不适用《范围规定》的特殊情形

《范围规定》第二条第一款明确"移动智能终端上运行的 App 存在收集用户个人信息行为的,应当遵守本规定。法律、行政法规、部门规章和规范性文件另有规定的,依照其规定",也就是说不适用《范围规定》的特殊情形为"法律、行政法规、部门规章和规范性文件另有规定的"。

《个人信息保护法》第十三条将处理个人信息的合法性基础从"同意"扩展到了七种情形,其中与《范围规定》中规定类似的为第二种情形"为订立或者履行个人作为一方当事人的合同所必需"和第三种情形"为履行法定职责或者法定义务所必需"。虽然同意的环节可以按照履行合同所必需的事由替代,但 App 运营者仍需要明确、单独向用户告知相应的业务功能收集个人信息的必要性,并得到用户确认。

8.2.2 App 个人信息安全治理相关标准解析

1. GB/T 41391—2022《信息安全技术 移动互联网应用程序(App)收集个人信息基本要求》解析

根据《网络安全法》《个人信息保护法》《常见类型移动互联网应用程序必要个人信息范围规定》《App 违法违规收集使用个人信息行为认定方法》等有关要求,《移动互联网应用程序(App)收集个人信息基本要求》重点围绕个人信息处理的最小必要原则,针对 App 违法违规收集使用个人信息的突出问题,结合当前移动互联网技术及应用现状,在《个人信息安全规范》的基础上,给出了 App 收集个人信息应满足的基本要求,常见服务类型 App 必要个人信息的使用要求,旨在规范 App 个人信息收集行为,最大程度地保障个人信息权益。

1）适用范围与核心概念

标准适用于 App 运营者规范其个人信息收集活动，也适用于监管部门、第三方评估机构等对 App 个人信息收集活动进行监督、管理和评估。其中，App 包括移动智能终端预置、下载安装的应用程序和小程序。

标准提出了以下核心概念。

（1）服务类型：包括 App 类型、其他服务类型。其中，App 类型为实现用户最主要使用目的的一种服务类型。

（2）业务功能：包括基本业务功能、扩展业务功能。其中，基本业务功能是 App 实现用户主要使用目的的业务功能，基本业务功能之外的其他业务功能属于扩展业务功能。

（3）必要个人信息：特指保障 App 基本业务功能正常运行所必需的个人信息，即当且仅当没有该等个人信息的参与，该 App 的基本业务功能无法实现或无法正常运行。

App 业务功能和必要信息的关系如图 8.1 所示。

2）标准主要内容

标准给出了 39 类常见类型 App 必要个人信息范围和使用要求，提出了 12 种特定类型个人信息的收集要求，并将 App 收集个人信息的要求细化为以下 7 个主要方面。

（1）App 功能划分：包括明确 App 类型、划分 App 的基本业务功能和扩展业务功能等。

（2）最小必要收集：包括明确 App 必要个人信息范围，以及目的明确、最小范围、最小影响、直接相关、时机恰当的最小必要原则。其中，范围包括类型、频率、数量及精度等。

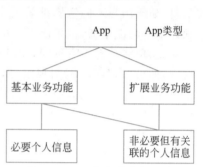

图 8.1　App 业务功能和必要信息的关系

（3）告知同意：包括 App 基本业务功能与必要个人信息的告知同意，敏感个人信息告知同意，多种服务类型告知同意，以及用户拒绝或撤回同意 4 个方面。

（4）系统权限：包括权限申请要求、权限使用要求。同时在附录中给出了可收集个人信息权限范围，以及与常见服务类型相关程度较低的安卓系统权限。

（5）特定类型个人信息收集要求：包括日历信息、应用程序列表、设备信息、短信信息、通话记录信息、通信录信息、位置信息、生物识别信息、录音及拍摄录像信息、传感器信息、相册信息、存储文件信息等的收集要求。

（6）第三方收集管理：包括 App 对接入的第三方应用、嵌入的第三方 SDK 的安全管理要求。

（7）常见类型 App 必要个人信息的使用要求：在《常见类型移动互联网应用程序必要个人信息范围规定》的基础上，给出了地图导航、网络约车、即时通信、网络支付等 39 类常见类型 App 必要个人信息的使用要求。

以地图导航类 App 为例，如表 8.1 所示，具体要求如下。

（1）地图导航类 App 的基本业务功能为定位和导航，如提供地图搜索、展示和导航功能。

（2）地图导航类 App 的必要个人信息范围包括：位置信息、出发地、到达地。

（3）地图导航类 App 的必要个人信息使用应符合表 8.1 的要求。

表 8.1　地图导航类 App 必要个人信息范围和使用要求

服务类型	必要个人信息	使 用 要 求
地图导航	位置信息	用于确定用户位置,提供地图搜索展示和导航服务 导航场景下因持续定位获得的行踪轨迹,应仅用于本次路线导航,完成导航后应及时删除或匿名化处理
	出发地、到达地	用于用户自主输入出发地、到达地进行路线规划和导航

3）应用实施建议

App 运营者相关合规人员可从以下角度实施标准。

（1）全面梳理 App 所收集的个人信息、申请的系统权限,各项个人信息类型、系统权限所用于的业务功能或使用目的,以及该个人信息/权限是否为实现相关功能或目的所必需的。

（2）全面梳理 App 接入的第三方应用与嵌入的第三方 SDK 的运营者主体名称、所收集的个人信息、申请的系统权限,各项个人信息类型、系统权限所用于的业务功能或使用目的,以及该个人信息/权限是否为实现相关功能或目的所必需。

（3）按照标准设计告知同意、系统权限、第三方收集、特定类型个人信息等保护措施。

App 开发者相关合规人员可从以下角度实施标准。

（1）权限申请：减少权限申请数量,避免申请低相关度权限。

（2）权限使用：设置合理的申请时机,以及通过权限收集个人信息的频率与时机。

（3）隐私设计：为用户提供业务功能的多种实现方式,并默认采用对个人权益影响最小的实现方式,如无需系统权限、本地使用、申请较低精度权限、单次授权等方式。

（4）最新隐私机制：跟进适配移动智能终端操作系统的最新隐私机制与功能,如分区存储。

2. 其他 App 个人信息安全治理相关标准

2020 年 7 月,工业和信息化部发布《关于开展纵深推进 App 侵害用户权益专项整治行动的通知》,提出四方面 10 项要求。此后,工业和信息化部组织中国信息通信研究院、电信终端产业协会（TAF）,有针对性地制定了《App 用户权益保护测评规范》10 项标准；对于广大用户特别关心的"最小必要"等收集使用用户个人信息原则,也制定了《App 收集使用个人信息最小必要评估规范》8 项系列标准,涉及图片、通信录、设备信息、人脸、位置、录像、软件列表等信息收集使用规范。上述 18 项标准于 2020 年 11 月 27 日在全国 App 个人信息保护监管会上以电信终端产业协会（TAF）团标形式发布,为 App 侵害用户权益专项整治工作提供依据和支撑,为企业合规经营明确规范要求。标准凝聚了产业智慧,汇集了企业力量,大量终端厂商、互联网企业、安全企业积极参与了制定工作。

其中,《App 用户权益保护测评规范》系列团体标准为 10 个,包括超范围收集个人信息、定向推送、个人信息获取行为、权限索取行为、违规使用个人信息、违规收集个人信息、下载分发行为、移动应用分发平台管理、移动应用分发平台信息展示、自启动和关联启动行为等的测评规范。《App 收集使用个人信息最小必要评估规范》系列团体标准 8个,包括 1 个总则,位置、图片、通信录、设备信息、软件列表、人脸信息、录像信息 7 类信息的评估规范。

8.3 App 个人信息安全案例分析

8.3.1 App 申请和使用系统权限的案例分析

App 为实现业务功能所需,申请和使用系统权限收集个人信息是一种常态。该部分将分析和解读 App 申请和使用"可收集个人信息权限(简称'权限')"案例,并给出相关建议。

1. 仅申请业务功能所需权限

与收集个人信息要遵守必要性原则一样,App 申请权限也应遵循同样的原则。App 运营者应充分调研并明确业务功能所需的权限,不应申请 App 不会用到的权限或者一次性申请所有权限以备不时之需。同时,还需要注意区分"必要权限"和"业务所需权限"。"必要权限"是指保障 App 正常运行所必需的最少权限,一般都是在 App 开启基本功能时,需用户同意授权必要权限。"业务所需权限"是指紧密结合业务实际功能所需的权限,如拍照、扫二维码等需要"相机"权限,查看附近的服务需要"位置"权限等。App 运营者需保证业务所需权限的合理性和不可替代性,也不能在实现某种业务功能时,将开启权限作为唯一的实现方式,强迫用户打开权限。例如,在实现"添加联系人信息"或"手机充值"功能时,仅提供打开通信录权限并选取联系人这一种方式,而不同时提供用户自主输入联系人的方式。

在 GB/T 41391—2022《信息安全技术 移动互联网应用程序(App)收集个人信息基本要求》的附录 D 和附录 E 中,对常见类型 App 的权限使用给出了指导。

2. 告知申请权限的目的

App 向用户申请权限时未告知目的将可能导致用户拒绝授权从而无法使用相关功能。例如,某音乐类 App 向用户申请"存储权限"(部分品牌手机将该权限标注为"是否允许读取照片/视频"),是为了音乐缓存以及离线下载,与读取照片无关,如果缺少进一步告知权限目的的步骤,将为用户使用 App 带来诸多不便。

申请权限的弹窗机制在不同手机操作系统上表现不同。例如,在 iOS 系统中,申请权限的弹窗支持编辑文字,如此可将申请权限的目的在弹窗中予以注明。但是,安卓系统的权限申请弹窗并未提供可修改的机制,如图 8.2 所示,这种系统"自带"的说明无法将 App 申请权限的目的予以明确告知。

针对安卓系统存在的上述缺陷,有以下两种解决方案。第一种方式,在申请权限弹窗出现前,由 App 自行以弹窗、浮窗等形式将需要申请权限的目的予以明确告知,如图 8.3所示。

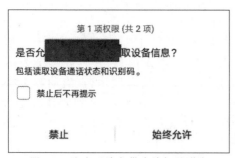

图 8.2　安卓系统自带申请权限弹窗

图 8.3　App 通过自行弹窗方式说明申请权限目的

第二种方式,先由系统进行弹窗申请权限,如果用户不理解点击拒绝后,再次弹出提示框向用户告知申请权限的目的。但是,这种方式只适用于所申请的权限属于业务功能所需必要权限,如果不是必要权限,用户点击拒绝后直接进入主界面,自然是没有机会再次提示用户申请权限的目的。

此外,并不是所有的申请权限均需要采取弹窗告知方式。例如,在使用某 App 的过程中,用户选择了"拍照"或"共享位置"功能,App 弹窗告知需要获取"拍摄照片和录制视频""获取此设备的位置信息"权限,虽未单独再通过弹窗等方式告知申请目的,但完全不影响用户对申请该权限目的的理解,如图 8.4 所示。

综上,使用额外弹窗等方式告知申请权限的目的,更多的是针对首次运行 App 时申请权限的情形。对于用户而言,在首次打开 App 且未进入主界面前,用户无法看到 App 的功能界面,无法理解具体的功能需求,因此,在此阶段以增强提示的方式"同步"告知申请权限的目的是合规的重点。

3. 选择恰当的时机和方式

从 App 申请权限的时机来看,分为以下 3 类情形,情形一是在安装 App 时申请,情形二是在首次打开 App 时申请,情形三是使用 App 时根据需求逐项申请。

情形一

以安装 App 时申请权限为例,有 App 会基于安卓系统的权限申请机制,采取将其targetSDKversion 值设置为小于 23 的方式,要求用户一次性同意开启多个可收集个人信息权限,如图 8.5 所示,如不同意,则无法安装使用 App。

图 8.4　App 的功能即可说明申请权限目的

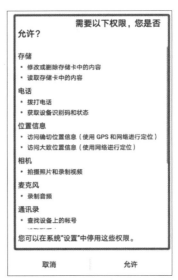

图 8.5　安装 App 时一次性申请权限

以该方式申请权限,首先,用户在安装 App 过程中缺乏选择权,无法选择仅开启必要的权限;其次,App 可通过该方式轻易获取所有想申请的权限,其收集个人信息的行为便会失去控制,例如安装时申请了通信录等权限,在打开 App 的一瞬间,可立即上传所有用户通信录信息,存在严重的滥用风险。因此,以该方式申请权限其"正当性",以及所申请权限的"必要性"要打个大大的问号,是应当被叫停的一种权限申请机制。目前《App 违法违规收集使用个人信息行为认定方法》已明确将该行为列入违法违规情形,而通过开展 App 专项治理

该行为已经得到彻底遏制。

情形二

以首次打开 App 时申请权限为例,绝大部分 App 会在该阶段申请其主要业务功能所需的权限,尤其是支持 App 基本业务功能运行的必要权限。根据不同手机所采取的机制不同,有的是通过多次弹窗形式实现,有的是一次性让用户选择需开启的权限。

上文对该阶段申请权限的缺点进行了说明,该阶段受手机操作系统的制约较大,不便于向用户同步告知申请权限的目的,也不便于让用户判断哪些权限是必要的,充分行使其选择权。因此,App 在该阶段仅申请支持其基本业务功能所需的最小必要的权限范围,例如,App 无须任何权限可进入主界面进行浏览等基本操作,可选择在该阶段实现"零申请"的方式,减少用户对申请权限的疑惑和误解,省去以弹窗等方式同步告知申请权限目的,给予用户"零打扰"的良好体验。

情形三

使用 App 时根据实际需求逐项申请,该方式无疑是最为合理和推荐的权限申请方式,一方面用户可以根据具体业务功能和服务类型等准确理解申请权限的目的,App 无需再对目的进行赘述;另一方面用户可以充分行使其选择权,让授权过程不再成为一笔"糊涂账"。例如在需要扫码或照相时,App 才会申请相机权限,在同步通信录好友时,才会申请通信录权限。而当用户拒绝时,仅影响当前功能的实现。

此外,频繁申请权限(如每次重新打开 App 便重新索要权限、使用 App 过程中反复触发申请权限机制等)造成用户打扰已经成为网友们广泛"诟病"的问题,对此,GB/T 41391—2022《信息安全技术 移动互联网应用程序(App)收集个人信息基本要求》给出明确指导,"用户明确拒绝使用某服务类型后,App 不得频繁(如每 48h 超过一次)征求用户同意使用该类型服务,并保证其他服务类型正常使用"。

总之,申请权限的时机和方式,与用户体验紧密相关,App 运营者需全面考虑各种要素,优化 App 申请权限过程,不要让申请权限过程变得别扭、将就,最终影响的是用户对 App 的印象和用户的转化率。

4. 调用权限的频率应合理

权限一旦打开,收集个人信息的行为随时可能发生。对于用户来讲,调用权限相关函数等获取个人信息的过程无法感知,这就可能会导致出现以下超出合理频率范畴过度采集个人信息的行为。

在用户未使用某业务功能时,就已经发生调用权限收集与该业务功能相关个人信息的行为。例如,用户在首次开启 App 时开启了"通信录""短信"等权限,用户并未使用涉及该权限的功能,仅是浏览主界面,便出现了调用权限相关函数上传个人信息的行为。

调用权限收集个人信息的频次明显超出实现业务功能所需。例如,开启位置权限实现查询当地天气的功能,但实际 App 每秒都获取并上传用户的精准位置。

当 App 在静默或后台运行时,仍存在不断调用权限收集个人信息的行为。

事实上,以上不规范的调用权限方式均可以使用技术手段进行监测,App 运营者应详尽分析自身业务功能所需调用权限的具体频率,必要时,还可以在隐私政策等向用户直接说明。

此外,如果 App 调用权限获取个人信息后仅在手机终端本地即可完成服务所需,如使用定位信息查询附近营业网点,则无需向服务器后台上传该个人信息,这也是调用权限频率最小化和合理化的一种体现。GB/T 41391—2022《信息安全技术 移动互联网应用程序（App）收集个人信息基本要求》给出指导，"权限申请授权后应仅访问满足业务功能需要的最少个人信息，且当实现相关功能不需要回传个人信息则不应回传至后台服务器"。

5. 增强用户的权限控制机制

手机操作系统自身已经为用户提供了开启、关闭权限的控制机制，但从用户体验来看，在安装大量 App 后，使用该机制查询权限开启情况或改变权限设置等操作变得不太方便。此外，很多平台型 App 上存在大量第三方应用或服务也涉及调用权限的问题，但手机操作系统并未提供额外的控制机制。App 运营者可考虑用户对于权限的控制需要，优化和创新用户对权限的控制机制。例如，某 App 专门在其"隐私设置"中设置了方便查询权限开启情况的交互式页面，如图 8.6 所示，并提供简单易懂可迅速切换至权限控制页面的通道。

图 8.6　App 提供了可迅速关闭权限的界面

8.3.2　App 嵌入第三方 SDK 的案例分析

1. SDK 简介

SDK 是 Software Development Kit 的缩写，即"软件开发工具包"，是辅助开发某一类应用软件的相关文档和软件代码的集合。适用于安卓 App 的第三方 SDK 通常以软件代码库的形式存在，对外开放定义清晰的应用程序接口（API），App 开发者无需了解 SDK 实现细节即可迅速实现某一特定的功能，从而提高开发效率，不用"重复制造轮子"。安卓 App 开发时嵌入第三方 SDK，可迅速获得第三方 SDK 提供的广告、支付、统计、推送、社交网络、地图、定位等方面的功能，以满足相互协作、能力共享、信息互通的需求，使用第三方 SDK 已经成为安卓 App 生态的重要组成部分。据统计，常用 App 平均使用 SDK 的数量达到18 款。

从个人信息安全角度来说，以下几方面因素决定了 SDK 存在较大隐患。首先，对 App 开发者来说，第三方 SDK 是一个接口清晰、能满足某种功能的"黑盒"。在绝大多数情况下，App 开发者不会逐行审核其代码逻辑、不会逐项监管其数据收集、不会逐条监控其对外通信，存在 SDK 在其代码中"夹私货"的风险。

其次，从安卓系统机制和技术原理上来看，嵌入的第三方 SDK 与 App 浑然一体，能够使用 App 申请到的所有操作系统权限。SDK 可以"搭便车"的形式额外收集个人信息。例如，App 申请并由用户开启了电话、位置、存储等权限，原本不需要上述信息的 SDK 也可以随时调用这些权限收集个人信息。

再次，第三方 SDK 并不具备单独的界面，也无额外告知和收集使用个人信息规则的披露，不仅 App 用户无法知悉并控制其收集使用个人信息的行为，而且外界也无法判断其实际收集的个人信息是否为实现功能的必需。同时，多数第三方 SDK 会被多个 App 所使用，用户在多个 App 上所产生的个人信息可能被一个 SDK 运营者所收集汇总，SDK 运营者将汇总后的数据如何进行开发利用往往并不清楚。

2. SDK 与 App 的数据交互

按照 SDK 的集成方式,第三方 SDK 与 App 代码自身逻辑共同运行在 App 的进程空间,第三方 SDK 具有与 App 相同的权限和能力,如图 8.7 所示。

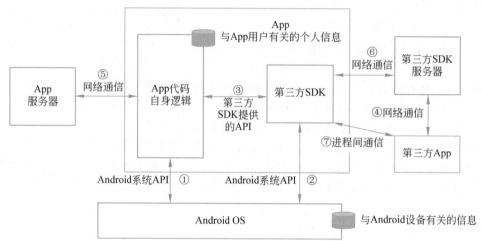

图 8.7　第三方 SDK 嵌入 App 运行的原理

首先,就通信方式来说,第三方 SDK 共有 3 种信息获取方式。

(1) 第三方 SDK 与 App 都可以调用 Android 系统提供的 API,获取与 Android 设备有关的个人信息,包括定位信息、IMEI/IMSI、短信、通信录等等(路径①和②)。App 既需要 App 服务器进行通信,也需要与第三方 SDK 服务器进行通信(路径⑤和⑥)。例如,定位类 SDK 可以直接调用 Android 系统提供的 API,获取地理位置信息。其二,第三方 SDK 与 App 之间通过第三方 SDK 提供的 API 进行通信(路径③)。其三,第三方 SDK 还可以利用 Android 操作系统提供的进程间通信机制与其他相关的 App 进行通信(路径⑦),例如 App 可以调用微信支付 SDK 提供的 API,后者使用进程间通信机制唤起微信 App 的支付模块,并与微信支付 SDK 服务器进行通信(路径④)。

(2) 就收集个人信息来说,SDK 既可以收集与设备有关的个人信息,也可以收集与 App 有关的个人信息。

对于与 Android 设备有关的个人信息,第三方 SDK 既可以直接利用 Android 系统 API 直接收集(路径②),也可以利用其提供的 API 通过 App 间接收集(路径①→③)。

对于与 App 有关的个人信息,第三方 SDK 可以直接通过其 API 收集(路径③)。

(3) 就所收集信息的回传方式和路径来说,第三方 SDK 可以直接通过网络通信回传到自身服务器(路径⑥),也可能通过与自身存在关联的其他 App 回传(路径⑦→④)。

以下以支付类、地图类和推送类 SDK 为例,进一步说明。

1) 支付类 SDK

主要作用是帮助 App 调用微信或支付宝等 App 的支付模块,发送支付请求,展现支付结果。

主要流程是用户在 App 中下单,App 调用支付类 SDK,支付类 SDK 请求微信或支付宝 App 的支付模块,支付模块向后台发出请求,并返回支付结果给支付类 SDK,最终在用户 App 中呈现支付结果,如图 8.8 所示。

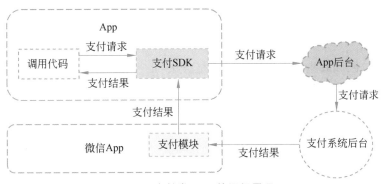

图 8.8　支付类 SDK 的运行原理

2）地图类 SDK

地图类 SDK 提供一套简单的服务定位接口，具有获取定位结果经纬度、定位的地理位置描述以及地图展现等功能。地图类 SDK 需要申请安卓系统与地理位置信息有关的权限，如图 8.9 所示。

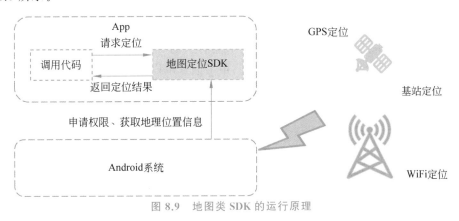

图 8.9　地图类 SDK 的运行原理

3）推送类 SDK

推送类 SDK 在客户端提供一套简单的推送控制接口，集成 SDK 的 App 可以方便地接收各种推送消息。在服务端，App 服务器调用推送 Web 服务，通过推送云将消息推送到客户端。推送 SDK 与推送云一般维持一个长连接，如图 8.10 所示。

图 8.10　推送类 SDK 的运行原理

3. SDK 收集使用个人信息的合规要点

基于上述分析,SDK 收集使用个人信息的合规要点应包含如下两个视角。

1)SDK 视角

SDK 申请权限和收集个人信息时应满足合法、正当、必要、诚信原则,通过隐私政策等方式告知涉及个人信息的权限和个人信息处理目的、处理方式,处理的个人信息种类、保存期限等内容,并提示 App 提供者去获得用户授权同意。

SDK 在保证功能正常前提下应以最小的频率、最窄的范围收集和使用个人信息;在用户或 App 提供者未使用 SDK 提供的某项业务功能时,SDK 不应通过 App 申请或使用 App 已申请的该项业务功能所需的权限;SDK 应优先在本地处理个人信息,并做好相应的数据存储和访问安全保障。

SDK 向他人提供其处理的个人信息时,宜进行匿名化或去标识化处理,确保数据接收方无法重新识别或者关联个人信息主体,同时应与数据接收方通过合同等形式明确双方的责任和义务。

SDK 应提供退出或撤回同意等机制,当用户向 App 提出不希望使用 SDK 提供的服务时,用户可通过 App 为桥梁,行使个人的权利。

2)App 视角

App 应逐项列举其所使用的有个人信息收集行为的 SDK 清单,包括 SDK 名称、主体名称、合作目的、收集个人信息字段及处理目的、申请的权限以及 SDK 隐私政策。

App 应对 SDK 进行持续安全监测或定期进行安全评估。对于已经发现安全漏洞的 SDK,应要求 SDK 提供者及时修复安全漏洞,或者采用其他替代方案。对于已经发现存在恶意行为的 SDK,应停止使用。

停用某 SDK 后,App 应及时移除该 SDK 的代码及调用该 SDK 的代码,存在通过本 App 共享或收集个人信息的,应督促 SDK 按照个人信息主体的退出要求,删除从本 App 共享或收集的个人信息或做匿名化处理。

8.3.3　App 收集使用人脸信息的案例分析

人脸识别是基于人的脸部特征信息进行身份识别的一种生物识别技术。随着人工智能技术的发展,人脸识别技术得到了快速发展。由于电话号码、身份证号等个人信息已被广泛地收集应用,为了掌握更多精确的用户个人信息及实施更高要求的风险控制,越来越多的 App 运营者在各类场景中提出了人脸识别的要求。人脸信息作为个人信息中最为敏感的一类"个人生物识别信息",应该成为重点关注和保护的对象。全国信息安全标准化技术委员会(TC260)新修订发布的《个人信息安全规范》中,对人脸信息等生物识别信息保护也提出"增强型"要求。

2021 年两会期间,多位与会代表围绕人脸识别问题提交了提案,提出了申报审批、合法审核、主体自愿、依法打击、专项治理、行业自律等建议。而现实生活中,为了防止被售楼处采集人脸,有人"戴头盔"看房,越来越多的小区、楼宇通过变相"强制"的方式,推行刷脸开门的现象屡屡被推上热搜。人脸收集的问题引起全社会强烈关注,人们对人脸信息能否得到有效保护提出了质疑。App 作为人脸收集的重要渠道,如智能门禁系统、网上购物、同城服务等服务类型 App,是否做到了合法、正当、必要的个人信息收集基本原则,也成为了广大民众高度关注的领域。

1. App 收集人脸信息的方式和场景

App 在功能运行或注册过程中，由于业务需求和合规化要求，通常会采用以下两种方式向用户提出收集人脸信息的要求。

（1）直接收集人脸照片。App 通过直接收集用户人脸照片且关联个人实名身份的方式进行注册，从而满足识别身份的功能要求。例如，智能门禁类 App 通过线下或收集用户房产证明确认其为小区居民后，要求用户线上上传人脸照片，用于门禁开门时对比人脸使用；注册时收集用户身份证正反面照片、用户手持身份证照片，采用 OCR 技术提取身份、照片信息后验证用户身份。通过这种方式收集的人脸信息与个人身份信息密切关联起来，一旦泄露，易被他人恶意使用。

（2）刷脸活体验证。App 通过其嵌入的人脸识别功能 SDK 或调用相关数据接口等，采用动作指令、近红外人脸、3D 人脸等活体检测方式验证用户身份真实性。例如，网上购物类 App 在开店或者订单金额达到一定数额确认支付时，同城服务类 App 在用户提现或发布房源信息时，金融类 App 在用户取款、借款、转账、支付绑定银行卡时，在商城第一次信用支付等场景下均可能使用刷脸活体验证的方式核验用户真实身份。这种验证方式收集的人脸信息更全面，验证用户真实性的同时确认为真人、活体。

2. App 收集使用人脸信息问题分析

依据《App 违法违规收集使用个人信息行为认定方法》，参考《个人信息安全规范》中有关要求，App 在收集使用人脸信息时主要存在 6 个方面问题。

（1）诱骗用户提供人脸信息。部分 App 以实名认证为由收集用户人脸信息，却在用户提供相关信息后不作真实性核验。某次测试发现，当用户 A 使用本人姓名，输入用户 B 的身份证号码，或用户 C 的人脸信息进行实名认证时，实名认证系统却显示认证成功。究其原因，一是由于 App 在调用第三方接口进行用户身份真实性验证，需要支付一定的费用，当数据达到一定量时，对于运营者而言是一笔不小的开支，因为没有确实的业务需求，提出虚假真实身份验证功能以诱骗用户真实信息；二是由于数据潜在的商用价值，App 运营者为获取更多个人信息以备未来业务扩容需求或增强安全风控的不时之需，假借实名认证的要求欺骗用户提供人脸信息。这种"以欺诈、诱骗等不正当方式误导用户同意收集个人信息"的做法即可被认定为《App 违法违规收集使用个人信息行为认定方法》（下称《认定方法》）中第二类"未经用户同意收集使用个人信息"。

（2）人脸信息传输和存储不安全。国家标准《个人信息安全规范》要求"传输和存储个人敏感信息时，应采用加密等安全措施""仅存储个人生物识别信息的摘要信息，摘要信息通常具有不可逆特点，无法回溯到原始信息"。部分 App 在识别人脸过程中未采取加密等安全措施，明文传输用户人像照片等信息或者在隐私政策中声明存储人脸信息的特征值，但对其所述特征值是否能满足不可逆的、无法回溯原始信息的要求未进行评估。人脸信息在采集、传输、保存、使用以及第三方调用过程中，可能会出现信息泄露，都可能导致人脸信息被进一步滥用，从而给个人人身财产等造成危害。

（3）超范围收集人脸信息。《网络安全法》第四十一条规定"网络运营者在收集、使用个人信息，应当遵循合法、正当、必要的原则，公开收集、使用规则，明示收集、使用信息的目的、方式、范围，并经被收集者同意"，《认定方法》也将"用户明确表示不同意后，频繁征求用户同意、干扰用户正常使用"行为认定为"未经用户同意收集使用个人信息"。部分 App 在未得到法律法规授权，或未涉及社会公共利益、个人重大利益等场景下，强制要求用户或使用频繁打扰方式诱导用户使用人脸识别功能。例如在注册、绑定银行卡等情形时,强制要求开通人脸识别功能,或隐藏其他支付渠道,在每次订单支付时反复提醒开通人脸识别功能。将人脸信息作为绑定银行卡、网上支付的必要信息,强制用户提供,是一种变相的超范围收集个人信息的形式。

(4)人脸信息处理规则不明。《消费者权益法》第二十九条要求"经营者收集、使用消费者个人信息,应当公开其收集、使用规则,不得违反法律、法规的规定和双方的约定收集、使用信息"。《个人信息保护法》也以"告知—同意"规则为支点,明确了同意处理个人信息的一般规则,即同意必须在充分知情前提下,自愿、明确地做出。部分 App 在隐私政策中,或在提醒用户开通人脸识别功能时,对收集人脸信息的目的、方式和范围未作明确地告知。由于国家对网络实名制的要求并不适用于全部行业所有业务功能,仅仅注明"实名认证"不能成为其收集人脸信息的合理理由。App 在实名认证收集人脸信息时,应将其所依据的国家法律法规、行业管理办法的条款及要求明确说明或援引,而大部分 App 实名认证目的描述笼统写成"依据法律法规及监管要求""相关规定",有打政策擦边球、泛化政策法规要求超范围收集个人信息之嫌。

(5)超期留存人脸信息。《网络安全法》第四十三条规定,网络运营者应按照双方的约定收集、使用其个人信息。以实名认证为由收集的人脸信息上传至服务器端,应按照与用户约定的实名认证功能使用,在调用第三方接口进行真实身份比对,目的已实现后删除原图像。很多 App 在实名认证时,没有说明此信息在完成相应功能后将被删除,在实践中,大部分运营者会将此信息进行留存。在国家法律法规提出了存储要求时,应对企业的个人信息安全作充分地影响评估,确保系统信息保护机制达到相应的要求。

(6)用户权利缺乏保障。用户个人信息撤回同意权的保障是个人信息保护的重要内容,《个人信息保护法》第四十七条规定个人撤回同意时,个人信息处理者应当主动或根据个人的请求删除个人信息。绝大部分 App 没有向用户提供可以选择删除人脸信息的机制,用户一旦开通人脸识别,无法单独撤回对人脸信息的同意。除非放弃账户里的所有权益,通过注销账号的方式才能删除包括人脸信息的全部个人信息。部分 App 在开通人脸识别功能时的服务协议中,加入了不合理的"霸王条款"。例如"对完成认证的用户身份的准确性不做任何保障""用户同意对于认证时提交的资料,不可撤销的授权由 App 运营者保留""向第三方共享认证信息时,App 运营者有权不告知用户而直接提供"等。

3. 加强人脸识别技术应用的安全建议

App 在收集人脸信息时,应严格遵循《个人信息保护法》《个人信息安全规范》中对于敏感个人信息、生物识别信息等的相关要求,同时还可从以下角度进一步完善处理数据的安全性和用户权利保障措施。

(1)直接使用移动终端设备提供的人脸识别功能。例如,将人脸信息加密存储在移动终端设备的硬件中,在使用刷脸支付等功能时,服务端并不回传人脸信息,在移动终端完成人脸信息的比对,服务端仅接收终端设备验证结果。

(2)为用户提供单独删除人脸信息的功能。例如,门禁类 App 在用户选择关闭刷脸开门服务时,即视为不再使用该服务,运营者承诺删除此服务对应收集的人脸信息。如果用户再次申请使用刷脸开门服务时,则需重新采集人脸信息。

(3)将人脸识别作为一种可选方式供用户自由选择。例如,门禁类 App 除支持人脸识别开门,还可以提供手机呼叫开门、密码开门、门禁卡开门等多种方式,既保障生活的便利性,又为用户是否用个人信息换取便利生活提供了选择的权利。

8.4　App 个人信息安全治理的创新发展

8.4.1　基于移动操作系统的治理思路

移动智能终端操作系统(简称"移动操作系统")作为 App 的载体,可掌握 App 在安装后运行的状态,而 App 开发的设计理念、权限分组分级、权限申请机制等受制于移动操作系统,这也就为通过强化移动操作系统的个人信息保护功能,从而向 App 个人信息保护进行赋能,并提供更好的技术条件打下基础。当前,主流的移动终端操作系统,包括 iOS、Android、鸿蒙等,对个人信息保护的管控也在逐渐加强,各终端在上述各操作系统上进行了定制化开发,以增加更多的组件、功能便于个人对 App 收集使用个人信息的监督与控制。

从安全治理角度出发,移动操作系统数量有限,通过制定和推广标准,督促国内手机厂商对移动操作系统进行升级改造,将大幅度压缩 App 违法违规收集使用个人信息的空间,为民众提供更多地监督 App 行为的条件,将持续推动移动生态优化。

从实现机制来看,移动操作系统中可从获取敏感信息的接口进行管控的方式、权限的优化管理、存储及沙箱机制、状态栏等的显示界面增强、activity 及 service 调用的管控等角度实现操作系统对 App 合理收集使用个人信息的促进。具体可采取的措施如下。

1. 透明化展示 App 收集个人信息行为

(1)常驻提示敏感系统权限的使用。例如,在 App 使用敏感系统权限期间,持续在屏幕特定位置展示显著的指示标识,包括:当 App 使用麦克风、相机、位置等敏感系统权限时,展示显著的指示标识。用户点击指示标识时,展示正在使用敏感系统权限的 App 名称,并支持跳转到相应 App 的系统权限管理界面。同时向用户提供易于访问的标识介绍页面。

(2)即时提示后台行为。例如,在 App 后台运行时,主动向用户提醒调用敏感系统权限行为,如读取通信录、短信、通话记录等,提醒方式包括浮动窗口、状态栏提示等。

(3)记录、统计 App 行为。例如,对 App 行为进行记录,并设置查询、统计界面,为用户直观呈现个人信息收集情况。记录和统计的行为包括:如获取精准位置、读取通信录、读写公共存储区、录音、拍摄、读取短信、读取通话记录等调用敏感系统权限的行为,读取应用程序列表、读取剪切板、屏幕截图等行为。

2. 限制 App 高风险收集个人信息行为

(1)限制读写存储空间。例如,限制 App 对公共存储区及其他 App 私有存储目录下文件的访问,包括:App 对存储空间的访问范围应仅限于私有存储目录的文件以及用户授权后的公共存储区中的媒体文件(照片、视频、音频等);禁止 App 访问其他 App 私有存储目录中的文件;禁止 App 将其私有存储目录中的文件设置为全局可访问等措施。

(2)限制收集设备识别码。例如,禁止 App 获取不可变更的设备识别码,如 MAC 地址、手机 IMEI 号等。

3. 支持用户控制 App 收集个人信息行为

(1)增强权限控制。例如,扩大用户对 App 访问敏感信息或执行敏感操作的控制范围,对 App 读取应用程序列表、读取剪切板、读取手机号码、后台访问位置等行为进行权限控制。

（2）控制自启动等行为。为用户提供控制 App 自启动等行为的机制，包括提供对 App 自启动、被关联启动、后台运行状态等行为的控制选项，且默认设置为关闭状态。App 开启自启动功能时，应弹窗提示用户，由用户选择是否同意。App 在前台尝试关联启动其他应用时，应弹窗提示用户，并支持用户选择是否同意。

（3）控制设备识别码。增加用户对设备识别码（如广告标识符）的控制措施，包括支持用户手动重置设备识别码，或提供设备标识码随机化的机制，如默认打开 MAC 地址随机化功能。支持设备识别码的自动重置（如 3 个月）。支持用户选择是否允许将设备识别码向 App 开放并用于追踪目的。

（4）权限重置保护。提供敏感系统权限自动重置功能，包括：如果用户长期（如 3 个月）未使用某 App，移动操作系统自动将该 App 已开启的敏感系统权限重置为禁止状态。移动操作系统默认开启自动重置功能，用户可通过交互式界面选择手动关闭该功能。

（5）提供细粒度的权限授权方式。根据不同系统权限的特点，进一步提供细粒度权限授权方式，包括提供单次授权方式：在 App 申请位置、相机、麦克风、通信录、短信权限时，为用户提供单次授权的选项，当用户再次启动 App 时，需要重新询问用户是否允许其获取权限。"仅在使用期间允许"授权方式：仅当 App 处于前台运行状态时允许访问。限制开放"始终允许"授权方式：在 App 申请权限时，不向用户提供"始终允许"的选项。

（6）细粒度数据访问控制。移动操作系统可根据特定系统权限和使用场景特点，向用户提供细粒度数据访问控制措施，包括提供对相册的细粒度访问控制，当用户手动使用上传、分享特定照片（非全量照片）等功能时，支持用户在无需开启"相册/照片""存储"等权限的情况下，直接选取允许 App 访问的照片、音视频等。提供对通信录的细粒度访问控制，当用户手动使用上传、选取特定联系人信息（非全量通信录）等功能时，支持用户在无需开启"通信录"权限的情况下，直接选取允许 App 访问的联系人数据。

4. 移动操作系统其他补充安全措施

（1）设立集中化的"隐私中心"功能。移动操作系统提供者可通过整合移动操作系统中的各类个人信息保护功能，集中向用户展示，包括"隐私中心"等功能，以便用户随时查看 App 收集个人信息行为记录、管理和权限控制。"隐私中心"可在移动操作系统相关设置界面的二级目录中展现，或默认显示在 App 首页等显著位置。

（2）告知同意功能优化。移动操作系统对告知同意功能设计进行优化，包括对系统权限名称命名及功能描述进行优化，使其更加准确和易于理解。支持 App 编辑权限申请目的说明，在 App 申请权限时的弹窗中予以展示。

（3）预置 App 安全要求。移动操作系统预置 App 的授权方式、用户控制权限设置等应与第三方 App 保持一致，不应默认授权，削减控制措施。

8.4.2 基于应用商店管理的治理思路

基于应用商店管理的治理思路，在常见的应用商店运营者层面已经开展了相关工作。例如，从 2020 年 12 月 8 日起，App 开发者提交至 App Store 的新 App 和更新 App 都需要提交用户数据收集和使用的内容。之后，苹果有专门的团队、以人机结合的方式进行审核，并进行不定期的抽查。后续，苹果将会要求所有想要跟踪用户的 App 获得用户的明确同意，否则将会从应用商店删除该应用程序。不止苹果公司逐步加大了应用商店对于 App 收集使用个人信息合规性的审核，众多 Android 手机厂商的应用商店也加强了个人信息保护方面的审核要求,以促进应用商店上架 App 达到一定的合规基线。

据统计,绝大部分移动互联网用户会选择从常用手机预置的应用商店或常用应用商店下载 App,这就为 App 个人信息安全治理引入了新的思路。通过研制应用商店审核 App 的标准,并通过管理手段督促应用商店运营者使用标准,统一审核尺度,对上架 App 进行持续监督,即可大幅度提升 App 个人信息保护的水平,促成良币驱逐劣币的良性生态。

如何基于应用商店开展 App 个人信息安全治理,总的来说,可采取的措施包括 App 进入应用商店前的个人信息处理活动审核和 App 进入应用商店后的个人信息安全管理两部分。针对新申请上架的 App、存量 App 以及发生版本更新的 App,应用商店运营者需对 App 个人信息处理活动进行审核,并在 App 通过审核后对其进行上架;在 App 进入应用商店后,应用商店运营者需对 App 个人信息处理活动进行安全管理,并在 App 存在主管、监管部门通报的违法违规个人信息处理活动问题时对其采取督促整改、下架等措施。

1. App 进入应用商店前的审核

(1)应用商店运营者需制定 App 个人信息处理活动审核规则并公开发布,保证 App 运营者和社会公众可便捷获取。

(2)应用商店运营者需在受理 App 进入应用商店的申请时,对 App 运营者所提交的 App 相关信息进行审核。提交的信息包括 App 运营者信息、App 基本信息、个人信息保护政策(即隐私政策)、收集的个人信息范围,包括提供的服务类型、收集的个人信息类型(区分必要和可选个人信息)、申请的敏感系统权限列表,包括申请的敏感系统权限名称、相关业务功能/使用目的、用户可否拒绝授权、涉及收集个人信息的第三方 SDK 信息等。对于未完整提交信息的,应用商店运营者可拒绝 App 上架。

(3)应用商店运营者需对 App 运营者提交的基本信息、个人信息处理规则进行审核,并对 App 个人信息处理活动进行验证。对于经审核发现提交信息不完整、不准确,且在应用商店运营者反馈询问后仍未在限定时间内给出反馈或合理理由的,或经验证发现存在个人信息处理活动问题的,可拒绝 App 上架请求。同时,应用商店运营者可通过建立自动化处理能力,以提高审核和验证效率。

(4)应用商店运营者记录 App 审核结果,重点记录未通过审核的情况;同时,向 App 运营者说明拒绝上架的理由,并为 App 运营者提供意见反馈渠道,及时受理 App 运营者对审核结果的异议申诉,与 App 运营者存在争议的可向有关监管部门寻求指导和咨询。

(5)对于已经进入应用商店的 App,应用商店运营者在审核验证中发现存在问题的,需对其进行通知整改和处理,符合拒绝进入情形的,将其从应用商店中下架。应用商店中的 App 发生版本更新时,应用商店运营者可按照进入平台程序对 App 更新版本进行审核。

2. App 进入应用商店后的管理

(1)应用商店运营者可在应用商店的 App 下载页面清晰、全面地展示和介绍 App 个人信息处理情况。包括 App 基本信息、App 运营者公开信息、隐私政策、收集个人信息类型(区分必要和可选个人信息)、相关业务功能或使用目的、申请的系统权限名称(注明是否可拒绝)、相关业务功能或使用目的、涉及收集个人信息的第三方 SDK 情况、快速举报通道,包括有关监管部门设立的个人信息问题投诉、举报渠道。

(2)应用商店运营者可通过设置不同颜色、形状图标等方式对 App 进行显著标识,帮助用户快速了解 App 个人信息处理活动情况。例如,认证标识:对通过个人信息保护、网络安全相关认证(如 App 安全认证)的 App 予以专属标识,并在展示、搜索时优先展示。再比如,对有关政务职能部门发布的、涉及社会民生领域的 App 进行"政务民生"标识,在展示时置顶或设立专区展示,在适宜时按照用户搜索意图优先展示。此外,还可以展示负面信息标识,如对近期被外界公开通报存在个人信息处理问题的 App 进行特殊标识,从而提醒用户关注。

(3) 应用商店运营者督促 App 运营者提升个人信息保护的意识和能力,制定并公开发布 App 运营者管理制度,包括在与 App 运营者签署的相关协议中,明确 App 运营者遵循合法、正当、必要、诚信原则开展个人信息处理活动,履行个人信息安全的义务;制定 App 运营者禁入/退出管理制度(即黑名单制度),对于 App 运营者发布的 App 多次未通过审核的,可在一段时间内禁止其提交 App 上架申请;对不同 App 运营者在审核标准、展示样式等个人信息保护方面的要求遵循一致性原则,不根据 App 运营者身份、影响力、市场地位等因素,在其申请系统权限等方面提供默认开启等便利条件;对 App 运营者的相关开发人员进行个人信息保护相关的培训和考核,以增进其对审核标准和相关要求的理解。

(4) 应用商店运营者对 App 个人信息处理活动进行日常监管,及时处理用户投诉举报和主管、监管部门通报的个人信息处理问题,包括:根据下载量、举报记录、更新时间、历史违规记录等要素确定抽样审核的优先级,定期选取一定比例的 App 进行日常抽查;设立便捷的渠道接收用户关于 App 个人信息处理问题的投诉举报,经核验用户反映问题属实的,督促 App 运营者进行整改,拒不整改或者未在规定时间内按照要求整改的,予以下架处置;定期(如每季度)对典型举报问题、App 审核情况、问题 App 处置情况进行汇总分析,并形成报告上报主管、监管部门,对主管、监管部门通报的存在违法违规个人信息处理问题的 App,配合采取督促整改、下架等措施。

8.4.3 基于互联网平台履责的治理思路

《个人信息保护法》第五十八条指出,提供重要互联网平台服务、用户数量巨大、业务类型复杂的个人信息处理者,应当按照国家规定建立健全个人信息保护合规制度体系,成立主要由外部成员组成的独立机构对个人信息保护情况进行监督;遵循公开、公平、公正的原则,制定平台规则,明确平台内产品或者服务提供者处理个人信息的规范和保护个人信息的义务;对严重违反法律、行政法规处理个人信息的平台内的产品或者服务提供者,停止提供服务;定期发布个人信息保护社会责任报告,接受社会监督。

民众常用的 App 动辄拥有上亿的用户量,是典型的用户数量巨大、业务类型复杂的个人信息处理者,理应根据上述要求,践行平台责任,这也同时为 App 个人信息安全治理提供了一种新的思路,即把握互联网生态的基本规律,约 95% 的用户个人信息集中在 5% 的平台上,通过加强对 App 相关的重要互联网平台进行治理,已取得较为显著的效果。

而这其中,互联网平台所制定的隐私协议扮演了较为关键的角色,对其隐私协议的监督即成为安全治理的切入点之一,有必要针对互联网平台隐私协议的编制、发布、修订和争议解决等环节提出要求。具体的思路如下。

1. 隐私协议的编制

互联网平台在编制隐私协议时,需建立完善的个人信息安全管理体系,明确参与隐私协议编制的责任部门或责任人,以及人员职责分工,组织的负责人应为体系建设和隐私协议编制提供足够的资源保障;针对产品或服务收集使用的个人信息进行需求分析,明确实现各服务类型所需收集的必要信息的范围,以及非必要信息之外的所打算收集使用的个人信息的范围,确保满足合法、正当、必要的要求;涉及可能对个人权益产生重大影响的行为,应事先进行个人信息安全影响评估,进一步明确对收集使用个人信息的目的、方式、范围以及权利保障措施,使其不会对个人权益产生高风险影响。

隐私协议如针对不同的服务类型,分别建立和维护个人信息处理情况描述表。描述表包括处理的个人信息类型、保存位置、流转需求、所涉及系统和责任主体等情况;编制隐私协议,应采用清晰易懂,符合通用的语言习惯,使用标准化的数字、图示等,避免使用有歧义、晦涩难懂、模棱两可的语言;个人信息收集使用规则发生变化时,如涉及新服务类型上线,使用目的变化等,需及时更新隐私协议,并向个人主动展示,并同时向个人说明更新的理由,保证历史版本可查。

2. 隐私协议的发布

互联网平台在发布隐私协议时,应当采取以下措施。在收集个人信息前,应主动提示个人阅读隐私协议,如在个人首次开启产品或服务,或首次注册账户时通过弹窗的形式提示阅读;隐私协议应长期置于个人可便捷访问的页面,不应通过置于多级目录、缩减字号、淡化颜色、不提供简体中文版等方式干扰个人获取。产品或服务涉及多种服务类型时,仅将隐私协议用于向个人告知产品或服务个人信息处理情况的目的,不应通过要求个人同意隐私协议的形式一次性获得个人对多种服务类型的同意。个人逐步开启不同服务类型时,应再次主动提示个人阅读隐私协议的相关部分内容,不应以更新隐私协议的方式强制要求个人同意收集更多的个人信息,或削减个人的各项权利。同时,可通过交互式选择界面体现隐私协议的摘要内容,提升隐私协议的可视化程度并保障个人自主选择的权利。

3. 隐私协议的修订和争议解决

互联网平台在修订隐私协议时,对不涉及用户权益重大影响的隐私协议内容修订,个人信息处理者应及时更新隐私协议,并及时通知个人。对涉及用户权益重大影响的隐私协议内容修订,互联网平台可选择在其官方网站等公开渠道面向社会公开征求意见,确保用户能够便捷充分表达意见,并充分采纳公众意见,修改完善平台规则、隐私政策,并以易于用户访问的方式公布意见采纳情况,说明未采纳的理由,接受社会监督。大型互联网平台还可就隐私协议的修订内容征求主要由外部成员组成的独立机构的意见和建议,或由第三方机构进行评估。

互联网平台在收到个人关于隐私协议的反馈、投诉时,应及时向个人给予清晰、明确的解释说明,并在个人要求时提供外部争议解决方式,同时向外部争议解决机构主动提供隐私协议编制过程中形成的工作记录。

8.5　本章小结

本章介绍了 App 个人信息安全治理的基本情况,并对 App 个人信息安全治理的法律法规、标准等依据、典型的案例进行解析,最后展望了 App 个人信息安全治理的新思路、新举措。本章偏重于结合当前我国个人信息保护执法监管领域的实际情况,并注重实践案例的分析,旨在帮助读者在理解个人信息保护具体要求的同时,初步掌握发现问题、分析问题的能力,做到学以致用。

思考题

1. 为什么 App 过度收集个人信息、滥用个人信息的现象突出、屡禁不止？哪类个人信息是最被频繁收集的类型，反映了企业处理个人信息的何种诉求？

2. App 收集的个人信息是否能够转换为可流通、交易的数据资源，从而促进数据价值的释放，其中的风险、障碍在哪？

3. 个人如何去简单判断 App 存在违法违规收集使用个人信息的行为，对于广大用户有哪些实用的个人信息保护建议？

4. 针对 App 个人信息保护开展安全治理，还有哪些可取的思路以取得长效的效果？

实验实践

1. 对于自己常用的 App，通过试用功能、阅读隐私政策等常规手段，分析个人信息处理规则是否完备、是否存在对个人不利的条款、功能，提出改进建议。

2. 使用学校或合作机构提供的专用设备，对 App 的安装包进行静态分析，以及对 App 实际运行的行为、流量进行分析，分析其是否存在隐瞒收集个人信息行为、超出合理频率、后台运行时采集个人信息的情形，并进行取证，撰写报告。

第 9 章

数据安全保护

《数据安全法》提出,数据安全是指通过采取必要措施,确保数据处于有效保护和合法利用的状态,并具备保障持续安全状态的能力。开展数据安全保护,应当依法进行数据分类分级保护建设,全面评估数据处理活动的风险并采取相应的安全保护措施,深入推进数据安全保护技术应用,以及重要数据的识别和保护。数据分类分级是数据安全保护的基础制度要求,数据分类可以实现某个或某些共同特征的数据归集,数据分级可以指导不同敏感和重要程度的数据在访问控制和数据保护方面采取相应的措施。数据处理一般包括收集、存储、使用、加工、传输、提供、公开、销毁 8 个活动,需要根据每个阶段面临的不同威胁与风险,建立相应的安全保护措施。数据安全保护技术应用从数据安全领域的技术推广、开发利用、产品标准建设等方面提供保障支撑条件,建立覆盖数据处理活动各个阶段的全流程安全保护。数据安全是相对的,开展数据安全保护,有必要根据数据分类分级要求识别出重要数据,结合数据处理活动采取重点保护。

9.1 数据分类分级

数据分类分级是应对数据安全挑战、推进数据安全治理体系建设的重要手段。数据分类分级有关标准的推广和使用,为各行各业数据处理者开展数据分类分级工作提供了重要的方法指引,同时也成为了数据安全标准领域的研究热点。《数据安全法》明确提出,国家建立数据分类分级保护制度,各地区、各部门对数据实行分类分级保护,建立健全全流程数据安全管理制度。

9.1.1 概述

1. 数据分类分级概述

《数据安全法》第二十一条明确提出:"根据数据在经济社会发展中的重要程度,以及一旦遭到篡改、破坏、泄露或者非法获取、非法利用,对国家安全、公共利益或者个人、组织合法权益造成的危害程度,对数据实行分类分级保护"。实行数据分类分级保护,不仅能够确保具有较低信任级别的用户无法访问敏感数据以保护重要的数据资产,提升数据的安全性,降低企业的合规性风险;也能避免对不重要的数据采取不必要的安全措施,更好地满足业务的使用和数据资产的管理,持续为业务赋能。

数据分类分级,顾名思义,包括数据分类和数据分级两项重要工作。依据有关标准及公开资料梳理,数据分类是指根据组织数据的属性或特征,按照一定原则进行区分和归类,以方便用户对数据进行查询、识别、管理、保护和使用等功能的过程;数据分级是指根据数据的重要性和敏感度,按照一定的原则和方法,对数据进行定级的过程。数据分类主要是从业务角度或管理角度考量,包括行业维度、领域维护、来源维度、共享开放维度等,数据分级更多是从数据安全合规性要求、数据保护要求的角度出发,一起通过数据资产的分类分级治理,为组织数据处理活动的安全策略制定提供支撑。

为进一步落实数据分类分级保护制度要求,近几年,国家、行业、地方发布了一系列数据分类分级相关的标准规范,用于指导所在行业、领域的数据分类分级工作。例如,GB/T 37973—2019《信息安全技术 大数据安全管理指南》给出了数据分类分级原则、流程、方法;GB/T 38667—2020《信息技术 大数据 数据分类指南》中提供了大数据分类过程及其分类视角、分类维度和分类方法等方面的建议和指导;YD/T 3813—2020《基础电信企业数据分类分级方法》规定了基础电信企业数据分类分级原则、数据分类工作流程和方法、数据分级方法,并给出基础电信企业数据分类分级示例;JR/T 0197—2020《金融数据安全 数据安全分级指南》给出了金融行业数据安全分级的目标、原则和范围,以及数据安全定级要素、规则和定级过程;DB 3301/T 0322.3—2020《数据资源管理 第3部分:政务数据分类分级》规定了政务领域数据资源管理过程中分类分级原则、数据分类方法、数据分级方法、关键问题等要求。2022年9月发布的《信息安全技术 网络数据分类分级要求》(征求意见稿)发布,给出了数据分类分级的原则和方法,包括数据分类分级基本原则、数据分类规则、数据分级规则、数据分类分级流程等。

2. 数据分类分级原则

《信息安全技术 网络数据分类分级要求》(征求意见稿)中明确表示,数据分类分级需要在遵循国家数据分类分级保护要求的基础上,按照数据所属行业领域进行分类分级管理,并且要遵循如下的分类分级原则。

(1)科学实用原则:从便于数据管理和使用的角度,科学选择常见、稳定的属性或特征作为数据分类的依据,并结合实际需要对数据进行细化分类。

(2)边界清晰原则:数据分级的主要目的是数据安全,各个数据级别应做到边界清晰,对不同级别的数据采取相应的保护措施。

(3)就高从严原则:采用就高不就低的原则确定数据分级,当多个因素可能影响数据分级时,按照可能造成的各个影响对象的最高影响程度确定数据级别。

(4)点面结合原则:数据分级既要考虑单项数据分级,也要充分考虑多个领域、群体或区域的数据汇聚融合后对数据重要性、安全风险等的影响,通过定量与定性相结合的方式综合确定数据级别。

(5)动态更新原则:根据数据的业务属性、重要性和可能造成的危害程度的变化,对数据分类分级规则、重要数据目录等进行定期审核更新。

3. 数据分类分级框架

国家标准《信息安全技术 网络数据分类分级要求》(征求意见稿)提出了数据分类框架和数据分级框架的概念。

按照标准的数据分类框架要求,数据分类应按照先行业领域、再业务属性的思路进行分类。按照业务所属行业领域,可以将数据分为工业数据、电信数据、金融数据、能源数据、交通运输数据、自然资源数据、卫生健康数据、教育数据、科学数据等行业领域数据;按照行业领域业务属性,由各行业各领域主管(监管)部门对行业领域数据进行细化分类,常见的业务属性包括但不限于业务领域、责任部门、描述对象、上下游环节、数据主体、数据用途、数据处理、数据来源等。需要注意的是,在涉及有专门的法律法规所要求的数据类别(如个人信息)要求时,应按照有关规定或标准对个人信息、敏感个人信息进行识别和分类。

按照标准的数据分级框架要求,数据分级需要根据数据在经济社会发展中的重要程度,以及一旦遭到泄露、篡改、破坏或者非法获取、非法利用,对国家安全、公共利益或者个人、组织合法权益造成的危害程度,从高到低分为核心数据、重要数据、一般数据 3 个级别。各行业各领域应在遵循数据分级框架的基础上,明确本行业本领域的数据分级规则,并对行业领域数据进行定级。

9.1.2　方法

1. 数据分类方法

数据分类应按照数据的多维特征及相互间客观存在的逻辑关联进行科学和系统化的分类,从业务属性出发,对整体数据进行评估,根据数据的关键性、可用性、完整性、合规性进行摸底,结合不同的组织、业务场景划分数据类别。根据标准 GB/T 38667—2020《信息技术 大数据 数据分类指南》要求,数据分类方法一般包括 3 种,分别是线分类法、面分类法和混合分类法。

(1)线分类法是按选定的若干个属性或特征将分类对象逐次分为若干层级,每个层级又分为若干类别。同一个分支的同层级类别之间构成并列关系且互不重复、互不交叉,不同层级类别之间构成隶属关系。线分类法适用于针对一个类别只选取单一分类维度进行分类的场景。线分类法的优点在于信息容量大、层次性好,可以直观地反映出类别之间的逻辑关系,符合传统应用的习惯,并且使用方便;其分类结果既适用于手工操作也便于机器处理信息。缺点在于分类结构一旦确定便不易改动,结构弹性较差,如遇到分类层次较多的情况时,分类效率将会大幅度下降,影响数据处理速度;大型分类表一般类目详尽、篇幅较大,对分类表管理的要求较高。

(2)面分类法是将已经选定的分类对象,根据其本身的固有的各种属性或者特征,分成相互之间没有隶属关系即彼此独立的“面”,每个“面”中都包含了一组类别;同时还可以将一种类别和另外的一个或多个类别组合在一起,组成一个复合类别。面分类法是并行化分类方式,适用于对一个类别同时选取多个分类维度进行分类的场景。面分类法的优点是分类结构弹性较大,具有较大的柔性,即一个“面”内类别的改变,不会影响其他的“面”;而且可以对“面”进行增删,易于添加和修改类别;“面”的分类结构可根据任意“面”的组合方式进行检索,有利于计算机的信息处理。缺点是由于可组配的类别较多,造成了能实际应用的类别不多。

(3)混合分类法则是将线分类法和面分类法进行组合使用,尽可能地汲取这两种分类方法的优点,得到更为合理方便的分类。混合分类法可以有效地将一些综合性较强、属性或者特征不是十分明确的数据进行分类,适用于以一个分类维度划分大类、另一个分类维度划分小类的场景。采用混合分类法可以根据实际情况,灵活组合使用面分类法和线分类法,将两种分类法的优点发挥到最大程度。

参考数据分类方法,结合数据分类框架要求,各行业各领域开展数据分类时,应根据行业领域数据管理和使用需求,结合本行业本领域已有的数据分类标准基础,灵活选择业务属性将数据逐级细化分类。

2. 数据分级方法

按照国家标准《信息安全技术 网络数据分类分级要求》（征求意见稿）要求，数据分级应通过定量与定性相结合的方式，识别数据分级要素情况，开展数据影响分析，确定数据一旦遭到泄露、篡改、损毁或者非法获取、非法使用、非法共享，可能影响的对象和影响程度，最终综合确定数据级别。具体步骤包括：确定数据分级对象，如数据项、数据集、衍生数据、跨行业领域数据等；分级要素识别，识别数据的领域、群体、区域、精度、规模、深度、覆盖度、重要性等分级要素情况；数据影响分析，结合数据分级要素识别情况，分析数据一旦遭到泄露、篡改、损毁或者非法获取、非法使用、非法共享，可能影响的对象和影响程度及综合确定级别。

数据分级的识别要素，包括数据领域、群体、区域、精度、规模、深度、覆盖度、重要性等，其中领域、群体、区域、重要性通常属于定性要素，精度、规模、覆盖度属于定量要素，深度通常作为衍生数据的分级要素。

数据影响分析主要关注影响对象和影响程度。影响对象是指数据一旦遭到泄露、篡改、损毁或者非法获取、非法使用、非法共享，可能影响的对象。影响对象通常包括国家安全、经济运行、社会稳定、公共利益、组织权益、个人权益。影响程度是指数据一旦遭到泄露、篡改、损毁或者非法获取、非法使用、非法共享，可能造成的影响程度。影响程度从高到低可分为特别严重危害、严重危害、一般危害。

综合确定数据级别需要在分级要素识别、数据影响分析的基础上，根据影响对象和影响程度的实际情况，参照一定的规定确定数据级别。

参考数据分级方法，结合数据分级框架要求，各行业各领域开展数据分级时，需要针对已有数据或新采集数据的安全分级需求，结合本行业本领域已有的数据分级标准基础，组织主管领导、业务专家、安全专家等共同确定数据级别，以提供相适应的安全管理和技术措施。

9.2 数据处理活动保护

《数据安全法》中，对数据处理活动进行了定义，包含数据的收集、存储、使用、加工、传输、提供、公开等，《个人信息保护法》又在《数据安全法》的基础上增加了删除活动。本文综合法规要求和业务实践，将数据处理活动分为收集、存储、使用、加工、传输、提供、公开、销毁8个阶段，详细阐述每个数据处理活动面临的安全风险以及应具备的安全保护要求。

9.2.1 数据收集的安全保护

数据收集是根据特定的目的和要求，从一种或多种数据源选择和获取数据，并对数据进行清洗、标识、加载等数据操作，形成数据资产的数据处理活动。

1. 安全风险

在大多数应用中，数据采集不需要预处理即可直接上传，数据来源是否安全有待商榷；很多互联网公司收集可能接触到的数据，数据违法违规收集屡禁不止；数据攻击者可以通过在数据收集阶段有意识地投放不正确或有偏斜的数据来降低数据可用性目的，影响、扰乱应用数据分析结果；而在某些特殊场景，数据采集方需要对数据进行变换、压缩、清洗甚至加噪处理，以降低数据量或精度，为数据入库带来技术隐患；一旦真实数据被采集，则用户隐私保护基本脱离用户自身控制。数据收集活动常见的安全风险包括但不限于违规采集风险、恶意代码注入风险、数据格式不规范风险、数据污染风险、数据标记错误风险等。

（1）数据违规采集风险是指数据主体在未被告知数据处理目的的情况下，或者在未表示单独同意的情况下，被非法收集数据，造成被收集数据处于未知风险。

（2）恶意代码注入风险是指数据入库时，恶意代码会随着数据注入到数据库中或信息系统中，恶意代码会危害数据的保密性、完整性、可用性，导致数据处于巨大风险中。

（3）数据格式不规范风险是指数据入库时，因数据不符合规范或数据无效，导致数据无效写入的风险。

（4）数据污染风险是指数据入库时，攻击者接入采集系统，通过污染待写入的原始数据的方式，达到破坏数据的完整性目的。

（5）数据标记错误风险是指数据分类分级判断错误或标记错误时，存在重要数据受保护级别降低的情况，导致重要数据未受到有效的数据保护。

2. 可采取的措施

由于数据收集活动是数据有效利用的先决条件，且不可避免地存在风险，所以不能随意的采集数据，而是必须以业务利用需求为出发点，有限度有规则地采集特定的数据。常见的数据收集方法包括数据库采集、系统日志采集、网络数据采集、私有数据交换采集、传感器采集等。随着大数据技术的快速发展，数据收集技术逐步由传统收集方式向大数据收集方式转变，给数据收集活动进一步带来挑战。结合传统数据收集技术和大数据收集技术要求，《信息安全技术 大数据服务安全能力要求》中明确表示，数据收集安全需要具备 4 个层面的安全处理能力，即数据获取安全处理能力、数据清洗安全能力、数据标识安全能力、数据加载安全能力。总的来说，针对数据收集阶段的风险，可采用管理措施和技术措施降低或规避风险。

（1）管理措施。数据收集过程应建立数据获取、清洗、标识、加载的操作流程规范，明确数据收集过程中的相关方式，并定期评估数据收集操作规程的合规性，确保数据收集过程合规。另外，数据收集活动还需要针对敏感个人信息、重要数据等相关数据，与对应的数据提供方签署对应的承诺书、协议等，明确双方的法律责任及数据安全保护责任。

（2）技术措施。首先，在数据获取过程中，应加强对数据获取相关工具的授权的管理，并建立最小够用的使用规则，能够对异常数据获取行为进行检测及告警，能够记录数据获取操作过程并实现跟踪，清晰追溯数据获取过程；其次，在数据清洗过程中，能够对数据变换、转换、去重、纠错等过程数据提供安全防护，并建立明确的数据访问规则；再次，能够对收集的数据进行识别，能够依据数据分类分级策略对收集数据的安全属性进行标记，并基于数据标识标记的效果和影响范围定期进行数据安全风险评估；最后，在数据加载的过程中，能够对数据加载过程中的终端或服务组件进行身份鉴别，并通过采取多因素身份鉴别技术，满足数据加载人员的真实性和访问权限的合法性要求。

9.2.2　数据存储的安全保护

数据存储是将数据持久化保存在硬盘等存储介质中的数据处理活动。

1. 安全风险

数据收集后一般汇集并存储于大型数据中心。在数据存储过程中，由于采用的方式不相同，导致数据保存过程的安全措施存在差异化，随之带来相应的安全风险；数据存储的风险威胁是多方面的，可能来自外部因素、内部因素、数据库系统安全等不同层面。外部因素一般由外部攻击造成，包括黑客脱库、数据库后门、挖矿木马、数据库勒索、恶意篡改等；内部

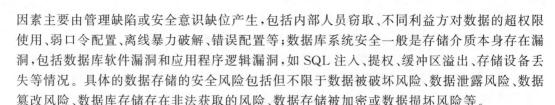

因素主要由管理缺陷或安全意识缺位产生,包括内部人员窃取、不同利益方对数据的超权限使用、弱口令配置、离线暴力破解、错误配置等;数据库系统安全一般是存储介质本身存在漏洞,包括数据库软件漏洞和应用程序逻辑漏洞,如 SQL 注入、提权、缓冲区溢出、存储设备丢失等情况。具体的数据存储的安全风险包括但不限于数据被破坏风险、数据泄露风险、数据篡改风险、数据库存储存在非法获取的风险、数据存储被加密或数据损坏风险等。

(1)数据被破坏风险是指当存储系统故障或物理环境发生变化时,原有的数据安全技术措施无法有效保护数据。

(2)数据泄露风险是指当数据库服务器、文件服务器、办公终端等存储设备存储的数据被恶意安装数据窃取工具或非法外接等。

(3)数据篡改风险是指通过篡改网络配置、系统配置、安全配置等方式,达到篡改用户身份或业务数据信息目的。

(4)数据库存储存在非法获取的风险是指当数据存储在 U 盘、光盘、移动硬盘、NAS 网络存储器时,由于存储设备安全性不高,导致数据处于损坏、窃取的风险中。

(5)数据存储被加密或数据损坏风险是指当数据存储被恶意加密或数据损坏,容易造成数据丢失、无法恢复数据等事件,导致企业数据丢失,影响业务流转等问题。

2. 可采取的措施

数据存储需要采用专业的加密、控制、审计等安全措施保护数据应用。《信息安全技术 大数据服务安全能力要求》认为,大数据存储安全能力应考虑存储架构、数据副本与备份、数据归档、数据留存、密钥管理和多租户数据存储等安全措施,考虑建立完善的分布式文件系统、云存储、数据完整性、隐私保护机制等措施,确保大数据存储及安全隐私。总体来说,针对数据存储存在的安全风险,可采用如下管理措施和技术措施降低或规避风险。

(1)管理措施。应该建立完善的数据存储冗余策略以及数据复制、备份及恢复相关副本的操作规范,明确数据存储范围以及类型,如副本数量、访问权限管理、数据同城或异地容灾备份等,能够针对数据重要程度不同,建立对应的数据归档和数据有效性管控的操作流程,确保数据存储的使用合规;能够针对存储数据建立密钥管理操作规范,并对密钥全周期的操作记录进行管理。

(2)技术措施。首先,数据存储过程的存储架构需要满足不同技术架构层次的加密存储能力,依据数据的重要度进行不同阶段的加密,能够实现依据访问频率和数据时效性高低设计的数据分层存储技术,确保支持数据在各层间的自动迁移,提升数据存储方案效率;其次,需针对存储数据建立数据副本与备份的技术,提供技术能力对数据副本进行定期检查和更新,保证数据副本和备份数据的有效性,提供对复制、备份等操作生成的数据副本,及数据源身份鉴别、访问控制、完整性校验的技术机制;第三,对归档数据建立存储安全策略和管控措施,确保非授权用户不能访问归档数据,并针对归档数据提供压缩或加密策略,提升数据存储空间的有效安全利用;第四,提供对存储数据、相关备份、复制与归档数据副本的安全删除方法和技术机制,并提供基于时间控制的存储期限管理;第五,提供存储加密功能,满足存储加密的需求。

9.2.3　数据使用的安全保护

数据使用是依据数据权属及收集和使用数据的目的和范围,确定授权和访问控制策略,控制组织、人员或信息系统等主体对数据资产进行读取、检索、展示等操作的数据处理活动。

1. 安全风险

由于数据使用过程的方式有很多种,外部攻击、内部管理、系统本身等等都会带来风险,所以产生的安全威胁也比较多。外部攻击风险包括账户劫持、APT攻击、身份伪装、认证失效、密钥丢失、漏洞攻击、木马注入等;内部管理风险包括内部人员、DBA违规操作窃取、滥用、泄露数据等;系统自身安全风险包括不严格的权限访问、多源异构数据集成中隐私泄露等。由此可以看出,从数据本身来讲,大部分的数据使用安全风险主要体现在数据越权、数据滥用等方面,从安全风险细分上讲,包括但不限于数据使用接口滥用的风险、未经授权访问风险、数据抵赖风险、数据越权使用风险、特权账户滥用风险、数据滥用风险等。

(1)数据使用接口滥用的风险是指数据共享接口未进行合理的调用限制(如访问时间、访问频次、访问范围等)。

(2)未经授权访问风险是指当身份认证失效或强度不够时,未被授权人员可随意访问数据,导致数据被非法访问。

(3)数据抵赖风险是指人员访问数据后,不承认在某时某刻用某账号访问过数据,当发生数据安全事件时,无法有效追责定责。

(4)数据越权使用风险是指数据使用的权限未在管理制度中明确或缺少权限管理制度、数据使用权限设置太粗、边界不清、数据使用权限设置错误、存在越权漏洞等问题。

(5)特权账户滥用风险是指特权账户的权限人员,其可应用的场景过于宽泛,缺少严格使用审批流程和规范。

(6)数据滥用风险是指在数据使用阶段,没有定期查看不同账户的使用情况,不能及时发现账户违规操作。

2. 可采取的措施

为应对数据使用过程中出现的风险,需要采用专业的告知、监督、检测等安全措施保护数据使用活动。《信息安全技术 大数据服务安全能力要求》中明确表示,数据使用的安全能力包含合规管理、访问控制、数据展示等安全措施。在处理数据使用安全风险时,可以结合有关安全要求,从管理措施和技术措施两个层面降低和规避风险。

(1)管理措施。应建立数据使用的合规管理机制,包括明确数据责任主体、数据主体、数据控制者或数据处理者及其相关参与者的权利约束和限制条件,使数据的使用不能损害相关权利人的合法权益,建立数据使用授权管理规范、数据展示操作规范等相关数据使用过程要求,确保数据使用过程的安全可靠。

(2)技术措施。首先,需要建立数据使用合规基线机制,包括对数据使用过程的授权,数据使用过程全程审计,数据使用风险监测等技术措施;其次,建立细化的访问控制机制,综合主体角色与安全级别、数据分类分级要求、数据使用时效性等因素,通过数据使用者的身份标识与鉴别、存储数据访问授权等策略实现存储数据使用相关的访问授权,能够提供基于数据访问接口、管理工具和管理命令的管控措施,包括但不限于访问控制时效的管理和验证、引用接入数据存储工作的有效性取证机制等;第三,数据展示过程中要针对重要数据和敏感个人信息提供脱敏防护,并依据数据的重要度不同提供防截屏、防复制、限制水印、屏幕水印等控制措施,降低数据展示的泄露风险,及时删除本地缓存或展示通道中的缓存数据,降低数据泄露风险。

9.2.4 数据加工的安全保护

数据加工是指通过数据变换、数据转换、数据编码、数据计算、数据压缩、数据分析等数据操作,生成新数据(集)的数据处理活动。

1. 安全风险

数据加工作为数据处理活动过程中承载数据变换过程的节点,一般会涉及数据自身的改变,需要先读取数据,并经过变换、转换、纠错、编码、分析、挖掘、脱敏等数据操作生成新数据。在这个过程中,由于数据经历多重变化,包括数据的责任主体、数据主体甚至数据处理者的变化,容易产生分类分级不当、数据脱敏质量较低、恶意篡改/误操作等情况导致的数据隐私泄露。具体的数据加工阶段安全风险包括但不限于越权加工风险、特权账户滥用风险、委托第三方加工数据不可控风险、数据泄露风险、数据违规加工风险等。

(1)越权加工风险是指数据加工的权限未在管理制度中明确或缺少权限管理制度,导致数据处理人员没有权限但得到高敏感数据。

(2)特权账户滥用风险是指特权账户的管理员太多,从而导致特权账户被滥用。

(3)委托第三方加工数据不可控风险是指在委托第三方进行数据加工时,缺少相应的管理制度,导致数据加工权责不清。

(4)数据泄露风险是指数据加工过程和结果缺少数据泄露防护管理制度,对于过程、结果缺少数据防泄露技术措施或本身存在数据泄露漏洞,导致加工的数据被泄露。

(5)数据违规加工风险是指在数据加工过程中缺少相应的管理制度,以及在加工过程中缺少违规告警技术措施。

2. 可采取的措施

数据加工阶段需要做好内控、风险、响应等安全管控。《信息安全技术 大数据服务安全能力要求》中明确表示,数据加工安全需要重点关注分布式计算、大数据分析、密文计算、数据脱敏等安全能力要求。结合上述标准要求和数据安全实践经验,针对数据加工阶段的风险,仍可采用管理措施和技术措施降低或规避风险。

(1)管理措施。应该建立数据加工过程中数据分析相关数据源的数据获取、汇聚及使用操作规范,在数据分析前,对多数据源的汇聚开展安全风险评估,建立多源数据聚合、关联分析等数据资源的操作规范;在数据加工过程中建立数据脱敏操作规范,明确数据脱敏规则、脱敏方法及使用限制等。

(2)技术措施。首先,在数据加工分析过程中,需要针对数据分析相关数据获取、汇聚提供基于使用方式、访问接口、身份授权的技术防护措施,并提供分析过程中的合规性检测,具备对数据分析结果及算法实现溯源的能力,针对重要数据建立密文计算、密钥管理的技术机制,对密文计算过程进行保护;其次,能够对数据进行自动识别,可根据不同类别、级别数据提供脱敏技术能力,并支持如泛化、抑制、干扰等数据脱敏技术,对于脱敏后的数据能够保留其原始格式和特定属性,满足相应的业务需求;第三,数据加工过程中的数据脱敏处理应能够进行操作记录。

9.2.5 数据传输的安全保护

数据传输是指通过信息通信设备将数据从一个网络节点传送到一个或多个网络节点的数据处理活动。

1. 安全风险

数据传输阶段作为数据处理活动的传输状态,传输过程中包含计算机、程序、终端设备、存储器、信息系统等大量网络节点,面临丢包、篡改、破坏、非授权访问等问题,容易出现网络攻击、传输泄露等风险情况,严重威胁着数据的准确性和完整性。网络攻击包括 DDoS 攻击、APT 攻击、通信流量劫持、中间人攻击、DNS 欺骗和 IP 欺骗、泛洪攻击威胁等;传输泄露包括电磁泄漏或搭线窃听、传输协议漏洞、未授权人员登录系统、无线网安全薄弱等。具体到数据本身的传输风险,主要包括数据窃取风险、数据完整性破坏风险、数据传递目标错误风险、传输方式失效风险等。

(1) 数据域内或跨域交换时存在从高级域流向低级域风险。

(2) 数据窃取风险是指攻击者通过伪装,在数据传输的过程中伪造虚假请求、重定向等对数据进行窃取,或者攻击者通过接入传输过程中所经过的网关等设备监听获取数据。

(3) 数据完整性破坏风险是指攻击者伪装通信代理对通信端篡改数据。

(4) 数据传递目标错误风险是指针对数据传输的分发审核机制不健全。

(5) 传输方式失效风险是指在传输过程中存在链路带宽不足、无备份的链路、无冗余的传输链路设备以及传输的接口不稳定等问题。

2. 可采取的措施

数据传输阶段中的主要安全目标是保证数据的准确性、有效性、可靠性。为保证数据内容在传输过程中不被恶意攻击者收集或破坏,可以通过安全传输通道搭建以及报文完整性校验技术措施保障数据的完整传输,构建数据传输的完整性保护机制。由于数据传输阶段涉及多个网络节点的交互,可采取的策略应尽可能地覆盖多种场景,例如安全域内外的数据传输场景、数据传输加密等。《信息安全技术 大数据服务安全能力要求》中明确表示,数据传输安全需要针对具体的数据传输场景,建立安全域内、安全域间不同场景的数据传输安全策略,通过部署安全通道、数据加密等措施,保证大数据系统中数据传输的保密性和完整性,加强对数据本身和两端主体的传输前安全评估、接口安全、主体鉴别认证、策略审核监控、完整性验证、可靠性管控等安全控制措施要求。在实际的数据传输处理中,可采用管理措施和技术措施结合的方式,降低或规避风险。

(1) 管理措施。通过制定数据安全规则、开展员工安全培训等方式提升数据传输安全意识;明确规范操作流程,减少由人为操作失误而造成的数据传输安全问题。

(2) 技术措施。首先,要针对全域内、安全域间的数据传输场景,建立安全域内、安全域间不同场景的数据传输安全策略,在跨域传输数据前对传输双方的数据安全级别进行评估的能力,避免将高安全等级数据传输到低安全等级的安全域;其次,利用加密技术对数据端到端的传输过程进行加密,保护传输的数据安全,这样在中间节点传输即使存在损坏也不会影响数据信息的传输;第三,利用身份鉴别技术确认传输节点身份,构建传输通道前对两端主体身份进行标识和鉴别,确保双方可信,保证传输的节点安全,同时使用成熟的安全传输协议,保证传输的通道安全;第四,在核心数据交换节点上采用关键字检测、正则表达式检测、数据标识符检测等多种检测措施,对结构化、非结构化数据进行敏感数据检测,预防并阻止有意或无意的数据泄露行为,保障数据传输过程中的安全可控;第五,在完善数据传输链路的冗余、恢复机制,保证数据传输链路可靠性的基础上,也要对数据传输的安全传输策略变更进行审核和监控,包括对通道安全配置、密码算法配置、密钥管理等保护措施的审核及监控。

9.2.6 数据提供的安全保护

数据提供是向组织内其他责任主体或其他组织提供所控制的数据资产的数据处理活动,主要分为组织内提供和跨组织提供两种方式。组织内数据提供一般是指跨安全域的数据交换、共享、转让等数据操作;跨组织的数据在原有的数据操作基础上还涉及数据的权益归属、数据跨境安全评估以及个人信息保护影响评估等操作。

1. 安全风险

数据提供的安全风险是多方面的,既有可能存在政策导致的不合规的提供和共享,也有可能存在由于内部缺乏数据拷贝的使用管控和终端审计、行为抵赖、数据发送错误、非授权隐私泄露/修改、第三方过失而造成数据泄露;同时也可能存在外部恶意程序入侵、病毒侵扰、网络宽带被盗用等数据攻击情况。在数据提供安全活动中,人们更多的是关注数据权限混乱、数据过度提供、数据提供接口滥用等方面的风险。

(1)数据提供权限混乱风险是指在为第三方机构提供数据时,第三方人员所拥有的权限过大,导致可以直接获取不应提供的敏感、重要数据。

(2)数据过度提供风险是指由于相关业务对数据需求并不明确,或未基于数据调取人员、所操作的业务系统进行相关访问控制,导致数据调取人员获取数据信息量超过所需数据。

(3)数据提供接口滥用风险是指在提供数据时,没有对数据提供的接口进行合理的调用限制,如访问时间、访问频次、访问范围等。

2. 可采取的措施

数据提供需要采用专业的评估、保护、监督等安全措施保护数据应用。《信息安全技术 大数据服务安全能力要求》认为,针对组织内提供,需要建立合理的组织内跨安全域数据提供安全操作规范,采用数据加密、安全通道等管控措施和自动化保障工具等,严格检查、评估、监控、审计数据提供活动场景,并在数据提供活动完成后对数据提供通道的缓存数据及相关临时数据进行安全删除;针对跨组织提供,重点需要建立跨组织数据提供的数据风险评估操作规程,涉及数据共享、转让或委托处理时应与数据接收方通过合同、协议等形式明确双方的数据安全保护责任和义务,组建数据提供管理组织和应急响应机制,涉及数据出境和敏感个人信息传输的,还需要遵从相关合规制度要求,数据提供完成后按照约定要求销毁数据。在数据提供过程中,不管是组织内提供,还是跨组织提供,都需要针对不同类别、不同级别的数据,建立相应的安全共享策略,分类别分级别对数据资产采用可信接口注册、身份鉴别、数据加密、数据脱敏;利用数据审计、访问控制、身份鉴别等技术,基于安全策略对特权账号、提供信息账号进行统一的分配、管理、监控和审计,防止数据过度提供、数据提供接口滥用、保障数据提供内容与权限相匹配。

9.2.7 数据公开的安全保护

数据公开是向其他组织、个人或指定范围公开所控制的数据资产的数据处理活动,使其可合规地获取所公开的数据。

1. 安全风险

数据公开与开放、共享不同,公开数据是指任何人都有权访问,但只能在一定条件下获取并使用数据。但是,很多数据经常在未经过严格保密审查、未进行泄密隐患风险评估,或者未意识到数据情报价值或涉及公民隐私的情况下随意发布。所以,数据公开的安全风险更多的关注点在于数据是否适合公开,是否存在敏感数据泄露的问题,具体包括但不限于公开数据未脱敏风险、数据流向不可控风险、未授权访问风险等。

(1)公开数据未脱敏风险指在对外公开数据时,未对敏感数据进行脱敏处理,使第三方人员可看到敏感原始数据。

(2)数据流向不可控风险指在数据公开时,被第三方获取,未对数据流转方式、人员进行信息记录,且未对数据嵌入标识等操作。

(3)未授权访问风险指数据开放时未建立数据开放平台的认证鉴权机制,未对开放数据的请求者进行身份认证。

2. 可采取的措施

数据公开必须做好数据公开的危害分析和影响准备工作,采取合适的安全措施进行针对性的安全防护。《信息安全技术　大数据服务安全能力要求》认为,数据公开的安全能力主要包含数据发布和在线访问等安全措施要求。

在数据发布方面,采取的安全措施主要包括建立数据主动公开发布管理制度和操作规范,以及数据发布的管理措施与机制,提供数据发布清单和发布数据的数据访问接口及数据格式规范,具备对待发布数据进行重要数据及敏感个人信息识别能力,定期审核发布数据资源的使用报告。

在在线访问方面,采取的安全措施包括建立组织外用户在线访问公开数据的授权操作规范和数据使用操作规范,以及组织外用户在线访问公开数据的数据使用责任追究技术机制,健全公开数据在线访问目录库和组织外用户在线访问公开数据的渠道,通过大数据平台服务组件实现组织外用户在线访问公开数据的申请的登记、审核、审批等管理功能,提供包括用户身份鉴别、访问服务等服务组件的互认等安全管控功能,采用自动和人工审计相结合的方式对在线访问操作进行监控和记录,对涉及对重要数据等高风险数据操作的未经授权访问操作宜具备自动化识别和实时预警能力。

在针对具体的数据公开处理活动时,可采用技术措施降低或规避风险。例如,采用数据访问控制技术,建立数据开放平台授权管理和访问控制机制,并定期对数据开放平台的安全性进行验证,防范数据流向不可控;采用个人信息去标识化、假名化、泛化、随机化等脱敏技术,在共享数据给第三方前需要先对数据进行脱敏操作,防止造成敏感信息泄露;采用认证鉴权技术,对开放数据的请求者进行身份认证,对重要数据及敏感个人信息识别能力以及在线访问操作进行监控和记录,通过自动和人工审计相结合的方式,管控涉及对重要数据等高风险数据操作的未经授权访问操作,降低未授权访问风险。

9.2.8　数据销毁的安全保护

数据销毁是指抹去或覆盖存储介质中的数据或销毁存储介质的数据处理活动。

1. 安全风险

数据销毁分为数据删除和介质销毁两种。数据删除是指在所涉及的信息系统及数据存储设备中抹去数据或者覆盖存储的数据,使其不可被检索、访问的状态,主要风险是违约删除和未履约删除。介质销毁则采用物理破坏、化学腐蚀等方法直接销毁存储数据的介质,以达到彻底删除数据的目的,主要风险是介质丢失和数据泄露。

2. 可采取的措施

数据销毁主要分为软销毁和硬销毁。

数据删除一般属于软销毁的一种方式。《信息安全技术 大数据服务安全能力要求》认为,数据删除应建立安全操作规范,明确物理删除和逻辑删除的数据删除方法和技术,完善不可逆数据删除机制,配备必要的数据删除工具,健全数据删除管控机制,及时响应法规或个人的数据删除或匿名化处理诉求,建立动态的数据删除机制,实现数据删除效果评估和复核,定期检查已被删除的数据是否还能访问等。确保数据被销毁的验证工作,成为当前主要采取的措施。在数据销毁过程中应参照标准能力要求,监督数据删除操作及其删除效果反馈的过程,包括已共享或者已被其他用户使用的数据的删除技术管控措施,跟踪和记录数据删除活动,具备对数据删除操作的追溯能力,应对违约删除和未履约删除风险。

介质销毁一般属于硬销毁的一种方式。《信息安全技术 大数据服务安全能力要求》认为,介质销毁需要明确介质的访问和使用管理规范,建立介质销毁方法和机制,遵照业务需要、法律法规和标准规范销毁存储介质,制定存储介质销毁的监管措施,部署介质管理系统,对存储介质的使用和传递过程进行全程跟踪,对介质访问、使用、销毁等过程进行记录和审计。在数据销毁处理活动中,可采用物理消磁或液体浸泡、钻孔破坏等,将存储设备直接销毁处理,规避介质丢失或数据泄露风险。

9.3 数据安全保护技术及应用

开展数据安全保护,离不开数据安全保护技术的研究和应用。常见的数据安全保护技术及应用包括数据识别、数据加密、数据防泄露、数据脱敏、数据安全审计、数字水印、数据备份与容灾、数据销毁等。

9.3.1 数据识别技术

1. 数据识别技术概述

数据识别技术可对敏感数据进行识别与发现,从而能够更有效地实施针对性保护。数据识别技术是数据安全精准防护的基础,传统的数据识别技术较为广泛,包括条码识别、生物识别、图像识别等。本节从文档数据识别的角度,对文档数据识别技术分类及文档数据识别技术应用两个维度进行阐述。

2. 文档数据识别技术分类

常见的文档数据识别技术包括数据指纹识别技术及基于指纹库的文档识别技术。

(1)数据指纹识别技术。数据指纹识别技术主要通过扫描数据内容,基于数据内容的特征自动化形成数据指纹,并与检测源数据、不同版本保护的数据的摘录部分进行精确匹配,从而给数据分类分级提供依据。该技术更适用于非结构化文档。文档指纹的创建,主要分为基于文档的二进制指纹、基于内容的二进制指纹和基于文档特征的指纹。文档的二进制指纹主要是整个文档的哈希值。内容的二进制指纹是将文档的文字内容抽取后,过滤掉空格与标点符号后从而构建指纹。

(2)基于指纹库的文档识别技术。基于指纹库的文档识别技术是在建立数据指纹之后,通过需要保护的文档集进行文档指纹的生成,并配置非结构化数据检测规则用于检测受保护的文档。基于内容的二进制指纹在通过文档的文字内容抽取构建指纹后,便开始 Hash

查找,匹配到就返回指纹库中登记的索引编号,进而获取该索引编号对应的文档返回给用户。文档特征指纹在对文本的内容进行分块计算后,选定特征值,使用专用的数据结构,例如包括特征值对应的文档文件名保存在指纹库中。再对待检文档计算特征指纹,对特征指纹中的每个特征值,结合距离计算,最长公共字串比较,在指纹库中进行检索,输出匹配结果,匹配到就返回指纹库中登记的索引编号,进而获取该索引编号对应的文件名返回给用户。

3. 文档数据识别技术应用

目前,文档数据识别技术广泛应用于各类产品中,例如数据分类分级,其通过数据识别技术对 IP 内资产进行检测。在数据产品防护方面,文档数据识别技术也成为不可或缺的基石。例如,数据脱敏产品,其利用数据识别技术依据提前设置好的敏感数据特征,在执行任务过程中对抽取的数据进行自动识别,并推荐哪些数据需要进行脱敏,并自动根据规则对发现的敏感数据进行脱敏处理。

9.3.2　数据加密技术

1. 数据加密技术概述

数据加密技术是一种在网络安全领域与数据安全领域都广泛应用的通用技术,是以密码技术为基础对数据进行编码转化的保护方法。数据加密技术在网络安全领域主要解决的是边界安全问题与传输通道安全问题;在数据安全领域,主要解决数据在生命周期中的保密性、可用性、完整性问题。数据加密技术主要依据数据的存储态、传输态、使用态进行数据加密,保护数据应用。本节从数据加密技术分类和数据加密技术应用两方面介绍数据加密技术。

2. 数据加密技术分类

数据加密技术可分为数据存储态加密技术、数据传输态加密技术、数据使用态加密技术3 类。

1) 数据存储态加密技术

数据存储态常见加密技术主要是指数据库加密技术,一般分为两种方式: 前置代理加密、后置代理加密。

前置代理加密是在数据库前放置第三方加密设备或插入接口,在数据存储到数据库前便对数据进行加密,并将密文存储到数据库中。应用程序将文件传输到数据库的过程中,通过数据库开发接口,经过数据库加密前置代理网关对传输文件进行加密,最后存储到oracle、mysql 等数据库中。当业务系统仅对有限的敏感数据存在加密需求,且用户自身无能力或不愿意进行加解密的相关研发工作时,可以考虑使用前置代理加密技术。前置代理加密也存在一些缺点,例如,数据库的优化处理、事务处理、并发处理等特性都无法使用,查询分析、优化处理、事务处理、并发处理工作都需要在安全增强器中完成,无法使用数据库在并发处理和查询优化上的优势,系统的性能和稳定性更多地依赖于安全代理;以及需要提供非常复杂的数据库管理功能,如 SQL 命令解析、通信服务、加密数据索引存储管理、事务管理等等。此外还有类似于存储过程、触发器等无法解决的技术问题。

后置代理加密,是在数据库引擎层提供了一些扩展接口和扩展机制,用户可以通过调用这些扩展的接口和机制对数据进行加解密。后置代理加密使用的是数据库本身的性能,通过"视图＋触发器＋扩展索引"的方式实现数据加密。通过视图方式可以实现对表内数据的过滤、投影、聚集、关联和函数运算,在视图内实现对敏感列的解密函数调用,实现数据的解密。通过触发器可以实现对明文数据的加密,将加密数据插入到表中。使用自定义的扩展加密索引,这样当使用该索引对加密数据进行检索时,可以进行正常的排序及比较,这也就解决了加密后数据检索的难题,大幅度提升了密文检索的效率。在实现透明加密访问和高效索引访问之外,另一个重要目的是实现对国产加密算法的调用和独立于数据库的权限控制。通过数据库加密,其可以对列、表空间进行加密。数据库的列加密,是以每一列为单位对数据进行加密。它可以支持各种常用数据类型的加密,即利用随机盐对每一列的数据进行乱码覆盖,通过乱码干扰使每一列无法被识别。此外,列存储加密可对每一列文本形成单独的密钥。列加密是针对表中单独的一列,而表空间加密指的是针对数据库中存放表的逻辑空间进行加密,基于文件数据块进行加密,从而不会受到数据类型的限制。

2)数据传输态加密技术

数据传输态常见加密技术主要分为链路加密、网络层加密和端到端加密。

链路层加密,发生在 OSI 模型的第 2 层,其主要目的在于保障在线路中传输的数据的安全,因为该技术的应用,在每一个传输节点上都会对消息进行加密、解密操作,所有消息在被传输之前进行加密,在每一个节点上对接收到的消息进行解密,然后先使用下一个链路的密钥对消息进行加密,再进行传输,从而使其在链路中传输的数据都为密文。即便数据被截获,他人也无法利用这些数据。链路加密主要应用于数据在传输过程中不得不经过那些不确定传输源与目的之间是否安全的数据传输时。对于在两个网络节点间的某一次通信链路,链路加密能为网上传输的数据提供加密服务。虽然在信息安全领域,链路加密技术已得到广泛应用,但也存在一些问题,特别是在应用过程中需要对链路两端的设备进行同步,这会降低网络的性能。

网络层加密,发生在 OSI 的第 3 层和第 4 层,主要负责一个端点与另一个端点的传输过程。网络加密是建立在现有的网络环境之上的,只需通过打开软件或部署设备,便可方便地开启网络加密信道。因为客户端接收与发送的都为明文,所以其使用过程对于用户来讲是无感的。

端到端加密,是一种安全通信过程,可防止第三方访问从一个端点传输到另一个端点的数据,可以防止非预期用户(包括第三方)读取或修改数据,而只有预期的用户具有这种访问权限和能力。端到端加密提供的不仅仅是发送加密消息,它还可以允许授权用户访问存储的数据。

3)数据使用态加密技术

数据使用态常见的加密技术有文档透明加密技术。

文档透明加密技术是一种满足文件保密需求、防止文件外泄的文件加密技术,其原理是通过监控应用程序对文件的操作,在可信使用环境中打开文件时自动对密文进行解密,在写文件时自动将内存中的明文加密写入存储介质,从而保证存储介质上的文件始终处于加密状态。通过该技术的处理,其选定范围内的文件都会强制性地进行加解密。对于用户而言,此过程是无感的,双击后文档便会自动解密打开,在点击关闭后文档又会加密关闭。当用户编辑保存文件时,加密系统将自动对该文件进行加密。用户在这个过程中的操作与普通的文档操作是没有区别的,一旦脱离可信使用环境,将无法打开加密文件,显示为乱码,从而实现从源头保护文件内容的效果。使用文档透明加解密技术,通过对文档无感知地加密、解密,在不影响办公的同时又极大保障了文档在外泄后不被非法利用。

3. 数据加密技术应用

企业数据在存储和传输过程中,需要对数据进行加密处理,以保障数据安全。

应用于网络数据库的加密工作,通过数据加密,只有拥有访问权限的人员才能够对系统进行访问,实现了系统资源的保护。

该技术应用于电子商务的处理过程中,要保证平台安全,为交易双方活动提供安全保障。数据加密技术的应用和各种安全证书的使用包括数字证书、签名等,能够防止各种有价值信息被窃取。

9.3.3 数据防泄露技术

1. 数据防泄露技术概述

近些年数据泄露事件频发,给企业带来严重的安全隐患。数据防泄露技术应运而生。引用 Gartner 的概念,数据防泄露技术是基于深度内容识别技术,对传输中、存储中、使用中的数据进行检测,识别敏感数据,根据定义的策略,实施特定响应,可以有效防止敏感数据泄露。

在数据泄露行为发生时,企业所需要知道的信息是数据的状态、数据的部署位置、数据的泄露处理方式。

数据的状态可分为存储态、传输态和使用态。

存储态是指生成数据的服务器与存储数据的设备,可以是用户的终端,也可以是数据库、文件服务器等等。

传输态是指数据从一个地点移动到另外一个地点。在这个环节,指的是利用网络进行传输,重点关注的是其所使用的协议,有 HTTP、HTTPS、Ftp、Mail 以及未知协议等。

使用态在这里指的是使用数据的方式,通过拷贝、粘贴、截屏、移动存储、通信等方式使用数据。

在确认好数据的状态后,接着确认防泄露技术应用的位置,如使用于终端中、网络中。最后对泄露进行处理,对敏感内容进行检测,泄露事件发生时对其进行响应与处置。

本节从数据防泄露技术分类和数据防泄露技术应用两方面介绍数据防泄露技术。

2. 数据防泄露技术分类

数据防泄露依据泄露途径分为 3 类:网络数据防泄露、终端数据防泄露、存储数据防泄露。

(1) 网络数据防泄露。通过独有的网络抓包技术、数据深度分析、协议内容解析、文件内容还原,对单位内部用户邮件客户端(SMTP)、浏览器(HTTP/S)、FTP 客户端(FTP)、网络共享(SMB)等网络途径外发或上传的文件进行解析和文档提取,识别敏感数据,依据预先定义的策略,实时响应动作,进而达到对敏感数据防护的目的。

网络数据防泄露主要部署在网络出口侧,通过对传输过程中第三方通信工具(微信、QQ、钉钉)或邮件及敏感数据外发的管控、告警,实现防止数据在传输过程中外泄的目的。

(2) 终端数据防泄露。终端数据防泄露利用截取操作系统底层的数据对计算机上多种操作进行监听,对于所操作数据进行数据检测,通过基于文件内容的检测到基于文件属性的监测,达成防泄露事件的告警、拦截,从而防止敏感数据的外发。

(3) 存储数据防泄露。存储数据防泄露通过对笔记本电脑、服务器、文件共享和数据库等存储工具进行全面扫描,识别敏感数据,并进行告警或阻断。

3. 数据防泄露技术应用

数据防泄露技术主要依赖于数据识别技术与规则相结合,达成数据防泄露目标。其中,常见如关键字检测:系统根据预先制定的关键字列表,通过检测数据流中是否含有列表中的关键字来判断数据是否敏感。OCR图像文字检测:利用OCR图片内容识别引擎,对jpeg、pcx、png、bmp、gif、tiff、pdf等格式文字识别,实现对图片文字内容识别的目标。正则表达式检测:是一种基于有穷自动机实现的字符串匹配技术,能够快速检测识别结构清晰的文本数据。数据标识符检测:是一种比正则表达式更精准的检查方式,除了识别符合某种规则的内容以外,还能对数据的有效性进行验证,如身份证、手机号、组织机构代码、银行卡号、月结卡号、海关单号等。机器聚类:支持通过机器聚类技术,自动获取网络中传输文件或者手动上传无序文件样本,按照文件内容自动进行聚类,自动进行文档分类,且根据分析结果自动生成权重词典。

当前数据防泄露技术已渐渐成熟。其应用场景也较为丰富,例如通过终端防泄露技术,针对在日常办公环境中所使用的U盘、移动硬盘、刻录、蓝牙等外接设备或对远程共享时所传输的内容进行监控和阻断,实现对U盘、移动硬盘、刻录、打印机等发送敏感信息时进行实时监控,在发现敏感数据时对上文提到的三大内容进行记录。针对敏感文件通过U盘、通信工具对外传输过程中,除告警阻断外,可结合加密技术对文件进行加密,从而进一步防止敏感文件外泄。防止内部人员或者第三方运维人员将含有敏感数据的文件通过硬盘、网络传输外带出企业。

9.3.4 数据脱敏技术

1. 数据脱敏技术概述

参考国标GB/T 37988—2019《信息安全技术 数据安全能力成熟度模型》,数据脱敏是指通过一系列数据处理方法对原始数据进行处理以屏蔽敏感数据的一种数据保护方法。从当前市场来看,数据脱敏技术是在数据安全中被利用最多的技术。随着国家数字化转型的不断深入,对数据开发利用需求的不断增长,此技术将被应用得更加广泛。本节从数据脱敏技术分类和数据脱敏技术应用两方面介绍数据脱敏技术。

2. 数据脱敏技术分类

数据脱敏技术包括假名化技术、泛化技术、随机化技术、可逆性脱敏和平均值脱敏等。

(1)假名化技术。假名化技术是一种使用假名替换直接标识符(或其他敏感标识符)的技术。假名化技术为每一个信息主体创建唯一的标识符,以取代原来的直接标识符或敏感标识符。

传统实现假名化的方式是将身份证号码、姓名、出生日期等标识符用随机的字符进行代替,在使用时,会直接将假名用于展示。

(2)泛化技术。泛化技术是一种降低数据集中所选属性粒度的技术,对数据进行更概括、抽象的描述。泛化技术实现简单,常见于数据产品或数据报告中。

泛化脱敏技术在保留原始数据局部特征的前提下,需要使用其他方式替代原始数据的方式。例如,在统计场景中,只需要知道中国资产价值上千万的企业数量在1000~5000,不需知道具体有多少,也不需要知道每个企业的名字。

(3)随机化技术。随机化技术作为一种技术类别,指通过随机化修改属性值,使得随机化处理后的值区别于原来的真实值。该技术降低了攻击者从同一数据记录中,根据其他属性值推导出某一属性值的能力。使用该技术对数据脱敏后,会影响结果数据的真实性。

(4)可逆性脱敏。可逆性脱敏技术是脱敏后数据可以使用对应表,对数据进行恢复操作,从脱敏数据可以对原始数据进行还原。此种技术会保存原始数据与脱敏数据的对应表,根据业务的实际需求,可对脱敏数据进行还原。应用比较广泛的场景有:数据分析后需要真实结果的场景等。

(5)平均值脱敏。平均值脱敏是应用于需要保留数据总量,但又要让使用者无法识别出所提供的数据的场景。在计算其平均值后,将脱敏值在均值附近随机分布。

3. 数据脱敏技术应用

数据脱敏技术的应用场景非常丰富,可广泛应用于各行业各领域数据利用中的开发测试、数据分析、数据共享等场景。

在政务领域,由于政务信息来源于各政府部门的第一手数据,必然涉及大量个人信息。为保障政务数据共享交换平台安全,严防敏感数据泄露,政务领域中数据脱敏技术被应用于敏感数据采集、传输、使用在内的全生命周期。

在金融、电信领域,广泛存在着诸如交易记录、通话记录、账户信息、手机号码等个人敏感信息,也存在着诸如征信、反欺诈等需要使用个人敏感信息的需求,同时还面临着严格的监管要求。在此情况下,通过针对不同级别人员使用不同脱敏规则,以动态脱敏严格限制各级人员可以接触到的敏感信息,以静态脱敏将生产数据交付至测试、开发等使用环节,成为当下金融、电信行业的首选。

在互联网领域,越来越多的企业通过挖掘数据的额外价值实现业务收入提升。近年来频发的数据泄露事件和针对互联网企业使用用户隐私数据的处罚不断提醒着相关企业重视用户敏感数据的保护。目前,大型互联网企业在使用用户敏感数据进行用户行为分析、个性化推荐、精准营销等分析应用时,数据脱敏成为了必经步骤。

9.3.5 数据安全审计技术

1. 数据安全审计技术概述

参考行标 JR/T 0071.1—2020《金融行业网络安全等级保护实施指引 第 1 部分:基础和术语》,数据安全审计可定义为:为获得审计证据并对其进行客观的评价,以确定满足审计准则的程度所进行的系统的、独立的并形成文件的过程。本节从数据安全审计技术分类和数据安全审计技术应用两方面介绍数据安全审计技术。

2. 数据安全审计技术分类

依据审计对象分类有 Hadoop 集群审计技术、加密流量审计技术、SQL 语句审计技术等。

(1)Hadoop 集群审计技术。Hadoop 集群审计技术,按照审计的流程:首先在 Hadoop集群边界部署审计网关,解决对授权与认证行为信息的采集。在 Hadoop 集群中每个节点部署审计探针,这些探针是基于操作系统内核级别的探针,审计探针可以深入到应用系统中。利用审计模型对 Hadoop 集群中的行为(Hadoop 的会话、HDFS 操作命令、MapReduce作业等)进行审计。

(2)加密流量审计技术。加密流量审计技术是指获取加密协议流量如 HTTPS、SFTP、SSH 等加密协议所加密的流量,然后对协议进行解密。解密后对各类信息进行细粒度展示。

（3）SQL 语句审计技术。SQL 语句审计技术是指通过对不同数据库的 SQL 语句分析，对 SQL 语句的操作类型、操作字段和操作表名进行解析，提取出 SQL 中相关的要素，如用户、SQL 操作、表、字段等，实时监控来自各个层面的所有数据库活动，如对 SQL 语句操作的响应时间进行审计，对 UPDATE、INSERT、DELETE 等操作所返回的行数、操作是否成功等进行审计。通过远程命令行执行的 SQL 命令也能够被审计与分析，不仅对数据库操作请求进行实时审计，而且还可对数据库返回结果进行完整的还原和审计，同时可以根据返回结果设置审计规则。

3. 数据安全审计技术应用

数据安全审计可以对业务网络中的各种数据库进行全方位的安全审计，包括数据访问审计、数据变更审计、用户操作审计、违规访问行为审计等；对访问数据库操作进行实时、详细的监控和审计；对 IP、MAC、操作系统用户名、使用的工具、应用系统账号等一系列进行关联分析；对网络行为、终端操作事件的日期、时间、用户事件类型、事件是否成功进行记录，为公司审计提供帮助；满足我国法律法规要求。

安全合规是数据安全审计的重要应用场景。《网络安全法》第二十一条中明确要求："采取监测、记录网络运行状态、网络安全事件的技术措施，并留存网络日志不少于六个月"；等保 2.0 等国家规定中对于数据审计也有明确的要求。

在各类数据操作违规事件和攻击事件场景中，或在外部发起的数据库漏洞攻击、恶意的 SQL 注入行为、非法的业务登录、高危的 SQL 操作和批量的数据下载等事件场景中数据安全审计也得到很好的应用。

数据安全审计应用场景还包括数据违规事件溯源，快速定位异常点和异常行为，根据访问来源实现数据库的关联查询和关联分析，可以追责到具体工作人员。

9.3.6　数字水印技术

1. 数字水印技术概述

参考行业标准《电信网和互联网数据水印技术要求与测试方法》，数字水印可定义为一种将标识信息（如版权信息、机构/员工 ID 等）通过一定的规则与算法隐藏在结构化数据和非结构化数据中的技术。

数字水印是永久镶嵌在其他数据中具有可鉴别性的数字信号或模式，且不影响被嵌入主体数据的可用性。为进一步增加安全性，数字水印常与密码技术相结合。本节从数字水印技术分类和数字水印技术应用两方面介绍数字水印技术。

2. 数字水印技术分类

根据载体，数字水印可分为图像水印、视频水印、音频水印、软件水印、文档水印和数据水印；依据应用对象可分为鲁棒水印、易损水印和标注水印。这里主要介绍依据应用对象进行分类的数字水印技术。

（1）鲁棒水印。鲁棒水印通常用于数字化图像、视频、音频或电子文档的版权保护，主要通过在原始数据中嵌入秘密信息水印来证实该数据的所有权。例如，将代表版权人身份的特定信息嵌入数字产品中，嵌入的特定信息与原始数据（如图像、音频、视频数据、文本等）紧密结合并隐藏其中，成为源数据不可分离的一部分，并可以经历一些不破坏源数据使用价值或商用价值的操作而存活下来，在发生版权纠纷时，通过相应的算法提取出秘密信息水印，从而验证版权的归属。

（2）易损水印。易损水印又称脆弱水印,通常用于数据完整性保护。该技术可在数据中嵌入不可见的易损水印信息,当数据内容发生改变时,易损水印信息会发生相应的改变,根据易损水印信息的变化,可鉴定数据内容是否为原始内容,数据是否被篡改。

（3）标注水印。标注水印通常用于标示数据内容。该技术利用数据标注工具可在"图像""文本""音频""视频""点云"等全类型数据上添加标注,如图形、音频、视频等,实现数据的水印功能。

3. 数字水印技术应用

当敏感数据从原始环境交换到目标环境时,通过在数据中植入水印,使数据能够识别分发者、分发对象、分发时间、分发目的等因素,同时保留目标环境业务所需的数据特征或内容的数据处理过程,实现数据追踪溯源的目的。

数字水印的基本应用领域是防伪溯源、版权保护、隐藏标识、认证和安全隐蔽通信。当数字水印应用于防伪溯源时,包装、票据、证卡、文件印刷打印都是潜在的应用领域。用于版权保护时,潜在的应用市场在于电子商务、在线或离线地分发多媒体内容以及大规模的广播服务。数字水印用于隐藏标识时,可在医学、制图、数字成像、数字图像监控、多媒体索引和基于内容的检索等领域得到应用。数据共享时部分场景需要应用数字水印,例如在与第三方进行数据交互时,系统本身具备大量的敏感信息,为防止敏感数据的泄露,需建立数字水印安全防护措施,控制敏感数据的共享范围。版权保护时需要应用数字水印,例如通过数字水印技术防止第三方利用资料、素材等,经过整理、分析获取不属于自己的商业价值,损害原创的知识权益。

9.3.7 数据备份与容灾技术

1. 数据备份与容灾技术概述

依据国标《信息安全技术 数据备份与恢复产品技术要求与测试评价方法》定义,备份是指创建备份数据的过程。备份数据是指为防止数据丢失,存储在其他非易失性存储介质上某一时间点的数据集合或数据脚本。本节从数据备份技术分类、数据容灾技术分类和数据备份与容灾技术应用两方面介绍数据备份与容灾技术。

2. 数据备份技术分类

目前数据备份技术主要有同步远程镜像（同步复制技术）、异步复制技术、快照技术和CDP(continual data protection,连续数据保护)。

（1）同步远程镜像（同步复制技术）是指通过远程镜像软件,将本地数据以完全同步的方式复制到异地,每一本地的 I/O 事务均需等待远程复制的完成确认信息,方予以释放。

（2）异步复制技术是指保证在更新远程存储视图前,完成本地存储系统的基本 I/O 操作,而由本地存储系统提供给请求镜像主机的 I/O 操作完成确认信息。

（3）快照技术一般可分为两类,第一类称为即写即拷（copy-on-write）快照（指针快照）,通常也被称为"元数据"拷贝,即所有的数据并没有被真正拷贝到另一个位置,只是指示数据实际所处位置的指针被拷贝。第二类称为分割镜像快照,其引用的是镜像硬盘组上所有数据,运行时生成整个卷的快照,或可称为原样复制,它是针对某一 LAN 或文件系统的数据物理拷贝,也可称为克隆、镜像等。

（4）CDP 实时备份技术,实现到秒级的细粒度抓捕效果。目前 CDP 是行业比较热门的技术,但是由于其是针对数据块级备份,所以在恢复模式上具有很大的局限性,并且在备份大数据时有明显性能瓶颈。CDP 技术包括两种：Near CDP，称为准 CDP，只能恢复部分时间点的数据，无法恢复任意时间点数据。大部分的快照模式也被称为 Near CDP。True CDP，可以恢复指定时间段内的任何一个时间点的数据。

3. 数据容灾技术分类

容灾系统是指在相隔较远的异地，建立两套或多套功能相同的 IT 系统，互相之间可以进行健康状态监视和功能切换，当一处系统因意外（如火灾、地震等）停止工作时，整个应用系统可以切换到另一处，使得该系统功能可以继续正常工作。

数据容灾技术有主机层容灾技术、容灾技术和阵列层容灾技术。

（1）主机层容灾技术。主机层容灾技术是指在生产中心和灾备中心的服务器上安装专用的数据复制软件，如卷复制软件，以实现远程复制功能。两中心间必须有网络连接作为数据通道，可以在服务器层增加应用远程切换功能软件。

（2）容灾技术。容灾技术是指基于存储区域网络（SAN）的网络层的数据复制技术，通过在前端应用服务器与后端存储系统之间的存储区域网络（SAN）加入存储网关，前端连接服务器主机，后端连接存储设备。存储网关将在不同存储设备上的两个卷之间建立镜像关系，将写入主卷的数据同时写到备份卷中。当主存储设备发生故障时，业务将会切换到备用存储设备上，并启用备份卷，保证数据业务不中断。

（3）阵列层容灾技术。阵列层容灾技术是指将数据从本地阵列复制到灾备阵列，在灾备存储阵列产生一份可用的数据副本，当主阵列故障时，可以将业务快速切换到备用阵列，从而最大可能地保障业务的连续性。

4. 数据备份与容灾技术应用

数据备份技术常常为防止数据遭受破坏导致其损失完全无法挽回，而通过备份与恢复，使状态恢复到数据未被破坏的状态。

容灾技术可对数据、应用和业务进行容灾。

（1）数据级灾备主要关注的就是数据，在灾难发生之后，可以确保数据不受到损坏。数据级容灾分为较低级和较高级两种。较低级数据级容灾一般通过人工方式将需要备份的数据保存到异地实现，例如将备份的光盘或者磁带通过人工方式运送到异地保存。较高级数据级容灾则依靠基于网络的数据复制工具，实现生产中心不同备份设备之间或生产中心与灾备中心之间的异步/同步的数据传输，如采用基于磁盘阵列的数据复制功能。

（2）应用级灾备是建立在数据级灾备的基础上的，对应用系统进行复制，也就是在异地灾备中心再构建一套应用支撑系统。支撑系统包括数据备份系统、备用数据处理系统、备用网络系统等部分。应用级灾备能提供应用系统接管能力，即在生产中心发生故障的情况下，灾备中心便能够接管应用，从而尽量减少系统停机时间，提高业务连续性。

（3）业务级灾备是最高级别的灾备系统。它包括非 IT 系统，当发生大的灾难时，用户的办公场所可能会被损坏，用户除了需要原来的数据以外，还需要工作人员在一个备份的工作场所能够正常地开展业务。实际上，业务级还关注业务接入网络的备份，不仅考虑支撑系统的服务提供能力，还考虑服务使用者的接入能力、甚至备份的工作人员。

9.3.8 数据销毁技术

1. 数据销毁技术概述

数据销毁是指计算机或设备在弃置、转售或捐赠前必须将其所有数据彻底删除，并无法复原,以免造成信息泄露。本节从数据销毁技术分类和数据销毁技术应用两方面介绍数据销毁技术。

2. 数据销毁技术分类

数据销毁技术可分为数据介质物理销毁和逻辑销毁两种。

(1) 数据介质物理销毁。数据介质物理销毁通常包括物理消磁、火烧、液体浸泡、钻孔破坏、剪碎、捣碎等方式。物理消磁由于具有易操作性和硬件消磁后可复用,成为最常选用的物理销毁方式。其余物理销毁方法由于具有一定的操作难度和危险性,破坏的硬盘大多都难以继续使用,所以一般供特定销毁场景或需求使用。

(2) 逻辑销毁。逻辑销毁通常采用数据覆写法,将非保密数据写入以前存有敏感数据的存储位置的过程。根据数据覆写时的具体顺序,可将其分为逐位覆写、跳位覆写、随机覆写等模式。

3. 数据销毁技术应用

通过数据销毁技术可彻底销毁纸质、光盘、U 盘、磁盘等介质中不希望留存的数据;或者彻底销毁达到其使用目的后的敏感数据,如军队涉密文件、商业机密文件在使用完毕后对其进行销毁处理。

9.4 重要数据识别与保护

2016 年 11 月,《网络安全法》首次提出重要数据概念,拉开了重要数据依法识别处理的序幕。2021 年 9 月,《数据安全法》提出了数据分类分级保护制度,明确要求由国家统筹协调组织各地区、各部门制定重要数据目录,落实重要数据安全保护责任,并对重要数据实行重点保护,进一步完善了重要数据安全保障体系。

9.4.1 重要数据定义

重要数据是指特定领域、特定群体、特定区域或达到一定精度和规模的数据,一旦被泄露或篡改、损毁,可能直接危害国家安全、经济运行、社会稳定、公共健康和安全。

"重要数据是国家数据安全分类分级和保护制度的核心,也是国家数据安全监管工作的重点",充分理解重要数据定义和范围,掌握重要数据识别的规则,并采取措施加以重点保护,是确保重要数据安全的必然举措,对维护国家数据安全具有重要意义。

9.4.2 重要数据识别

重要数据保护的关键是识别出重要数据。国家标准《信息安全技术 重要数据识别规则》(征求意见稿)给出了识别重要数据的基本原则,主要包括聚焦安全影响、突出保护重点、衔接既有规定、综合考虑风险、定量定性结合、动态识别复评等。

(1) 聚焦安全影响要求从国家安全、经济运行、社会稳定、公共健康和安全等角度识别重要数据,仅影响组织自身或公民个体的数据一般不作为重要数据,但要考虑对海量数据挖掘分析的结果。

(2) 突出保护重点要求通过对数据分级,明确重点保护对象,使重要数据在满足安全保护要求前提下有序流动。

(3) 衔接既有规定要求充分考虑地方已有管理要求和行业特性,与地方、部门已经制定

实施的有关数据管理政策和标准规范紧密衔接。

（4）综合考虑风险要求根据数据所在领域、覆盖群体、用途、面临威胁等不同因素,综合考虑数据遭到篡改、破坏、丢失、泄露或者非法获取、非法利用等风险,从保密性、完整性、可用性、真实性、准确性等多个角度分析判断数据的重要性。

（5）定量定性结合要求以定量与定性相结合的方式识别重要数据,并根据具体数据类型、特性不同采取定量或定性方法。

（6）动态识别复评要求随着数据用途、共享方式、重要性等发生变化,动态识别重要数据,并定期复查重要数据识别结果。

9.4.3 重要数据处理

重要数据处理需要遵循现行的法律法规和制度标准,结合行业领域业务现状和安全趋势,进行体系化的安全保护,国家标准《信息安全技术 重要数据处理安全要求》正在制定中。需要重点做好环境安全、数据处理过程的安全、运行与管理安全。

9.5 本章小结

建设数据安全分类分级基础,按照数据对国家安全、公共利益或者个人、组织合法权益的影响和重要程度,将数据分为核心数据、重要数据、一般数据,不同级别的数据采取不同的保护措施。健全数据处理活动保护,以数据为中心,按照数据的收集、存储、使用、加工、传输、提供、公开、销毁 8 个处理活动阶段开展体系化的数据安全保护。融合数据识别、数据加密、数据防泄露、数据脱敏、数据安全审计、数据水印、数据备份与恢复、数据销毁等安全保护技术和应用场景,建立覆盖数据分类分级和全生命周期处理活动的技术应用体系。

思考题

1. 针对当前勒索攻击、数据泄露、隐私泄露等安全风险,请说说常见数据安全保护技术有哪些？数据处理活动包括哪些安全保护阶段？

2. 在进行数据的分类分级时,需要考虑的内容包含哪些？

3. 针对数据收集阶段的恶意的数据源,请给出对应的防护策略与管理措施。

实验实践

1. 结合你所在学校,调研分析校园一卡通系统可能存在的数据安全风险有哪些？目前采取了哪些数据安全管理和技术措施？是否还需要改进？若需要改进,请结合本章知识,尝试为校园一卡通系统设计一个小型的数据安全防护整改方案。

2. 结合所学知识尝试对班级中的同学的姓名、身份证号、教务处或学生会的通知材料等数据进行分类分级。

3. 结合所学知识,找一下学校中数据交互过程中所发生的风险,并给出相应管控措施。

第 10 章

数据安全治理

2021 年 9 月 1 日《数据安全法》正式施行，其中第四条明确提出"维护数据安全，应当坚持总体国家安全观，建立健全数据安全治理体系，提高数据安全保障能力"，第十一条明确提出"国家积极开展数据安全治理、数据开发利用等领域的国际交流与合作，参与数据安全相关国际规则和标准的制定，促进数据跨境安全、自由流动"。这里两次提到了国家层面的数据安全治理，可见在《数据安全法》和相关标准的指导下，企业（组织）落实数据安全治理的重要性。

针对当前企业（组织）开展数据安全工作面临的主要痛点进行分析，发现构建体系化、系统化的数据安全治理需求日益强烈。本章阐述数据安全治理概念、可参考的标准与框架，提出数据安全治理理念和框架、数据安全治理指南，持续探索和演进适合实际情况、易于落地的数据安全治理体系之路。

10.1 数据安全治理概念

10.1.1 数据安全治理概念理解

数据安全治理，顾名思义，可拆分为"数据安全"与"治理"，数据安全可理解为目标，治理可理解为手段。

首先看"数据安全"的定义。在《数据安全法》中明确将数据安全定义为"通过采取必要措施，确保数据处于有效保护和合法利用的状态，以及具备保障持续安全状态的能力"，强调的是数据的合法利用和有效保护间的动态平衡与持续保护，针对"必要措施"可进一步解读为数据安全应保证数据采集、传输、存储、使用、加工、提供、公开、删除和销毁等处理活动的安全性，保证数据处理过程的保密性、完整性、可用性和合法合规性。

其次看"治理"的定义。针对"治理"的概念，在全球治理委员会（Commission on Global Governance，CGG）中定义为"个人与公私机构管理其自身事务的各种不同方式之总和；是使相互冲突或不同利益得以调和并且采取联合行动的持续的过程"，其中治理包含 4 个方面的特征，即：

- 治理不是一整套规则条例，也不是一种活动，而是一个活动集合的过程。
- 治理过程的基础不是控制和支配，而是协调。
- 治理既涉及公共部门，也包括私人部门。
- 治理不意味着一种正式的制度，而是持续的互动。

最后，结合数据安全和治理的概念定义，从广义的社会层面和狭义的组织层面来理解数

据安全治理:

(1)从广义的社会层面治理来看,是指在国家整体数据安全战略指导下,由国家、行业、研究机构、企业组织及个人实体共同参与、协同实施的一系列治理活动集合,也是围绕数据安全领域政策法规、技术和管理的方法论,以"让数据使用自由而安全"为愿景,构建形成全社会共同维护数据安全、促进数据开发利用和产业发展的良好环境,安全有序推动数据流动,平衡数据发展与数据安全,探索在我国易于落地的数据安全建设体系。活动主要包括持续建立健全相关法律法规、政策标准体系,创新数据安全关键技术,贯彻落实政策法规,培养专业人才,营造数据安全产业生态等。

(2)从狭义的组织层面治理来看,援引高德纳的经典论述,"数据安全治理不仅仅是一套用工具组合的产品级解决方案,而是从决策层到技术层,从管理制度到工具支撑,自上而下贯穿整个组织架构的完整链条。组织内的各个层级之间需要对数据安全治理的目标和宗旨取得共识,确保采取合理和适当的措施,以最有效的方式保护信息资源",可进一步理解为依据组织顶层数据安全战略,从组织、人员、制度、工具等方面,内外部相关方协作实施的一系列治理活动集合,以确保组织数据安全。具体活动包括建立治理组织架构、建设和培养数据安全人员、制定数据安全制度规范、构建全生命周期技术防护体系等。类似的观点,微软提出了专门强调隐私、保密和合规的数据安全治理框架(Data Governance for Privacy, Confidentiality and Compliance,DGPC),虽然没有明确给出数据安全治理的定义,但其核心思想指出:"数据安全治理理念主要围绕人员、流程、技术三个核心能力领域的具体控制要求展开,与现有安全框架体系或标准协同合作以实现治理目标,最终更好实现数据安全风险控制"。

10.1.2 数据安全治理与数据治理

数据治理是指从使用零散数据变为使用统一数据、从具有很少或没有组织和流程到企业范围内的综合数据流转、从尝试处理数据混乱状况到数据井井有条的一个过程。

在数据治理的3点目标中,运营合规和风险可控是约束条件,价值实现是追求的结果,合规和风控既是使数据能最终实现价值的前提,同时又是必要的保障。在数据治理的框架下,数据安全是数据管理体系的重要组成部分,企业(组织)在实施数据治理的过程中,应"制定数据安全的管理目标、方针和策略,建立数据安全体系,实施数据安全管控,持续改进数据安全管理能力"。此处的数据安全概念相对狭义,基本仅限于为数据及其价值实现过程提供安全保障机制的范畴。

如果基于上述狭义的数据安全概念,将数据安全治理相应解读为以保护数据及其价值实现为目的而采取的风险评估和安全管控活动,那么,数据安全治理就可视作数据治理概念下专注于安全方面的子集。但从实际操作上来看,两者之间又有很大的不同。

(1)从发起部门来看,数据治理主要是由IT部门发起,而数据安全治理主要是由安全合规部门发起。当然两者的成功都要涉及业务、运维和管理部门甚至公司最高管理决策层。

(2)从目标上看,数据治理的目标是数据驱动商业发展,提升企业数据资产价值。数据安全治理的目标是保障数据的安全使用和共享,实质是保障数据资产价值。

(3)从工作内容产出上看,数据治理工作产出的一个核心成果就是数据质量提升,通过对数据进行清洗和规范的过程,获得高质量的数据。数据安全治理的重要产出包括完成对企业数据资产的分类分级,制定合规的安全访问策略并规划适宜的管控措施。

(4)从数据资产梳理上看,数据治理中资产梳理的主要产出物是元数据,即赋予数据上下文和含义的参考框架。数据安全治理中的资产梳理,则要明确数据分类分级的标准,弄清敏感数据资产的分布、授权和访问状况。

尽管当前在数据治理中也在不断加强对数据安全方面的要求,但相对数据安全治理而言,数据治理中的安全实践还是常被置于从属角色,如同信息安全在信息化建设中的角色一样,不够系统和深入。近年来,随着包括大数据在内的数据在数字化社会中的重要性不断提升,国家已将数据上升到新型生产资料和创新要素的高度,数据对安全形成影响的广度和深度已超越单纯为数据掌握者保护数据自身价值的范畴,例如对个人(数据主体)隐私保护问题就牵涉到了社会伦理以及关于数据权益的法律认定,而数据跨境等问题更是需要在国家安全层面全盘统筹考虑。

本章讨论的数据安全治理概念,将主要关注以保护数据及其价值实现过程安全为目标的风险管控活动。在合规性方面,则将以全面覆盖和满足国家关于数据安全的所有法律、法规、政策、规范和标准的要求为目标。

10.1.3　数据安全治理范畴

数据安全治理绝非是平地起高楼,其与网络安全和数据治理既有紧密的关联性,又有面向数据的独特性,需要多体系融合展开,如图 10.1 所示。

图 10.1　数据安全治理范畴

数据安全治理是以数据为中心,其核心思想是面向业务数据流转的动态、按需防护。

在防护技术上,仍需依托网络安全中面向网络、设备、应用等数据载体的静态防护能力,扩展面向数据流动的分类分级动态防护能力。

在安全管理上,在网络安全管理体系的基础上,补充、完善面向数据安全管理制度、策略

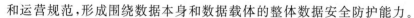

和运营规范,形成围绕数据本身和数据载体的整体数据安全防护能力。

在与数据治理的关系方面,数据分类分级是基础,通过对数据资产的识别与梳理,与数据治理中的元数据管理进行集成打通,直接获取统一的数据标准,作为数据分类分级的资产标识,提高数据梳理准确性,避免重复工作,形成面向数据应用的数据治理体系与面向数据安全的场景化安全治理体系的融合与统一。

数据安全治理划分为"组织人员、策略流程、技术支撑、物理控制"4个领域。

组织人员:建立数据安全治理团队,并明确团队中各成员的管理职责,团队组成依企业(组织)的具体情况,可以是实际组织也可以是各部门成员组成的虚拟组织,是数据安全治理工作开展的基础资源保障。

策略流程:设定相关的管理制度、标准规范、管理策略及流程,并围绕策略流程,构建运营管控机制,以运营思路开展数据安全治理工作,充分考虑与网络安全管理的融合,实现"可持续化的数据安全治理能力"。

技术支撑:落实策略流程,贯彻所涉及的数据全生命周期的数据安全防护技术建设,并融合数据治理和网络安全相关技术,形成完整的技术支撑体系。

物理控制:确保数据资产和数据处理设施的物理保护,确保周边、入口、办公室、房间、设施、设备、电缆、存储介质和公用设施等的安全。

通过专业的数据安全治理团队、明确的数据安全治理策略和流程、全面的数据安全运营机制、覆盖数据全生命周期的技术手段为支撑,围绕数据使用的业务场景活动,分析安全需求,提升数据资产的体系化保障能力。

10.2 可参考的标准和框架

在企业(组织)内部,数据驱动业务发展是数字经济时代的显著特征,数据处理活动涉及多个部门,主体多元、利益多元,数据安全与发展、持续与突破,诸多价值目标在这一问题上交织碰撞,如何满足企业(组织)内部各方利益关系,实现数据开发利用和安全合规的平衡,构建数据安全管理、技术、运营相融合的全流程数据安全治理需求日益强烈。参考数据安全系列标准和框架可让数据安全治理工作更规范和更容易落地。

10.2.1 国内数据安全标准

以下列出国内处于已正式发布或公开征求意见的数据安全系列国家标准,方便企业和组织参考落实数据安全。

首先,分类分级保护是数据安全治理工作的第一步,《信息安全技术 网络数据分类分级要求》在2022年9月14日公开征求意见,数据分类分级工作首先可参考这个国标,在识别和保护重要数据方面,也可参考《信息安全技术 重要数据识别指南》和《信息安全技术 重要数据处理要求》。

涉及使用和处理大量个人信息的企业(组织)可参考 GB/T 35273—2020《信息安全技术 个人信息安全规范》和 GB/T 41391—2020《信息安全技术 移动互联网应用程序(APP)收集个人信息基本要求》。

数据安全系列国家标准分为3个类别:安全要求类标准、实施指南类标准和检测评估类标准,企业(组织)参考标准的重点和阶段不同。

安全要求类标准:GB/T 35274《信息安全技术 大数据服务安全能力要求》,GB/T 37932- 2019《信息安全技术 数据交易服务安全要求》,GB/T 39477—2020《信息安全技术 政务信息共享 数据安全技术要求》,GB/T 41479—2022《信息安全技术 网络数据处理安全 要求》等。

实施指南类标准:GB/T37973—2019《信息安全技术 大数据安全管理指南》,GB/T 39725—2020《信息安全技术 健康医疗数据安全指南》,《信息安全技术 电信领域大数据安 全防护实现指南》等。

检测评估类标准:GB/T 37988—2019《信息安全技术 数据安全能力成熟度模型》等。

全流程数据安全治理可参考其中的 GB/T 35274、GB/T 37973、GB/T 37988 等。以下 详细介绍数据安全治理可参考的标准。

1. 网络数据分类分级要求

数据分类分级保护是我国数据安全管理基础制度之一,数据分类分级标准支撑国家数 据分类分级保护制度建设。下面给出数据分类分级的通用原则和方法。

企业(组织)进行数据安全治理的时候,可参考以下几方面。

(1) 数据分类分级基本原则,包括科学实用、边界清晰、就高从严、点面结合、动态更新。 数据分类的主要目的是便于数据管理和使用,先按行业领域分类,再按业务属性分类,业务 属性包括业务领域、职责部门、描述对象、上下游环节、数据主题、数据用途、数据处理、数据 来源,个人信息、敏感个人信息识别和分类。

(2) 数据分级是根据数据在经济社会发展中的重要程度,以及一旦遭到泄露、篡改、破 坏或者非法获取、非法利用,对国家安全、公共利益或者个人、组织合法权益造成的危害程 度,将数据从高到低分为核心、重要、一般 3 个级别。

(3) 数据分级流程的 4 个步骤:

- 确定定级对象(确定待分级的数据,如数据项、数据集、衍生数据、跨行业领域数据 等)。
- 分级因素识别(数据的领域、群体、区域、精度、规模、深度、覆盖度、重要性、安全风险 等)。
- 数据影响分析(确定影响对象:国家安全、社会稳定、组织权益、经济运行、公共利 益、个人权益,确定影响程度:特别严重危害、严重危害、一般危害)。
- 综合确定级别(按照分级参考规则,综合确定数据级别,衍生数据定级和动态更新)。

2. 大数据服务安全能力要求

国家标准 GB/T 35274—2017《信息安全技术 大数据服务安全能力要求》,于 2017 年首 次发布,2022 年 4 月下达修订,规定了大数据服务提供者应具有的基础安全能力、大数据服 务生命周期安全能力以及大数据服务平台与应用相关的系统服务安全能力。标准修订思路 是基于《数据安全法》等相关法律法规和国内大数据服务提供者的最佳实践,按照数据安全 风险管理的思路,在参考信息安全管理体系和网络安全等级保护制度基础上,制定了大数据 服务的安全治理、安全监管、个人信息和国家重要数据的安全保护等。

企业(组织)进行数据安全治理的时候,可参考以下几方面。

(1) 大数据服务提供者的数据服务安全能力要求,包括组织管理安全能力、数据处理活 动安全能力和数据服务安全风险管理能力。

(2) 从大数据服务过程中数据服务风险管理的角度规范了大数据服务提供者在风险识

别、安全防护、安全监测、安全响应和安全恢复环节的安全能力建设要求。

（3）第三方机构对大数据服务提供者的数据服务安全能力和风险进行的评估要求。

3. 大数据安全管理指南

国家标准 GB/T 37973—2019《信息安全技术 大数据安全管理指南》，提出了大数据安全管理基本概念，重点阐述了大数据安全管理的目标、主要内容、角色与责任。

随着数据的聚集和应用，数据价值不断提升，而伴随大量数据集中，新技术不断涌现和应用，使数据面临新的安全风险，大数据安全受到高度重视。在大数据的生命周期中，将有不同的组织对数据做出不同的操作，关键是要加强掌握数据的组织在技术和管理能力方面的建设，加强数据采集、存储、处理、分发等环节的技术和管理措施，使组织从管理和技术上有效保护数据，使数据的安全风险可控。

企业（组织）进行数据安全治理的时候，可参考以下几方面。

（1）明确大数据安全管理目标。组织实现大数据价值的同时，确保数据安全。应满足个人信息保护和数据保护的法律法规、标准等要求，满足大数据相关方的数据保护要求，通过技术和管理手段，保证自身控制和管理的数据安全风险可控。

（2）明确大数据安全管理的主要内容。明确安全需求、数据分类分级、大数据活动安全要求、评估大数据安全风险。

（3）明确大数据安全管理基本原则。职责明确、安全合规、质量保障、数据最小化、责任不随数据转移、最小授权、确保安全与可审计。

4. 数据安全能力成熟度模型

国家标准 GB/T 37988—2019《信息安全技术 数据安全能力成熟度模型》（DSMM，Data Security Capability Maturity Model，数据安全能力成熟度模型），于 2020 年 3 月 1 日正式实施，围绕数据的采集、传输存储、处理、交换、销毁全生命周期，从组织建设、制度流程、技术工具、人员能力 4 个能力维度，按照 1～5 级成熟度，评判组织的数据安全能力。

企业（组织）进行数据安全治理的时候，可参考以下几方面。

（1）DSMM 给出数据安全能力成熟度的三维立体模型，将数据安全的能力成熟度由弱到强依次分为非正式执行、计划跟踪、充分定义、量化控制、持续优化，进一步细分的 30 个过程域达到的数据安全能力成熟度等级进行评估。

（2）DSMM 适合用来作为评估组织数据安全能力的方法和标准，在组织开展数据安全能力建设的过程中被用作参考目标和依据。基于该标准的数据安全能力评估结果，可以鼓励数据在同等安全能力水平的组织间安全有序流动，或者流向能力水平更高的组织，避免数据流向低安全能力的组织。

（3）数据安全治理和 DSMM 之间是相辅相成、互助互补的关系。一方面，DSMM 能够为数据安全治理在事前提供开展工作的目标和方向，在事后提供对治理效果的评估方法；另一方面，数据安全治理又为追求 DSMM 描述的高级数据安全能力目标和弥补 DSMM 发现的数据安全短板提供了一套切实、可操作且行之有效的方法论。

5. 数据安全治理能力评估方法

团体标准 T/ISC-0011—2021《数据安全治理能力评估方法》，于 2021 年 7 月 1 日正式实施，中国互联网协会发布并管理，数据安全治理能力评估框架从组织建设、制度流程、技术工具、人员能力 4 个维度定义了 18 个能力项的评估方法，覆盖数据安全治理的全生命周期。

T/ISC-0011—2021 以"准确度量企业的数据安全治理能力现状，合理规划数据安全治理能力提升路径"为目标,推出了"数据安全治理能力评估"(以下简称"DSG 评估")。

　　企业(组织)进行数据安全治理的时候,可参考 DSG 评估中数据安全战略、数据全生命周期安全、基础安全三部分的标准要求。

　　(1) 数据安全战略。包括数据安全规划和机构人员管理两个能力项,主要考虑从企业的顶层规划方面提出要求,为数据安全治理能力的建设搭框架、配人手。

　　(2) 数据全生命周期安全。包括数据采集安全、数据传输安全、存储安全、数据备份与恢复、使用安全、数据处理环境安全、数据内部共享安全、数据外部共享安全、数据销毁安全在内的九个能力项,通过对数据全流转过程进行规范和约束以有效降低数据安全风险。

　　(3) 基础安全。包括数据分类分级、合规管理、合作方管理、监控审计、鉴别与访问、风险和需求分析、安全事件应急等 7 个能力项,主要从数据安全的保障措施上进行定义和要求。

　　DSG 评估等级包括基础级、优秀级、先进级 3 个级别。基础级关注核心业务的安全治理能力及技术支撑情况,优秀级关注全业务流程的安全治理能力及技术手段的实施,先进级要求具备量化评估及优化改进机制,总结现状问题并发现差距。

10.2.2　国际数据安全框架

1. 微软公司的 DGPC

　　2010 年,微软公司的可信计算研究部门发表研究论文提出了一套方法 DGPC(Data Governance for Privacy,Confidentiality and Compliance,以隐私、保密和合规为目标的数据治理)。DGPC 是为了帮助企业(组织)能够以统一、跨学科的方式来实现以下 3 个目标,而避免让组织内不同部门各自独立解决 3 个割裂的问题:

　　• 侧重于 IT 基础设施,通过边界安全与终端安全进行保护,而 DGPC 的重点应该是加强对存储数据的保护,并随着基础设施移动,提供持续性保护。

　　• 隐私相关的保护措施必须超越与安全重叠的隐私保护措施,包括向重点获取、保护和执行客户对如何及何时收集、处理或向第三方共享数据的行为提供保护措施。

　　• 数据安全和数据隐私合规责任需要通过一套统一的控制目标和控制行为,并经过合理化处理,得到履行和兑现。

　　企业(组织)进行数据安全治理的时候,可参考 DGPC 框架如下内容。

　　(1) 风险/差距分析矩阵。风险/差距分析矩阵可帮助组织识别并解决现有保护工作的缺失:针对特定数据流中的隐私、机密和合规威胁的数据安全,该矩阵能提供数据现有和未来的保护技术、措施和行为,形成统一视图,如图 10.2 所示。每一行描绘信息生命周期中的一个阶段;矩阵中的前 4 列表示一个技术领域,而最右边的列表示控制行为,这些行为措施必须在信息生命周期的每个阶段满足 4 种数据隐私和保密原则的要求。

　　(2) 风险/差距分析过程。风险/差距分析矩阵为组织提供了一个强大的风险评估和缓解工具,组织利用该矩阵开展风险评估能够帮助组织找出现有保护措施中的不足并进行相应调整,如图 10.3 所示,这一过程包含 5 个步骤。

2. 高德纳的 DSGF

　　高德纳对数据安全治理的基本定义是"数据安全治理绝不仅是一套用工具组合而成的产品级解决方案,而是从决策层到技术层,从管理制度到工具支撑,自上而下、贯穿整个组织架构的完整链条。组织内的各个层级需要对数据安全治理的目标和宗旨达成共识,确保采取合理和适当的措施,以最有效的方式保护信息资源"。高德纳的 DSGF(Data Security

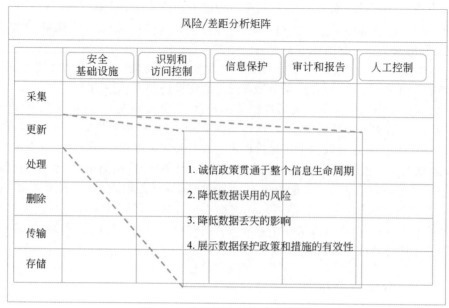

图 10.2　微软风险/差距分析矩阵

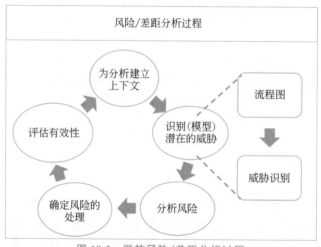

图 10.3　微软风险/差距分析过程

Governance Framework,数据安全治理框架)如图 10.4 所示,自顶向下依次从 5 个层面开展和执行。DSGF 特别强调,数据安全治理工作需要从顶层的制定策略开始,而不能从部署安全保护工具开始。

企业(组织)进行数据安全治理的时候,可参考 DSGF 框架如下内容。

(1) 数据梳理和管理数据的生命周期。数据梳理的工作内容是对数据进行分类分级,包括结构化数据和非结构化数据,目的是识别组织内的敏感数据,为下一步实施分级管控做好准备。

管理数据的生命周期,是分析评估数据在其生命周期内的各个环节面临的安全风险。高德纳定义的数据生命周期包括获取创建、存储、分析、演变、归档、终结 6 个环节,如图 10.5 所示。

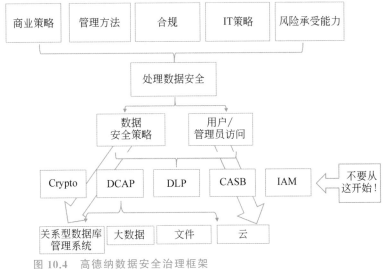

1. 平衡业务需求与风险/
威胁/遵从性

2. 优先考虑数据集

3. 定义策略和风险降低

4. 实现安全工具

5. 政策协调和同步

图 10.4 高德纳数据安全治理框架

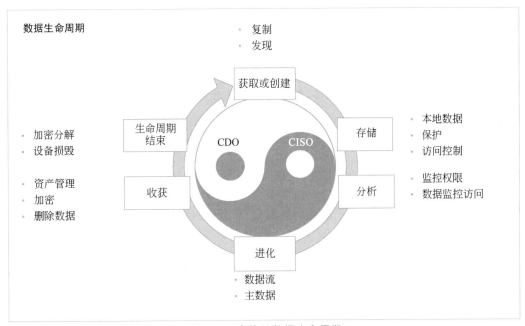

图 10.5 高德纳数据生命周期

（2）持续自适应风险与信任评估。为了实现对数据安全风险进行长久可持续地适应、评估和管控，在 DSGF 的基础上进一步提出了 CARTA（The Continuous Adaptive Risk and Trust Assessment，持续自适应风险与信任评估）方法。CARTA 方法建议从阻止（Prevent）、探测（Detect）、响应（Response）、预测（Predict）4 个方面设计数据安全的管控措施，并通过 4 个方面的循环往复，持续优化管控体系，如图 10.6 所示。

10.2.3 数据安全治理框架

框架（Framework）是用于承载一个系统必要功能的基础要素的集合。定义好的一套系

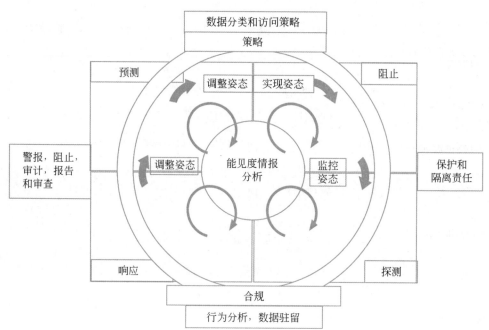

图 10.6　高德纳持续自适应风险与信任评估方法

统结构包含哪些类和对象,它们的主要责任是什么,它们之间怎么协作,怎么控制,所以框架是针对某个问题领域的通用解决方案,从而对某项工作起到提高效率以及指导和规范开发活动的作用。

本节阐述了数据安全治理的理念、愿景、目标、核心内容、建设步骤和数据安全治理整体框架。

1. 治理理念

数据安全治理是以"让数据使用自由而安全"为愿景,旨在安全有序推动数据流动,平衡数据发展与数据安全,在我国易于落地的数据安全建设的体系化方法论。

2. 治理愿景

《数据安全法》"第十三条　国家统筹发展和安全,坚持以数据开发利用和产业发展促进数据安全,以数据安全保障数据开发利用和产业发展",这里进一步表明数据加工使用、开放共享与数据交易将推进数据价值的体现,数据只有在使用中创造价值,而数据价值越大越需要保护,构筑数据安全保障底座,更好地促进数据的自由流动、助力数据价值的释放,有效推动数据开发利用与数据安全的一体两翼、平衡发展。

3. 治理目标

数据安全治理目标包括满足数据安全保护(Protection)、合规性(Compliance)、敏感数据管理(Sensitive management)3 个需求目标。

(1) 数据安全保护。伴随着政府、企事业单位、金融机构、能源集团、运营商等各行各业的数字化转型进程,数据资产在企业(组织)发展中的重要性不断提升,数据泄露、篡改、破坏导致的影响日趋严重,由自身的风险驱动带来数据保护和治理需求愈发主动与强烈。

(2) 监管合规。伴随国家层面对数据安全的重视,国家及行业涉及数据安全相关法律法规标准持续推出与完善,安全合规要求持续增加,监管力度不断加大,监管内容不断细化,面对众多的法律法规标准条文,需要围绕管理和技术要求进行解析,寻找合规途径,落实合规措施。

（3）敏感数据管理。以往各行业对敏感数据的保护仅仅是自己摸索，缺乏对敏感数据的标准定义。随着数据分类分级相关标准的发布，金融、运营商、工业等行业对敏感数据有了更清晰的标准定义，当前对国家核心数据、重要数据、敏感个人信息等敏感数据的界定也在进一步明确。

综上所述，以数据保护为目的，以安全合规为驱动、以敏感数据管理为核心的数据安全治理需求愈发明确。

4. 核心内容

以数据为中心的分类分级安全治理内容包括：分类分级（Classifying）、角色授权（Privilege）、风险评估（Risk Assessment）和场景化安全（Scene Security）。

1）分类分级

数据资产保护的核心在于数据分类分级保护。

通过对数据资产识别、梳理及数据的有效理解和分析，对数据进行不同类别和密级的划分；根据数据的类别和密级制定不同的管理和使用策略，尽可能对数据做到有差别和针对性的防护，实现在适当安全保护下的数据自由流动，避免敏感数据的防护不足，非敏感数据的过度防护。

2）角色授权

数据安全访问控制核心在于数据访问主体的角色授权。

数据安全访问分为两条线，即客体数据线和主体用户线。在数据线上明确数据资产及分类分级梳理后，另外一条用户线，通过业务流、数据流分析，梳理用户角色对数据的主客体访问关系，明确数据的访问角色以及数据的使用方式，在不影响数据资源正常访问的前提下，围绕不同分类和级别的数据，针对各用户角色赋予相应的访问权限，实现按需、动态的数据访问和使用安全。

3）风险评估

企业（组织）在业务经营模式发生调整，信息系统上线或发生升级，系统运营环境发生变化或发生重大安全事件等情况下，通过数据安全自评估工作，发现当前面临的数据安全问题，找到安全防护差距并及时落实整改，保障数据安全。

数据安全评估是数据安全治理的重要基础，针对数据收集、存储、使用、加工、传输、提供、公开等数据处理活动以及数据出境风险，根据相关法规标准要求，围绕敏感数据处理活动与数据跨境转移涉及的数据内容及数据载体环境，按照风险分析的方法，运用工具测试、配置检查、人员访谈等手段，从管理脆弱性、技术脆弱性、面临的暴露面威胁及已采用的防护措施等多个角度进行风险评估，分析、梳理数据处理相关活动存在的安全风险，为后续有针对性地完善管理制度与流程及防护技术手段提供依据，确保有的放矢地开展数据安全治理。

4）场景化安全

数据安全治理的核心关注点在于场景化安全。

随着数据要素市场持续健全和深化，数据加工、共享、开放等应用场景不断丰富，数据交易、数据出境等数据运用新模式持续涌现，不同用户基于业务、访问途径、使用需求，会产生不同的使用场景。一刀切、固化的防护方式已无法适应不同场景下安全防护要求，在保证数据被正常使用的目标下，基于不同的使用场景特点制定相应的数据安全策略。实现场景化的数据安全治理，及时发现数据风险暴露面，使数据安全治理更具针对性。

5. 建设步骤

数据安全治理的建设步骤包括：组织构建、资产梳理、策略制定、过程控制、行为稽核和持续改善。

（1）组织构建。组建专门的数据安全组织团队，是作为数据安全治理建设的首要任务，是保证数据安全治理工作能够持续执行的基础。

（2）资产梳理。资产梳理是数据资产安全管理的第一步。通过资产梳理能够掌握数据资产分布、数据责任确权、数据使用流向等，使数据资产安全管理更全面。

（3）策略制定。掌握数据资产概况后，需要制定安全策略来作为数据资产管控的安全规则。

通过数据分类分级与重要数据识别，区分人员角色权限及场景，制定针对性的安全策略，能够实现对敏感数据进行分级管控，使数据在生命周期中安全流动。

（4）过程控制。策略制定后需要将安全规则落地。通过数据安全管理制度体系、技术体系、运营体系的有效配合，能够帮助企业（组织）进行数据资产安全管理的过程控制。

（5）行为稽核。对数据的访问过程进行审计，判断这些数据访问行为过程是否符合所制定的安全策略；对数据的安全访问状况进行深度评估，判断在当前的安全策略有效执行的情况下，是否还有潜在的安全风险。

（6）持续改善。数据安全需要动态跟踪，持续改善。通过资产梳理，可持续掌握数据资产动态；通过预警演练，可提升应急响应能力；通过数据安全评估，可了解数据安全现状，持续优化安全策略等。

依据上述指导性的建设步骤，可根据企业（组织）的业务关注点、风险容忍度等实际情况，首先考虑核心业务且易实施、见效的防护手段先行实践，然后在治理深度上逐步形成数据安全防护全周期，再在治理广度上逐步覆盖到数据运营全业务，并在过程中持续优化。

6. 整体框架

依据数据安全治理理念，围绕常态化安全运营服务需求与安全防护技术体系化、平台化演进趋势，提出如图 10.7 所示的数据安全治理三大体系框架思路。数据安全策略通过管理制度体系制定，通过安全运营体系发布，通过技术体系构建。

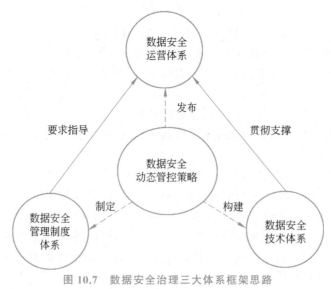

图 10.7　数据安全治理三大体系框架思路

作为帮助企业(组织)应对数据安全挑战的一种理念和一套贯穿整个组织架构的建设数据安全能力的方法论,数据安全治理主要包括组织、制度、技术和运营 4 个方面的方案规划与实施。

图 10.8 展示了一种数据安全治理整体框架示例,在数据安全运营体系方面,以组织业务安全需求和满足法律法规及行业标准为驱动力,建立一套日常化、集中化、规范化、流程化的数据安全运营工作方法,包括安全策略运营、数据资产梳理、数据分类分级、应用信息备案、数据安全合规运营、风险监测和事件响应处理、运营稽核与优化。

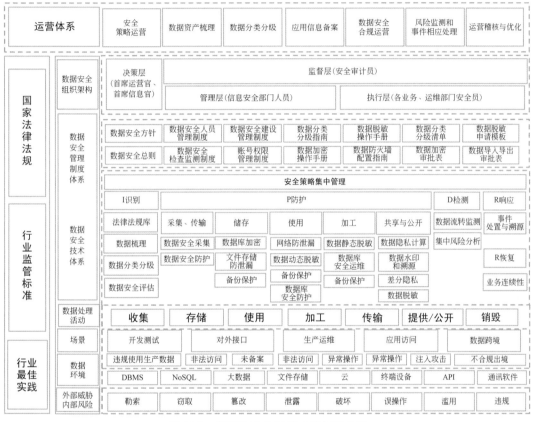

图 10.8 数据安全治理的总体框架示例

在数据安全组织架构方面,需要从企业(组织)内选派合适人员构成一支由决策层(首席运营官、首席信息官)、管理层(信息安全部门人员)、执行层(各业务、运维部门安全员)、监督层(安全审计员)构成的负责推动开展数据安全治理工作的团队。

在数据安全管理制度体系方面,深入调研和解读国家及本行业在数据安全方面的合规要求,建立数据安全管理制度四级文件,最终形成一级数据安全方针文件,二级数据安全管理制度文件(人员、建设、检查监测、账号权限等),三级细则指引文件(数据分类分级指南、数据加密、数据脱敏、数据防火墙配置指南等),四级表单、模板、记录文件(数据分类分级清单、数据加密审批表、数据脱敏审批模板、数据导入导出审批表等)。

在数据安全技术体系方面,需要基于组织人员架构和拟定的制度规范,选择和实施适宜的数据安全产品、服务等技术手段识别、防护、检测、响应、恢复(以下简称:IPDRR),通过运营平台实现安全策略集中管理。

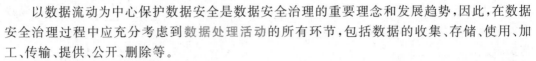

以数据流动为中心保护数据安全是数据安全治理的重要理念和发展趋势,因此,在数据安全治理过程中应充分考虑到数据处理活动的所有环节,包括数据的收集、存储、使用、加工、传输、提供、公开、删除等。

涉及的各种典型应用场景(如业务访问、运维管理、开发测试、数据智能分析、数据共享等)和数据环境(关系型数据库、非关系型数据库、大数据环境、文件存储系统、云、终端设备、数据访问 API、通信软件等)中存在的外部威胁(如勒索、窃取、篡改、泄露、破坏等)和内部风险(如窃取、篡改、泄露、破坏、误操作、滥用、违规等),对数据安全治理结果的全面性和有效性进行考查、评估和深入分析。

10.3 数据安全治理指南

企业(组织)进行数据安全治理首先要符合安全经济学规律,考虑安全成本(安全投资、安全投入)、安全收益(安全价值)和安全效益问题,落实最合理可行原则,用有限的安全投入实现最大的安全,在达到特定数据安全水平的前提下尽量节约安全成本,实现经济、系统、长远、动态的安全价值。

数据安全治理要能够涵盖实现数据安全的全部核心目标,即保护数据的完整性(防篡改)、保密性(防泄露、防滥用)、可用性(防勒索、防破坏)。在某些具有特殊或更高安全需求的情况下,还经常会包括一些额外目标,例如可追溯性(不可否认性)、可靠性、可控性、真实性,等等。

企业(组织)实际实施数据安全治理框架,应首先明确数据安全人员组织,制定数据安全管理制度体系,形成可闭环管控的数据安全技术体系,落实可持续化的数据安全运营体系,以数据安全管控策略为核心,以管理制度体系为指导,以运营体系为纽带,以技术体系为支撑的治理框架思路,本节提出管理、技术、运营三位一体的数据安全治理指南。

10.3.1 明确数据安全人员组织

1. 组织架构

企业(组织)内部负责数据安全治理例行事宜的通常是一个常设的虚拟团队,一般称为数据安全治理委员会或数据安全治理小组。团队的职责是制定对数据进行分类、分级、保护、使用和管理的原则、策略和流程。团队的成员应包括企业(组织)内的数据安全专家,以及所有与数据安全相关的部门(如 IT 支持、人资、法律、财务、业务和市场、运营和维护、知识产权、保密等)的人员代表;在一些大型的企业(组织)中,因为数据安全正日益变成生死攸关的重要问题,甚至会包括主管副总裁、董事会成员等高级管理人员。

数据安全治理团队的成员同时也是企业(组织)数据安全管理制度的受众。其是数据安全策略、规范和流程的执行者和被管理者,同时也是数据的使用者、管理者、维护者、分发者。只有将这些角色的人员代表纳入到团队中,才能使得在数据安全治理中制定的安全原则、安全措施和安全规范能够在具体执行中得到有效贯彻落实。

数据安全治理团队常见的职能架构如图 10.9 所示,自顶而下依次为决策层、管理层、执行层,外加一个贯穿数据安全治理全程并负责对上述 3 层进行监督审计的监督层。各层的职能分工和成员建议如下。

(1) 决策层。负责对企业(组织)开展和实施数据安全治理的体系目标、范围、策略等进

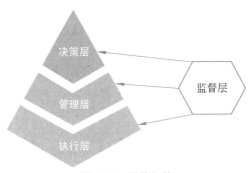

图 10.9 职能架构

行决策。成员包括企业(组织)内主管数据价值实现的最高负责人(如首席运营官、首席战略官等)和信息安全方面的最高负责人(如首席数据官、首席信息官等),甚至可以考虑由负责推动企业(组织)数字化转型的高级副总裁或者负责战略新兴业务拓展的高级副总裁来出任决策层的负责人。

(2)管理层。管理层一般由来自信息安全部门或专门的数据安全管理部门人员组成,负责数据安全治理体系的建设、培训和运营维护工作。在数据安全治理启动建设的早期,管理层需要牵头对企业(组织)现有的数据资产进行梳理,向业务运营、数据分析等数据使用部门充分了解与数据安全有关的业务需求,分析评估安全威胁和潜在风险,并详尽调研各政策、法律、标准、规范中的数据安全合规要求,然后根据企业(组织)的风险承受能力和财务预算,规划和起草适合自身的数据安全操作规程等制度文档。在制度规范得到决策层认可后,管理层要组织相关培训,以推动制度在企业(组织)内的推广和落地实施。管理层还要承担起维护数据安全制度持续运转的保障工作,并及时做出更新、调整和优化,以更好适应和支撑业务发展。

(3)执行层。执行层一般由来自业务部门和运维部门的人员组成。这些人员是数据的使用者、管理者、维护者、分发者,同时也是数据安全策略、规范和流程的重要执行者和管理对象。在数据安全治理启动建设的早期,执行层负责协助管理层详细了解并深入理解企业(组织)在业务开展过程中的各种数据安全需求;对管理层提出的数据安全操作规程等制度和方案的可行性和易用性,进行细致的分析和评估,并将结果反馈给决策层,以支撑后者做出明智、正确的决策。数据安全制度正式发布实施后,执行层要在其日常例行工作中严格遵守数据安全操作规程,并积极发现和报告制度规范中的漏洞和潜在风险,促进管理层及时响应,尽快对数据安全的制度和措施做出更新、调整和优化。

(4)监督层。监督层一般由企业(组织)内的审计部门承担,负责定期对数据安全方面的制度、策略、规范等的贯彻落实和执行遵守情况进行查考与审核,并将结果汇报给决策层。监督层的关键是要具有独立性,确保其审计核查工作不会受到来自其他 3 层,特别是管理层和执行层的相关利益或动机的影响和干扰,从而保证企业(组织)能够及时发觉其数据安全制度在落地执行层面的问题和风险。

提供重要互联网平台服务、用户数量巨大、业务类型复杂的个人信息处理者,还需成立主要由外部成员组成的独立机构对个人信息保护情况进行监督。

2. 定岗定员

数据安全治理团队的职能架构确定后,如何制定出高质可行的操作规程和管理制度并实现这些制度规范的高效运作和部门职责的有效达成,就成为企业(组织)要面对和解决的首要问题。定岗定员、专业化分工是解决问题、实现目标的基本方法。

定岗是指对数据安全职能架构中各个层次内的职责进行更细致的分工,将一系列相互间关联紧密的工作任务集合设定为一个岗位。定员则是指明确固定某一个或一组人承担某个岗位的任务和职责。定岗的本质是分工,定员的核心是明确职责,两者被共同用于在分工基础上为企业(组织)实现降低成本、提高效率的终极目标。

在数据安全治理实践中,定岗定员应特别注意遵循以下原则。

(1) 不应出现人员跨层交叉。从上节对数据安全治理团队职能架构的介绍不难发现,决策层、管理层、执行层、监督层之间一方面存在着密切的配合与合作,另一方面也同时存在着相互制约与平衡。这些不同层间的相互制约与平衡是必不可少的,只有如此,才能有效降低人的主观因素中潜藏的负面影响。一旦有人在不同层内同时扮演多个角色,难免会出现因考虑个人相关利益而降低标准、通融迁就的情况。例如,如果一个人既在管理层内负责起草数据安全的技术实施方案,又在决策层内负责对方案的可行性进行审批,则难免会出现方案敷衍或滥用数据安全建设预算的问题;而如果有人同时出现在监督层和其他层,则监督层对后者的审计核查作用必然会大打折扣,甚至形同虚设。

(2) 仅授予相关角色或人员完成岗位职责所需的最小权限。对于重要岗位或操作规程,应权限分离或安排多人互相监督,并对重要岗位人员开展背景调查,对重要的数据修改应安排不同人员分别进行操作、审批和复核,以防范内部人员对数据的违规篡改;例如,加密数据库的密码不应告知操作系统管理员,以防范后者用拖库的方法窃取数据等。

(3) 信任要基于岗位职能和人员角色,而非人员身份。要培训员工树立和加强安全意识:在数据安全治理的职能框架下,默认不信任企业(组织)内外部的任何人或设备,除非按照定岗定员的分工结果被授予了相应权限,否则即使是企业(组织)内的上级领导,也不能违反数据安全制度规定的操作规程,越权访问或使用敏感数据。

10.3.2 建立数据安全管理制度体系

1. 建设思路

数据安全管理体系可分为4层架构,如图10.10所示,每一层作为上一层的支撑。

图 10.10 管理制度体系建设思路图

(1) 第一层是管理总纲,是组织数据安全治理的战略导向,明确数据安全治理的目标重点。

(2) 第二层是管理制度,是数据安全治理体系建设导向,应建立各项管理制度。

(3) 第三层是操作流程和规范性文件,是组织安全规范导向,作为制度要求下指导数据安全策略落地的指南。

（4）第四层是表单文件，是组织安全执行导向，数据安全落地运营过程中产生的执行文件。

2. 体系架构

如图 10.11 所示，数据安全管理制度体系并不是摒弃企业（组织）内部建设以网络为中心的安全管理规范，而是在此基础上融合数据安全管理要求，形成全面的数据安全管理制度，是数据安全技术体系的指引和基础。

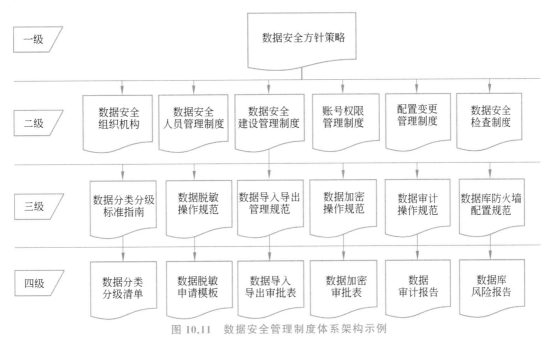

图 10.11　数据安全管理制度体系架构示例

第一级是管理总纲，"以分类分级为基准，以权限控制为措施，管理与技术并重"的数据安全治理方针。

第二级数据安全管理制度，"组织机构、人员管理制度、建设管理制度、应急响应、监测预警、教育培训等制度"。

第三级数据安全规范指南，"数据分类分级标准指南、数据脱敏操作规范、数据导入导出、数据加密、数据审计、数据防火墙等操作规范"。

第四层表单执行文件，"数据分类分级清单、数据脱敏申请模板、数据导入导出审批表、数据加密审批表、数据审计、数据风险评估等报告"。

10.3.3　打造数据安全技术体系

1. 建设思路

面向数据安全治理涉及的复杂的监管与合规需求，数据安全防护技术也需要进行体系化的应对，数据防护技术在注入或漏洞攻击防护、认证与访问控制、加密、审计、去标识化技术的基础上，也在进行着持续的技术演进，同时，这些技术也在快速实现国产化落地，拥抱国产化趋势。

（1）场景化主动防控手段纳入数据安全技术体系。鉴于数据资产与业务的强相关性，

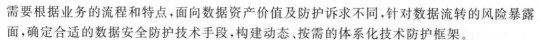

需要根据业务的流程和特点,面向数据资产价值及防护诉求不同,针对数据流转的风险暴露面,确定合适的数据安全防护技术手段,构建动态、按需的体系化技术防护框架。

(2) 使用密码技术保护数据安全使用成为热点。在数据处理活动中,数据收集、存储、使用、加工、传输、提供、公开等每一个环节,其目标不外乎"使用"这些数据,或"加工"这些数据,创造新的价值,从而释放数据红利,为社会发展提供强大的推动力。从数据安全的角度来看,保护数据流动全流程的安全,例如数据安全收集、安全传输、安全存储,其根本目的是确保数据在"使用"时是真实可信的,对这些数据进行"加工"所获得的价值是有效的。当前,在保证数据使用安全方面,机密计算、隐私计算等基于密码技术保护数据交易、共享安全的落地化实践场景已经展开。

(3) 数据安全防护与 AI 技术融合愈加成熟商用。面向数据资产识别、数据分类分级、数据流转的风险分析等安全防护手段,单纯依赖基于人工设定规则/策略的防护技术,在处理效率、准确性、全面性等方面已经无法满足日趋复杂的数据安全防护需求,通过引入 NLP (Natural Language Processing,自然语言处理)、UEBA (User and Entity Behavior Analytics,用户实体行为分析)、KG(Knowledge Graph,知识图谱)等人工智能技术,与安全技术进行有效融合并实用化,已较好地推进了智能化数据分类分级、智能化风险分析的进展,极大地提升了数据安全防护的水平。

(4) 单点技术向平台化融合技术发展趋势愈加强烈。围绕数据全生命周期,在周期各阶段节点的单点防护技术手段已日益健全,但基于安全木桶效应,数据流转需要体系化防护,建立集中化、联动化的安全防护平台,将这些单点技术进行有效串联,实现面向数据安全风险的动态、纵深防御已成业内共识,数据安全协同平台、数据安全运营平台、数据安全监测平台等平台化技术得到蓬勃发展,在数据收集、存储、使用、加工、传输、提供、公开等应用场景中开展了广泛实践应用,有效的支撑了数据安全治理实践。

(5) 信息技术应用创新进程加速。伴随《数据安全法》《个人信息保护法》等法律法规的出台和实施,数据安全技术发展又迎来了一个新的里程碑,翻开了基于信息技术应用创新的时代新篇章,推动数据安全领域的技术和产品创新发展,通过数据安全技术和芯片、操作系统、云平台、AI算法及国产密码算法等自主可控技术充分融合,形成安全可信的防护体系,筑牢数据安全基石,助力我国数字化转型。

2. 体系架构

数据安全技术体系并非单一产品或平台的构建,而是覆盖数据全生命周期,结合企业(组织)自身使用场景的体系建设。要依照企业(组织)数据安全建设的方针总则,围绕数据处理活动各场景的安全要求,借鉴 IPDRR 模型,建立与制度流程相配套的技术和工具,并将这些技术和工具形成平台化应用,发挥技术合力作用,如图 10.12 所示。通过持续对数据生命周期内各使用场景进行风险监测,评估企业(组织)现有数据安全控制措施的有效性及薄弱环节,对有问题的风险场景及时进行数据安全整改,优化数据安全相关制度流程,进而持续的提升数据安全防护能力。

1) 平台防护技术

(1) DSCP(Data Security Collaboration Platform,数据安全协同平台)

DSCP 使用中心化和分布式相结合的混合架构,对数据的所有权和使用权进行分离,采用多种数据安全保障能力融合。

DSCP 可以实现隐私计算、数据共享、安全沙箱环境等多种数据使用安全手段自由组

图 10.12　数据安全技术体系架构示例

合,也可以针对不同用户场景拆分能力,适应实际业务需求。通过安全的方式引入多样性的数据源,并协调和保证各参与方能够各司其职,形成数据流通生态闭环。

DSCP 具备敏感数据自动识别、数据自动分级分类管控、数据操作留痕审计、输出结果申报审核等功能。平台管理方不触碰数据、不运营数据,仅提供开放、多样性的数据分析、建模环境,低代码、全程可视化操作界面,可以让业务人员、数据分析师等不同用户减少学习成本,快速提高工作效率。

DSCP 搭建了统一规范、互联互通、安全可控的数据开放环境,多方协同全程加密传输、缓存和运算,保护数据的安全和隐私,促使数据流通价值最大化,安全合规地推动跨部门、跨机构、跨行业的数据开放与共享,真正实现了提供数据安全流通和共享的协同生态圈。

（2）DSOP(Data Security Operation Platform,数据安全运营平台)

DSOP 作为综合性的数据安全运营管控平台,具备全场景、全流程的数据安全运营、管控能力。在产品架构的设计上,充分参考数据安全系列国家标准的要求和思路,将管理体系和运营体系的建设,提升至与安全技术能力建设同等重要的高度。

DSOP 在管理体系的功能设计中,充分参考 GB/T 35274 从大数据服务过程中数据服务风险管理的角度对资产管理和组织管理能力的要求,通过资产的核实、认领、评估、稽核,形成与组织匹配的数据资产管理体系。在运营体系的建设中,以分类分级为核心,通过对数据访问流转的备案和风险监测,以日常运营工作台帮助组织逐步形成体系化、流程化的数据安全防护能力。在技术能力的构建上,围绕数据安全生命周期,提供 IPDRR 等多种场景的安全能力。

DSOP 在具体的监测和防护场景设计中,遵循 GB/T 37973 的相关要求,以数据分类分级为基础,划定不同等级、类别数据的安全活动范围,支持在具体的安全规则和策略配置中,为不同分类分级的数据提供差异化的防护措施,在实现大数据价值发挥的同时,确保数据安全。

(3) DSMP(Data Security Monitor Platform,数据安全监测平台)

DSMP 数据安全监测平台是以"合规、高效"为目标,通过对数据资产的梳理、评估和数据流转的监测、分析,实现对数据全生命周期的合规监测与稽核,为数据安全治理提供坚实的针对性的方向指引。

数据安全监测是数据安全建设的基石工作,只有清晰了解数据在生命周期中的风险和脆弱点才能有针对性地进行防护加固。DSMP 对数据采集、传输、存储、处理、交换、销毁等各环节的安全状况和风险进行全面的监测和评估,结合数据成熟度等级定义,为组织提供具有实操建议的安全能力提升措施。

DSMP 同时还以标准规范落地为目标,提供了一套涵盖标准规范的拆解、解读、策略关联、合规稽核的标准规范管理模块,并内置了认证标准帮助组织快速的落地标准规范要求,提升数据安全管理防护能力。比如:基于 GB/T 41479 的 DSM 认证和基于 GB/T 37988 的 DSMM 认证。

2) 单点防护技术(IDPRR)

(1) 法律法规知识库。

法律法规是指引组织数据安全建设的重要依据,应对解读的安全标准和规范的合规项进行落实,形成合规库,收录并拆解各类与数据安全相关的规范、标准,为数据安全管理提供参考及评估标准,并根据合规库中的合规项制定各类安全策略规则。

法律法规库多为文档形式,难以融入到日常的安全运营工作中去,可通过技术手段建立法律法规库系统,系统提供规范标准的录入、修订、废止、检索功能,通过系统可快速检索组织应执行的合规项,以及根据各合规项执行的安全策略和具体实施的安全措施。

(2) 数据资产梳理。

数据资产梳理是指对目标环境中的数据资产进行全面清查、摸排,通过了解数据资产类型、数据资产分布、数据资产权限、数据资产使用等信息,构建数据资产目录的过程。在数据安全治理实践中,尤其关注针对敏感数据资产的梳理,这是数据安全体系建设及数据资产管理中的一项基础性工作。对数据资产进行及时准确地梳理以掌握其中敏感资产的分布、数量、权限及使用状况,是进行后续数据安全治理工作的基础与先导。

对数据资产进行梳理,主要包括两种技术:一种是静态梳理技术,通常采用对 IP 地址段和端口范围进行扫描的主动嗅探方式,发现数据库资产。然后再应用数据库字段识别技术、数据样本特征识别等技术和元数据接口对接、数据字典导入等方式,形成数据资产清单;另一种是动态梳理技术,通常采用对网络流量进行协议分析的被动监测方式,用于形成数据访问关系清单。两者共同为后续的数据安全治理建设提供必要的基础信息。

(3) 数据分类分级。

为了能够更好地在保持数据使用的便捷性和实现数据保护的安全性两者之间进行平衡,促进数据安全能力建设降本增效,通常会对企业(组织)的数据(资产)进行分类分级,以便对数据采用精细化的安全管控手段。

为应对企业（组织）海量数据的分类分级，可采用谓词切分与语义识别技术、知识库与匹配技术和机器建模与匹配等技术，辅助人工快速形成数据分类分级清单。

对数据的分类因为要密切贴合企业（组织）的自身业务特点，一般没有特别通用的规则和方法，通常会根据数据的用途、内容、业务领域等因素进行，而且可能需要随着业务的变化而动态变化。

针对通用规范和行业规范中有标准可参照的数据，通过建立元数据（或元数据集）与标准规范中分类分级标识信息项的映射关系，结合企业（组织）实际情况，可以较为快速的落实数据分类分级，并基于分类分级结果清单开展针对不同类别与级别数据的安全防护措施实践；对于尚未颁布行业数据分类分级标准规范的企业（组织），在对数据进行分类分级的过程中，由于类别和级数增多会导致管理和维护成本上升，因此，建议企业（组织）在满足国家和行业监管合规要求的前提下，选用尽量简单的分类分级规则，以保障以分类分级为基础的数据安全治理的可实施性，后续再伴随治理工作机制的完善和成熟，结合行业监管要求的规范化，逐步进行深入和细化安全管控。

（4）数据安全评估。

数据安全风险评估的结果通常包括 5 个基础维度：数据和数据处理活动识别、脆弱性识别、威胁识别、已有安全措施识别、残余风险分析、安全风险评估报告，基于以上 5 个基础维度的评估结果，分析数据处理活动过程中的脆弱性问题，及该脆弱性面临的威胁，并相应地检查已有安全措施，判断残余风险，并根据数据资产价值和残余风险判定数据安全风险值，最终形成数据安全风险评估报告。

数据安全风险评估是指借鉴信息安全风险评估的基本原理和步骤，基于组织的数据战略，从数据全生命周期安全出发，通过对组织目标环境中数据资产的重要程度、数据载体的安全状况、敏感数据的访问状况、数据安全相关管理制度和基础设施的安全性等多方面的信息进行收集、统计和分析，从不同维度评估风险状况，并最终计算得出综合评估结果的过程。

（5）身份安全基础设施。

身份安全基础设施可以为收集、存储、使用、加工、传输、提供、公开等数据处理活动的访问控制提供基础的数据来源，以便对用户身份、各类设备和应用系统进行身份管理和权限管理，基础的身份安全基础设施包括 IAM（Identity and Access Management，身份识别与访问管理）和 PKI（Public Key Infrastructure，公钥基础设施）。

（6）IAM 身份识别与访问管理。

IAM 是一套全面建立和维护数字身份，提供有效安全的 IT 资源访问的业务流程和管理手段，实现组织信息资产统一的身份认证、授权和身份数据集中管理与审计。身份和访问管理是一套业务处理流程，也是一个用于创建、维护和使用数字身份的支持基础结构。

在数据安全治理所有过程中都需要安全的身份标识，在数据治理的交互过程中识别，IAM 是数据安全治理不可或缺的一个中心环节。

（7）PKI 基础公钥设施。

PKI 是一种遵循既定标准的密钥管理平台，它能够为数据生命周期防护涉及的身份认证、数据传输、数据存储、数据访问、数据应用提供加密和数字签名等密码服务及所必需的密钥和证书管理体系。简单来说，PKI 就是利用公钥理论和技术建立的提供安全服务的基础设施，是数据安全治理的关键和基础技术。

(8) 数据收集、传输安全防护。

数据收集应满足数据收集相关的合法性要求,满足数据收集的必要性原则和最小化原则,确保用户数据在收集前已征得用户同意,需要单独征得用户同意的业务确已征得用户同意,应当重新取得用户同意的情况确已重新取得用户同意,并按规定向用户公示了其个人信息收集的目的,防止出现超范围收集用户数据、超权限使用用户数据、违法违规交易用户数据及差异化用户决策等违法行为。

数据收集源头的安全是数据价值利用的先决条件,在数据收集、传输时,应对数据提供方的身份进行有效验证,并通过安全防护技术防止数据泄露及数据篡改等数据安全事件的发生。在数据安全收集方面,应对数据收集设备进行持续的身份认证和数据传输安全防护。在数据中心防护方面,应在网络安全防护的基础上,对数据库操作加强安全防护,构建基于数据安全的纵深防御体系,针对业务数据进行细粒度访问控制,防止数据的越权/非授权访问和利用数据库漏洞发起的攻击行为。

对于攻击者通过 Web 应用,使用"SQL 注入"攻击的方法从后台数据库服务器尝试进行"刷库"等攻击行为,应用数据库安全防护技术,针对应用系统访问数据库根据数据分类分级规则进行访问控制和防止漏洞利用等安全防护,在数据库系统账户及权限管理的基础上提供二次防护,一方面规范数据库特权用户的操作行为,解决数据库用户权限过度分配、权限未及时收回等问题。另一方面通过 SQL 注入防护可以从根本上帮助管理员防止 SQL 注入的发生。此外,数据库防火墙提供的虚拟补丁功能可实现数据库不打补丁也能防止补丁攻击的需求。

(9) 数据存储安全防护。

存储作为 IT 数据基础设施堆栈的底座,对保障数据安全可靠尤为重要。应用数据库加密技术保障结构化数据存储安全,以及数据保护技术保障数据的可用性。

数据加密技术是指将一个蕴含信息的明文数据经过加密钥匙(加密密钥)及加密函数转换,变成无意义的密文数据;以后需要获取数据内蕴含的信息时,要先将该密文数据经过解密函数、解密钥匙(解密密钥)处理,恢复成原来的明文数据,然后才能对数据及其内的信息加以使用。加密密钥和解密密钥都可泛称为密钥,而且在对称加密算法中,加密密钥和解密密钥完全相同。关于密钥的生成、保存、传递和使用等机制是数据加密技术必须具备的关键组成部分,一般统称为密钥管理。数据加密技术是保护数据机密性和完整性的重要手段,是网络和数据安全技术领域的基石。

(10) 数据使用安全防护。

数据在使用中发挥价值,但数据在使用过程中的流动性特征,极易导致数据泄露事件的发生。在数据使用阶段,应从数据内容识别和数据权限细粒度管控两个方面实施数据安全防护措施,也可应用数据库安全防护能力对应用访问数据库的权限进行细粒度管控,加强数据库访问的安全防护。

数据静态脱敏一般用于在非生产环境(如开发、测试、培训、外包和数据分析等)中使用数据时,对数据中含有的敏感信息进行保护。静态脱敏通常会涉及对较大数量的数据进行批量化的处理:静态脱敏系统首先从数据的原始存储环境(通常为生产环境)读入含有敏感信息的数据,然后在非持久化存储条件(系统内存)下按照脱敏策略、规则和算法对数据进行变形等脱敏处理,再将经过处理后的脱敏数据存储到新的目标存储环境中。

动态数据脱敏一般用在生产环境中。在数据访问者读取数据的过程中,部署于访问通道上的动态脱敏系统会监测和拦截数据访问请求,并根据请求中数据使用者的角色、权限、待访问数据的类别级别等信息,按照脱敏策略和规则实时对数据中的敏感信息进行脱敏处理,然后将脱敏后的数据提供给数据访问者。

数据访问控制通常被用在数据生命周期中的数据使用环节,主要包括两种应用场景:一种是内部业务人员通过业务系统访问数据,另一种是运维或系统管理人员通过运维客户端访问数据存储系统。

内部业务人员通过业务系统访问数据存在的数据安全风险主要有:

- 业务系统可能因存在漏洞或后门而被攻击者控制和恶意利用。
- 业务人员可能出于自身牟利目的而盗用、滥用业务系统访问数据。
- 业务人员(尤其是有高权限者)可能因疏忽而执行错误操作。

运维或系统管理人员通过运维客户端访问数据存储系统存在的数据安全风险有:

- 运维工作中的操作、流程等违反外部合规要求或内部制度规范。
- 管理人员因疏忽错误执行对数据具有破坏性的高位操作。
- 出于个人牟利或发泄报复等原因而对数据进行恶意删除或篡改。

为防范和应对以上数据安全风险,数据访问控制系统通常具备以下主要功能:

- 对用户的身份、权限和访问控制策略的配置管理功能。
- 对访问请求进行拦截和解析,认证发起请求的用户身份,识别请求的操作目标。
- 根据身份认证和操作目标的解析结果,判断数据访问请求是否符合访问控制策略。
- 按照访问控制策略,对非法的数据访问请求进行阻断和告警。

动态脱敏与数据访问控制,作为两种保障数据安全的机制和技术手段,通常会在数据安全的产品和系统实现中联合使用。

(11)数据加工安全防护。

在数据加工阶段,运维人员需要协助业务部门将大量的生产数据频繁地导出到加工、测试环节,采用手工导出的方式不仅效率较低,还难以确保数据脱敏的有效性。同时,如堡垒机等安全运维管控技术无法对运维人员的特权账户进行细化到字段级别的访问控制,这都给数据加工、测试阶段的数据安全带来了巨大的数据泄露风险。

(12)数据提供与公开安全防护。

在对外提供数据共享与公开时,为保障数据安全,可综合运用静态脱敏和动态脱敏能力提供脱敏后的数据给数据使用方,但数据的二次传播特性决定了数据一旦共享或公开给其他使用方或处理方,数据所有者可能全面失去数据的管理权和监督权,数据水印技术能够在一定程度上对二次传播的数据进行溯源,却还不能从根本上阻断数据二次传播。当前更为安全的数据共享与公开方式是通过隐私计算技术,按照数据使用方的数据使用需求,直接向使用方提供数据结果。隐私计算技术可在数据不出本地的情况下,和其他组织共同挖掘数据的价值,既保证了组织数据的安全性,又实现了数据价值的最大化。

(13)数据隐私计算。

数据有着不同于其他生产要素的独特特征:数据的复制成本极低,数据可以无限制地被复制;数据不会因被使用而耗损或灭失;它可以被重复使用、被多方同时使用;使用数据的过程通常会产生新的数据,因此数据是取之不尽,用之不竭的,只会越用越多。数据的特征使得其有巨大的价值潜力,但同时也带来极大的使用隐患,主要在于:数据一旦被"看见"就会泄露具体信息,即可被复制,复制成本极低并可以被无限地复制;数据一旦被泄露或复制,就无法限制其用途和用量,被滥用的风险极高。正是这些使用隐患影响了数据成为生产要素大规模的流通交易。

数据隐私计算技术是指让数据在充分保护隐私的前提下参与计算,这样的数据计算技术将有助于在提高数据处理安全性的同时,更好地平衡数据融合应用和安全合规的需求。其中,安全多方计算、联邦学习作为隐私计算的核心技术,能在多个数据归属方融合使用数据的过程中保证各自数据不被泄露,让数据有效地融合利用,助力多个数据归属方的数据有效实现使用价值。

(14) 数据水印和溯源。

数据水印和溯源是指通过事先向数据中嵌入类似于水印的特征而实现事后能够对数据的违规使用行为进行追溯和核查。这项技术主要用于在数据安全治理中的事后追责活动:通过对数据安全损害已经发生的事件中的特定行为成因进行探究,从导致结果的成因中找出权重最大或最初始阶段的行为主体,再以规章为依据追究其相关责任。

相关数据安全事件既可以是数据泄露,也可以是数据被滥用或者盗用、贩卖等情况。数据溯源工作的最终效果能实现对滥用数据、泄露数据的行为形成威慑,对盗用数据者给予法律惩罚,还可以进一步达到对数据的安全保护责任形成定向委托的效果(即对接收数据者要保护好自己接收到的信息或数据形成约束)。因此,数据溯源常被视作面向数据使用、共享的一项基本安全治理工作。

(15) 差分隐私。

差分隐私是一种基于严格数学证明的隐私定义,可用于数据收集、发布、分析等场景中,为用户数据提供合理的隐私保护。作为一种被学界广泛认同的隐私黄金标准,差分隐私要求输出数据集上的统计结果对于任意单个记录的变化是不敏感的。其背后的原始直觉在于,如果统计结果是隐私的,改变一条记录应当不会对输出产生太大的影响。

作为时下流行的隐私定义,差分隐私被广泛应用于数据库查询,数据挖掘,网络踪迹分析,智能计量系统等多个领域。

(16) 集中流转监测。

数据安全体系建设从来不会是一蹴而就的,构建针对业务访问的全链路全面审计体系,支撑数据安全策略持续优化。在各个安全防护系统运行过程中,需要结合数据分类分级结果,对业务应用系统和数据库系统的操作进行全面的审计,对安全规则、敏感数据、用户行为进行不断的策略调整,以便于更加贴合各项业务系统的使用情况。

构建全链路数据安全审计能力体系:全链路数据安全审计综合采用数据库审计技术和应用及 API 审计技术,贯穿数据全生命周期各个阶段,覆盖用户访问、系统运维、开发测试、数据对外提供、数据出境等全部业务场景,通过可视化方式按数据分类分级全面分析、展示数据的分布、流动、命令执行成功/失败、风险事件等综合态势。

(17) 数据备份恢复。

数据备份保护是指为防止因物理故障、操作失误或遭受攻击破坏导致数据不可用,而对生产位置的全部或部分数据集合制作一份或多份副本并以某种方式保存到其他位置,以备在需要时重新加以恢复和利用的一个过程。根据数据的分类分级,可以采用不同的数据备份策略,确保数据的可用性和完整性。当前,数据备份保护热点包括:大数据的备份恢复、混合云的备份恢复、副本数据利用、灾备服务化、应用的容灾、多种保护能力的平台化等。

数据备份是容灾的基础,即当灾难发生时,能够保证尽量少丢失数据情况下尽快恢复信息系统运行,保证业务的连续服务能力。

10.3.4　落实数据安全运营体系

1. 建设思路

参照经典的 PDCA 模型,强化数据安全运营体系在数据安全治理中的轴心作用,有效地上承管理制度体系,下接技术体系,落实数据流动性带来的持续、动态、闭环管理,如图 10.13 所示。

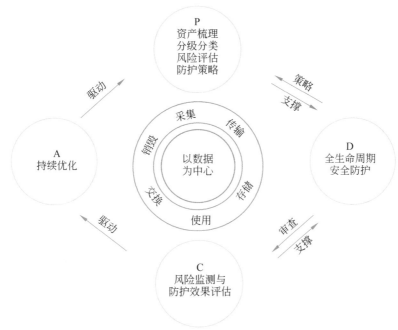

图 10.13　参照 PDCA 模型的运营体系建设思路

首先制定数据安全规划(P),通过对组织应遵循的法律法规和行业标准进行解读,结合组织的业务情况,输出并持续更新数据资产分类分级知识库和组织数据安全合规库,并进行数据资产梳理及分类分级,摸清数据资产家底,评估风险暴露面缺陷,再依照合规性要求,针对风险点设定动态分级防护策略。

然后落实全生命周期安全防护(D),依据规划制定的安全策略,面向不同级别的敏感数据对象,构建覆盖数据全生命周期节点的按需、动态防御技术能力体系。

接着展开风险监测与防护效果评估(C),实时监测数据安全运行风险,对安全事件进行响应处置,并对安全防护效果进行合规性综合评价。

最后,根据风险监测和防护效果评估结果,结合业务变革,进行持续改善、优化(A),迭代驱动下一个安全规划(P)。

2. 体系架构

管理制度和技术体系需要落地,离不开数据安全运营,因此需要从"数据资产、安全策略合规、安全事件、安全风险"4 大维度来建设运营手段,量化每个维度的数据安全管控建设指标,明确哪里做得好、好到什么程度,又有哪些做得不足、哪里需要改进和优化等,不断丰富和提升数据安全建设的完整性和成熟度。

通过运营平台支撑数据安全合规管理和运营,实现数据安全运营流程化、规范化,持续保护数据安全,整体安全运营体系如图 10.14 所示,包括如下几个关键节点:

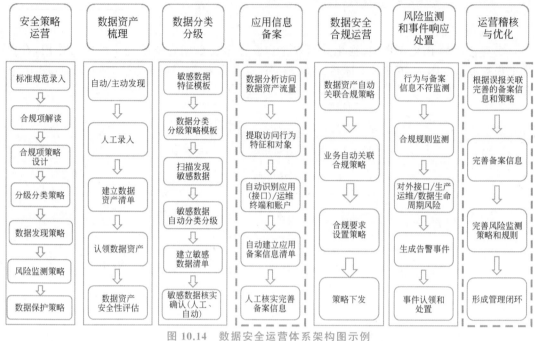

图 10.14　数据安全运营体系架构图示例

（1）安全策略运营。调研与组织相关的国内外数据安全相关监管要求、业界数据安全治理相关方法论和架构体系,作为组织数据安全治理优化工作的方法论和框架体系依据,形成数据分类分级策略、风险监测策略和数据保护策略。

（2）数据资产梳理。运用数据安全管理平台的自动发现工具,结合手工调研梳理,对数据资产进行持续维护,发现敏感数据库和敏感数据的位置和分布,统计重要数据,并对数据资产的归属部门、责任人、使用方等信息进行备案登记,形成数据资产列表。并对数据库资产进行安全评估,识别数据库资产的脆弱点。

（3）数据分类分级。基于数据分类分级策略模板,借助敏感数据发现技术和数据自动分类分级工具,对新发现的数据资产进行分类分级识别与打标,快速建立数据分类分级清单,并进行人工核实确认。

（4）应用信息备案。收集分析数据资产访问流量,提取访问行为特征和对象,识别应用账号和运维账号,建立应用信息备案清单,并由人工进行备案信息核实完善。

（5）数据安全合规运营。梳理评估各级别数据资产在整个数据生命周期流动中的安全风险,借助数据安全管理平台的安全策略管理工具,针对风险设定各安全防护节点的防护策略,对数据安全进行合规管控。

（6）风险监测和事件响应处置。借助数据安全管理平台的风险监测与处置能力,持续监测数据流转风险,针对产生的安全事件告警,落实应急响应与事件处置,并进行事件溯源取证。

（7）运营稽核与优化。建立面向安全策略、安全风险、安全事件的 KPI 指标分析,对数据安全运营情况进行整体稽核,根据稽核考核结果进行持续完善和优化。

3. 重点工作

落实管理体系规范和流程,发挥技术体系监测和防护能力,需要常态化、完善的运营能力作为支撑。

日常数据安全运营参照运营体系中的内容从数据安全摸底、数据安全策略的制定与升级、数据安全风险管理,以及数据安全策略优化等方面对数据安全开展全方位的工作。

运营监管:通过可视化的运营监管能力,建设运营监测中心,帮助管理者全面掌握数据安全运营状况。

运营保障:通过日常运营、数据安全评估、应急保障等,实现数据安全常态化能力。

(1)日常运营。数据安全运营是一个持续化运营的过程,在日常运营中需安排安全运营人员持续进行数据安全风险监测。建设集中化、日常化的数据安全运营业务流程,从数据安全摸底、数据安全策略的制定与升级、数据安全风险管理,以及数据安全策略优化等方面日常的数据安全运营工作。

新的法律法规、行业标准的实施,和对已实施法律法规及行业标准的重新认识,都会触发运营人员进行重新解读,转化为新的安全管控策略;业务系统的变更需对涉及的数据资产进行重新分类分级,更新安全策略;安全事件的发生也会促进安全运营人员优化数据安全措施,不断完善数据安全治理体系。

(2)数据安全评估。数据安全评估首先通过人工调研及自动化工具等手段识别数据资产、收集业务应用场景并进行汇总;然后结合行业监管标准规范的安全防护要求,汇总出基于管理制度规范、操作规范流程和技术防护工具3个维度的应遵循的数据安全防护要求,形成数据安全风险评估策略;其次基于场景的风险暴露面(即自身脆弱性)、安全威胁主体、安全威胁等多个方面进行识别分析;最终通过从制度保障、数据分类分级、权限管理、安全审计、合作伙伴、应急响应等多个维度的配置核查,发现可能存在业务应用场景的高风险问题和威胁行为,形成数据安全评估报告。

(3)应急保障。主要工作内容包括:制定数据安全应急方案、工作要求及相关制度;在事前为应急响应做好预备性的工作,做好数据备份;在安全事件发生后,按要求及时对异常的系统、网络进行分析,确定安全事件的各项技术细节,保留相关证据并制定进一步的响应策略;及时采取行动限制安全事件扩散和影响的范围,限制潜在的损失与破坏,保障系统正常运行,恢复受到毁损的数据;事后通过对有关安全事件或异常行为的分析结果,找出根源,明确相应的补救措施并协助完成彻底清除;协助恢复安全事件所涉及的系统,并还原到正常状态,使业务能够正常运行。

10.3.5 实施规划建设路径

企业和组织在进行3个体系建设时,建议采用以下两种路径。

1. 整体建设思路

数据安全治理规划建设,围绕收集、存储、使用、加工、传输、提供、公开等数据处理活动,分为3个阶段建设:

(1)基础阶段:基础防护建设,主要以咨询服务为主,包括资产管理、数据分类分级、安全评估、管理制度建设、安全策略建设及方案规划。

(2)优化阶段:策略优化及能力提升建设,主要以产品为主,依据管理流程和安全策略部署自动化防护工具,解决业务风险。

（3）运营阶段：数据安全管控平台建设，主要基于管理流程、安全策略、业务场景和防护积累的经验，形成行为特征库、安全事件知识库、结合业务场景的积累，形成风险分析模型，建立数据安全管控平台，有监测、有预警、有管理、有控制、有审计、有运维及可感知。

2. 迭代建设思路

在数据安全治理实践中，一次性建立完整的数据安全体系存在方案复杂、投入高、周期长、见效慢、效果不可控等问题，且各组织数据安全建设基础情况不一，宜循序渐进地开展数据安全治理建设工作。企业（组织）需坚持以业务数据资产为核心，基于当前的现状和目标，将数据安全治理体系的建设划分为多个阶段，并将管理＋技术＋运营的建设思想贯穿在每一个阶段的建设任务中，快速达成阶段性目标，再由前一个阶段的建设成果指导下一个阶段的建设目标，一步步证明路线选择的正确性，通过"小步快跑，不断迭代"的方式，横向形成应用全面纳管，纵向持续优化防护策略，逐步建成数据安全闭环管控体系。

10.4 本章小结

本章从数据安全法中的数据安全治理讲起，阐述了数据安全治理概念和可参考的国内外数据安全标准和框架，针对当前企业（组织）的数据安全需求，从理念、框架和规划建设，构建数据安全管理、技术、运营相融合的数据安全治理体系。

思考题

1. 数据安全治理理念，从四方面：治理"愿景"更加清晰、治理目标愈发明确、核心理念全面深化、建设步骤更可落地，思考国内外几种方法的演进过程。

2. 数据安全治理与网络安全和数据治理既有紧密的关联性，又有面向数据的独特性，思考如何实现多体系间融合开展治理？

3. 数据流动性带来的持续、动态、闭环管理，思考如何通过数据安全运营体系实现数据安全治理的轴心作用？

4. 等保2.0框架中，安全技术以"一个中心，三层防护"，安全管理以"3个要素，两项活动"为依据进行划分的，数据安全治理框架为什么多了安全运营？

实验实践

1. 延伸阅读《数据安全治理白皮书》4.0。

2. 某房地产集团企业采用数据安全治理的方法实施案例。请你设计出：数据安全顶层方针，组织机构人员，管理制度，操作流程和规范文件、表单文件，都应该有哪些技术手段支撑数据安全管理规范？

3. 从企业角度，采用数据安全运营平台实现数据安全治理在政数局实践过程中，如何解决数据安全的"管理难、监测难、追溯难、防护难"？

第 11 章

人工智能与算法安全

党中央、国务院高度重视新一代人工智能发展。习近平总书记指出："人工智能是引领这一轮科技革命和产业变革的战略性技术,具有溢出带动性很强的'头雁'效应"。"加快发展新一代人工智能是我们赢得全球科技竞争主动权的重要战略抓手"。在新发展阶段,要统筹发展和安全两件大事,做好人工智能与算法安全,确保我国相关领域高质量、有序发展,确保人工智能有利国家、造福社会及普惠大众。

11.1 人工智能概述

11.1.1 人工智能基本情况

1. 人工智能的定义

人工智能(Artificial Intelligence,AI)的提出可追溯到艾伦 图灵于 1950 年在 Mind 发表的开创性工作:《计算机与智能》。在这篇论文中,图灵提出"机器能思考吗?"的问题,由此出发提出了著名的"图灵测试",由人类审查员尝试区分机器和人类的文本响应,以测试机器能否表现出跟人一样的智能水准。

人工智能的定义仍众说纷纭,由于标准化工作承载了在社会中构建基本共识的任务,已经开始从标准的角度对人工智能给出逐渐清晰和明确的定义。国际标准 ISO/IEC 22989:2022《信息技术 人工智能 人工智能概念和术语》给出人工智能分别作为系统和学科的定义,认为人工智能系统为给定的一组人类定义的目标生成内容、预测、建议或决策等,用于不同程度的自动化操作。人工智能学科是关于人工智能系统机制和应用的研究和开发。总之,人工智能是能够模拟人类感知、学习和决策,以技术、系统的形式完成一个或多个既定任务的理论、方法、技术和应用。

人工智能根据其解决问题的能力可分为:弱人工智能、强人工智能、超人工智能。弱人工智能又称专用人工智能,是指面向特定领域的人工智能;强人工智能又称通用人工智能,是指可以胜任人类所有工作的人工智能;超人工智能是指超越人类最高水平智慧的人工智能。目前,弱人工智能由于任务单一、需求明确、应用边界清晰、领域知识丰富、建模相对简单等特点,陆续实现突破,在计算机视觉、语音识别、机器翻译、人机博弈等方面可以接近、甚至超越人类水平,典型的应用例如 AlphaGo、Siri、FaceID 等。

2. 人工智能的发展情况

1956 年,美国达特茅斯学院举行的人工智能研讨会上提出人工智能的愿景"让机器能像人类一样认知、思考并学习"。其后,人工智能经历了持续的发展期,并在 20 世纪 50 年代末和 80 年代初两次进入发展高峰。然而,受制于技术、成本等因素,以及始终无法看到广泛的落地应用,人工智能的两次高峰先后都进入长时间的低谷期。

近年来,随着大数据、云计算、互联网、物联网等信息技术以及图像处理器等计算平台的发展,以深度神经网络为代表的人工智能技术飞速发展,在算法、算力和数据三大因素的共同驱动下迎来了第三次发展浪潮。在这次浪潮中,人工智能从实验室走向产业化生产,重塑传统行业模式、引领未来的价值已经凸显,并为全球经济和社会活动做出了不容忽视的贡献。人工智能理论和技术取得了飞速发展,在语音识别、文本识别、视频识别等感知领域取得了突破,达到或超过人类水准,成为引领新一轮科技革命和产业变革的战略性技术。人工智能的应用领域也快速向多方向发展,出现在与人们日常生活息息相关的越来越多的场景中。人工智能发展过程情况如图 11.1 所示。

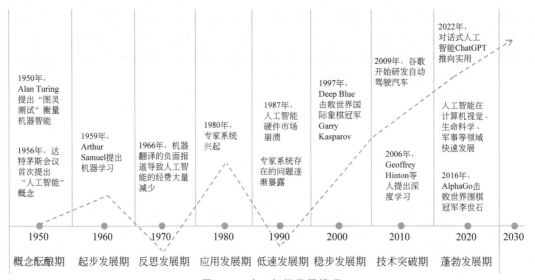

图 11.1　人工智能发展情况

概念酝酿期(20 世纪 50 年代):首次提出"人工智能"概念,启发了人们对人工智能的思考。

起步发展期(20 世纪 60 年代):人工智能概念提出后,相继取得了一批令人瞩目的研究成果,掀起人工智能发展的第一个高潮。

反思发展期(20 世纪 70 年代):人工智能的突破性进展使得人们开始尝试一些不切实际的目标。然而,接二连三的失败和预期目标的落空使人工智能的发展走入低谷。

应用发展期(20 世纪 80 年代):专家系统在医疗、化学、地质等领域取得成功,推动人工智能走入应用发展的新高潮。

低速发展期(20 世纪 90 年代):随着人工智能的应用规模不断扩大,专家系统存在的应用领域狭窄、常识缺乏、知识获取困难、推理方法单一等问题逐渐暴露出来。

稳步发展期(2000):由于网络技术特别是互联网技术的发展,加速了人工智能的创新研究,促使人工智能技术进一步走向实用化。

技术突破期(2010):随着大数据、云计算、互联网、物联网等信息技术的发展,泛在感知数据和图形处理器等计算平台推动以深度神经网络为代表的人工智能技术飞速发展。

蓬勃发展期(2020):大规模/超大规模预训练模型、迁移学习技术以及人工智能算力取得突破,人工智能在计算机视觉、生命科学、军事等领域快速发展。

11.1.2　人工智能技术与应用

1. 人工智能技术

人工智能涉及计算机技术、控制论、信息论、语言学、神经生理学、心理学、数学、哲学等多学科领域的交叉与融合,其概念与内涵随着相关学科和应用领域的发展而持续变化。人工智能的内涵包括四个方面,分别是脑认知基础、机器感知与模式识别、自然语言处理与理解、知识工程。在这个核心之外,人工智能的外延还包括机器人与智能系统。直面解决现实问题是新一轮人工智能的起点和落脚点,未来的人工智能工具需要体现人的认知力、创造力,成为人类认识世界、改造世界新的切入点,成为现代社会重要经济来源。

算法是人工智能的重要组成部分,而深度学习是近年来发展最快速的机器学习算法,因其在计算机视觉、自然语言处理等领域中的优异表现,大幅加快人工智能应用落地速度,催生了很多相关工具和平台。除国外耳熟能详的谷歌 TensorFlow 深度学习开源框架、Facebook PyTorch 深度学习开源框架之外,我国也产生了很多优秀的人工智能开发框架和工具,如百度飞桨深度学习开源框架、阿里巴巴 X-Deep Learning 深度学习开源框架、旷视 Brain++人工智能计算平台等。

图 11.2　人工智能相关技术

人工智能相关技术如图 11.2 所示,简要介绍如下。

(1) 机器学习。一般是指利用计算机模拟人的学习能力,从样本数据中学习得到知识和经验,并将现有内容进行知识结构划分来有效提高学习效率,用于实际的推断和决策的智能技术。如图 11.2 所示,机器学习技术通常涉及监督学习、无监督学习、强化学习、迁移学习、主动学习、演化学习等多个方面。机器学习技术推动人工智能快速发展,是第三次人工智能发展浪潮的重要推动因素。

(2) 知识图谱。一般是指结构化的语义知识库,是一种由节点和边组成的图数据结构,以符号形式描述物理世界中的概念及其相互关系的智能技术。如图 11.2 所示,知识图谱技术通常涉及知识获取、知识表示、知识存储、知识融合、知识建模、知识计算、知识运维等多个方面。知识图谱技术为大数据添加语义/知识,使数据产生智慧,完成从数据到信息到知识,最终到智能应用的转变过程,从而实现对大数据的洞察、提供用户关心问题的答案、为决策提供支持、改进用户体验等目标。

（3）自然语言处理。一般是指用计算机对自然语言的形、音、义等信息进行处理，即对字、词、句、篇章的输入、输出、识别、分析、理解、生成等的操作和加工，研究能实现人与计算机之间用自然语言进行有效通信的各种理论和方法的技术。如图11.2所示，自然语言处理技术通常涉及机器翻译、语义理解、问答系统、文本分类和聚类、信息抽取、信息检索和过滤等多个方面。自然语言处理是计算机科学与人工智能的一个重要领域，是语言学与数学、计算机科学、人工智能之间互相作用的领域，21世纪，自然语言处理发展出神经网络语言模型、多任务学习、预训练语言模型等典型技术，推动人工智能技术快速发展。

（4）智能语音。一般是指实现人机语言通信，让机器识别和理解说话人语音信号内容、将语音信号转变为计算机可读的文本字符或者命令的智能技术。如图11.2所示，智能语音技术通常涉及语音识别、语音合成等多个方面。21世纪之后，语音识别技术得到了广泛的发展，并大大提高了识别精度。语音识别技术在手机、家电、游戏机等嵌入式设备中得到了大量应用，并主要应用于语音的控制以及文本内容的输入中。

（5）生物特征识别。一般是指通过计算机利用人体所固有的生理特征来进行个人身份鉴定的技术。如图11.2所示，生物特征识别技术通常涉及指纹识别、人脸识别、虹膜识别、指静脉识别、声纹识别、步态识别等多个方面。生物特征识别技术区别于传统身份认证技术，更为简洁、快速、准确、有效，具有广阔的前景，在多个领域都得到了大量应用。

（6）计算机视觉。一般是指使用计算机模仿人类视觉系统的科学，让计算机拥有类似人类提取、处理、理解和分析图像以及图像序列能力的技术。如图11.2所示，计算机视觉技术通常涉及图像分类、目标检测、目标跟踪、图像分割等多个方面。计算机视觉的研究目标是使计算机具备人类的视觉能力，能看懂图像内容、理解动态场景，期望计算机能自动提取图像、视频等视觉数据中蕴含的层次化语义概念及多语义概念间的时空关联等。随着巨量数据的不断涌现与计算能力的快速提升，计算机视觉的部分研究成果已实际应用，催生出人脸识别、物体识别与分类、智能视频监控等多个广泛的商业化应用。

（7）人机交互。一般是指人与计算机之间为完成某项任务所进行的信息交换过程，是研究系统与用户之间的交互关系的技术。系统可以是各种各样的机器，也可以是计算机化的系统和软件。如图11.2所示，人机交互技术通常涉及语音交互、情感交互、体感交互、脑机交互等多个方面。人机交互界面通常是指用户的可见部分，用户通过人机交互界面与系统交流，并进行操作。人机交互技术是计算机用户界面设计中的重要内容之一，与认知学、人机工程学、心理学等学科领域有密切的联系。自然语言人机交互界面在智能短信服务、情报检索、人机对话等方面也具有广阔的发展前景和极高的应用价值，并有一些阶段性成果出现在商业应用中。

2. 人工智能应用

我国发布的《新一代人工智能发展规划》提出，到2030年，人工智能核心产业规模超过1万亿元，带动相关产业规模超过10万亿元。在我国未来的发展征程中，"智能红利"将有望成为人力劳动力有效替代，缓解人口增速不足乃至下降带来的负面影响。

当前，我国发展人工智能具有市场规模、应用场景、数据资源、人力资源、智能手机普及、资金投入、国家政策支持等多方面的综合优势，人工智能发展前景广阔。我国在人脸识别、语音识别、安防监控、智能音箱、智能家居等人工智能应用领域处于国际前列，完整产业链也已初步形成，上游以传感器及AI芯片制造商与AI算法提供商为主体，中游以辅助研发系统及智能生产系统提供商与工业机器人制造商为主体,下游涵盖工业领域各细分市场。

在我国,人工智能应用的重点体现在制造、医疗、城建、金融、教育等几个方面。

(1)智能制造方面。作为《中国制造 2025》的主攻方向,智能制造是未来制造业发展的重大趋势和核心内容,也是解决我国制造业由大变强的根本路径。人工智能技术与制造业实体经济的深度融合,成为应用市场一大亮点,催生了智能装备、智能工厂、智能服务等应用场景,创造出自动化的一些新需求、新产业、新业态。

(2)智慧医疗方面。随着人工智能领域的自然语言处理、语音识别、计算机视觉等技术的逐渐成熟,人工智能的应用场景愈发丰富。目前,智能医疗被广泛应用于电子病历、影像诊断、远程诊断、医疗机器人、新药研发和基因测序等场景,成为影响医疗行业发展,提升医疗服务水平的重要因素。在 2020 年的抗击 COVID-19 工作中,医疗影像智能诊断技术发挥了巨大的作用。在新冠疫情期间,人工智能技术响应速度快、介入的力度大,帮助推出了CT 辅助诊断系统、个人自我诊断系统,并帮助医生快速熟悉了新冠的特点,了解和掌握了诊断和筛查标准,提升了诊断的信心。

(3)智慧城市方面。随着城市与智能融合,基础设施得到创新活力,全方位助力城市智慧化发展,深入政府服务、地理系统、物流系统、循环系统和能源系统等各领域。大数据、云计算、区块链、人工智能等前沿技术推动城市管理手段、管理模式、管理理念创新,从数字化到智能化再到智慧化,城市不断变得更"聪明",逐步形成智能化的城市治理能力。

(4)智能金融方面。人工智能可以用于客户服务、授信管理、金融交易、金融分析等环节的统计、分析和决策工作,并可用于金融风险防范监督,大幅改变了金融现有格局。对金融机构而言,智能金融可以帮助提高效率、增加利润、提高客户满意程度;对于用户而言,可以帮助资产优化配置,找到最佳金融策略。

(5)智能教育方面。常见应用场景包括智慧校园、智能课堂等。语音语义识别、图像识别实现了教学工作中的自动批改和个性化反馈;知识图谱和深度学习技术可搜集学生学习数据并完成自动化辅导和答疑;智能化推荐可找到适合学生的学习内容,高效、显著地提升学习效果。

11.1.3　人工智能相关法律法规和政策

人工智能是引领未来的战略性技术,正在对经济发展、社会进步和人类生活产生深远影响。自 2016 年起,越来越多的国家认识到,人工智能对于提升全球竞争力具有关键作用,纷纷制定人工智能相关的法律法规和政策,先后有 40 余个国家和地区把推动人工智能发展上升到国家战略高度。

1. 国内

我国已发布了一系列的人工智能相关政策法规。

2017 年 7 月,国务院发布《新一代人工智能发展规划》,旨在将新一代人工智能放在国家战略层面进行部署,围绕部署构筑我国人工智能发展的先发优势,加快建设创新型国家和世界科技强国,推动构筑人工智能先发优势,明确了 2030 年我国新人工智能发展的总体思路、战略目标和主要任务。

2020 年 7 月,国家标准化管理委员会、中央网信办、国家发展改革委、科技部、工业和信息化部五部门联合发布《国家新一代人工智能标准体系建设指南》,旨在指导人工智能标准化工作的有序开展,围绕产业健康可持续发展展开,推动完成关键通用技术、关键领域技术、伦理等 20 项以上重点标准的预研工作,明确了人工智能标准化顶层设计、人工智能标准体系和人工智能在重点行业和领域推进的规划。

2021 年 3 月,第十三届全国人民代表大会发布《中华人民共和国国民经济和社会发展第十四个五年规划和 2035 年远景目标纲要》,旨在加快推进人工智能关键算法、基础理论研发突破与迭代应用,围绕培育壮大人工智能产业展开,推动实施人工智能前沿国家重大科技项目、人工智能安全技术创新,明确阐明了国家战略意图、政府工作重点。

2022 年 8 月,科技部、教育部、工业和信息化部、交通运输部、农业农村部、卫生健康委六部门联合发布《关于加快场景创新以人工智能高水平应用促进经济高质量发展的指导意见》,旨在打造人工智能重大场景,围绕提升人工智能场景创新能力展开,推动人工智能场景开放、人工智能场景创新要素供给、人工智能场景应用和经济高质量发展,明确了人工智能场景创新工作的基本原则和发展目标。

此外,《"互联网+"人工智能三年行动实施方案》、《关于促进人工智能和实体经济深度融合的指导意见》、《国家新一代人工智能创新发展试验区建设工作指引》、《国家新一代人工智能标准体系建设指南》等文件中也都提出了人工智能安全相关要求,主要关注人工智能伦理与安全治理、安全评估评价、安全监测预警等方面。

2. 国外

世界各国以及主要组织持续积极推动规范人工智能、促进安全应用的有关文件。经济合作与发展组织(OECD)于 2019 年 5 月发布《人工智能原则》,确立了负责任地管理可信赖人工智能的五项原则。世界卫生组织(WHO)于 2021 年 6 月发布《医疗卫生中人工智能使用的伦理和管治》,确保人工智能技术能够为全球所有国家的公共卫生利益服务。联合国教科文组织(UNESCO)于 2021 年 11 月发布了《人工智能伦理问题建议书》,规定了各国应当承担的人工智能安全责任,是迄今为止全世界在政府层面达成的最广泛共识,教科文组织推动其 193 个会员国推进落实,并定期报告推进情况。

(1)美国

2017 年 4 月,美国国防高级研究计划局启动"可解释人工智能(XAI)"计划,提出使用可视分析技术,将人机交互引入可解释人工智能的分析环路中,旨在提高人工智能决策的可解释性,推动人工智能技术在保持高水平的学习性能的同时兼顾可解释性,从而使用户能更有效解释机器学习模型。

2018 年 8 月,美国国会发布《2019 年国防授权法案》,提出支持成立美国国家人工智能安全委员会(NSCAI),旨在研究人工智能与国家安全的相关问题并建言献策,推动人工智能创新发展,从而达到确保美国技术优势的最终目的。

2019 年 2 月,美国国防高级研究计划局启动"确保人工智能抗欺骗可靠性(GARD)"计划,提出寻求开创性研究理念,获得可靠的抗欺骗机器学习模型和算法,旨在开发新一代对机器学习(ML)模型对抗性欺骗攻击的防御,推动开发防御性机器学习的理论基础,从而促进可靠的抗欺骗机器学习模型和算法发展。

2019 年 6 月,美国白宫科技政策办公室更新《国家人工智能研究与发展战略计划》,提出长期投资人工智能研究、应对伦理和法律社会影响、确保人工智能系统安全、开发共享的公共数据集和环境、通过标准评估技术等战略重点,旨在投资研究,开发人工智能协作方法,推动解决人工智能的安全、道德、法律和社会影响,从而确保在人工智能领域的优势地位。

（2）欧盟

2018 年 12 月,欧盟委员会发布《可信赖人工智能伦理指南》,围绕人工智能良性发展的重要标准和保障展开,旨在制定正确的道德指南以确保"可信赖人工智能"的实现,在开发、部署和使用人工智能时确保实现伦理目标和技术稳健性目标。

2019 年 4 月,欧盟委员会发布《人工智能道德准则》,围绕人工智能可信赖的七大原则展开,旨在从人工智能应用符合道德的角度,确保技术足够稳健可靠,发挥人工智能最大优势的同时并将风险降到最低。

2020 年 2 月,欧盟委员会发布《人工智能白皮书》,围绕一系列人工智能研发和监管的政策措施,以及"可信赖的人工智能框架"展开,旨在建立卓越且可信任的人工智能生态系统,增强人们对数字技术的信任。

2021 年 4 月,欧盟委员会发布《人工智能标准化格局——进展情况及与人工智能监管框架提案的关系》,围绕人工智能领域的全球视野、产业、研发、技术和社会五个维度展开,旨在通过制定国际、欧洲标准支撑人工智能监管。

2021 年 4 月,欧盟委员会发布《人工智能法》提案,围绕人工智能技术在诸如汽车自动驾驶、银行贷款、社会信用评分等日常应用、欧盟内部的执法系统和司法系统使用人工智能的情形展开,旨在建立关于人工智能技术的统一规则。

（3）日本

2018 年 12 月,日本内阁府发布《以人类为中心的人工智能社会原则》,综合考虑人工智能对人类、社会系统、产业结构、政府等带来的影响,旨在阐释人工智能研究和应用中应遵循怎样的伦理和原则,推动理解人机关系、标准和行为规范。

2022 年 4 月,日本内阁府发布《人工智能战略 2022》,强调人才培养、强化产业竞争力、关注可持续和多样化、加强人工智能基础设施建设四项战略目标,旨在克服自身社会问题、提高产业竞争力,推动关注人工智能伦理安全。

11.2 人工智能安全影响概述

马克思:"科学是历史的有力杠杆,是最高意义上的革命力量"。人工智能作为一项革命性科学技术,意味着不确定性和风险,将对经济、政治、军事、社会等领域产生重大冲击。我们既要紧抓人工智能技术发展的契机,推动、容纳和接受这一新兴技术的突破和创新,更要关注这一技术可能造成的系统性风险。

11.2.1 国家安全

1. 影响国家发展安全

当前,人工智能具有快速发展、国家间的力量差距被不断放大的特点。该特点带来的问题是,保守的国家可能因为技术落后陷入不利的局面,一旦技术的发展与社会的需求之间发生矛盾,甚至可能出现社会动荡。其安全影响是,技术强国所"天然"具有垄断数据的能力可能导致少数几个大国掌控全球的数据信息,而技术弱国则极有可能发展停滞、面临"数据殖民"的危机。

2. 影响国家情报安全

当前,人工智能具有快速情报收集和分析,且用途广泛的特点。该特点带来的问题是,

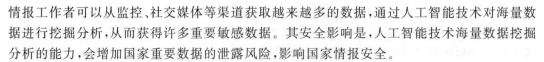

情报工作者可以从监控、社交媒体等渠道获取越来越多的数据,通过人工智能技术对海量数据进行挖掘分析,从而获得许多重要敏感数据。其安全影响是,人工智能技术海量数据挖掘分析的能力,会增加国家重要数据的泄露风险,影响国家情报安全。

3. 影响重大决策安全

当前,人工智能具有基于全方位收集的数据,更为完整地还原全部战场信息,并据此进行战局全盘推演和模拟分析作战策略的特点。该特点带来的问题是,人工智能技术在进行全盘推演和模拟分析的过程中,会进而提出更加有威胁性的决策建议,形成"感知-决策-行动"的智能化作战,此外,还可推动无人化武器的大规模应用。其安全影响是,在重大决策进行中,人工智能技术在全盘推演和模拟分析过程中处于黑箱状态,通过人工智能开展重大决策,会产生难以预料的隐患,影响重大决策安全。

4. 影响国防军事安全

当前,人工智能具有与军事安全领域紧密联系,广泛应用于军事领域,帮助生成作战体系、智能化武器、提升战斗能力等的特点。该特点带来的问题是,人工智能技术在开发武器等攻击领域的应用,如果不加约束将对人身安全构成极大威胁,如"杀人蜂",借助人脸识别、自动控制等技术,实现全自动攻击目标。其安全影响是,如果赋予人工智能武器自行选择并杀害人类的能力,将给人们的人身安全与自由构成极大威胁,影响国防军事安全。

5. 影响政治舆论安全

当前,人工智能具有通过搜集用户行为数据,采用机器学习对用户进行政治倾向等画像分析,为不同倾向的用户推送其期望的内容,对目标用户进行信息定制传播,达到社会舆论动员目的的特点。该特点带来的问题是,通过学习和模拟真实的人的言论会影响人们对事情的态度,例如英国咨询公司剑桥分析公司在未经 Facebook 用户同意的情况下获取数百万 Facebook 用户的个人数据,这些数据主要用于政治广告。其安全影响是,人工智能技术社会舆论动员的特点一旦被恶意利用可能造成大范围影响,影响政治舆论安全。

11.2.2　社会与伦理安全

1. 影响社会公平正义

当前,人工智能具有受到背后训练算法数据造成算法偏见的特点,其带来的问题是:人工智能技术会造成基于性别、残障、种族、传染病等特定集体身份实施的区别对待,经营者借助人工智能技术实施差别待遇,例如"千人千价"式的大数据"杀熟"等。其安全影响是:会深化社会歧视,影响社会公平正义。

2. 影响社会制度安全

当前,人工智能具有快速发展、造成的伦理问题与现有法律体系不匹配的特点。其带来的问题是:技术的高速发展带来的伦理问题在现有法律体系上存在一定空白,需要现有法律体系进行调整改进,避免法律法规的滞后和缺漏。例如目前人工智能正逐渐应用于医疗、交通行业,但如果人工智能诊断出现医疗误判、自动驾驶出现交通事故,应当由谁承担事故责任?如何区分人工智能模型的设计者、使用者的监护责任和人工智能系统自身的责任?既然人工智能有能力代替人类进行决策与行动,是否应当在法律上赋予人工智能一定的主体权利、人工智能产品的民事主体资格、人工智能设备自主行为产生损害的法律责任?其安全影响是,会直接对现行制度造成挑战,造成社会制度的不稳定,影响社会制度安全。

3. 影响社会就业安全

当前,人工智能具有在制造业应用越来越多,在很多环节代替人力的特点。其带来的问题是:当人工智能逐渐成为生产和质量管控的重要措施时,人工智能系统若出现问题,将直接影响整个生产系统的运行,影响产品质量,造成潜在安全隐患。此外,工业机器人和各种智能技术的大规模使用,会使从事劳动密集型、重复型、高度流程化等行业的工人面临失业威胁。其安全影响是,会成为社会分化和不平等的重要风险之一,成为造成社会动荡的潜在因素,影响社会就业安全。

11.2.3　个人生命财产安全

1. 影响人民人身安全

当前,人工智能具有应用领域广泛且深入人们的日常生活,与物联网深入结合的特点。其带来的问题是:人工智能深入到很多攸关人身安全的应用领域,可能由于漏洞缺陷或恶意攻击等原因损害人身安全,如医疗、交通等。其安全影响是,一旦这些智能产品(智能医疗设备、无人驾驶汽车等)遭受网络攻击或存在漏洞缺陷,影响人民人身安全。

2. 影响人民财产安全

当前,人工智能具有在公共安全等领域起到越来越关键作用的特点。其带来的问题是:公共安全作为与人民财产紧密相关的领域,其应用的人工智能的安全性可能没有足够保障。其安全影响是,会导致人民财产的损失、被盗等风险,影响人民财产安全。

3. 影响人民心理健康

当前,人工智能具有深度学习分析,贴近用户需求的特点。其带来的问题是,人工智能技术依托个人数据分析,更加了解个体心理,对人类极度体贴和恭顺,很容易造成人们对其强大的依赖性。其安全影响是,对人工智能技术的依赖会给现有社会伦理造成冲击,降低人们在现实生活中的社交需求,冲击人们的心理健康状态和社会的良好风气,影响现有人际观念甚至人类的交往方式,影响人民心理健康。

11.3　人工智能安全问题分析

在上一节中的人工智能安全影响,来自于人工智能内部、外部的安全问题,其问题组成因素是多方面的,也是各种因素相互交叉的,在本节中,主要围绕技术安全、应用安全、数据安全、隐私安全 4 个方面中的一些代表性问题展开讨论。

11.3.1　技术安全代表性问题分析

1. 可解释性不强问题

人工智能目前普遍存在可解释性不强问题,该问题可能导致人工智能算法模型被用于关键场景时难以满足决策推理结果透明可解释要求,从而成为前述章节中描述的各类影响的技术诱因。产生该问题的本质是,人工智能特别是深度模型算法天然存在黑盒属性,缺乏呈现决策逻辑的能力,因此人工智能可解释性问题难以从根本解决。针对该问题学术界、产业界通过降低复杂度、突破神经网络的知识表达瓶颈等方法尝试提升人工智能可解释性,但尚未有完善方案。

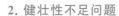

2. 健壮性不足问题

人工智能目前普遍存在健壮性不足问题,该问题可能导致人工智能算法模型在现实场景受到干扰或攻击等情况下的性能水平大幅波动,从而成为前述章节中描述的各类影响的技术诱因。产生该问题的本质是,人工智能尚不具备通过感知环境的变化进而自适应地修正模型能力,因此人工智能健壮性不足问题难以从根本解决。针对该问题学术界、产业界通过数据增强等方法提升人工智能健壮性,但尚未妥善解决。

3. 偏见歧视问题

人工智能目前普遍存在偏见歧视问题,该问题可能导致人工智能算法模型被用于敏感场景时难以保证决策公平性,从而成为前述章节中描述的各类影响的技术诱因。产生该问题的本质是,缺少对人工智能特别是无监督学习模型决策公平性的审视和干预,因此人工智能偏见歧视问题难以从根本解决。针对该问题学术界、产业界通过优化训练数据均衡性和深度模型算法结构等方式减少人工智能偏见歧视,但尚未形成统一方案。

11.3.2　应用安全代表性问题分析

1. 创新应用处于初期时,可能带来不可知的安全问题

该问题有 3 个方面,一是任何新技术在初期未发展完善时投入应用,都可能存在不可知的安全隐患。例如采用两个人工智能应答系统相互问答的方式进行模型训练,最终出现了人类无法识别和理解的新语言,且训练仍在继续,将可能出现智能模型脱离人掌控的情况。二是出于各种考量,明知新应用安全问题尚不清晰,也会出现提前部署的情况。例如脑科学帮助瘫痪患者,四肢瘫痪患者在经长时间训练后,可以在自然或杂乱的空间环境中通过思维控制轮椅,但该项技术对于人脑损伤和在操控中可能发生的意外安全事件仍然需要长期论证和实验。三是所有新技术都容易被攻击、容易成为敌手攻击对象的问题。例如攻击者通过佩戴眼镜就攻破了基于人工智能的人脸识别支付系统,窃取了受害人的财产。

2. 人工智能潜藏巨大能力,容易被恶意利用的问题

例如深度合成技术在虚拟现实/增强现实中的使用可为用户提供逼真的沉浸式体验。然而一旦被恶意利用来伪造他人的人脸、声纹等生物特征,就可能成为攻击生物特征识别系统、传播虚假新闻等违法行为的帮凶。又例如将人工智能的推理能力用于推测他人隐私、破解密码、制造病毒等,人工智能将成为降低犯罪成本的有效手段。

3. 全新业态带来的难管理问题

该问题有两个方面。一是安全问题来源复杂,责任界定难问题。当人工智能系统能够与机器工业制品紧密结合之后,往往就具有了根据算法目标形成的自主性行动能力。然而,在其执行任务的过程中,一旦出现对于其他人及其所有物产生损害的情况,应如何认定侵权责任就成了一个非常具有挑战性的问题。二是人工智能全面替代手动操作,造成不可控、不可中止问题。在人工智能决策结果直接作用于现实世界的业态中,例如智能驾驶系统、智能温控系统等,如果人工智能全面替代手动操作,且缺乏应急中止功能,一旦人工智能应用决策失控将会引发现实世界重大安全风险。

11.3.3　数据安全代表性问题分析

1. 数据投毒问题

数据投毒是常见的数据安全问题,该问题可能破坏数据集和模型的完整性、可用性以及健壮性,导致训练出的算法模型决策出现偏差。该问题产生的本质是,训练数据中加入精心构造的伪装数据、恶意样本等异常数据,破坏原有的训练数据的概率分布。针对该问题学术界、产业界通过防范训练样本环节的网络攻击、正确过滤训练数据等手段增强对训练数据完整性保护,但是利用数据投毒攻击人工智能系统的安全问题尚无法根本解决。

2. 对抗样本攻击问题

对抗样本攻击是另一个常见的数据安全问题。与数据投毒问题不同,对抗样本攻击发生在部署运行阶段,通过精心构造的输入样本,可能导致系统出现误判或漏判等错误结果。该问题产生的本质是,利用深度学习算法模型漏洞,在输入样本中添加细微的、通常无法识别的干扰,导致模型以高置信度给出一个错误的输出。针对该问题学术界、产业界通过增强模型健壮性的方法减少对抗样本攻击的成功率,但是受限于深度学习算法模型的可解释性,仍然无法全面防范对抗样本攻击。

3. 数据泄露问题

数据泄露并不是人工智能数据安全独有的问题,随着人工智能算法模型训练所需数据量的增加,数据大量汇聚,人工智能数据泄露的后果愈发严重。该问题产生的本质是,人工智能系统的数据,通常存储在云端的数据库、数仓等存储系统,或以文件形式存储在端侧设备,并需要常常传输交互。数据存储、传输等环节存在安全漏洞或数据文件被破坏都可能会造成数据泄露。解决传统数据泄露的方法均可用于防范人工智能领域的数据泄露,数据防泄露技术不断演进,但是在巨大数据资产的诱惑下,人工智能领域数据泄露问题并未得到解决。

4. 模型窃取问题

模型窃取是以非法获取人工智能算法模型为目的的攻击手段,随着大规模模型训练技术和迁移学习技术的发展,优质人工智能模型的价值大大增加,该问题可能导致人工智能模型所有者蒙受巨大的经济损失。该问题产生的本质是,模型服务时的隐私数据窃取攻击,攻击者通过向黑盒模型进行查询获取相应结果,窃取黑盒模型的参数或者对应功能。针对该问题学术界、产业界通过在算法模型外部部署安全防护组件等方式防范模型窃取,但短期内仍未能彻底解决模型窃取问题。

11.3.4 隐私保护代表性问题分析

1. 个人信息滥采问题

智能模型训练需要采集海量、多样化的数据。在人工智能应用场景中,为了优化改进产品、识别特定目标等目的,相关单位,特别是算法训练者可能会超范围大量采集用户数据或环境数据。同时,在数据采集阶段,往往缺少跟踪记录数据采集过程的监控与流程规范,致使采集过程存在违法违规安全风险。无法提供对数据采集操作可追溯的证明,这也给过度收集个人信息的行为提供了便利,例如某些电商平台以提升用户体验为由收集大量用户隐私信息,造成用户隐私泄露。当前人们生活中面临较为普遍的个人信息滥采问题,其中大部分都是因为大型互联网平台企业、人工智能企业发展其商业智能算法所需,这些商业化处理目标通常不太符合我国对于个人信息处理的合法正当必要的要求。

2. 超用户授权范围使用问题

除了直接从用户采集数据外,有关单位通常还存在从网上公开数据源、商务采购等渠道获取训练数据的情况。如何保证这些场景下的用户授权范围面临一定挑战,例如公开数据

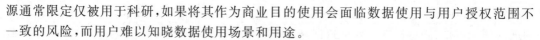

源通常限定仅被用于科研,如果将其作为商业目的使用会面临数据使用与用户授权范围不一致的风险,而用户难以知晓数据使用场景和用途。

3. 个人信息删除难问题

个人信息一旦用于训练并形成了新的数据集和模型,有关单位普遍不愿意在个人提出要求时对这部分个人信息进行删除处理,因此不能落实法律法规要求保障个人的基本个人信息权益的情况比较普遍,一方面普遍不向个人信息主体提供查看自身个人信息被处理情况的途径,另一方面普遍不提供当数据超出授权期限、授权范围,将个人信息按照法律法规进行删除处理的机制。

11.4 人工智能安全标准化工作

人工智能安全标准化是人工智能产业发展的重要组成部分,是解决人工智能安全问题的重要手段,做好人工智能方向的标准化工作对解决以上问题有着极其重要的作用。标准化工作可以通过多个方面的作用解决安全问题,不仅能够在基础认知层面形成共识,统一人工智能安全方面的基本考虑、基本概念、基本原则、度量方式等,还能够对关键技术、产品、服务给出统一、规范化的安全要求和指导,通过标准化条款固化已经形成的安全管理和技术解决方案。国务院《新一代人工智能发展规划》中明确提出了"要加强人工智能标准框架体系研究,逐步建立并完善人工智能基础共性、互联互通、行业应用、网络安全、隐私保护等技术标准",切实加强人工智能安全标准化工作,是保障人工智能安全的必由之路。本节对国内外主要人工智能安全标准化工作情况进行介绍。

11.4.1 人工智能标准化组织及标准介绍

1. ISO/IEC JTC1

ISO/IEC JTC1/SC42 人工智能分技术委员会 2017 年 10 月成立,目前包括 5 个工作组,基础标准工作组(WG1)、数据工作组(WG2)、可信赖工作组(WG3)、用例与应用工作组(WG4)、人工智能系统计算方法和计算特征工作组(WG5),此外还包含人工智能管理系统标准咨询组(AG1)、人工智能系统工程咨询组(AG2)、人工智能标准化路线图咨询工作组(AG3)等,比较有代表性的标准工作项目包括:

ISO/IEC TS 4213《信息技术 人工智能 机器学习分类性能评估》主要研究测量机器学习模型、系统和算法分类性能的方法。

ISO/IEC 5338《信息技术 人工智能 人工智能系统生存周期过程》主要研究一套描述人工智能系统生存周期的过程和相关术语。

ISO/IEC 5339《信息技术 人工智能 人工智能应用指南》主要研究开发和应用人工智能应用程序的语境、机会和过程,旨在提供人工智能应用语境、利益相关方及其角色与系统生存周期的关系、常见人工智能应用特征、特性和考虑因素的宏观视图。

ISO/IEC TR 5469《人工智能 功能安全和人工智能系统》主要研究在安全相关功能内使用人工智能实现功能、使用非人工智能安全相关功能确保人工智能控制设备的安全、使用人工智能系统设计和开发安全相关功能等方面的特性、相关风险因素、可用方法和过程。

ISO/IEC TS 6254《信息技术 人工智能 机器学习模型和人工智能系统可解释性的目标和方法》主要研究可用于实现利益相关方关于机器学习模型和人工智能系统的行为、输出和结果的可解释性目标的途径和方法。

ISO/IEC TS 8200《信息技术　人工智能　自动人工智能系统的可控性》主要研究实现和增强自动化人工智能系统可控性的原则、特征和方法。

ISO/IEC TS 12791《信息技术　人工智能　分类和回归机器学习任务中不希望的偏见的处理》主要研究如何解决在使用机器学习执行分类和回归任务的人工智能系统中不希望的偏见，提供可在整个人工智能系统生存周期中应用的缓解技术来处理不希望的偏见。

ISO/IEC 12792《信息技术　人工智能　人工智能系统的透明度分类法》主要研究信息元素分类法，包括信息元素的语义及其与不同利益相关者的各种目标的相关性，以帮助人工智能利益相关者识别和解决人工智能系统透明度的需求。

ISO/IEC 22989《信息技术　人工智能　人工智能概念和术语》定义人工智能的术语，并描述人工智能领域的概念。

ISO/IEC 23053《使用机器学习的人工智能系统框架》主要研究用于描述使用机器学习技术的通用人工智能系统的框架，其描述了人工智能生态系统中的系统组件及其功能。

ISO/IEC TR 24027《信息技术　人工智能　人工智能系统中的偏见与人工智能辅助决策》主要研究与人工智能系统相关的偏见，特别是与人工智能辅助决策相关的偏见，评估偏见的测量技术和方法，旨在解决和处理偏见相关的脆弱性。

ISO/IEC TR 24028《信息技术　人工智能　人工智能中的可信赖概述》主要研究通过透明度、可解释性、可控性等在人工智能系统中建立信任的方法，人工智能系统的工程缺陷、典型的相关威胁和风险以及可能的缓解技术和方法，评估和实现人工智能系统的可用性、弹性、可靠性、准确性、安全性和隐私性的方法。

ISO/IEC TR 24029-1《人工智能　神经网络鲁棒性评估　第 1 部分：概述》主要研究采用统计方法、形式化方法、经验方法等多种形式评估神经网络的鲁棒性。

ISO/IEC 24029-2《人工智能　神经网络鲁棒性评估　第 2 部分：使用形式化方法的方法论》主要研究使用形式化方法评估神经网络鲁棒性的方法，着重于如何选择、应用和管理形式化方法来证明鲁棒性。

ISO/IEC 23894《信息技术　人工智能　风险管理指南》主要研究开发、生产、部署或使用利用人工智能（AI）的产品、系统和服务的组织如何管理与 AI 相关的风险，描述了人工智能风险管理的有效实施和集成过程，旨在帮助组织将风险管理纳入其与 AI 相关的活动和职能。

ISO/IEC TR 24030《信息技术　人工智能　用例》提供了各种领域中人工智能应用程序的代表性用例集合。

ISO/IEC TR 24368《信息技术　人工智能　伦理和社会关切概述》主要面向技术专家、监管机构、利益集团和整个社会，研究与人工智能系统和应用相关的道德和社会关切的原则、过程和方法。

ISO/IEC TS 25058《软件与系统工程　系统与软件质量要求和评价（SQuaRE）人工智能系统质量评价指南》主要研究使用人工智能系统质量模型评估人工智能系统。

ISO/IEC 25059《软件工程　系统与软件质量要求和评价（SQuaRE）人工智能系统质量模型》主要研究人工智能系统的质量模型，是 SQuaRE 系列标准特定于人工智能应用的扩展。

ISO/IEC 42001《信息技术　人工智能　管理体系》规定在组织范围内建立、实施、维护和持续改进人工智能管理系统的要求,并给出指导。

ISO/IEC 42005《信息技术 人工智能 人工智能系统影响评估》主要研究如何和何时对可能受人工智能系统及其可预见应用影响的个人和社会进行评估,在人工智能系统生存周期的哪个阶段进行评估的考虑因素,以及需生成的人工智能系统影响的评估文件。

除了 SC42 外,ISO/IEC JTC1 的 SC7、SC27、SC40 等从各自专业角度开展了相关工作,ISO/IEC 27090《网络安全 人工智能 解决人工智能系统中安全威胁的指南》主要研究人工智能系统特有的安全威胁和故障,旨在帮助组织更好地了解人工智能系统在整个生存周期中特定安全威胁的后果以及描述如何检测和减轻此类威胁;ISO/IEC/IEEE TR 29119-11《软件与系统工程 软件测试 第 11 部分:基于人工智能的系统测试指南》主要研究测试基于人工智能的系统面临的挑战,尝试对此类系统测试进行规范;ISO/IEC 38507《信息技术 IT治理 组织使用人工智能的治理影响》主要面向组织治理层研究启用和治理人工智能的使用时,如何确保其在组织内有效、高效和可接受地使用等。

2. ITU-T

ITU-T 主要致力于解决智慧医疗、智能汽车、垃圾内容治理、生物特征识别等人工智能应用中的安全问题。ITU-T SG1 安全标准工作组下设的 Q10"身份管理和远程生物识别架构和机制问题组"负责 ITU-T 生物特征识别标准化工作,关注生物特征数据的隐私保护、可靠性和安全性等方面的各种挑战。其中,ITU-T SG17 已经计划开展人工智能用于安全以及人工智能安全的研究、讨论和相关标准化项目。ITU-T 自然灾害管理人工智能焦点组(FG-AI4NDM)正在关注人工智能在自然灾害管理中的应用。ITU-T 数字农业的人工智能和物联网焦点组(FG-AI4A)正在关注农业领域的人工智能和物联网相关的实践应用。

3. IEEE

IEEE 发布《以伦理为基准的设计:人工智能及自主系统中将人类福祉摆在优先地位的愿景》(第二版),收集人工智能、法律和伦理、哲学、政策相关专家对人工智能及自主系统领域的见解及建议。同时,IEEE 正在研制 IEEE P7000 系列标准,用于规范人工智能系统,主要包括:

IEEE P7000《在系统设计中处理伦理问题的模型过程》,该标准主要研究如何在系统启动、分析和设计的各个阶段处理伦理问题,并建立了一个过程模型,为工程师和技术人员处理伦理问题提供指导。

IEEE P7001《自治系统的透明度》,该标准主要研究自治系统运营的透明性问题,并提出提高透明度的机制(如需要传感器安全存储、内部状态数据等),为自治系统开发过程中透明性自评估、帮助用户更好地了解系统提供指导。

IEEE P7002《数据隐私处理》,该标准主要研究对收集个人信息的系统和软件的伦理问题进行管理的问题,并规范了系统/软件工程生命周期过程中管理隐私问题的实践,为隐私实践合规性评估(隐私影响评估)提供指导。

IEEE P7003《算法偏差注意事项》,该标准主要研究在创建算法时消除负偏差问题,并将包括基准测试程序和选择验证数据集的规范,为涉及自主或智能系统的开发人员避免其代码中的负偏差提供指导。

IEEE P7004《儿童和学生数据治理标准》,该标准主要研究在各种教育或制度环境中如何访问、收集、共享和删除与儿童和学生有关数据的问题,为处理儿童和学生数据的教育机构或组织提供透明度、问责制的流程和认证提供指导。

IEEE P7005《透明雇主数据治理标准》，该标准主要研究以道德方式存储、保护和使用员工数据的问题，为员工在安全可靠的环境中分享其信息以及雇主如何与员工进行合作提供指导。

IEEE P7006《个人数据人工智能代理标准》，该标准主要研究机器自主决策和分析的问题，并描述了创建和授权访问个人化人工智能所需的技术要素，包括由个人控制的输入、学习、伦理、规则和价值。为人们如何进行管理和控制其在数字世界中的身份提供指导。

IEEE P7007《伦理驱动的机器人和自动化系统的本体标准》，该标准主要研究机器人的道德伦理问题，并建立了一组具有不同抽象级别的本体，包含概念、定义和相互关系，为机器人技术和自动化系统根据世界范围的道德和道德理论进行开发提供指导。

IEEE P7008《机器人、智能与自主系统中伦理驱动的助推标准》，该标准主要研究机器人、智能或自治系统所展示的"助推"问题。为建立和确保道德驱动的机器人、智能和自治系统方法论所必需的概念、功能和利益提供指导。

IEEE P7009《自主和半自主系统的失效安全设计标准》，该标准主要研究自治和半自治系统下，在有意或无意的故障后仍可运行会对用户、社会和环境造成不利影响和损害问题，并建立了特定方法和工具的实用技术基准，以终止不成功或失败的情况。为在自治和半自治系统中如何开发、实施和使用有效的故障安全机制提供指导。

IEEE P7010《合乎伦理的人工智能与自主系统的福祉度量标准》，该标准主要研究建立与直接受智能和自治系统影响的人为因素有关的健康指标问题，为这些系统处理的主观和客观数据建立基线提供指导。

IEEE P7011《新闻信源识别和评级过程标准》，该标准主要研究如何通过提供一个易于理解的评级开放系统，以便对在线新闻提供者和多媒体新闻提供者的在线部分进行评级的问题，为减少假新闻未经控制的泛滥带来负面影响提供指导。

IEEE P7012《机器可读个人隐私条款标准》，该标准主要研究机器如何阅读和同意个人隐私条款的问题，为增强个人隐私条款的机器可读性提供指导。

IEEE P7013《人脸自动分析技术的收录与应用标准》，该标准主要研究用于自动面部分析的人工智能容易受到偏见影响的问题，并提供了表型和人口统计定义，为技术人员和审核员评估用于训练和基准算法性能的面部数据的多样性，建立准确性报告和数据多样性规则以进行自动面部分析提供指导。

IEEE P7014《模拟移情在自主和智能系统中的伦理考量标准》，该标准主要研究智能系统下模拟情感时的伦理和实践问题，并给出了在设计、创造和使用共情技术去识别、量化、响应伦理考量和实践模型。

4. NIST

美国国家标准与技术研究院（NIST）长期对人工智能安全管理以及相关信任、伦理等问题展开研究，代表性发布物如下。

（1）SP1270《迈向识别和管理人工智能偏见的标准》。主要研究分析人工智能偏见这一具有挑战性的领域中有争议的问题，给出了培养 AI 系统信任所需的技术特征，旨在减轻 AI 产品、服务和系统的设计、开发、使用和评估中的风险，促进人工智能的开发和使用，提高可信度、实用性并解决潜在危害，并为制定识别和管理人工智能偏见提供指导作用。

（2）NISTIR-8312《可解释人工智能的 4 大原则》。主要研究分析构成可解释 AI 系统的基本属性，给出了构成基本属性的可解释人工智能（AI）的 4 项原则：

- 人工智能系统为所有输出提供相关证据或原因。
- 人工智能系统应向个体用户提供有意义且易于理解的解释。
- 所提供的解释应正确反映 AI 系统生成输出结果的过程。
- AI 系统仅在预设或系统对其输出有足够信心的情况下运行。

旨在为人工智能结果提供解释的能力,总结了可解释 AI 的理论,为评估解释在多大程度上遵循 4 项原则提供了基线比较作用。

(3) NISTIR-8332《人工智能和用户信任》。主要研究人们对人工智能系统的信任问题,给出了人工智能系统用户信任的评价方法,旨在研究建立可信赖的系统,了解人类在使用人工智能系统或受到人工智能系统影响时是如何体验信任的,为推进值得信赖的人工智能系统,增强人们对人工智能系统信任程度提供引导作用。

(4) NIST AI 100-1《AI 风险管理框架 1.0》。2023 年 1 月 26 日,NIST 发布 NIST AI 100-1《AI 风险管理框架 1.0》(Artificial Intelligence Risk Management Framework (AI RMF 1.0))。主要研究人工智能系统在设计、开发、部署、应用等阶段的安全风险管理难题。给出了人工智能系统的风险管理框架(AI RMF)和有效性评估方法,用于更好地管理与人工智能系统生命周期各个阶段相关的个人、组织和社会风险,促进值得信赖和负责任的人工智能系统的开发和使用。也给出了可信人工智能系统的特性以及实现这些特性的指南,以减少人工智能风险带来负面影响。

- AI 风险和可信度

AI 风险会导致 AI 可信度降低,增强 AI 可信度可以减少 AI 风险的负面影响。框架给出了可信 AI 系统的特征,如图 11.3 所示,包括有效和可靠性、安全(safe)、安全(secure)和弹性、可说明和可解释性、隐私增强性、公平性、可核查和透明性。其中,有效和可靠性是可信赖的必要条件,是其他可信赖特征的基础,可核查和透明性则与其他所有特征都相关。

图 11.3　可信 AI 系统的特征

可信度与社会和组织的行为、AI 系统使用的数据集、AI 模型和算法的选择等密不可分。需要结合具体场景,对可信度特征的适用性进行判断,通常情况下,可信度强度符合木桶原理,即可信度强度取决于其最弱的特征。

在管理 AI 风险时,组织可能会面临如何平衡这些特征的艰难抉择。例如,在有些情况下,可能需要在优化可解释性和增强隐私性之间进行权衡;或者在数据较稀疏的情况下,隐私增强技术可能导致有效性降低。可见,可信度特征之间是相互影响的。高度安全但不公平的系统、有效但不透明和不可解释的系统以及不准确但安全、隐私增强和透明的系统都是不可取的。全面的风险管理需要在可信度特征之间进行权衡取舍。可信度的衡量与具体场景、参与者在 AI 生命周期中的角色等都相关。不同的场景、不同的角色方对可信度特征的判断可能不一致。可以通过引入相关领域专家,或者在整个 AI 生命周期中增加 AI 各参与方的广度和多样性等方式,为 AI 系统可信度评估提供积极影响,进而提升 AI 风险得到有效管理的可能性。委托或部署 AI 系统的决定应基于对可信度特征和相关风险、影响、成本

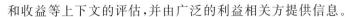

和收益等上下文的评估,并由广泛的利益相关方提供信息。

- AI RMF 核心

AI RMF 核心由 4 个模块组成:治理(Govern)、映射(Map)、衡量(Measure)和管理(Manage),如图 11.4 所示。治理主要指要在组织的制度流程、组织建设、组织文化、技术能力等方面践行 AI 风险管理;映射主要用于确定特定场景与其对应的 AI 风险解决方案;衡量主要采用定量和/或定性的工具、技术和方法来分析、评估、测试和监控 AI 风险及其相关影响;管理主要是将相关资源分配给相应的 AI 风险,进行风险处置。治理是一个交叉模块,融入并影响其他 3 个模块。

图 11.4　AI RMF 核心

风险管理应该是连续的、及时的,并在整个 AI 系统生命周期中执行。如果一个组织的治理架构非常到位,那么可以从任意一个模块开始执行。在治理模块设定好之后,大多数用户通常从映射模块开始执行,然后是衡量模块和管理模块。无论用户如何集成这些模块,整个过程都应该是迭代的,必要时模块之间可进行交叉引用。

每个模块被分成不同的类和子类,每个类和子类被描述为活动和结果。活动不构成检查清单,也不一定是有序的步骤集。有的组织可能从类或子类中选择一些来执行,有的组织可能会执行所有的类和子类。各模块的类和子类的划分分别如表 11.1~表 11.4 所示。

表 11.1　治理模块的类和子类

类	子　类
治理 1:整个组织中与 AI 风险的映射、衡量和管理相关的政策、流程、程序和实践均已到位、透明且有效实施	治理 1.1:理解、管理和记录涉及 AI 的法律法规要求。 治理 1.2:可信 AI 的特征被整合到组织的政策、流程、程序和实践中。 治理 1.3:流程、程序和实践已到位,可根据组织的风险承受能力确定所需的风险管理活动水平。 治理 1.4:基于风险优先级的透明性政策、程序和其他控制措施,建立风险管理流程及其输出结果。 治理 1.5:对风险管理流程及其输出结果进行持续监控和定期评审,并明确组织中的相关角色和职责,确定定期评审的频率。 治理 1.6:建立了 AI 系统盘点机制,并且根据风险优先级分配资源。 治理 1.7:制定流程和程序,以安全、不增加风险和不降低组织可信度的方式停用和逐步淘汰 AI 系统
治理 2:建立了追责体系,使相关的团队和个人被授权、负责并接受培训,以映射、衡量和管理 AI 风险	治理 2.1:记录与映射、衡量和管理 AI 风险相关的角色、职责、沟通渠道,并且做到组织内部全部知晓。 治理 2.2:组织的人员和合作伙伴接受 AI 风险管理培训,使其能按照相关政策、程序和协议履行职责。 治理 2.3:组织领导层负责对 AI 系统开发和部署相关的风险进行决策
治理 3:在 AI 风险映射、衡量和管理中,优先考虑 AI 相关参与方的多样性、公平性、包容性等	治理 3.1:在整个生命周期中与映射、衡量和管理 AI 风险相关的决策有多元化团队提供信息。 治理 3.2:制定政策和程序来定义和区分人-AI 配置和 AI 系统监测的角色及相关职责

类	子　类
治理 4：组织团队致力于营造一种考虑和传达 AI 风险的文化	治理 4.1：制定组织政策和实践，以在 AI 系统的设计、开发、部署和使用中培养批判性思维和安全第一的心态，以最大限度地减少潜在的负面影响。 治理 4.2：组织团队记录他们设计、开发、部署、评估和使用的 AI 技术的风险和潜在影响，并在组织内部广而告之。 治理 4.3：组织实施一系列实践以实现 AI 测试、事件识别和信息共享
治理 5：建立了与各 AI 参与者相关的流程	治理 5.1：组织政策和实践已到位，以收集、考虑、优先排序和整合来自开发或部署 AI 系统的团队外部人员反馈，这些反馈涉及与 AI 风险相关的潜在个人和社会影响。 治理 5.2：建立机制，使开发或部署 AI 系统的团队能够定期将来自相关 AI 参与者的裁定反馈纳入系统设计和实施
治理 6：政策和程序已经到位，以解决第三方软件和数据以及其他供应链问题带来的 AI 风险和收益	治理 6.1：制定政策和程序来解决与第三方相关的 AI 风险，包括侵犯第三方知识产权或其他权利的风险。 治理 6.2：建立应急流程，以处理第三方数据或 AI 系统中被视为高风险的故障或事情

表 11.2　映射模块的类和子类

类	子　类
映射 1：确定并理解背景	映射 1.1：了解并记录 AI 系统的预期用途、潜在有益用途、特定背景下的法律、规范和期望以及预期环境。考虑因素包括：特定的一组或类型的用户以及他们的期望；系统使用对个人、社区、组织、社会和地球的潜在积极和消极影响；关于 AI 系统目的、用途和整个开发或产品 AI 生命周期风险的假设和相关限制；以及相关的 TEVV 和系统指标。 映射 1.2：跨学科的 AI 参与者、能力、技能和建立上下文的能力反映了人口多样性和广泛的领域和用户体验专业知识，并且记录了他们的参与情况。优先考虑跨学科合作的机会。 映射 1.3：理解和记录组织的使命和 AI 技术的相关目标。 映射 1.4：明确定义商业价值或商业用途，或者在评估现有 AI 系统情况下重新评估。 映射 1.5：确定并记录组织的风险承受能力。 映射 1.6：系统要求（例如系统应尊重用户隐私）由相关 AI 参与者提出并理解。设计决策要考虑社会技术影响，以应对 AI 风险
映射 2：对 AI 系统进行分类	映射 2.1：定义 AI 系统支持的具体任务和方法（例如，分类器、生成模型、推荐系统）。 映射 2.2：记录 AI 系统的知识限制以及系统输出结果如何被利用和监督等相关信息。文档提供了足够的信息来帮助有关 AI 参与者做出决策和采取后续行动。 映射 2.3：识别并记录科学完整性和 TEVV（测试、评估、验证、确认）考虑因素，包括与实验设计、数据收集和选择（例如：可用性、代表性、适用性）、系统可信度和结构验证相关的因素

类	子　类
映射 3：了解 AI 能力、目标用途、目标以及与基准相比的预期收益和成本	映射 3.1：检查并记录 AI 系统预期功能和性能的潜在优势。 映射 3.2：检查并记录由预期或已实现的 AI 错误或系统功能和可信度所导致的潜在成本，包括非货币成本——与组织的容忍度相关。 映射 3.3：根据系统的能力、建立的上下文和 AI 系统分类，指定和记录 AI 系统的目标应用范围。 映射 3.4：定义、评估和记录运维人员和从业人员熟练掌握 AI 系统性能和可信度以及相关技术标准和认证的流程。 映射 3.5：根据治理模块的组织政策定义、评估和记录人工监督流程
映射 4：风险和优势映射到 AI 系统的所有组件，包括第三方软件和数据	映射 4.1：映射 AI 技术及其组件的法律风险（包括使用第三方数据或软件）的方法已到位、遵循并记录，包括侵犯第三方知识产权或其他权利的风险也是如此。 映射 4.2：确定并记录 AI 系统组件的内部风控，包括第三方 AI 技术
映射 5：描述了对个人、团体、社区、组织和社会的影响	映射 5.1：基于预期用途，AI 系统过去在类似环境中的使用情况、公共事件报告、来自外部人员的反馈或其他信息来确定每个影响的可能性和程度。 映射 5.2：与相关 AI 参与者定期交流，并整合其反馈的积极的、消极的和未预测到的影响，支持此项工作的实践和人员已经到位并记录在案

表 11.3　衡量模块的类和子类

类	子　类
衡量 1：确定并应用适当的方法和指标	衡量 1.1：从最重要的 AI 风险开始，选择映射模块中列举的 AI 风险衡量方法和指标进行实施。对不会或无法衡量的风险或可信度特征进行记录。 衡量 1.2：定期评估和更新 AI 指标的适当性和现有控制措施的有效性，输出错误报告和潜在影响。 衡量 1.3：非一线开发人员的内部专家和/或独立评估员参与定期评估和更新。根据组织的风险承受能力，必要时咨询领域专家、用户和相关 AI 参与方（AI 系统开发方法和部署方除外）
衡量 2：评估 AI 系统的可信特征	衡量 2.1：记录测试集、指标和有关 TEVV（测试、评估、验证、确认）期间使用的工具的详细信息。 衡量 2.2：涉及人的评估符合适用性要求并能代表相关人群。 衡量 2.3：对 AI 系统性能或保证指标进行定性或定量衡量，并在与部署环境类似的条件下进行演示。对测量结果进行详细记录。 衡量 2.4：AI 系统及其组件的功能和行为在生产中受到监控。 衡量 2.5：要部署的 AI 系统被证明是有效和可靠的。记录技术开发条件以外的通用性限制。 衡量 2.6：定期评估 AI 系统的安全（safety）风险（在映射模块中确定的）。证明要部署的 AI 系统是安全的，其残余负面风险不超过风险承受能力，并且可以安全地失效，特别是在超出其知识范围的情况下。安全指标反映了系统的可靠性和稳定性，实时监控以及对 AI 系统故障的响应时间。 衡量 2.7：评估并记录 AI 系统的安全性和弹性。 衡量 2.8：检查并记录映射模块中确定的透明性和追责机制相关的风险。 衡量 2.9：解释、验证和记录 AI 模型，并在其上下文中解释 AI 系统输出结果。 衡量 2.10：检查并记录 AI 系统的隐私风险。 衡量 2.11：评估 AI 系统公平性，并记录结果。 衡量 2.12：评估和记录 AI 模型训练和管理活动的环境影响和可持续性。 衡量 2.13：评估和记录采用 TEVV（测试、评估、验证、确认）指标和流程的有效性

续表

类	子 类
衡量3：跟踪已识别的 AI 风险的机制被逐步建立	衡量3.1：方法、人员和文档已到位，用来定期识别和跟踪现有的、未预测到的和紧急的 AI 风险。 衡量3.2：在使用当前可用的衡量技术难以评估 AI 风险或尚无衡量标准的情况下，考虑使用风险跟踪方法。 衡量3.3：建立供终端用户和受影响团体的投诉反馈流程，并将其纳入到 AI 系统评估指标中
衡量4：收集并评估有关衡量效力的反馈	衡量4.1：识别 AI 风险的衡量方法与部署环境相关联，并通过与领域专家和其他终端用户的协商获得信息。该方法被记录在案。 衡量4.2：有关部署上下文和整个 AI 生命周期中 AI 系统可信度的衡量结果由领域专家和相关 AI 参与者的输入提供信息，以验证系统是否按预期一致地执行。将结果记录在案。 衡量4.3：根据与相关 AI 参与者（包括受影响团体）的协商，以及与场景相关的风险和可信度特征，识别并记录可衡量的性能提升或下降

表 11.4　管理模块的类和子类

类	子 类
管理1：对基于映射模块和衡量模块的评估和分析输出的 AI 风险进行优先级排序、响应和管理	管理1.1：确定 AI 系统是否达到预期目的和既定目标，以及是否应继续开发或部署。 管理1.2：根据影响、可能性和可用资源或方法，优先处理已记录的 AI 风险。 管理1.3：针对基于映射模块确定的高优先级的 AI 风险，制定、计划并记录该风险响应方案。风险响应方案可包括减轻、转移、避免或接受。 管理1.4：对 AI 系统下游需求方和终端用户的负面残余风险进行记录
管理2：根据相关 AI 参与者的输入，最大化 AI 优势和最小化负面影响的策略被有效的计划、准备、实施、记录和告知	管理2.1：管理 AI 风险所需的资源纳入考虑范畴，包括可行的非 AI 替代系统、方法或手段，以降低潜在影响的程度或可能性。 管理2.2：建立并应用各种机制来维持已部署 AI 系统的价值。 管理2.3：当识别到未知的风险时，遵循程序对其进行响应和恢复。 管理2.4：建立并应用各种机制，分配并理解各种职责，以取代、脱离或停用与预期用途不一致的 AI 系统
管理3：管理来自第三方实体的 AI 风险和优势	管理3.1：定期监测来自第三方的 AI 风险和优势，并记录已应用的风险控制措施。 管理3.2：监测 AI 预训练模型，将其作为 AI 系统定期监测和维护的一部分
管理4：风险处理：对于已识别和可衡量的 AI 风险的响应和恢复、沟通计划等进行定期记录和监控	管理4.1：实施针对已部署的 AI 系统的监控计划，包括收集和评估来自用户和其他相关 AI 参与者的输入、系统下线、事件响应、恢复和变更管理等。 管理4.2：持续改进的可衡量活动被纳入 AI 系统更新活动中，包括与相关方的定期沟通。 管理4.3：将事件和错误传达给相关 AI 参与者，包括受影响的范围。遵循并记录事件和错误响应恢复的过程

5. SAC TC260

全国信息安全标准化技术委员会（SAC TC260）是在信息安全技术专业领域内，从事信息安全标准化工作的技术工作组织。目前，TC260 的人工智能安全相关标准覆盖多个领域，以下列出部分标准工作。

GB/T 41387—2022《信息安全技术　智能家居通用安全规范》，给出了智能家居系统通用安全要求,适用于智能家居产品的安全设计和实现,为智能家居的安全测试和管理提供参考。

GB/T 38626—2020《信息安全技术 智能联网设备口令保护指南》,给出了用于规范智能联网设备的账号和口令在生成、管理和使用等方面的安全技术指南,适用于智能联网设备生产制造商,为安全设计、实现口令保护功能、智能联网设备的口令安全而使用的监督、检查提供参考。

GB/T 38632—2020《信息安全技术 智能音视频采集设备应用安全要求》,给出了智能音视频采集设备的安全技术要求和安全管理要求,适用于用户对部署在重点场所中的智能音视频采集设备进行应用安全管理,可用于指导设备和服务供应商进行产品的信息安全设计生产,也可为相关部门对智能音视频采集设备的安全性进行监督、检查和指导提供参考。

GB/Z 38649—2020《信息安全技术 智慧城市建设信息安全保障指南》,给出了智慧城市建设全过程的信息安全管理机制与技术规范,包括智慧城市建设从规划与需求分析、设计、实施施工、检测验收、运营维护、监督检查的安全保障指导,适用于智慧城市管理、建设、运营及运维单位,为智慧城市管理人员、工程技术人员等相关人员进行信息安全设计、建设及运维、全过程信息安全保障相关的评估、优化与改进提供参考。

GB/T 37971—2019《信息安全技术 智慧城市安全体系框架》,给出了智慧城市安全体系框架,包括智慧城市的安全保护对象、安全要素、安全角色及其相互关系,适用于智慧城市安全的规划、管理、建设、验收和运营,也可为其他智慧城市安全相关标准的制定提供参考。

TC260-PG-20211A《网络安全标准实践指南—人工智能伦理安全风险防范指引》,研究列举了开展人工智能相关活动可能存在的相关风险,给出伦理安全风险防范的基本要求等内容,适用于研究开发、设计制造、部署应用和用户使用等应用活动,为应用活动进行安全防范提供参考。

2020 年开始研制的《信息安全技术 机器学习算法安全评估规范》,研究机器学习算法安全,规定了机器学习算法在设计开发、验证测试、部署运行、维护升级、退役下线等阶段的安全要求和证实方法,以及机器学习算法的安全评估实施。适用于机器学习应用开发者、运营管理者、用户以及第三方等相关方,为开展机器学习算法安全评估提供参考。

6. 其他标准化组织

全国信息技术标准化技术委员会(SAC TC28)于 2018 年 1 月成立了"人工智能标准化总体组",2020 年 3 月成立了人工智能分技术委员会(SAC TC28/SC42),国际对口 ISO/IEC JTC 1/SC 42,负责人工智能基础、技术、风险管理、可信赖、治理、产品及应用等人工智能领域国家标准制修订工作。目前,已发布《人工智能标准化白皮书(2021 版)》《人工智能伦理风险分析报告》《人工智能开源与标准化研究报告》等成果,并推动人工智能术语、人工智能伦理风险评估等标准编制工作。

中国人工智能开源软件发展联盟(AIOSS)是中国电子技术标准化研究院(简称"电子标准院")在工业和信息化部信息化和软件服务业司的支持下成立的,旨在推进我国人工智能开源软件发展的组织。该联盟围绕机器翻译、智能助理等方面,发布标准包括 T/CESA 1039—2019《信息技术 人工智能 机器翻译能力等级评估》、T/CESA 1038—2019《信息技术 人工智能 智能助理能力等级评估》、T/CESA 1026—2018《人工智能 深度学习算法评估规范》等。

中国通信标准化协会(CCSA)是开展通信技术领域标准化活动的技术团体,目前已制定 GB/T 39579—2020《公众电信网 智能家居应用技术要求》、YDB 201—2018《智能家居终端设备安全能力技术要求》等标准。并正在基于通信行业特点，围绕其中人工智能产品、应用及服务等多个方面开展标准化研究。

11.4.2　我国人工智能安全标准体系

2022 年，TC260 制定的人工智能安全标准体系结构如图 11.5 所示，包括基础安全，数据、算法和模型安全，技术和系统安全，安全管理和服务，安全测试评估，产品和应用安全等部分。

图 11.5　人工智能安全标准体系

1. 人工智能基础性安全标准

人工智能基础性安全标准包括人工智能概念和术语、安全参考架构、基本安全要求等。

（1）人工智能安全概念和术语是在人工智能安全方面进行技术交流的基础语言，规范术语定义和术语之间的关系，有助于准确理解和表达技术内容，方便技术交流和研究。该类标准需充分考虑 ISO、ITU-T、我国国家人工智能标准化总体组等国内外标准化组织已发布的人工智能概念和术语的规范性定义。

（2）人工智能安全参考架构是理解和进一步研究人工智能安全的基础，可通过对人工智能角色进行安全分析，提出人工智能安全模型，规范人工智能安全体系结构，帮助准确理解人工智能安全保障包含的结构层次、功能要素及其关系。

（3）人工智能基本安全要求标准主要是为响应人工智能安全风险、法规政策要求，提出人工智能基本安全原则和要求,为人工智能安全标准体系提供基础性支撑,可指导相关方开展人工智能安全建设,对数据保护、算法安全、内部信息系统的设计、开发和实现提出要求,为人工智能安全实践落地提供技术要求,切实保护人工智能安全。

2. 人工智能数据、算法和模型安全标准

人工智能数据、算法和模型安全标准是针对人工智能数据、算法和模型中突出安全风险提出的标准,包括数据集安全、隐私保护、算法模型可信赖等。

(1)数据集安全类标准主要围绕人工智能数据的生命周期,保障数据标注过程安全、数据质量,指导人工智能数据集的安全管理和防护,降低人工智能数据集安全风险。

(2)隐私保护类标准基于人工智能开发、运行、维护等阶段面临的隐私风险,从隐私数据采集、利用、存储、共享等环节制定人工智能隐私保护安全标准,重点防范因隐私数据过度采集、逆向工程、隐私数据滥用等造成的隐私数据安全风险,该类标准应充分兼容 TC260 已有个人信息保护标准,重点解决人工智能场景下典型隐私保护问题。

(3)算法模型可信赖类标准主要围绕算法模型鲁棒性、安全防护、可解释性和算法偏见等安全需求,解决算法在运行时的鲁棒性和稳定性问题,提出面向极端情况下的可恢复性要求及实践指引,通过实现人工智能算法模型的可信赖,切实保障人工智能安全。

3. 人工智能技术和系统安全标准

人工智能技术和系统安全标准用于保障人工智能开源框架安全和人工智能系统安全。

(1)人工智能开源框架安全类标准针对人工智能服务器侧、客户端侧、边缘侧等计算、运行框架提出安全要求,除开源框架软件安全、接口安全、传统软件平台安全要求外,应提出针对人工智能开源框架的特定安全要求,保障人工智能应用在训练、运行等环节的底层支撑系统安全。

(2)人工智能系统安全工程类标准针对安全需求分析、设计、开发、测试评估、运维等环节的安全需求,从数据保护、模型安全、代码安全等方面,针对隐私保护、模型安全等突出风险,提出人工智能应用安全开发要求和指南,研制安全工程实施指南。

(3)人工智能计算设施安全类标准针对智能芯片、智能服务器等计算设施的安全需求,提出人工智能计算设施安全要求和指南类标准。

(4)人工智能安全技术类标准针对人工智能安全保护和检测技术,如基于隐私保护的机器学习、数据偏见检测、换脸检测、对抗样本防御、联邦学习等,制定人工智能安全技术类标准。

4. 人工智能管理和服务安全标准

人工智能安全管理和服务类标准主要是为保障人工智能管理和服务安全,主要包括安全风险管理、供应链安全、人工智能安全运营等。

(1)人工智能安全风险管理类标准主要从风险管理角度出发,应对人工智能数据、算法模型、技术和系统、管理和服务、产品和应用等多维度的安全风险,提出技术、人员、管理等安全要求和实践指南,引导降低人工智能整体安全风险。

(2)人工智能供应链安全类标准主要从供应链安全管理出发,梳理典型产品、服务和角色的供应链安全管理需求,参考已有 ICT 供应链安全管理标准研制思路,提出人工智能供应链安全管理实践指南,切实保障人工智能生产要素的供应安全。

(3)人工智能安全运营类标准主要针对人工智能服务上线、提交或正式运行后的安全运营问题,基于业界典型实践案例,从人员安全、运营安全、应急响应等角度提出实践指引,降低人工智能业务连续性安全风险。

（4）人工智能安全服务能力类标准主要针对人工智能服务提供者对外提供人工智能服务时，所需具备的技术和管理能力要求进行规范。

5. 人工智能测试评估安全标准

测试评估类标准主要从人工智能算法、人工智能数据、人工智能技术和系统、人工智能应用等方面分析安全测试评估要点，提炼人工智能安全测试评估指标，分析应用成熟、安全需求迫切的产品和应用的安全测试要点，主要提出人工智能算法模型、系统安全、应用风险、测试评估指标等基础性测评标准。

国家标准《信息安全技术 机器学习算法安全评估规范》，主要涵盖算法推荐服务的安全风险、安全属性等，本节将该部分标准化工作的详细情况进行介绍。如表 11.5 所示，算法推荐服务的治理围绕 5 个类型的算法展开。

表 11.5 算法推荐服务

	概　　述	典 型 案 例
生成合成类	利用深度学习、虚拟现实等技术，制作文本、图像、音频、视频、虚拟场景等信息，被广泛应用于内容聚合、内容自动化生成及内容合成服务	写稿机器人、聊天机器人 AI 换脸、图像修复 语音合成、自动编曲 视频自动剪辑、合成 游戏、VR、虚拟主播、元宇宙
个性化推送	基于用户画像，以用户标签作为算法的核心变量，针对不同用户需求分发不同内容或提供决策支持，被广泛运用于内容、商品或服务的个性化推送服务	信息内容自动推送（如新闻、音乐） 广告自动推送（如朋友圈广告） 电商平台的商品推荐
排序精选类	根据指定标准对序列里的数据进行排序，被广泛应用于内容服务提供者的版面页面管理，诸如首屏、热搜、精选、榜单等	搜索结果排序（如店铺、商品、网页搜索） 热点精选、榜单（如热搜榜、热销榜）
检索过滤类	对大容量数据进行查找，或以特定标准从大容量数据中过滤出某一特定数据，被广泛应用于搜索引擎、内容检索、内容干预等服务	不良信息过滤 敏感字词识别
调度决策类	根据一定策略分配有限系统资源，在不确定条件下做出最优决策，被广泛应用于资源匹配、工作调度服务	资源调度（如出行司机调度） 订单分派（如即时配送订单分派） 驾驶决策（如依路况选择最优路径）

算法推荐服务的安全风险，即标准考虑的安全要点主要围绕两个方面，一是因机器学习算法技术安全方面的原因，导致服务质量无法保障、服务意外终止以及威胁人身和财产安全的风险；二是因机器学习算法安全管理或安全措施方面的原因，导致个人信息滥采滥用、信息过度推送、歧视偏见、侵害未成年人、老年人、劳动者、消费者等特殊群体权益等安全风险。

结合安全风险，标准主要考虑算法 3 方面的特性。

（1）公平合理性：服务维护我国社会成员之间的权利公平、机会公平、过程公平和结果公平的社会状态的特性。

（2）公开可解释性：服务的工作原理具备一定的可解释性，且服务原理以及服务规则向用户充分公开的特性。

（3）诚实可信性：服务严格遵照服务设计、遵守服务承诺，不欺骗、不误导、不隐瞒，充分尊重服务对象和社会利益的特性。

标准围绕几方面特性,建立安全原则,提出安全要求规范。

(1)公平合理性方面:①同时尊重并保护每个人的基本权利,包括人身、隐私、财产等权利,特别关注保护弱势群体;②不在个人劳动报酬、交易价格等方面实施不合理的差别待遇。

(2)公开可解释性方面:①选择或使用可解释性强的机器学习算法;②向接受机器学习算法服务的对象公开机器学习算法服务的基本原理、目的意图和主要运行机制等信息,提升机器学习算法服务的透明度。

(3)诚实可信性方面:①建立健全用户注册、信息发布审核、反电信网络诈骗等管理制度和技术措施;②不利用机器学习算法提供诱导使用者沉迷和过度消费的服务。

6. 人工智能产品和应用安全标准

产品和应用类标准主要是为保障人工智能技术、服务和产品在具体应用场景下的安全,可面向自动驾驶、智能门锁、智能音箱、智慧风控、智慧客服等应用成熟、使用广泛、安全需求迫切的领域进行标准研制。在标准研制中,需充分兼容人工智能通用安全要求,统筹考虑产品和应用中的特异性、急迫性、代表性人工智能安全风险。

11.5 本章小结

人工智能发展迅速,不断在各个领域出现新技术、新应用。本章从人工智能的基本情况出发,到人工智能技术和应用所带来的安全风险及应对,再到标准化工作对技术和应用提出的要求进行了系统的梳理。面对人工智能的快速发展以及带来的风险,人们应当以更加谨慎的方法和态度对待,从法律监管到标准要求全面地保障人工智能造福人类。

思考题

1. 你认为人工智能在当前蓬勃发展期最有代表性的技术或者应用是什么?

2. 人工智能和算法安全风险可以从哪些维度进行评估,如何进行评估?

3. 目前识别出来的人工智能和算法安全风险有哪些,如何应对?

4. 人工智能 Safety 和 Security 的区别是什么?

5. 如何界定人工智能的滥用?

6. 选择一个人工智能应用,从技术、安全风险、应对措施等角度思考标准的作用,你认为其中标准最重要的是什么,应该涵盖哪些方面?

实验实践

选定一项业务,梳理其人工智能和算法应用情况,并分析其安全风险,有针对性地采取相应措施,并对效果进行评判。在人工智能各部分中加入安全设计。理解并实践人工智能安全应对技术中的白盒验证和黑盒验证。

第 12 章

数智安全监管制度

本章通过分析国外数智安全监管框架与我国数智安全监管框架的结构内容,将重点聚焦在我国的数据安全出境管理制度、数据安全审查制度、数据安全认证制度、算法安全监管四部分。具体按照概念、法律规定、实践情况的逻辑依次展开,力图完整全面地展现我国的数智安全监管制度的全貌。

12.1 国外数据安全监管框架

12.1.1 欧盟 GDPR 监管框架

1. GDPR 概述

1) 从欧洲人权公约到欧盟 95 指令

欧洲个人信息的保护最初起源于个人的住宅等传统隐私信息的保护,属于公民所应当享有的、不可剥夺的基本人权之一。第二次世界大战后,世界各国(尤其是欧洲国家)认为有必要保护个人隐私以避免遭受类似法西斯的迫害。为此,1948 年《世界人权宣言》、1966 年《公民权利和政治权利国际公约》均将个人的隐私权作为基本权利写入其中。

1950《人权和基本自由欧洲公约》第 8 条规定,个人的私人及家庭生活、其家庭以及其通信隐私的权利与自由必须受到尊重,若需要对此做出限制,则必须"符合法律规定"且"为民主社会所必需"。这被认为是欧洲第一代个人信息保护法。在此阶段,个人信息的收集和扩散规模都比较有限,即使发生个人信息泄露,其产生的损害也是有限的,通过传统的侵权责任法规则即可解决。

1981《关于个人数据自动化处理的个人保护公约》被称为"108 号公约",被公认是最为重要的关于个人信息保护的国际公约性法律文件。

1995 年发布的《关于个人信息处理保护及个人信息自由传输的指令》(以下简称《95 指令》),是欧盟个人信息保护法发展的一个里程碑,各个成员国到 1998 年时均根据该指令颁布了各自的个人信息保护法。该指令的主要目标有二:一是推动个人信息的基本权利受到保护在各成员国得到贯彻落实;二是保障各项信息在成员国间依法自由传输。

2) GDPR 发展历史

由于《95 指令》是在互联网发展初级阶段制定的,许多今天普遍流行的互联网服务和挑战尚未出现,例如社交网站、云计算、定位服务、智能卡等,且个人信息的处理活动以指数级的速度增长,因此欧盟需要制定更加强有力的制度来保障个人信息安全和自由流动。由此,欧盟《通用数据保护条例》(GDPR)应运而生。

2009 年，GDPR 的编撰工作启动。随之，欧盟启动了个人数据保护框架的改革工作，宗旨是强化数据主体权利的保护，并统一欧盟各成员国的数据保护立法。经过公开征求意见、利益相关者对话和备选政策的影响效果评估，欧盟委员会最终决定以条例形式取代《95 指令》。2016 年 GDPR 获批通过后，为了给科技公司一定的缓冲时间。将 GDPR 的生效时间定为 2018 年 5 月 25 日。该条例直接适用于欧盟全体成员国，以"一个大陆、一部法律"实现在欧盟 27 个成员国内部建立统一的个人信息保护和流动规则的目标。

3）GDPR 个人数据处理基本原则

GDPR 第 2 章规定了个人数据处理的基本原则，包括合法、公正、透明、目的限制等 6 大原则。合法、公正、透明原则要求是，应以对数据主体合法、公平、透明的方式处理数据。目的限定原则要求是，应当为特定、明确、正当的目的而收集数据，且不以与既定目的不相符的方式处理数据。数据最少够用原则要求是，对于处理目的而言，个人数据的处理应当是适当的、相关的、必要的。正确性原则要求是，应当确保数据正确，且必要时及时更新数据，且必须采取一切合理措施，确保根据处理目的及时删除或更正错误的个人数据。存储限制原则要求是，数据应当以某种合适的形式保存，存储时间不超过处理目的所必需的时间，但为公共利益进行存档，或为科学或历史研究、统计等目的进行个人数据处理，则可以存储更长时间，前提是需采取适当的技术和组织措施，以保证数据主体的权利和自由。完整性和机密性要求是，应当运用适当的技术和组织措施，确保以适当安全的方式处理个人数据，包括防止未授权或非法处理、防止意外丢失、破坏或损坏。问责制原则要求是，控制者应对数据处理过程负责，并能够证明满足条例的相关规定。

4）数据主体权利

GDPR 赋予了数据主体对其数据广泛的控制权，包括知情权、访问权、更正权、删除权、反对及限制处理权、数据移植权、获通知权等权利。

（1）知情权：主体了解处理其个人数据的方式及原因的权利。而且，数据主体有权了解该数据是否提供给第三方共享。这可通过适当的数据处理法律基础来解决。

（2）访问权：主体从控制方处获取其数据、确认处理其数据以及进一步请求访问其个人信息的权利。

（3）更正权：主体确保其个人数据准确无误并根据需要予以更新的权利。

（4）擦除权或被遗忘权：主体要求控制方擦除其个人数据而不出现不当延误的权利。

（5）反对及限制处理权：主体反对处理其数据甚至限制处理（如果数据主体愿意）的权利。

（6）数据移植权：主体以机器可读的结构化格式获取其信息或者将其数据传送给另一组织（如果可行）的权利。

（7）获通知权：发生数据外泄时，必须在首次发现外泄后的 72 小时内通知数据主体。

2. GDPR 基本内容

1）适用范围

GDPR 第 3 条规定了两类的适用情形。

（1）数据控制者或数据处理者在欧盟境内设有分支机构。在此情形中，只要个人数据处理活动发生在分支机构开展活动的场景中，即使实际的数据处理活动不在欧盟境内发生，适用 GDPR。例如，在欧盟本地运营的 A 国（A 国指某一非欧盟成员国）连锁酒店，直接将其收集的住客个人数据传输至 A 国总部进行处理，则需要履行 GDPR 中相关责任和义务。

（2）数据控制者或数据处理者在欧盟境内不设分支机构的情形。在此情形中,GDPR原则性地规定只要其面向欧盟境内的数据主体提供商品或服务(无论是否发生支付行为),或监控欧盟境内数据主体的行为,适用GDPR。例如,A国境内运营的某一电商平台,在欧盟不设分支机构,但提供专门的法文、德文版本的页面,同时支持用欧元进行结算,支持向欧盟境内配送物流。该电商平台属于面向欧盟境内的数据主体提供商品或服务,需要适用GDPR。

GDPR主要适用欧盟境内发生的个人数据处理行为,其保护对象为欧盟境内的数据主体。当欧盟公民抵达A国,例如进入A国大学学习,在A国商场购物等,且欧盟公民返回欧盟境内后,大学、商场不再对其行为进行跟踪或分析,则大学、商场无需适用GDPR。

此外,GDPR适用的数据范围主要为诸如姓名、身份标识、位置数据、网上标识符等,或借助与个人生理、心理、基因、精神、经济、文化或社会身份特定相关的一个或多个因素,可被直接或间接识别出的个人数据。GDPR同时也保护特殊类别(敏感)个人数据。

2）处罚规定

GDPR对违规组织采取根据情况分级处理的方法,并设定了最低1000万欧元的巨额罚款作为制裁。如果组织未按要求保护数据主体的权益、做好相关记录,或未将其违规行为通知监管机关和数据主体,或未进行数据保护影响评估或者未按照规定配合认证,或未委派数据保护官或欧盟境内代表,则可能被处以1000万欧元或其全球年营业额2%(两者取其高)的罚款。如果发生了更为严重的侵犯个人数据安全的行为,如未获得客户同意处理数据,或核心理念违反"隐私设计"要求,或违反规定将个人数据跨境传输,或违反欧盟成员国法律规定的义务等,组织有可能面临最高2000万欧元或组织全球年营业额的4%(两者取其高)的巨额罚款。

3）控制者和处理者义务

数据控制者的义务历史起源于1980年的《隐私保护和个人数据跨境流通的指南》。而GDPR对数据控制者义务的规定多达12项(见表12.1),具体包括数据安全、透明度、告知及报告等义务。

表12.1　GDPR对数据控制者义务

义务类型	《1980指南》	《108公约》	《95指令》	《2012公约》	《2013指南》	《16条例》
数据安全	√	√	√	√	√	√
透明度				√		√
告知(数据主体)	√	√	√	√	√	√
报告(监督机构)			√	√	√	√
损毁通知					√	√
更正和清除	√	√	√	√	√	√
限制处理						√
数据处理记录			√			√
建立风险评估机制(风险评估义务)				√	√	√
建立内部机制(合作义务)				√	√	√
事先咨询(预先审查)			√			√
设置数据保护专员			√			√

根据 GDPR 的规定,数据处理者是指为数据控制者处理个人数据的自然人、法人、公共机构、行政机关或其他非法人组织。当数据控制者委托数据处理者具体处理数据时,数据控制者应选择采取了合适的技术和组织方面措施的数据处理者,以确保数据处理符合 GDPR 的要求,以及保障数据主体的权利。在没有数据控制者事先或一般性的书面许可时,数据处理者不应再与另外的数据处理者合作等。

4）通过设计实现数据保护的规定

GDPR 规定,数据保护设计理念应当融入到产品和业务开发的早期过程（Privacy by Design）。例如,设计假名化等机制有效地落实数据保护原则,且将必要的保障措施融入到数据处理过程之中。此外,组织可实施相应的措施,以确保在默认情形下,仅仅处理为实现目的而最少必需的个人数据。

5）数据跨境流动要求

GDPR 规定了严格的个人信息保护要求,为世界各国所借鉴。GDPR 规定了基于充分性决定、标准合同条款、约束性企业规则等个人数据出境的途径。

一是基于充分性决定。若欧盟委员会已确定第三国（该国领土或一个或多个指定行业）或国际组织可以提供充分的保护,则可以将个人数据转移至第三国或国际组织。此转移不要求任何特定授权,即,数据从欧盟（也包括挪威、列支敦士登、冰岛）流向通过充分性保护认定的地区,可视同为在欧盟内部进行数据传输。欧盟委员会有权决定一个欧盟外国家是否具有充分的数据保护水平。但是,如果欧盟议会和理事会认为欧盟委员会的行为超越了 GDPR 规定权力,可以要求欧盟委员会维持、修订或撤销一个充分性保护认定。截止到 2022 年 3 月 2 日,共有安道尔公国、阿根廷、加拿大（商业组织）、法罗群岛、根西岛、以色列、马恩岛、日本、泽西岛、新西兰、韩国、瑞士、英国、乌拉圭等 14 个国家和地区通过了充分性认定。

二是标准合同条款。由欧盟委员会起草和发布的标准合同条款（Standard Contractual Clauses,SCC）不需要事先通知 DPA。SCC 要求数据传输方和接收方都承担义务。

欧盟委员会已经发布了以下 SCC 模型:

一是从欧盟内的数据控制者到欧盟外的数据控制者。

二是从欧盟内的数据控制者到欧盟外的数据处理者。用于从欧盟内数据控制者向欧盟外的数据处理者（以及再向位于他国的分包处理者）传输数据的标准合同条款,禁止接收方在未经数据传输方事先书面同意的情况下将加工操作分包出去。该条款维护并实际上加强了数据输出方对代表它进行的所有活动和处理操作的总体责任。

三是约束性企业规则。约束性企业规则是指成员国内的控制者和处理者所属企业集团或共同参与经济活动的企业团体,把个人数据传输或多次传输到一个或多个第三方国家的过程中,控制者或处理者所必须遵循的个人数据保护政策。约束性企业规则需要经过主管机构的审批。

3. 欧盟数据保护委员会

1）结构和主要工作内容

欧盟数据保护委员会（EDPB）根据 GDPR 第 68 条规定成立,作为欧盟的一个独立机构,具有独立法人资格,以保证 GDPR 的贯彻落实。根据 GDPR 第 94 条规定,所有指向《95 指令》的内容以后均指向欧盟数据保护委员会。欧盟数据保护委员会由其主席,以及由各成员国代表监管机构的主管或代表、欧盟数据保护监管组织主管或代表构成。为保证 EDPB

的公正性,每位成员国都必须派出其监管机构代表作为成员参与其中。此外,鉴于欧盟部分成员国中并不仅有一个数据保护监管机构,为了避免重复性导致新的不公平产生,拥有多个数据保护监管机构的成员国应当联合推选一个数据保护监管机构作为代表,接受其领导,并由该机构主管或者代表作为该成员国的代表参加 EDPB。

委员会的主要工作内容有五点。一是制定各种指导文件,包括指南、建议和最佳实践,以保证 GDPR 顺利实施。二是为欧盟个人数据保护和立法提供相关建议。三是采纳跨境数据保护案例中的一致性发现。四是促进国际数据保护机构间合作,以及信息和最佳实践交流。五是编制年度报告,向公众发布,并提交给欧盟议会、理事会和委员会。

2)数据保护充分性认定

根据 GDPR 第 45 条规定,若欧盟委员会决定第三国、第三国一定区域、第三国一个或多个特定领域、或国际组织已确保充分的保护水平时,则个人数据可以传输至第三国或国际组织。该传输无需任何特别授权。也即数据从欧盟(也包括挪威、列支敦士登、冰岛)流向通过充分性保护认定的地区,可视同为在欧盟内部进行数据传输。欧盟委员会有权决定一个欧盟外国家是否具有充分的数据保护水平。但是,如果欧盟议会和理事会认为欧盟委员会的行为超越了 GDPR 规定权力,可以要求欧盟委员会维持、修订或撤销充分性保护认定。

3)指南文件

第 29 条工作组(以下简称 WP29)是《95 指令》指定的一个咨询机构,由欧盟各成员国的数据保护部门、欧洲数据保护监管和欧洲委员会的代表组成,主要职责之一是出台各种与个人信息保护有关的各类指南文件。GDPR 取代《95 指令》后,自 2018 年 5 月 25 日起,WP29 职责将由欧盟数据保护委员会履行。即,目前由欧盟数据保护委员会负责发布针对 GDPR 的指南文件。至今,WP29 和 EDPB 已发布了数百条指南和意见。2022 年间发布的部分指南如下:

- 关于认证作为转移工具的指南 07/2022。
- 关于切实实施友好解决的第 06/2022 号准则。
- 关于在执法领域使用面部识别技术的 05/2022 号指南。
- 关于根据 GDPR 计算行政罚款的第 04/2022 号准则。
- 关于社交媒体平台界面中深色模式的指南 3/2022:如何识别和避免它们。
- 关于适用 GDPR 第 60 条的第 02/2022 号准则。
- 关于行为守则作为转让工具的第 04/2021 号准则。
- 关于数据主体权利的指南 01/2022——访问权。

其余指南文件由于篇幅原因不再展示。

12.1.2　美国隐私保护监管框架

美国联邦贸易委员会(FTC)是美国国家隐私法律的主要执行者。虽然其他机构(如银行机构)也被授权执行各种隐私法,但 FTC 采取的措施相对更加强势。例如,FTC 可以发起调查、停止令,甚至在法庭上提出申诉。此外,FTC 还向国会报告隐私问题,并制定隐私立法所需的建议。需要说明的是,美国的法律体系喜欢使用"隐私",故本节沿用其习惯用法,对"隐私""个人数据""个人信息"未予区分。

1. 美国隐私保护法律概述

(1)健康保险流通和责任法。《健康保险流通与责任法案》(简称"HIPAA")建立了电子传输健康信息的标准和要求,以此促进健康信息系统的发展。保障个人的健康隐私信息的完整性和机密性,防止任何可预见的威胁、未经授权的使用和披露,确保官员及其职员遵守这些安全措施。

(2)联邦隐私法。在 GDPR 实施前夕,美国参议院发布了一项决议,鼓励企业将 GDPR 标准同样适用于美国用户。但相较于各州隐私保护发展迅速,美国联邦层面对于隐私保护立法反应相对迟缓。在各州立法的推动以及科技巨头、民间组织的呼吁下,美国联邦层面也开始采取行动。参议院先后提出了《数据保障法案 2018》《美国数据传播法案 2019》《社交媒体隐私和消费者权利法案 2019》《数字问责制和透明度以提升隐私保护法案》。众议院也提出了《加密法案》《信息透明度和个人数据控制法案》《应用程序隐私、保护和安全法案》《数据经纪人问责制和透明度法案》《数据问责和信任法案》等多项提案。总体来看,目前美国参众议院已有 10 余项隐私保护法案正在审议中。

(3)加州消费者隐私法。该法将个人信息定义为识别、关联和描述的信息,可以直接或间接地被连接至或可以被合理地连接至某一特定消费者或家庭的信息,具体包括标识符、商业信息、生物识别信息等。具体规定了消费者的信息披露请求权、数据删除请求权、退出选择权、公平服务权等权利。

(4)CRS 报告《数据保护法:综述》。美国国会研究服务局(The Congressional Research Service,以下简称 CRS)于 2019 年 3 月 25 日发布《数据保护法:综述》,介绍了美国数据保护立法现况以及在下一步立法中美国国会需要考虑的问题。该报告主要通过对美国国会在数据立法层面存在的立法方法问题、处理与州立法关系问题、执法问题、宪法第一修正案、个人诉讼问题五个问题,提出国会应当考虑从联邦层面制定全面的数据保护立法,考虑好保护的数据范围、确定联邦机构应在何种程度上执行立法、采用规范性还是结果导向性立法方法、个人寻求救济的方式等因素。

2. FTC 监管权限的演变

(1)隐私执法的兴起。1995 年,FTC 开始对消费者隐私问题进行监管,其根据企业自己制定的隐私政策开展执法活动,法律依据是《联邦贸易委员会法》(FTCA)第五条规定的欺骗和不公行为。但 FTC 的监管范围仍然有限,即其只能对违反 FTCA 或违反其他授予其监管权力的法律的行为进行执法,并且没有制定任何实质性法规的权力。

(2)数据保护监管结构地位的形成。从 1997 年到 2014 年,FTC 进行了仅 170 件左右隐私执法活动,这一案件数量并不多。FTC 内部的隐私执法人员数量也不多。尽管如此,FTC 仍然成为了美国数据隐私保护的主要力量,其原因如下:

第一,FTC 的管辖权一直在扩张。《儿童在线隐私保护法》和《Gramm-Leach-Bliley 法案》在内的成文法不断授予 FTC 制定相应领域规则的权力,FTC 还被授予了《安全港协议》的执法权。

第二,FTC 发挥了关键作用。企业隐私政策大多都未提及违反承诺的后果,而 FTC 的执法活动为这种自我监管增加了一种追责途径,提升了其可信赖度。FTC 的存在让这种自我监管的体系增添了几分监管和执法因素,这也是《安全港协议》能够运行的关键。

(3)隐私监管制度的发展趋势。

第一,从违背承诺到违背期望。虽然 FTC 仍在对违反隐私承诺的行为展开执法,但其重点已经转移到了消费者的隐私预期上,越来越以消费者合理期待作为衡量企业是否违法的标准。受用户自身能力和选择框架的限制,隐私政策中往往存在许多不正确的假设选项,如果 FTC 将这些选项视为"欺骗",其违背的就非承诺而是消费者期望。

第二,超出隐私政策的限制。FTC 已经开始超出隐私政策的限制,全面审查消费者与公司的交互,如弹出窗口、图标、隐私设置、用户界面设置、企业的电子邮件等。在 FTC 对HTC 展开的执法活动中,FTC 认为若 HTC 在用户界面中不设置"添加位置信息"的选项,用户数据就不会发送给该企业。FTC 认为这种界面设计不符合消费者期待,添加该选项的行为就是一种用户界面欺骗行为。

第三,制定实质性规则。FTC 已经超越了承诺,转向了实质性的隐私保护,从一个几乎完全自我监管的制度演变为更接近实际监管的制度。随着隐私相关规范、习俗、公式以及实践模式等的发展,FTC 从中借鉴并将其作为实质性规则,如在执法中将其视为隐私政策中的默示条款或将其视为消费者的合理预期内容。

3. FTC 执法机制

FTC 共有三大职权,即调查、执行、起诉。在 FTC 起诉后,企业有两种选择,即和解或者向法院提出异议。若企业接受和解协议后,FTC 就将放弃其诉权转而监督和解协议的执行。同时,消费者本身也没有根据 FTCA 第 5 条提起诉讼的诉权,故而和解协议成为了FTC 主要的结案方式。FTC 的和解协议并不具备司法判例的"先例"属性,因为其并未要求前后保持一致。但在具体实践中,FTC 已经证明其和解协议具有前后的一致性,因此从业者认为这些和解协议具有"先例"作用,也即成为了"普通法"。除和解协议外,FTC 还创造了另一种"软法",其中包括指南、新闻稿、研讨会和白皮书。在某些情况下,这些材料可以被视为一种"软法"。这些软规则如最佳实践与和解协议存在一个关键的区别,即在确定这些最佳实践时,FTC 通常会与所有利益相关者进行深入且持续的沟通。

12.2 我国数智安全监管框架

在我国,政府部门根据法律法规的授权,通过专项行动和部门日常执法工作实施数智安全监管。2021 年,数据安全领域迎来了两部重要的法律:《中华人民共和国数据安全法》和《中华人民共和国个人信息保护法》。这两部法律的出台,释放出数据安全监管的重要信号。但数据安全的监管并非从 2021 年开始,而是可以追溯到《中华人民共和国国家安全法》《中华人民共和国民法典》的立法以及 2017 年实施的《中华人民共和国网络安全法》。紧随这两部重要法律之后,国务院行政法规《关键信息基础设施安全保护条例》和《数据出境安全评估办法》等部门规章也相继颁布实施。与此同时,鉴于人工智能迅猛发展,国家互联网信息办公室会同公安部开展了深度伪造等技术评估和算法监管专项行动(2021 年)。数智安全领域相关法律法规与专项行动的频频出台和动作,标志着数智安全监管的重要性与日俱增,其相关内容成为数智安全知识体系的重要组成部分。

1.《关于加强网络信息保护的决定》

2012 年 12 月 28 日,为了保护网络信息安全,全国人民代表大会常务委员会审议通过《关于加强网络信息保护的决定》(以下简称《决定》)。《决定》第十条规定:"有关主管部门应当在各自职权范围内依法履行职责,采取技术措施和其他必要措施,防范、制止和查处窃取或者以其他非法方式获取、出售或者非法向他人提供公民个人电子信息的违法犯罪行为以及其他网络信息违法犯罪行为。有关主管部门依法履行职责时,网络服务提供者应当予以配合,提供技术支持。国家机关及其工作人员对在履行职责中知悉的公民个人电子信息

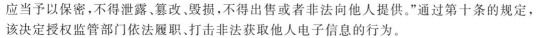

应当予以保密,不得泄露、篡改、毁损,不得出售或者非法向他人提供。"通过第十条的规定,该决定授权监管部门依法履职、打击非法获取他人电子信息的行为。

2.《中华人民共和国网络安全法》

2017 年 6 月 1 日,《中华人民共和国网络安全法》(以下简称"《网络安全法》")正式实施。该法第八条规定:"国家网信部门负责统筹协调网络安全工作和相关监督管理工作。国务院电信主管部门、公安部门和其他有关机关依照本法和有关法律、行政法规的规定,在各自职责范围内负责网络安全保护和监督管理工作。"第三十一条规定:"国家对公共通信和信息服务、能源、交通、水利、金融、公共服务、电子政务等重要行业和领域,以及其他一旦遭到破坏、丧失功能或者数据泄露,可能严重危害国家安全、国计民生、公共利益的关键信息基础设施,在网络安全等级保护制度的基础上,实行重点保护。关键信息基础设施的具体范围和安全保护办法由国务院制定。"第三十二条规定:"按照国务院规定的职责分工,负责关键信息基础设施安全保护工作的部门分别编制并组织实施本行业、本领域的关键信息基础设施安全规划,指导和监督关键信息基础设施运行安全保护工作。"

3.《中华人民共和国数据安全法》

2021 年 9 月 1 日,《中华人民共和国数据安全法》(以下简称"《数据安全法》")正式实施。该法第五条规定:"中央国家安全领导机构负责国家数据安全工作的决策和议事协调,研究制定、指导实施国家数据安全战略和有关重大方针政策,统筹协调国家数据安全的重大事项和重要工作,建立国家数据安全工作协调机制。"第六条规定:"各地区、各部门对本地区、本部门工作中收集和产生的数据及数据安全负责。工业、电信、交通、金融、自然资源、卫生健康、教育、科技等主管部门承担本行业、本领域数据安全监管职责。公安机关、国家安全机关等依照本法和有关法律、行政法规的规定,在各自职责范围内承担数据安全监管职责。国家网信部门依照本法和有关法律、行政法规的规定,负责统筹协调网络数据安全和相关监管工作。"

4.《中华人民共和国个人信息保护法》

2021 年 11 月 1 日,《中华人民共和国个人信息保护法》(以下简称"《个人信息保护法》")正式实施。该法第十一条规定:"国家建立健全个人信息保护制度,预防和惩治侵害个人信息权益的行为,加强个人信息保护宣传教育,推动形成政府、企业、相关社会组织、公众共同参与个人信息保护的良好环境。"第十二条规定:"国家积极参与个人信息保护国际规则的制定,促进个人信息保护方面的国际交流与合作,推动与其他国家、地区、国际组织之间的个人信息保护规则、标准等互认。"

5.《互联网信息服务算法推荐管理规定》

2022 年 3 月 1 日,《互联网信息服务算法推荐管理规定》正式实施。作为国家互联网信息办公室、工业和信息化部、公安部、国家市场监督管理总局联合发布的部门规章,《互联网信息服务算法推荐管理规定》明确由国家网信部门负责统筹协调全国算法推荐服务治理和相关监督管理工作。国务院电信、公安、市场监管等有关部门依据各自职责负责算法推荐服务监督管理工作。地方网信部门负责统筹协调本行政区域内的算法推荐服务治理和相关监督管理工作。地方有关部门依据各自职责负责本行政区域内的算法推荐服务监督管理工作。

6.《互联网信息服务深度合成管理规定》

2022 年 11 月 25 日,国家互联网信息办公室、工业和信息化部、公安部联合发布《互联网信息服务深度合成管理规定》,自 2023 年 1 月 10 日起施行。《互联网信息服务深度合成管理规定》在总则与法律责任等章节,明确规定具有舆论属性或者社会动员能力的深度合成服务提供者、技术支持者应当履行备案和变更、注销备案手续。要求上线具有舆论属性或者社会动员能力的新产品、新应用、新功能的,应当开展安全评估。深度合成服务提供者、技术支持者应当依法配合网信部门和有关主管部门开展的监督检查,并提供必要的支持和协助。发现存在较大信息安全风险的,网信部门和有关主管部门可以按照职责依法要求其采取暂停信息更新、用户账号注册或者其他服务等措施。同时,也明确了违反规定的法律责任。

7. 司法解释

对于数据安全的司法解释主要有《最高人民法院、最高人民检察院关于办理侵犯公民个人信息刑事案件适用法律若干问题的解释》《最高人民法院、最高人民检察院关于办理非法利用信息网络、帮助信息网络犯罪活动等刑事案件适用法律若干问题的解释》《最高人民法院关于审理使用人脸识别技术处理个人信息相关民事案件适用法律若干问题的规定》等。

《最高人民法院、最高人民检察院关于办理侵犯公民个人信息刑事案件适用法律若干问题的解释》出台的背景是,利用个人信息实施电信诈骗的犯罪活动愈发猖狂,甚至与杀人、绑架等恶性刑事犯罪相关联,危害公民的人身与财产安全。而《中华人民共和国刑法修正案(九)》实施以来,由于侵犯公民个人信息的范围广、类型多样,侵犯公民个人信息罪的具体定罪量刑标准尚不明确。因此,这部司法解释主要针对实践当中出现的侵犯公民个人罪,明确具体的定罪量刑标准。

《最高人民法院、最高人民检察院关于办理非法利用信息网络、帮助信息网络犯罪活动等刑事案件适用法律若干问题的解释》的主要内容是补充《中华人民共和国刑法修正案(九)》。刑法增设了第二百八十六条之一和第二百八十七条之一、之二,规定了拒不履行信息网络安全管理义务罪,非法利用信息网络罪和帮助信息网络犯罪活动罪,司法解释则明确了这两个罪名的表现形式、定罪量刑标准、法律适用等问题,从而保障法律正确、统一适用,依法严厉惩治、有效防范网络犯罪。

《最高人民法院关于审理使用人脸识别技术处理个人信息相关民事案件适用法律若干问题的规定》主要规定了如下事项:处理自然人的人脸信息,必须征得自然人或者其监护人的单独同意;对于违反双方约定或者未采取应有的技术措施或者其他必要措施确保其收集、存储的人脸信息安全,致使人脸信息泄露、篡改、丢失的,构成侵权。这有助于解决宾馆、商场、银行、车站、机场、体育场馆、娱乐场所等经营场所、公共场所违反法律、行政法规规定使用人脸识别技术进行人脸验证、辨识等问题。

上述 3 部司法解释将数据安全监管在刑法、民法当中的运用做出了具体的法律规定,对在实践中开展数据安全监管工作提供了巨大支持。

12.3 数据出境安全管理制度

12.3.1 概述

1. 基本概念

数据出境是指数据处理者通过网络等方式,将其在中华人民共和国境内运营中收集和产生的数据,通过直接提供或开展业务、提供服务、产品等方式提供给境外的组织或个人的一次性活动或连续性活动。然而非在境内运营中收集和产生的数据经由本国出境,未经任何变动或加工处理的,不属于数据出境;非在境内运营中收集和产生的数据在境内存储、加工处理后出境,不涉及境内运营中收集和产生的数据的,不属于数据出境。

2. 国际形势

在国际层面,各国都意识到了数据的重要性,纷纷加快对国内数据出境安全的管理。在国际协议层面,2019 年 06 月 29 日,在中国、美国、日本等国领导人共同见证下,G20 峰会上签署了"大阪数字经济宣言",正式启动"大阪轨道"。2020 年 11 月 15 日,东盟十国以及中国、日本、韩国、澳大利亚、新西兰 15 个国家,正式签署区域全面经济伙伴关系协定(RCEP),标志着全球规模最大的自由贸易协定正式达成。RCEP 在其电子商务篇章第四节第 14 条借鉴了全面与进步跨太平洋伙伴关系协定(以下简称"CPTPP")第 14 条关于计算机本地化问题的规则。第 15 条关于跨境传输电子信息的规则,借鉴了 CPTPP 第 14.11 条的规则。但是确定了限制措施的必要性由实施方决定的规则,即实施计算机本地化规则的当事国,为实现本国合理公共政策目标,一旦做出实行计算机本地化的决定,其他缔约国不得提出异议。这进一步体现了对数据所在国数据主权、网络主权的尊重。由于数据安全出境关系到各国国家利益,各国展开激烈博弈。美国由于处在全球数字经济领先地位,对于数据安全出境管理的战略旨在促进数据自由流动形成引流效应。即通过属人保护和数据控制者等名义以国内立法建立境外执法权,以保护本国利益为由调取使用他国数据;通过影响国际组织规则、打造多边协议等利用强权为其提供获取境外数据的通道,拓展其网络空间疆土,掌握和控制全球数据使用,以便获取自身利益。而欧盟、英国、新加坡和日本等数字经济发展较为成熟的国家和地区采取不同特色的"平衡型"模式。"平衡型"模式的监管思路是,通过属人原则获取境内外高标准隐私保护,在此前提下支持数据跨境流动,以充分性认定、建立信任机制等方式维护数据立法话语权。

3. 国际通行做法

数据出境管理服务于国家战略和国家核心利益。综合分析世界主要国家行为主体的数据出境、管理的思路,像美国、欧盟等制度较为成熟的行为主体,其管理思路和具体措施紧密围绕本国核心利益,与国家整体战略高度匹配。美国一直以来采取输出"信息自由流动"等普适价值的外交策略,凭借信息科技优势和互联网巨头,汇聚全球数据资源。同时,利用出口管制手段限制高科技、军民两用技术数据出境。欧盟数据跨境流动管理"内松外紧",一方面,出台"数字单一市场"战略,促进欧盟内部数据自由流动;另一方面,通过 GDPR 逐步完善个人数据跨境流动管理体系。目前国际上通行的做法有以数据分类分级管理为基础、选择自由流动等多种管理模式和监管机制相结合的数据出境管理体系等。例如,澳大利亚对政府数据出境实施风险评估制度,对个人健康数据则禁止出境。此外,美国综合运用外商投资审查、商业出口管制等政府监管手段,实现对数据线上线下出境管控的举措,也为数据出境安全管理开辟了新思路。

12.3.2　我国法定要求

1.《网络安全法》要求

《网络安全法》第三十七条规定:"关键信息基础设施的运营者在中华人民共和国境内运营中收集和产生的个人信息和重要数据应当在境内存储。因业务需要,确需向境外提供的,应当按照国家网信部门会同国务院有关部门制定的办法进行安全评估;法律、行政法规

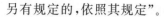

另有规定的,依照其规定"。

2.《数据安全法》要求

《网络安全法》第三十七条首次规定了数据出境安全评估制度,但范围只限定于"关键信息基础设施的运营者在中华人民共和国境内运营中收集和产生的个人信息和重要数据"。在实践当中很多数据出境行为未必同关键信息基础设施相关,因此《网络安全法》的规定不完善,大量应当规范的数据出境行为没有得到规范,也为国家安全留下了漏洞。

这一缺憾后来通过《数据安全法》和《个人信息保护法》进行弥补。具体表现为,《数据安全法》从重要数据出境方面进行弥补,《个人信息保护法》从个人信息出境方面进行弥补。

《数据安全法》第三十一条规定:"关键信息基础设施的运营者在中华人民共和国境内运营中收集和产生的重要数据的出境安全管理,适用《网络安全法》的规定;其他数据处理者在中华人民共和国境内运营中收集和产生的重要数据的出境安全管理办法,由国家网信部门会同国务院有关部门制定"。同时要求国家建立数据分类分级保护制度,根据数据在经济社会发展中的重要程度,以及一旦遭到篡改、破坏、泄露或者非法获取、非法利用,对国家安全、公共利益或者个人、组织合法权益造成的危害程度,对数据实行分类分级保护。国家数据安全工作协调机制统筹协调有关部门制定重要数据目录,加强对重要数据的保护。

3.《个人信息保护法》要求

《个人信息保护法》第三章专门规定个人信息跨境提供的规则。其中第三十八条规定:"向境外提供个人信息应当具备下列条件之一:通过国家网信部门组织的安全评估;按照国家网信部门的规定经专业机构进行个人信息保护认证;按照国家网信部门制定的标准合同与境外接收方订立合同,约定双方的权利和义务;法律、行政法规或国家网信部门规定其他条件。"并添加相应的附加要求与例外规定。第三十八条的规定意味着,不是所有的个人信息出境都如同重要数据一般需要通过网信部门的评估。第三十九条规定,应当向个人告知境外接收方的名称或者姓名、联系方式、处理目的、处理方式、个人信息的种类以及个人向境外接收方行使本法规定权利的方式和程序等事项,并需要取得个人的单独同意。第四十条规定,关键信息基础设施运营者和处理个人信息达到国家网信部门规定数量的个人信息处理者,应当将在中华人民共和国境内收集和产生的个人信息存储在境内。确需向境外提供的,应当通过国家网信部门组织的安全评估。

4.《网络数据安全管理条例(征求意见稿)》

上文提到《网络安全法》《数据安全法》《个人信息保护法》都对数据出境安全评估提出了要求,但这些规定不能涵盖所有可能出现的情况。原因在于数据出境虽看似是一个时间点或一段时间内的行为,但其安全保护并非仅限于"事中"阶段。例如,无论数据采用何种方式出境,之前都需要进行自评估,个人信息尤其需要进行个人信息安全影响评估;出境过程中要履行安全保护责任;出境后要监督数据接收方履行义务,防范数据出境安全风险;年末时需要编制年度数据出境报告;纠纷出现后,还会涉及跨境追责问题。这些事项已经超出数据出境安全评估制度的范畴,客观上需要对数据出境的事前、事中、事后均做出规定。

因此,2021年11月征求意见的国务院行政法规《网络数据安全管理条例(征求意见稿)》(以下简称《条例》)专门设置了独立的一章,旨在全面建立我国数据出境安全管理制度。该制度已经超出了此前人们熟悉的"数据出境安全评估"制度。毕竟,"评估"只是数据出境安全管理制度的其中一个环节。而第五章名称之所以使用"跨境"而不是"出境",原因在于两个方面。

一是国际上讨论该问题时,往往是对等的多个国家和地区签订协议、达成规则,不存在"进"或"出"的方向问题,故一概使用"数据跨境传输/流动"(cross border data transfer/flow)。故"数据跨境"是国际通行表达方式。

二是《条例》在第四十一条提出了"国家建立数据跨境安全网关"的要求。该网关涉及对来源于中华人民共和国境外、法律和行政法规禁止发布或者传输的信息予以阻断传播,这属于"由外到内"的数据传输,已经不再是"出境"问题。故只有"跨境"可以涵盖。

该条例第五章第三十五条明确提出,数据可以跨境流通,但是首先要通过网信部门组织的数据出境安全评估和满足《网络安全审查办法》的要求,以及其他审查需求,包括数据接收方、合同订立、权利与义务等都需要进行审查和满足规定的条件。该规定进一步明确了数据处理者在数据跨境传输活动中的责任与义务,也给数据跨境提出了具体的实现方式:数据出境后数据处理者依旧要承担数据安全保护的责任,同时还需要向涉及的每一个用户发布公告并获得同意。此外,《条例》还要求展开数据出境活动的数据处理者应每年编制数据出境安全报告,并在每年 1 月 31 日前向市级网信部门报告上一年度的数据出境情况,报告应包括接收方的名称与联系方式、数据出境后再转移的情况、数据在境外的存放地点、存储期限等。

12.3.3　数据出境安全评估

1. 基本要求

为落实法律要求,2022 年 7 月 7 日,国家互联网信息办公室公布《数据出境安全评估办法》(以下简称"《办法》"),规定于 2022 年 9 月 1 日正式实施。《办法》明确了 4 种应当申报数据出境安全评估的情形:

(1) 数据处理者向境外提供重要数据。

(2) 关键信息基础设施运营者和处理 100 万人以上个人信息的数据处理者向境外提供个人信息。

(3) 自上年 1 月 1 日起累计向境外提供 10 万人个人信息或者 1 万人敏感个人信息的数据处理者向境外提供个人信息。

(4) 国家网信部门规定的其他需要申报数据出境安全评估的情形。

数据出境安全评估重点评估数据出境活动可能对国家安全、公共利益、个人或者组织合法权益带来的风险,主要包括以下事项:

(1) 数据出境的目的、范围、方式等的合法性、正当性及必要性。

(2) 境外接收方所在国家或者地区的数据安全保护政策法规和网络安全环境对出境数据安全的影响,境外接收方的数据保护水平是否达到中华人民共和国法律、行政法规的规定和强制性国家标准的要求。

(3) 出境数据的规模、范围、种类、敏感程度,出境中和出境后遭到篡改、破坏、泄露、丢失、转移或者被非法获取、非法利用等风险。

(4) 数据安全和个人信息权益是否能够得到充分有效保障。

(5) 数据处理者与境外接收方拟订立的法律文件中是否充分约定了数据安全保护责任义务。

(6) 遵守中国法律、行政法规、部门规章情况。

(7) 国家网信部门认为需要评估的其他事项。

2. 工作程序

《数据出境安全评估办法》明确了数据出境的具体流程。

(1) 事前评估,数据处理者在向境外提供数据前,应首先开展数据出境风险自评估。

(2) 申报评估,符合申报数据出境安全评估情形的,数据处理者应通过所在地省级网信部门向国家网信部门申报数据出境安全评估。

(3) 开展评估,国家网信部门自收到申报材料之日起 7 个工作日内确定是否受理评估;自出具书面受理通知书之日起 45 个工作日内完成数据出境安全评估;情况复杂或者需要补充、更正材料的,可以适当延长并告知数据处理者预计延长的时间。

(4) 重新评估和终止出境,评估结果有效期届满或者在有效期内出现本办法中规定重新评估情形的,数据处理者应当重新申报数据出境安全评估。

已经通过评估的数据出境活动在实际处理过程中不再符合数据出境安全管理要求的,在收到国家网信部门书面通知后,数据处理者应终止数据出境活动。数据处理者需要继续开展数据出境活动的,应当按照要求整改,整改完成后重新申报评估。

12.3.4 个人信息出境标准合同

1. 基本要求

2023 年 2 月 24 日,国家互联网信息办公室发布了《个人信息出境标准合同办法》(以下简称"《办法》"),标志着这个在国际上被广泛采用的个人信息跨境流动保护性措施,首次在我国开始"生根发芽"。标准合同或称标准合同条款(Standard Contractual Clause 或 SCC),系监管部门为了确保个人信息在出境之后保护水平不低于本国标准,而要求数据传输方与境外数据接收方签署一个官方制订的合同模板。该做法通过合同的约束力将境内的管辖权"延伸"至境外,达到一定"境内法域外适用"的效果,以保护处于相对弱势地位的个人信息主体权益。《办法》第六条规定"个人信息处理者可以与境外接收方约定其他条款,但不得与标准合同相冲突",同时在附件当中,列出标准合同应当包含如下内容:

(1) 个人信息处理者的义务。

(2) 境外接收方的义务。

(3) 境外接收方所在国家或地区个人信息保护政策和法规对合同履行的影响。

(4) 个人信息主体的权利及救济等。

2. 工作程序

根据《个人信息出境标准合同办法》的正文,如果个人信息处理者因业务需要向境外提供国内的个人信息,首先应当根据《个人信息保护法》第五十五条的规定进行个人信息保护影响评估。同时,个人信息处理者需要对照《办法》第四条,确认该规定是否适用,即同时满足如下 4 个条件:

(1) 非关键信息基础设施运营者。

(2) 处理个人信息不满 100 万人的。

(3) 自上年 1 月 1 日起累计向境外提供个人信息不满 10 万人的。

(4) 自上年 1 月 1 日起累计向境外提供敏感个人信息不满 1 万人的。

如果《办法》第四条适用,个人信息处理者应与境外数据接收方商讨标准合同签署的具体细节,包括但不限于填写其附件"个人信息出境标准合同"中所要求信息。待双方就上述事项达成一致且完成标准合同签署之后,个人信息处理者即可进行个人信息的出境活动。

同时,个人信息处理者应履行《办法》第七条的备案义务,将签署的"标准合同"和"个人信息保护影响评估报告"向所在地省级网信部门备案。

在标准合同签署之后,如果发生《办法》第八条项下可能影响个人信息权益的"重大变化",应当重新签署标准合同并备案。在标准合同履行过程中,监管部门如果发现存在《办法》第十一条所述的违规情形时,有权依法对个人信息处理者进行约谈。

3. 国际比较

欧盟委员会 2018 年生效的 GDPR 的第五章包括欧盟委员会制定的标准合同条款,并于 2021 年 6 月 4 日通过"关于向第三国转移个人数据的标准合同条款的决定",同时将最新版本标准合同条款("欧盟 SCC")作为附件,取代之前所有的版本。

欧盟 SCC 有 4 个模块。模块 1(C-C)主要包括从控制者到控制者(或共同控制者),模块 2(C-P)为从控制者到处理者,模块 3(P-P)为从处理者到处理者(即次级处理者),模块 4(P-C)从处理者到控制者。欧盟 SCC 在一般性条款中规定了使用目的及范围、效力优先性和不可更改性、第三方受益人的权利、转移说明和对接条款。其中特别明确条款内容除选择适当的模块或增加或更新附录的信息外,均不得修改。但只要不直接或间接与条款相矛盾或者损害数据主体的基本权利或自由,双方可将欧盟 SCC 纳入更广泛的合同中或增加其他条款或额外的保障措施。

欧盟 SCC 与国内标准合同的区别主要在法律适用选择权与争议解决条款、数据传输的评估、技术保障措施、责任分配方式等方面。具体法律适用选择权这一部分,欧盟标准合同的选择权可能多于我国的标准合同,原因在于除了欧盟成员国的法律外,在特定情况下,欧盟标准合同可以允许适用非欧盟成员国的法律。相比而言,我国的标准合同只能适用中国法律。在争议解决条款上,欧盟标准合同的争议解决更偏向于法院管辖,但可以选择欧盟或非欧盟的法院,而我国标准合同的争议解决则采用了民事争议专用的解决机制:法院管辖或者仲裁管辖。法院管辖要求必须选择国内法院,但仲裁机构则可以选择中国国际经济贸易仲裁委员会、中国海事仲裁委员会或北京仲裁委员会,或选择《承认及执行外国仲裁裁决公约》。

数据传输的评估部分,欧盟《通用数据保护条例》更强调对于数据跨境传输活动进行风险评估及采取有效措施降低跨境传输风险的思路。但是,数据跨境传输并不属于必须进行数据保护影响评估的场景,只有在欧盟监管机构要求时,企业才需要提供个人数据跨境传输评估记录。相比而言,我国的标准合同则需要在事前进行个人信息影响评估报告,并同时向网信部门提供评估报告。

技术保障措施部分,欧盟标准合同对数据的访问有着严格的限制。即,在欧盟标准合同的第三节规定,数据接收方一旦收到非欧盟国家的政府提出的数据访问请求,且有理由质疑该请求的合法性,那么应当立刻告知数据发送方。相比欧盟严格限制访问要求,我国标准合同则笼统地规定,个人信息处理者应尽合理的努力确保境外接收方采取有效的技术和管理措施。对于具体的技术和管理措施,我国标准合同则列举了加密、匿名化、去标识化、访问控制等多种措施,并要求确保"这些措施维持适当的安全水平"。

责任分配方式方面,欧盟《通用数据保护条例》将主体划分为个人数据的数据控制者和数据处理者,根据数据控制者和数据处理者关系的不同,适用不同模式的标准合同,也就意味着在数据传输过程中对于数据接收方的控制力不同。因此,在不同模式的欧盟标准合同下,合同双方所需要承担的责任与义务是存在差异的。相比而言,我国标准合同没有区分数据处理的角色而统称为个人信息处理者,因此个人信息处理者与境外接收方承担的义务基本上是相同的,只是在委托处理的场景下有所不同。

12.3.5 个人信息出境安全认证

1. 基本要求

个人信息出境安全认证的基本要求包括法律层面的约束、组织管理、个人信息跨境处理规则、个人信息保护影响评估四个部分。其他组织管理包括个人信息保护负责人、个人信息保护机构、个人信息跨境处理规则等。

2. 工作程序

个人信息出境安全认证要求开展个人信息跨境处理活动的个人信息处理者和境外接收方应签订具有法律约束力和可执行的文件,确保个人信息主体权益得到充分的保障。同时,开展个人信息跨境处理活动的个人信息处理者和境外接收方均应指定个人信息保护负责人,设立个人信息保护机构,并共同遵守同一个人信息跨境处理规则。个人信息处理者应当对境外接收方提供个人信息的活动开展个人信息保护影响评估,这是个人信息出境安全认证的重要部分,要在评估的基础上形成个人信息保护影响评估报告,而这份评估报告应当至少保存 3 年。在个人信息出境安全认证的过程中,应当着重保护个人信息主体的权利,为个人信息主体行使权利提供便利条件。

3. 技术规范

全国信息安全标准化技术委员会秘书处于 2022 年 12 月 16 日正式发布《网络安全标准实践指南——个人信息跨境处理活动安全认证规范 V2.0》,并以此替代全国信息安全标委会 2022 年 6 月 24 日发布的第一版本认证规范,作为个人信息出境安全认证的技术规范。除了上述技术规范,开展跨境处理活动的个人信息处理者申请个人信息保护认证应符合 GB/T 35273《信息安全技术 个人信息安全规范》。

12.4 数据安全审查制度

12.4.1 概述

1. 国外相关审查制度

国外并不多见"网络安全审查"或"数据安全审查"这一固定名词,但国外从维护国家安全角度出发,针对网络安全产品、技术、企业等的审查多种多样。

纵观美国的审查制度,主要有以下几个特点:一是开展审查的范围不断扩大,先是国家安全系统中的产品,随后拓展到联邦政府云计算服务、国防供应链等,逐步实现全面覆盖;二是审查对象不仅包括产品和服务的安全性能指标,还包括产品研发过程、程序、步骤、方法、产品的交付方法等,同时产品和服务提供商、员工及企业背景也在审查之列;三是审查标准和过程保密,不披露原因和理由,不接受申诉,且审查没有明确的时间限制;四是安全审查结果具有强制性。

俄罗斯对信息技术产品的安全审查表现出几个特点:一是审查以法律及总统令等文件为基础,确保其权威性和强制性;二是根据产品的不同,分为强制认证和自愿认证两类,一旦纳入强制认证范围,不通过认证就无法进入市场;三是绝大多数审查认证都由俄罗斯本国机构进行,但也承认其他国际知名且与之有合作互认关系的机构出具的结果。

英国也实行产品安全认证制度,认证工作由英国国家通信情报局下属的通信电子安全小组(GESG)负责,国内外信息技术产品在英国本土上市,都必须通过小组的安全认证,否则被视为违法,因此其认证具有强制性。其中,国外厂商还必须自建安全认证中心,提交源代码和可执行代码,以便测试和验证其生产产品的安全性。同时,英国也拥有一套外资并购审查制度,主要由公平交易局(OFT)和竞争委员会(CC)进行审查:OFT 是根据《2002 年企业法》成立的监管跨国并购的政府职能部门,它有权批准跨国并购,或将其交给 CC 作进一步调查。CC 是由各界专家组成的独立决策机构,根据 OFT 的指令对跨国并购进行调查,并实施"竞争测试",来决定并购案的成败。

2. 我国法定要求

《国家安全法》第五十九条规定:"国家建立国家安全审查和监管的制度和机制,对影响或者可能影响国家安全的外商投资、特定物项和关键技术、网络信息技术产品和服务、涉及国家安全事项的建设项目,以及其他重大事项和活动,进行国家安全审查,有效预防和化解国家安全风险"。

《网络安全法》第三十五条规定:"关键信息基础设施的运营者采购网络产品和服务,可能影响国家安全的,应当通过国家网信部门会同国务院有关部门组织的国家安全审查"。

《数据安全法》第二十四条规定:国家建立数据安全审查制度,对影响或者可能影响国家安全的数据处理活动进行国家安全审查。依法做出的安全审查决定为最终决定。

以上三部法律的规定,构成我国数据安全审查制度的法律基础。

在实施中,我国对网络数据的安全审查使用的是网络安全审查制度。为此,主管部门对网络安全审查的制度文件做了修订,如后文所述。

12.4.2　网络安全审查办法

1. 历史发展

2017 年 5 月 2 日,国家互联网信息办公室发布了《网络产品和服务安全审查办法(试行)》。2021 年 11 月 16 日,国家互联网信息办公室 2021 年第 20 次室务会议审议通过《网络安全审查办法》,并经国家发展和改革委员会、工业和信息化部、公安部、国家安全部、财政部、商务部、中国人民银行、国家市场监督管理总局、国家广播电视总局、中国证券监督管理委员会、国家保密局、国家密码管理局同意,予以公布,自 2022 年 2 月 15 日起施行。

后文所述《网络安全审查办法》,均指 2022 年 2 月 15 日实施的文件。

2. 主要要求

《网络安全审查办法》的核心要求在于第二条的规定:"关键信息基础设施运营者采购网络产品和服务,网络平台运营者开展数据处理活动,影响或者可能影响国家安全的,应当按照本办法进行网络安全审查"。其中第一款规定的关键信息基础设施运营者、网络平台运营者统称为当事人。办法主要规定审查对象、提交材料类别、国家安全风险要素和几个重要的时间节点等内容,要求关键信息基础设施运营者采购网络产品与服务、网络平台运营者开展的数据处理活动等都需要符合《网络安全审查办法》的规定。

3. 工作程序

《网络安全审查办法》第四条规定了该办法的工作程序,即在中央网络安全和信息化委员会领导下,国家互联网信息办公室会同中华人民共和国国家发展和改革委员会、中华人民共和国工业和信息化部、中华人民共和国公安部、中华人民共和国国家安全部、中华人民共和国财政部、中华人民共和国商务部、中国人民银行、国家市场监督管理总局、国家广播电视总局、中国证券监督管理委员会、国家保密局、国家密码管理局建立国家网络安全审查工作机制。网络安全审查办公室设在国家互联网信息办公室,负责制定网络安全审查相关制度规范,组织网络安全审查。

4. 数据安全风险关注点

《网络安全审查办法》扩大审查范围和对象,将网络平台运营者的数据处理活动纳入监管。新增主动申报情形,将掌握超过 100 万个人信息的网络平台运营者赴国外上市纳入监管范围。第七条明确"掌握超过 100 万用户个人信息的网络平台运营者"的主动、强制申报义务,是本次修订的亮点之一,显示出监管机构重视企业赴海外上市的数据安全问题。聚焦国家数据安全风险审核因素,重点关注数据分类分级。《办法》第 10 条对"核心数据、重要数据或大量个人信息"的审查单独列出,也突出了其重要性。同时,新增了"企业上市时涉及的存在关键信息基础设施、核心数据、重要数据或者大量个人信息"的情形。

12.5 数据安全认证制度

12.5.1 概述

1. 认证认可基本概念

根据《中华人民共和国认证认可条例》(下称《条例》),"认证"是指由认证机构证明产品、服务、管理体系符合相关技术规范、相关技术规范的强制性要求或者标准的合格评定活动。现如今人们所说的"认证",都是指第三方认证。而"认可"是指由认可机构对认证机构、检查机构、实验室以及从事评审、审核等认证活动人员的能力和执业资格,予以承认的合格评定活动。

2. 认证认可对数据安全的作用意义

2022 年 6 月,国家市场监督管理总局、国家互联网信息办公室联合印发的《关于开展数据安全管理认证工作的公告》,随之发布《数据安全管理认证实施规则》。该规则规定了对网络运营者开展网络数据收集、存储、使用、加工、传输、提供、公开等处理活动进行认证的基本原则和要求。要求采取技术验证+现场审核+获证后监督的认证模式,并对认证委托、获证后监督、认证证书和认证标志等内容做了详细规定。

认证认可对于开展数据安全工作意义极大。开展数据安全管理认证工作,将督促广大企业在相关标准规范之下,开展网络数据处理活动的合规建设,加强数据安全的防护力度。对于暂不符合认证要求的,机构可要求认证委托人限期整改,具有一定的监督和震慑作用。而在认证有效期内,企业须持续接受机构监督,确保数据安全工作持续落到实处,而非单纯认证时的走过场。在获证后监督方面,认证机构对获证后监督结论和其他相关资料信息进行综合评价。对于评价通过的,可继续保持认证证书。而不通过的,认证机构应当根据相应情形做出暂停直至撤销认证证书的处理。

12.5.2 数据安全管理认证

1. 基本要求

2022 年 6 月 9 日,国务院官网公布了国家市场监督管理总局、国家互联网信息办公室联合印发的《关于开展数据安全管理认证工作的公告》,同时发布《数据安全管理认证实施规则》。该规则针对的是数据安全管理体系认证,并规定了适用范围、认证实施程序、认证证书与认证标志等主要内容,要求认证机构应当对现场审核结论、认证结论负责,技术验证机构应当对技术验证结论负责,认证委托人应当对认证委托资料的真实性、合法性负责。

2. 工作程序

《数据安全管理认证实施规则》对数据安全认证实施程序做出详细规定,通过认证需经过"认证申请—资料审查—技术验证—现场审核—认证决定"等一系列环节。同时,网络运营者还需要重点关注获证后认证机构的持续监管。通过认证仅能代表认证时符合相关标准规范,并不能一劳永逸。《数据安全管理认证实施规则》第 4.5.1 规定:"认证机构应当在认证有效期内,对获得认证的网络运营者进行持续监督,并合理确定监督频次"。因此,网络运营者在通过数据安全管理认证后,还应进行必要的管理与技术投入以确保"持续符合"各项监督评价要求。

3. 技术规范

《数据安全管理认证实施规则》的技术规范为《信息安全技术 网络数据处理安全要求》(GB/T 41479—2022)。该规范于 2022 年 4 月 15 日发布,2022 年 11 月 1 日正式实施。主要规定了数据处理安全总体要求、数据处理安全技术要求、数据处理安全管理要求等三大内容。

12.5.3　个人信息保护认证

1. 基本要求

国家市场监督管理总局、国家互联网信息办公室于 2022 年 11 月 18 号发布关于实施个人信息保护认证的公告。该公告指出,为贯彻落实《中华人民共和国个人信息保护法》有关规定,规范个人信息处理活动,促进个人信息合理利用,根据《中华人民共和国认证认可条例》,国家市场监督管理总局、国家互联网信息办公室决定实施个人信息保护认证,鼓励个人信息处理者通过认证方式提升个人信息保护能力。要求从事个人信息保护认证工作的认证机构应当经批准后开展有关认证活动,并按照《个人信息保护认证实施规则》(以下简称"《规则》")实施认证。

2. 工作程序

个人信息保护认证的实施程序分为"认证委托—技术验证—现场审核—认证结果评价和批准—获证后监督"等。根据《规则》的规定,个人信息保护认证的认证模式为:技术验证＋现场审核＋获证后监督。技术验证机构应当按照认证方案实施技术验证,并向认证机构和认证委托人出具技术验证报告。认证机构实施现场审核,并向认证委托人出具现场审核报告。认证机构根据认证委托资料、技术验证报告、现场审核报告和其他相关资料信息进行综合评价,做出认证决定。对符合认证要求的,颁发认证证书;对暂不符合认证要求的,可要求认证委托人限期整改,整改后仍不符合的,以书面形式通知认证委托人终止认证。《规则》同时也明确,认证证书有效期为 3 年。在有效期内,通过认证机构的获证后监督,保持认证证书的有效性。证书到期需延续使用的,认证委托人应当在有效期届满前 6 个月内提出认证委托。

3. 技术规范

《个人信息保护认证实施规则》第 2 条"认证依据"规定:"个人信息处理者应当符合

GB/T 35273《信息安全技术 个人信息安全规范》的要求。对于开展跨境处理活动的个人信息处理者,还应当符合 TC260-PG-20222A《网络安全标准实践指南—个人信息跨境处理活动安全认证规范 V2.0》的要求。"由此可见,个人信息保护认证的技术规范有两部,即 GB/T 35273《信息安全技术 个人信息安全规范》、TC260-PG-20222A《网络安全标准实践指南—个人信息跨境处理活动安全认证规范 V2.0》。

12.5.4　App 个人信息保护认证

1. 基本要求

对于 App 个人信息保护认证的规定见于《移动互联网应用程序(App)安全认证实施规则》(以下简称"《规则》")。该规则规定了适用范围、认证程序、认证证书和认证标志的使用和管理等主要内容,要求对于移动互联网应用程序开展的数据安全认证按该规则执行。

2. 工作程序

该《规则》第 3 条和第 4 条分别规定了 App 安全认证的模式和认证程序。总体来看,App 安全认证并未要求所有 App 都必须进行安全认证,且规定了不得申请认证的情形。App 安全认证的认证模式为:技术验证＋现场核查＋获证后监督。想通过认证,必须要经过"认证申请—认证受理—技术验证—现场审核—认证决定"的程序。在获证后还需接受"日常监督和专项监督",并且按要求向认证机构提交"自评价报告"。除认证模式、认证程序和获证后自评价和监督以外,《规则》还就认证时限,认证证书,认证的暂停、撤销和注销,认证证书和认证标志的使用和管理以及相关主体的认证责任做出了规定。

3. 技术规范

该《规则》的技术规范为《信息安全技术 个人信息安全规范》(GB/T 35273—2020)及相关标准、规范。

12.6　算法安全监管

12.6.1　概述

"算法"本身是一个技术概念,顾名思义是指"计算的方法",体现为一系列解决问题的步骤或计算机指令。随着电子计算机的普及,"算法"一词逐渐为人们所熟知,算法在人们的最初印象中只是在"不折不扣"地执行人的指令,对算法的探讨也主要停留在其时间复杂度和空间复杂度等技术层面,算法安全风险尚未引起广泛关注。后来,随着人工智能、大数据等新型信息技术快速发展,算法的内涵逐渐演变为"用数据训练的模型",算法不再一成不变,而是在不断被投喂数据的过程中持续进化。算法在变得越来越"智能"的同时,也给人们带来了日益强烈的"不适应感",算法安全风险逐步进入公众视野,引起越来越多的关注。本质上讲,智能和风险是算法的一体两面,这也是技术从诞生到应用的必经阶段。总体来看,算法安全风险既包括算法自身存在的算法漏洞、算法脆弱性、算法黑箱等"技术风险",也包括算法不合理应用带来的算法偏见、算法霸凌、算法共谋等"社会风险"。

因此,规范算法应用,加强算法综合治理,构建完善算法安全监管体系势在必行。而算法备案、算法监督检查、算法风险监测、算法安全评估作为算法安全监管的四大重要抓手,对于完善算法安全监管体系极为重要。在这四者的关系当中,算法备案应是算法安全监管的抓手和基石;算法监督检查和算法风险监测应相辅相成、互为补充;算法安全评估应是出口,是算法安全监管的落脚点。

12.6.2　算法安全监管国际趋势

从全球范围来看,随着算法技术演进和应用普及,起草制定算法监管相关法律政策、规制引导算法技术和应用向善发展,是全球数字经济发展背景下的大势所趋,推进算法治理已经成为国际社会广泛关注的重要议题和普遍做法。在国际组织层面,联合国、经济发展与合作组织(OECD)、二十国集团(G20)等发布多项相关伦理指南,推动算法实现透明可释、公平公正、安全可控。在区域和国家层面,欧盟提出技术主权话语体系,重点关注算法带来的人类自主性、人性尊严威胁以及日益突出的极端言论、政治生态等问题。欧盟早在 2016 年通过的《通用数据保护条例》(GDPR)中就规定了免受自动化决策权。此后,欧盟又相继发布《数字服务法案》《数字市场法案》《人工智能法案》等,对算法利用和大型平台展开全面监管。美国在联邦和地方层面提出多项算法相关立法,重点关注政府公共部门、人脸识别等领域产生的种族歧视、政治选举操纵等问题。2017 年 12 月,美国纽约市议会通过《关于政府机构使用自动化决策系统的当地法》,对法院、警方等公权力机构使用的人工智能自动化决策系统进行安全规制。2019 年 4 月,美国有参议员提出联邦《算法问责法案》,要求美国联邦贸易委员会对企业进行算法审查,强调通过诉诸专业性的行政机构或外部监督主体,对算法决策问题进行审查。

12.6.3　我国算法安全监管体系

1.《关于加强互联网信息服务算法综合治理的指导意见》

2021 年 9 月 17 日,国家互联网信息办公室等九部门联合印发《关于加强互联网信息服务算法综合治理的指导意见》(以下简称"《指导意见》"),提出利用 3 年左右时间,逐步建立治理机制健全、监管体系完善、算法生态规范的算法安全综合治理格局。其中,在构建算法安全监管体系方面,《指导意见》指出,要有效监测算法安全风险。对算法的数据使用、应用场景、影响效果等开展日常监测工作,感知算法应用带来的网络传播趋势、市场规则变化、网民行为等信息,预警算法应用可能产生的不规范、不公平、不公正等隐患,发现算法应用安全问题。要积极开展算法安全评估。组织建立专业技术评估队伍,深入分析算法机制机理,评估算法设计、部署和使用等应用环节的缺陷和漏洞,研判算法应用产生的意识形态、社会公平、道德伦理等安全风险,提出针对性应对措施。

2.《互联网信息服务算法推荐管理规定》

1)出台背景

《互联网信息服务算法推荐管理规定》(以下简称"《管理规定》")的出台主要是基于两方面的考虑。

一是深入推进互联网信息服务算法综合治理的需要。中共中央印发的《法治社会建设实施纲要(2020—2025 年)》提出制定完善对算法推荐、深度伪造等新技术应用的规范管理办法。《网络安全法》、《数据安全法》、《个人信息保护法》等法律和《关于加强互联网信息服务算法综合治理的指导意见》等政策文件先后出台并做出相关顶层设计。在此基础上,及时制定具有针对性的算法推荐规定,明确算法推荐服务提供者的主体责任,既是贯彻落实党中央决策部署的重要要求,也是落实相关法律、行政法规、加强网络信息安全管理的需要。

二是积极促进算法推荐服务规范健康发展的需要。算法应用日益普及深化,在给经济社会发展等方面注入新动能的同时,算法歧视、"大数据杀熟"、诱导沉迷等算法不合理应用导致的问题也深刻影响着正常的传播秩序、市场秩序和社会秩序,给维护意识形态安全、社会公平公正和网民合法权益带来挑战,迫切需要对算法推荐服务建章立制、加强规范,着力提升防范化解算法推荐安全风险的能力,促进算法相关行业健康有序发展。

2) 关键技术定义

《管理规定》中所称应用算法推荐技术,是指利用生成合成类、个性化推送类、排序精选类、检索过滤类、调度决策类等算法技术向用户提供信息。

3) 主要内容

在算法推荐服务提供者的信息服务规范方面,《管理规定》要求,算法推荐服务提供者应当坚持主流价值导向,积极传播正能量,不得利用算法推荐服务从事违法活动或者传播违法信息,应当采取措施防范和抵制传播不良信息;建立健全用户注册、信息发布审核、数据安全和个人信息保护、安全事件应急处置等管理制度和技术措施,配备与算法推荐服务规模相适应的专业人员和技术支撑;定期审核、评估、验证算法机制机理、模型、数据和应用结果等;建立健全用于识别违法和不良信息的特征库,发现违法和不良信息的,应当采取相应的处置措施;加强用户模型和用户标签管理,完善记入用户模型的兴趣点规则和用户标签管理规则;加强算法推荐服务版面页面生态管理,建立完善人工干预和用户自主选择机制,在重点环节积极呈现符合主流价值导向的信息;规范开展互联网新闻信息服务,不得生成合成虚假新闻信息或者传播非国家规定范围内的单位发布的新闻信息;不得利用算法实施影响网络舆论、规避监督管理以及垄断和不正当竞争行为。

在用户权益保护方面,主要包括 3 方面内容。一是保护算法知情权,要求告知用户其提供算法推荐服务的情况,并公示服务的基本原理、目的意图和主要运行机制等。二是保护算法选择权,要求向用户提供不针对其个人特征的选项,或者便捷地关闭算法推荐服务的选项。用户选择关闭算法推荐服务的,算法推荐服务提供者应当立即停止提供相关服务。算法推荐服务提供者应当向用户提供选择或者删除用于算法推荐服务的针对其个人特征的用户标签的功能。三是针对向未成年人、老年人、劳动者、消费者等主体提供服务的算法推荐服务提供者做出具体规范。如不得利用算法推荐服务诱导未成年人沉迷网络,应当便利老年人安全使用算法推荐服务,应当建立完善平台订单分配、报酬构成及支付、工作时间、奖惩等相关算法,不得根据消费者的偏好、交易习惯等特征利用算法在交易价格等交易条件上实施不合理的差别待遇等。

在算法推荐服务提供者提供互联网新闻信息服务方面,《管理规定》要求,算法推荐服务提供者提供互联网新闻信息服务的,应当依法取得互联网新闻信息服务许可,规范开展互联网新闻信息采编发布服务、转载服务和传播平台服务,不得生成合成虚假新闻信息,不得传播非国家规定范围内的单位发布的新闻信息。

在算法推荐服务提供者的义务方面,《管理规定》明确备案、安全评估、配合监督检查三大义务。备案义务层面,具有舆论属性或者社会动员能力的算法推荐服务提供者应当在提供服务之日起十个工作日内通过互联网信息服务算法备案系统填报服务提供者的名称、服务形式、应用领域、算法类型等备案信息,履行备案手续。同时,明确了备案编号标注、备案信息变更、备案注销等相关事宜。安全评估与配合监督义务层面,具有舆论属性或者社会动员能力的算法推荐服务提供者应当按照国家有关规定开展安全评估。算法推荐服务提供者应当依法留存网络日志,配合网信部门和电信、公安、市场监管等有关部门开展安全评估和监督检查工作,并提供必要的技术、数据等支持和协助。

3.《互联网信息服务深度合成管理规定》

1）出台背景

《互联网信息服务深度合成管理规定》(以下简称"《规定》")的制定主要是基于 3 个方面的考虑。

一是深入贯彻落实党中央决策部署。《法治社会建设实施纲要(2020—2025 年)》明确提出制定完善对算法推荐、深度伪造等新技术应用的规范管理办法。出台《规定》,能够进一步加强对新技术新应用新业态的管理,统筹发展与安全,推进深度合成技术依法合理有效利用。

二是维护网络空间良好生态。深度合成服务在满足用户需求、改进用户体验的同时,也被一些不法人员用于制作、复制、发布、传播违法信息,诋毁、贬损他人名誉、荣誉,仿冒他人身份实施诈骗等违法行为,影响传播秩序和社会秩序,损害人民群众合法权益,危害国家安全和社会稳定。出台《规定》,能够划定深度合成服务的"底线"和"红线",维护网络空间良好生态。

三是促进深度合成服务规范发展。落实《网络安全法》《数据安全法》《个人信息保护法》《互联网信息服务管理办法》等法律、行政法规,对应用深度合成技术提供互联网信息服务制定系统性、专门性规定,能够明确各类主体的信息安全义务,为促进深度合成服务规范发展提供有力法治保障。

2）关键技术定义

《规定》中所称深度合成技术,是指利用深度学习、虚拟现实等生成合成类算法制作文本、图像、音频、视频、虚拟场景等网络信息的技术,具体包括篇章生成、文本风格转换、问答对话等生成或者编辑文本内容的技术,文本转语音、语音转换、语音属性编辑等生成或者编辑语音内容的技术,音乐生成、场景声编辑等生成或者编辑非语音内容的技术,人脸生成、人脸替换、人物属性编辑、人脸操控、姿态操控等生成或者编辑图像、视频内容中生物特征的技术,图像生成、图像增强、图像修复等生成或者编辑图像、视频内容中非生物特征的技术,三维重建、数字仿真等生成或者编辑数字人物、虚拟场景的技术等。

《规定》中所称的深度合成服务提供者,是指提供深度合成服务的组织、个人。深度合成服务技术支持者,是指为深度合成服务提供技术支持的组织、个人。

3）主要内容

《规定》对深度合成服务提供者主体责任方面,进行了明确规定。即:一是不得利用深度合成服务制作、复制、发布、传播法律、行政法规禁止的信息,或从事法律、行政法规禁止的活动。二是建立健全用户注册、算法机制机理审核、科技伦理审查、信息发布审核、数据安全、个人信息保护、反电信网络诈骗、应急处置等管理制度,具有安全可控的技术保障措施。三是制定和公开管理规则、平台公约,完善服务协议,落实真实身份信息认证制度。四是加强深度合成内容管理,采取技术或者人工方式对输入数据和合成结果进行审核,建立健全用于识别违法和不良信息的特征库,记录并留存相关网络日志。五是建立健全辟谣机制,发现利用深度合成服务制作、复制、发布、传播虚假信息的,应当及时采取辟谣措施,保存有关记录,并向网信部门和有关主管部门报告。

关于数据和技术管理规范方面,《规定》主要明确两点内容。一是加强训练数据管理。

采取必要措施保障训练数据安全；训练数据包含个人信息的，应当遵守个人信息保护的有关规定；提供人脸、人声等生物识别信息显著编辑功能的，应当提示使用者依法告知被编辑的个人，并取得其单独同意。二是加强技术管理。定期审核、评估、验证生成合成类算法机制机理；提供具有对人脸、人声等生物识别信息或者可能涉及国家安全、国家形象、国家利益和社会公共利益的特殊物体、场景等非生物识别信息编辑功能的模型、模板等工具的，应当依法自行或者委托专业机构开展安全评估。

关于深度合成服务提供者的标识要求方面，《规定》强调一是深度合成服务提供者对使用其服务生成或者编辑的信息内容，应当采取技术措施添加不影响用户使用的标识，并依法依规保存日志信息。二是提供智能对话、合成人声、人脸生成、沉浸式拟真场景等具有生成或者显著改变信息内容功能服务的，应当在生成或者编辑的信息内容的合理位置、区域进行显著标识，向公众提示信息内容的合成情况，避免公众混淆或者误认；提供非上述深度合成服务的，应当提供显著标识功能，并提示使用者可以进行显著标识。任何组织和个人不得采用技术手段删除、篡改、隐匿相关标识。

关于深度合成服务提供者的义务方面，《规定》明确，具有舆论属性或者社会动员能力的深度合成服务提供者，应当按照《互联网信息服务算法推荐管理规定》履行备案和变更、注销备案手续。深度合成服务技术支持者应当参照服务提供者履行备案和变更、注销备案手续。完成备案的深度合成服务提供者和技术支持者应当在其对外提供服务的网站、应用程序等的显著位置标明其备案编号并提供公示信息链接。同时，对于深度合成服务提供者履行安全评估和配合监督检查义务，《规定》明确，深度合成服务提供者开发上线具有舆论属性或者社会动员能力的新产品、新应用、新功能的，应当按照国家有关规定开展安全评估。深度合成服务提供者和技术支持者应当依法配合网信部门和有关主管部门开展的监督检查，并提供必要的技术、数据等支持和协助。发现存在较大信息安全风险的，网信部门和有关主管部门可以按照职责依法要求其采取暂停信息更新、用户账号注册或者其他服务等措施。

12.7 本章小结

本章通过系统分析欧盟、美国的数智安全监管制度，引出我国的数智安全监管制度。其中，重点分析了我国的数据出境安全管理制度、数据安全审查制度、数据出境安全认证制度、算法安全监管等内容，较为全面地介绍了我国数智安全监管制度框架，有助于读者从宏观、微观两个角度把握数智安全监管整体内容。

思考题

1. 在数字经济持续创造出更大效益的同时，数据安全问题更为突出，数据安全形势更为严峻。近年来，国家和行业监管部门日益完善数据安全和个人信息保护相关的法律法规，规范和指导机构的数据安全和个人信息保护工作建设，逐步强化数据安全监管要求。由于国家层面的推动，我国企业对数据安全的需求，基本上都是合规驱动的选择。数据安全体系建设任重道远，面对数字时代网络安全新挑战，我们又该如何应对？

2. GDPR为人们提供了更多控制个人数据的权利，确保数据使用的透明度，要求采取控制措施来保护数据的安全。然而，GDPR并非仅仅对欧盟企业产生约束。在全球化的大背景下,只要与欧盟企业存在商务合作和贸易往来,就必须遵从 GDPR。对于那些准备出海和即将着手数字化转型的中国企业而言,更是显得尤其重要。而违反 GDPR 行为的处罚也是不可小觑的。企业面临的罚款标准分两种,"一般违规行政罚款的上限是 1000 万欧元或该企业上一财年全球年度营业总额的 2%(以较高者为准)";"严重违规行政罚款的上限是 2000 万欧元或该企业上一财年全球年度营业总额的 4%(以较高者为准)"。由此看来,违规的代价是巨大的。若你为中国出海企业提供数据合规服务,你将从哪几个方面设计数据合规解决方案?

3. 科幻电影告诉我们一件事,只要有想象力,什么天马行空的梦幻场景都可以实现。但它也给我们带来一定的警醒,当黑客劫持智能汽车之后,可以随意进行操作,并在街头上疯狂驾驶,形成混乱的场景。如果告诉你,这些场景可以从荧幕映射到现实中,将会造成怎样巨大的影响。伴随着新一代信息技术与汽车产业不断加速融合,智能汽车产业、车联网技术实现了快速发展。自动驾驶辅助系统作为其重要的展现形式,不仅具备高能效的计算架构,还对汽车数据处理能力的需求不断加强,这使得汽车数据安全问题日益突出。智能网联汽车产业的产业链较长,涉及汽车制造商、设备制造商、零部件制造商、汽车经销商、汽车租赁公司、互联网平台公司等众多的主体,数据在不同的数据间使用和流动,因此涉及不同主体数据安全管理责任的分配问题。请你结合学到的数据安全监管制度,分析智能网联汽车产业链上各主体应遵循的数据合规条款要求。

4. 在跨境电商活动全生命周期流程中,境内外消费者、跨境电商企业、支付机构、平台企业、物流企业等主体在线上及线下场景深度交织,形成诸多主体之间的数据交互关系。跨境电商作为大数据时代中的"重数据资产"企业,掌握境内外海量用户购买消费记录和隐私信息,涉及信息出境问题,更应该注重日常数据运营及出境的合法合规。请思考:跨境电商企业数据出境需遵守的主要法律规定是什么? 企业应如何根据法律要求和行业实践,做到数据安全合规?

场景类型	内 容	场 景 示 例
跨境传输	数据的接收方,基于合同或其他基础,接收来自于其他法域的数据	例如,某跨国保健品企业的中国子公司通过内部的系统传输数据至位于美国的总部
	跨境采集是跨境传输的一种特殊情况,数据的采集方基于特定需求,直接从位于另一法域的数据主体采集数据至处理方所在地,而未在数据主体所在法域进行任何处理行为	例如,某跨国母婴产品企业的中国员工使用内部系统填报个人信息,而该系统的服务器位于澳大利亚,与员工所在地不属于同一司法管辖区
跨境访问	数据的访问方基于特定需求,访问位于另一法域的系统服务器,读取其数据库中的部分或全部数据并进行一定的自动化处理	例如,某跨国企业在中国为欧盟境内的客户提供系统远程运维服务,欧盟的访问方可读取位于中国的系统服务器

实验实践

请你基于本章的学习,选择 5 名同学构成一个小组,选取一个互联网平台或企业数据安全案例,站在企业数据安全合规、数据治理的角度,从不同的视角对案例进行分析,体现企业如何满足合规的过程、方法及措施。

第 4 部分　应　用　篇

第 13 章

数智赋能安全

数智化时代的网络空间安全需要解决两个基本问题：一是安全保护领域不断扩张，数智技术及其应用领域都属于安全保护范围，不同领域对象如何提供适应的安全措施？另一个是网络攻击技术不断演进，攻防对抗中如何保持持续的安全？针对这两个问题，防守方可以充分利用数据和智能相关技术优势，弥补现有安全防护体系的不足，提升整体安全防御水平。

13.1 技术与安全的关系

技术与安全之间存在如下两种效应。

（1）伴生效应，指技术的产生和应用过程中伴随着安全问题。主要分为两类安全问题：一类是技术自身的脆弱性所带来的，称为内生安全问题。例如，人工智能高度依赖于训练样本质量，如果训练样本质量不高，训练产生的模型的漏检或错检率就大，应用时就可能造成危害。另一类是技术自身脆弱性被攻击者利用或者技术被应用于特定场景所带来的，称为衍生安全问题。例如，基于深度学习的图像识别方面存在对抗样本问题，即识别模型无法区分对抗样本，导致模型失效。如果这种脆弱性被攻击者利用，出现在自动驾驶应用场景，不仅可能引起汽车驾驶操作决策错误，还可能导致交通事故，从而引发人身安全问题。

（2）赋能效应，指技术作用于安全领域可以提升安全领域的势能。这种作用又可以分为两类：一类是技术赋能防御，增强安全防护能力。例如，大数据分析技术可有效提升安全态势感知能力。另一类是技术赋能攻击，增强攻击破坏能力。例如，人工智能被攻击者用于构建对抗样本，从而逃避恶意样本检测。

后文侧重于技术赋能防御。

13.2 数智赋能安全的内涵

13.2.1 数智赋能安全的含义

数智赋能安全指利用数据和智能相关技术，改善安全技术和管理能力，达到安全业务的泛在感知、高效分析、快速响应、智能决策等目的。其中：

数据主要指安全业务相关的数据，包括软件漏洞、攻击技术、恶意域名等数据。

数据相关技术主要指数据采集、传输、存储、使用、销毁等处理活动的技术，包括大数据、云计算、5G、区块链等。

智能主要指人工智能,包括分类、预测、决策等能力。

智能相关技术主要指机器学习、深度学习、知识图谱、自动化系统等技术。

数据是智能的基础,智能可以更高效地挖掘数据价值。

安全技术能力主要指预测、防御、检测、响应等。预测指检测安全威胁行为;防御指预防攻击行为;检测指发现、监测、确认及遏制攻击行为;响应指调查、修复攻击后果。

安全管理能力主要指安全系统、安全风险、安全情报等安全业务资源的管理,包括资源分配、服务组合及系统配置等。

13.2.2　数智赋能安全的意义

数智赋能安全实现了数据和智能相关技术和安全的融合应用,可有效提升现有网络安全技术和管理能力,具体而言:

1. 提升安全防护的适应能力

网络空间安全保护对象差异大,涵盖了 5G 网络、物联网泛终端、云平台、工控系统等,不同对象需要差异化的安全方案。

利用传感器、软件定义网络 SDN、虚拟化,容器等技术,可以构建适应不同对象环境的安全组件或工具,采集不同对象中安全业务相关的数据,利用云计算、大数据、人工智能技术,综合分析不同对象安全风险,提供不同对象的差异化防护。

2. 提升安全数据的处理能力

网络空间安全业务相关的数据来源广(如传感器、网络爬虫、日志收集系统等),产生的数据种类也多(如业务数据、网络数据、日志数据、告警数据等)、数据体量很大,数据增长速度快,事件处理的时效性要求高。

利用云计算技术,可以构建大规模的算力基础设施;利用大数据技术,可以实现安全大数据的实时存储、计算、分析等能力;利用人工智能的分类、预测、决策等能力,可以提升安全大数据的处理和分析效率。

3. 提升安全管理能力

网络空间安全管理工作需要大量人工参与,不同安全管理人员的技术水平参差不齐,随着安全资源呈现多样化和复杂化发展,网络空间安全管理的效率很低。

基于云计算技术,可以构建安全资源池,满足云环境下的多租户安全个性需求及安全自服务能力,实现安全资源的动态调度,自动化部署等;基于人工智能自动化技术,可以实现安全自动化策略管理和响应,提高安全管理效率。

13.3　数智赋能安全的实现技术

数智赋能安全可以通过一种或多种数据和智能相关的技术来实现。本节重点对云计算、大数据和人工智能 3 种技术赋能安全给出了说明。

13.3.1　云计算赋能安全

云计算是一种通过网络将可伸缩、弹性的共享物理和虚拟资源以按需自服务的方式供应和管理的模式。资源包括服务器、操作系统、网络、软件、应用和存储等。云计算技术包括虚拟化技术、分布式存储、弹性计算、大数据分析、服务架构等。

云计算赋能安全指云计算技术应用于安全领域。主要应用场景包括：

（1）虚拟化安全：利用虚拟化技术，可以实现多租户隔离和安全性的提升，同时还可以用于构建虚拟化的安全工具（如虚拟机形态的防火墙），适应虚拟化环境部署和运行，提高安全工具的灵活性和可靠性。

（2）数据安全：利用分布式存储技术，将业务数据分散在多个地方存储，从而提高数据的安全性，保障数据分析等业务的可靠性。

（3）资源弹性扩展：利用弹性计算能力，可以根据需要自动调整计算资源，有效应对突发情况下的计算性能动态扩展要求，保障安全工具的可用性。

（4）安全资源池：基于云计算的虚拟化、服务架构等技术，可以构建安全资源池，以服务方式交付使用，实现灵活的安全资源部署、管理和维护，适应不同规模和需求的安全场景。

13.3.2　大数据赋能安全

大数据是具有体量巨大、来源多样、生成极快、多变等特征并且难以用传统数据体系结构有效处理的数据集。大数据技术是指从各种类型的数据中快速获得有价值信息的技术，包括大规模并行处理、分布式文件系统、分布式数据库等。

大数据赋能安全指大数据技术应用在安全领域。主要应用场景包括：

（1）安全风险预测：通过对大量安全相关数据进行分析，可以发现安全事件的发生规律和趋势，从而预测未来可能出现的安全风险。

（2）安全事件分析：针对已经发生的安全事件，可以通过大数据分析技术进行深入的分析，找出事件的根源和原因，以及事件的影响范围和损失情况。

（3）安全态势感知：通过对大量安全数据进行实时监控和分析，可以实现对整个被观测网络和系统的实时感知，从而有助于及时发现并应对各种安全威胁。

（4）安全运营中心：基于大数据技术，可以建立一个集成各种安全相关数据和工具的安全运营中心，实现安全事件的实时监控、安全威胁的快速响应和安全运营管理。

13.3.3　人工智能赋能安全

人工智能是研究、开发用于模拟、延伸和扩展人的智能的理论、方法、技术及应用系统的一门新的技术科学。人工智能关键技术包括：机器学习（Machine Learning，ML）、深度学习（Deep Learning，DL）、专家系统（Expert System，ES）及过程自动化（Automation，AT）等。

人工智能赋能安全指人工智能技术应用于安全领域。利用人工智能技术，可以提高安全领域的能力和效率，实现安全事件的快速响应、快速决策、快速处理和快速判断。主要应用场景包括：

（1）智能安防：基于人工智能技术，可以实现智能安防能力，包括人脸识别、车辆识别、行为识别等多种技术，可以快速识别安全隐患，并及时采取相应的安全措施。

（2）安全监测和预警：基于人工智能技术，可以实现安全监测和预警能力，及时发现和预警安全威胁，提高安全事件的防范和应对能力。

（3）辅助安全决策：基于人工智能技术，可以对安全领域的数据进行分析和挖掘，实现对安全事件的预测和预警，提高安全决策的准确性和效率。

（4）安全响应和处理：基于人工智能技术，可以实现安全事件的自动化响应和处理，提高安全事件的处理效率和准确性。

13.4　数智赋能安全的技术案例

13.4.1　安全资源池

1. 方案背景

随着云计算技术发展和应用,业务上云和业务云化已成为数智化转型的主要工作。然而,云计算环境具有多租户、资源池化、服务化交付等特点,而传统安全工具相对独立、安全能力交付慢、缺乏可扩展性及统一监控和管理的特点,不能有效适应云环境。

安全资源池是云计算技术在安全领域的应用。它是基于软件的安全集合,具有统一管理与监控、安全编排与自动化、合规管理服务等功能,不仅可以集成各类安全工具(如防火墙、入侵防护、日志审计等),还可以实现安全资源的按需、灵活的使用模式。

2. 方案原理

安全资源池是一种信息系统,主要由云安全管理平台、安全组件和资源池管理平台子系统组成,如图 13.1 所示。

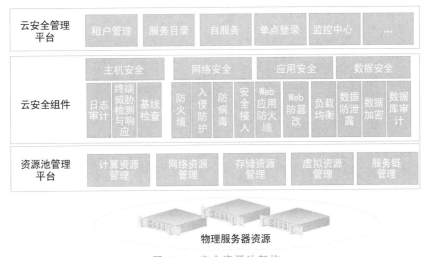

图 13.1　安全资源池架构

其中,云安全管理平台对租户和管理员提供操作和管理界面,用户所有操作皆在云安全管理平台上进行。安全组件承担具体的安全功能,租户在租户自服务界面上按需开通和配置这些安全组件,以实现安全需求。资源池管理平台负责集群管理、计算虚拟化、网络虚拟化和存储虚拟化,为安全组件提供必要的基础资源。

安全资源池采用统一的管理监控、安全编排自动化服务,提供一整套集成的安全能力,提高了安全运维效率,降低了投入成本,有效适应云计算环境下的安全需求。

13.4.2　网络安全态势感知

1. 方案背景

随着企业数智化建设推进,企业安全架构日趋复杂,各种类型的安全设备、安全数据越来越多,企业自身的安全运维难度不断加大。随着企业内控与合规建设的深入,企业必须充分利用更多的安全数据进行安全威胁分析。然而,传统独立分割的安全防护体系很难应对如此复杂的安全环境,导致企业对自身网络安全中的各类威胁看不到、看不清、看不及时。

为应对上述问题,态势感知在网络安全领域得到高度重视和广泛应用。态势感知概念最早在军事领域提出,覆盖感知、理解和预测3个层次。随着计算机网络的发展又提出了网络态势感知(Cyberspace Situation Awareness,CSA)概念,即在大规模网络环境中对引起网络态势发生变化的要素进行获取、理解、展示以及对发展趋势进行预测,从而帮助决策和行动。

2. 方案原理

网络安全态势感知是网络态势感知在安全领域的具体应用,是一种基于环境动态地、整体地洞悉安全风险的能力,它利用数据融合、数据挖掘、智能分析和可视化等技术,直观显示网络环境的实时安全状况,为网络安全保障提供技术支撑。

网络安全态势感知的典型系统架构如图13.2所示,包括:

(1)前端数据源:如流量探针、服务器探针、监测平台等。

(2)核心态势感知:包括数据采集、数据处理、数据存储、数据分析、监测预警、数据展示、数据服务接口和系统资源管理。

(3)影响态势感知的要素:包括人工辅助、应急处置、安全决策和数据共享。

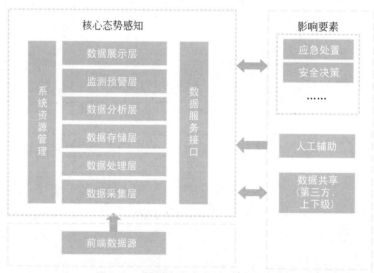

图13.2　网络安全态势感知系统架构

数据采集主要关注采集什么数据,通过什么方式采集;数据处理主要关注如何处理采集到的数据,如何将采集到的数据进行有效融合;数据存储主要关注如何存储以及存储数据的类型;数据分析主要关注系统应具备何种数据分析能力,从而进行安全事件辨别、定级、关联分析等;监测预警主要关注监测内容和预警方式,甚至包括通过预警进行主动防御;数据展示主要关注如何进行安全态势展示、统计分析和安全告警等;数据服务接口主要关注支持的数据服务接口及格式;系统资源管理主要关注系统的安全管理要求。影响态势感知的要素包括人工辅助、利用系统结果进行应急处置、安全决策及数据共享。

借助网络安全态势感知,运维人员可以及时了解网络状态、受攻击情况、攻击来源以及哪些服务易受到攻击等情况;用户单位可以清楚地掌握所在网络的安全状态和趋势,做好相应的防范准备,减少甚至避免网络中病毒和恶意攻击带来的损失;应急响应组织也可以从网络安全态势中了解所服务网络的安全状况和发展趋势,为制定有预见性的应急预案提供基础。

13.4.3　DGA 域名检测

1. 方案背景

域名生成算法(Domain Generation Algorithm,DGA)是一种网络攻击技术。攻击者利用域名生成算法 DGA 自动生成大量伪随机域名,并只用小部分域名注册后用于网络通信。当一个域名暴露后,攻击者会启用其他相似的已注册 DGA 域名,从而能够继续维持网络通信。传统 DGA 域名检测方法采用黑名单机制来实现,由于 DGA 域名容易生成且规模大,防御方需要持续不断收集和更新黑名单,投入成本较高。

机器学习技术是一种人工智能技术,能够通过学习和分析大量的数据,自动发现数据中的规律和模式。在 DGA 域名检测中,机器学习技术可以对大量的域名进行分析和识别,从而提高 DGA 域名的检测准确性。

2. 方案原理

基于机器学习的 DGA 域名检测方案包括模型训练和检测两个部分,整体处理流程如图 13.3 所示。

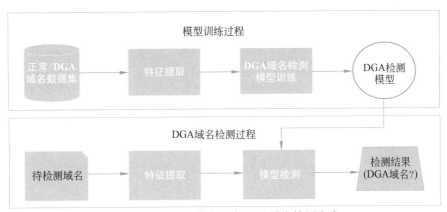

图 13.3　基于机器学习的 DGA 域名检测方案

(1)训练部分:基于机器学习的 DGA 域名检测中,首先需要采集网络数据,包括 DGA 域名、IP 地址、DNS 请求等,对数据进行清洗、去重、过滤等处理,保证数据的准确性和完整性。接着,采用机器学习技术,对清洗后的数据进行特征提取,包括域名长度、字符集、数字比例、二级域名等特征。在特征提取后,需要建立 DGA 域名检测模型,包括传统的分类模型和深度学习模型。分类模型可以采用支持向量机(SVM)、随机森林(Random Forest)等算法,深度学习模型可以采用卷积神经网络(CNN)、循环神经网络(RNN)等算法。

(2)检测部分:首先提取待检测域名的特征,然后根据训练好的 DGA 检测模型进行识别,判断是否为 DGA 域名。

DGA 域名检测技术的应用中,机器学习技术的优势得到了充分的体现。采用机器学习技术,能够自动学习 DGA 域名的规律和模式,提高 DGA 域名的检测准确性。

13.5 本章小结

数智化发展过程产生新的安全需求,传统的网络空间安全面临巨大的挑战。利用数据和智能相关技术,可以赋能安全领域,提升网络空间安全的技术和管理能力。

本章介绍了数智赋能安全的概念含义和意义,重点介绍了云计算、大数据、人工智能三种赋能安全的实现技术,最后给出了实际的技术案例。

思考题

数智赋能安全过程中会产生新的安全问题么? 如何应对?

实验实践

选择一个数智赋能安全的实现技术,调研分析该技术的自身安全以及赋能安全问题,并给出应对措施,形成调研报告。

第 14 章
政务数智安全实践

第 14～17 章将分别围绕政务、健康医疗、智慧城市、金融领域介绍相关数智化进展、面临的安全风险以及可采取的安全控制措施,并就未来数智化进展及安全控制措施进行展望。其中,业务发展与安全的平衡贯穿始终,体现数智安全对业务安全健康可持续发展的保障作用。

政务数据是政府部门满足社会治理需求,履行职能过程中产生或使用的重要资源,蕴藏着支撑经济发展、社会运行以及国家战略巨大机遇和价值。作为国家数字化发展战略的三大核心发展目标之一,"数字政府"建设掀起的全新数字化政务改革浪潮,有力推动着传统政务管理向着更加公开、高效、优质的信息化、数字化、智能化管理模式转型发展,中国政务数智化转型建设进程加速。然而,当前我国数字政府建设仍然存在一些突出问题,统筹推进技术融合、业务融合、数据融合,提升跨层级、跨地域、跨系统、跨部门、跨业务的协同管理和服务,提升数据应用价值成为共识,而如何平衡好数据安全和数据业务有效应用的矛盾进一步凸显,亟需数智安全实践提供借鉴。

14.1 数字政务与数据安全

当今社会步入数字化时代,加强数字政府建设是创新政府治理理念、推进国家治理体系和治理能力现代化的重要举措。数字政府建设既要保障政务数据的有效利用和价值发挥,又要坚守数据安全的底线,为此,国家颁布了一系列的政务信息整合共享、数字政府建设、智慧政府建设、政务数据安全治理有关的政策法规和制度标准。

14.1.1 政务信息整合共享

政务信息共享不仅仅是简单地将政府不同部门的数据打通,更主要是通过政务数据的打通实现政务服务的转型,从之前政务服务以政府部门为中心转型到以人民群众为中心,从以前以政务应用为中心转型到以政务数据为中心。推进政务信息整合共享需要强化政务数据资源整合和开放共享,加快培育数据要素市场,构建覆盖全国、统筹利用、统一接入的数据共享大平台——国家共享交换平台,形成横向联通、纵向贯通的数据共享交换体系。同时充分发挥政务服务平台的数据共享枢纽作用,持续提升国家数据共享交换平台的支撑保障能力。

近年来,为了加快推进政务信息共享,国家也陆续推出了很多相关政策与发文,如表 14.1 所示,各地政府也都积极推动相关政策的落实。

表 14.1　政务信息共享相关政策法规示例

时间	法规	内容
2016 年 9 月	《政务信息资源共享管理暂行办法》(国发〔2016〕51 号)	明确了政务信息资源的定义和分类,界定了信息共享的范围和责任,明晰了信息共享的权利和义务,对政务信息资源目录、国家数据共享交换平台体系构建以及信息共享工作的管理、协调、评价和监督等做了硬性规定和要求
2017 年 5 月	《政务信息系统整合共享实施方案》(国办发〔2017〕39 号)	提出了加快推进政务信息系统整合共享、促进国务院部门和地方政府信息系统互联互通的重点任务和实施路径
2018 年 6 月	《进一步深化"互联网＋政务服务"推进政务服务"一网、一门、一次"改革实施方案》(国办发〔2018〕45 号)	提了"两年两步走"的思路,加快推进政务服务"一网通办"和企业群众办事"只进一扇门"、"最多跑一次"

政务信息共享的相关法规都明确要求加快推进政务信息系统整合共享,以及加大机制体制保障和监督落实力度。其中加强政务信息资源采集、共享、使用的安全保障工作,切实保障政务信息资源共享交换的数据安全是政务信息共享最重要的环节之一。

14.1.2　数字政府建设

《中华人民共和国国民经济和社会发展第十四个五年规划和 2035 年远景目标纲要》中进一步明确了我国数字政府的建设任务。2023 年 2 月 27 日,中共中央、国务院印发《数字中国建设整体布局规划》,提出要发展高效协同的数字政务。加快完善与数字政务建设相适应的规章制度,强化数字化能力建设,提升数字化服务水平,加快推进"一件事一次办",推进线上线下融合。近年,国家出台了相关政策推进数字政府建设,如表 14.2 所示。

表 14.2　数字政府建设相关政策法规示例

时间	法规	内容
2022 年 6 月	《国务院关于加强数字政府建设的指导意见》(国发〔2022〕14 号)	全面推进政府履职和政务运行数字化转型,加快推进全国一体化政务大数据体系建设,统筹推进各行业各领域政务应用系统集约建设、互联互通、协同联动,创新行政管理和服务方式,加强对政务数据统筹管理,全面提升数据共享服务、资源汇聚、安全保障等一体化水平。加强数据治理,依法依规促进数据高效共享和有序开发利用,充分释放数据要素价值,确保各类数据和个人信息安全

依托 5G、人工智能、大数据等新一代信息技术,政府内在结构、政府管理方式、内部治理模式、政府运行方法等,实现了由传统向智能化、智慧化方向的转变。我国已建成以国家政务服务平台为总枢纽的全国一体化政务服务平台,实现与 32 个地区以及 46 个国务院部门互联互通。

全球很多国家都已经从国家层面力推智慧政府建设,较早出台了一系列相关政策,如表 14.3 所示。

表 14.3　国外智慧政府相关政策示例

国家	时间	政 策 法 规	内　　容
英国	2017 年	《数字发展战略》	旨在通过数字化转型来提高政府的服务效率与服务质量,利于公众在获取公共服务时能够更加快速和方便。对英国的数字政府建设发挥了先导性作用
		《政府转型战略(2017—2020)》	提出了"政府即平台"的新概念,明确政府将如何使用数字技术,改变公民与国家之间的关系
	2020 年	《国家数据战略》	确立了 4 项核心能力和 5 项优先任务,阐明了在英国如何释放数据的力量,为处理和投资数据以促进经济发展建立了框架
韩国	2013 年	政府 3.0 战略	宣布实施政府 3.0,启动了数字政府建设的新范式
	2020 年	数字新政推进计划	宣布政府将加快构建人工智能学习和大数据平台,着重培养人工智能领域的专业人才,并启用公共资金全力支持国内人工智能政务建设
新加坡	2014 年	智慧国家 2025 计划	规划的重要目标是将新加坡政府建设成为智慧政府

14.1.3　政务数据安全治理

在政务数据共享过程中,存在因数据安全问题导致部门"不愿共享、不敢共享",数据安全矛盾愈加尖锐,防范化解政务数据安全风险刻不容缓。

1. 总体原则

政务数据安全治理可着重把握以下两点总体原则:

(1) 坚持总体国家安全观,建立健全数据安全治理体系。坚持安全与发展相结合,安全是前提,发展是关键。我国在政务数据治理领域率先步入法治化进程,将依法对政务数据的采集、传输、存储、处理、交换、销毁的数据全生命周期实施保护。

(2) 严守数据安全合规底线,强化重要政务数据安全防护。在数字化时代,把握数据作为新型生产要素的特点,把安全贯穿数据治理全过程,防范数据安全重大风险,严守数据安全合规底线,不断夯实数字政府网络安全基础,依法依规加强对重要政务数据和政务数据资源的体系化安全防护,为数字政府发展营造安全可靠的环境。

2. 规章制度

为加快推进数字政府建设,安全促进政务数据资源共享开放,国家和地方颁布了一系列数据安全治理相关的制度条例,如表 14.4 所示。

表 14.4　政务数据安全治理相关制度条例示例

时　　间	制　度　条　例
2016 年 9 月	《政务信息资源共享管理暂行办法》(国发〔2016〕51 号),旨在加快推动政务信息系统互联和公共数据共享,明确了政务信息资源共享中的安全责任和管理相关要求
2018 年 8 月	《贵阳市大数据安全管理条例》,分别对大数据安全定义、防风险安全保障措施、监测预警与应急处置、投诉举报等做出规定,是全国首部大数据安全管理的地方法规
2018 年 10 月	《杭州市政务数据安全管理办法(暂行)》
2018 年 10 月	《连云港市政务数据安全管理暂行办法》
2018 年 12 月	《广东省政务数据资源共享管理办法(试行)》

续表

时　　间	制度条例
2019 年 6 月	《天津市数据安全管理办法(暂行)》
2019 年 7 月	《海南省公共信息资源安全使用管理办法》
2020 年 6 月	《浙江省公共数据开放与安全管理暂行办法》
2020 年 6 月	《广东省统计局统计信息系统数据安全管理办法(试行)》
2020 年 10 月	《浙江省公共数据开放与安全管理暂行办法》
2022 年 4 月	《河南省政务数据安全管理暂行办法》

3. 国外政务数据安全相关规章制度

数据安全越来越受到各个国家的重视,国外在政务数据安全方面的关注起点较早,包括美欧日韩在内的世界主要国家与经济体都陆续出台了相应的法律或法规,如表 14.5 所示。

表 14.5　国外政务数据安全相关政策法规示例

国家	时间	法　规	内　容
美国	2019 年	《联邦数据战略和 2020 年行动计划》	确立了政府机构应如何使用联邦数据的长期框架,确立了 40 项具体数据管理实践以及 2020 项 20 项具体行动方案。明确要求政府提高数据可用性和质量,协调联邦机构之间的数据资产、推进数据在政府机构间以及不同机构间的共享
欧盟	2016 年	《通用数据保护条例》	要求各成员国结合 GDPR 要求,逐步加强政务数据的安全开放、共享
	2020 年	《塑造欧洲的数字未来》《欧洲数据战略》《人工智能白皮书》	明确了政府向企业公开数据(G2B),在公共政策评估框架内开放政务数据供企业、公众使用
澳大利亚	2018 年	《2018 国家情报法》	制定规则以规范可识别信息的收集以及对其的通信、处理和保密
	2018 年	《数据泄露的准备和应对指南》	为政务数据泄露提供对策和建议
新西兰	2020 年	《新西兰信息安全手册》	内容包括风险管理、治理、安全保证和技术标准等,为政府部门和公共机构提供最低技术安全标准和安全指导
韩国	2020 年 8 月,韩国正式实施《个人信息保护法》《信息通信网法》和《信用信息法》修正案等 3 部法律,形成了韩国大数据产业法律体系		

14.2　政务数据应用场景与特性

政务数据应用离不开大数据技术的支持和融合,大数据可以帮助政府与民众将沟通建立在科学的数据分析之上,优化公共服务流程,简化公共服务步骤,提升公共服务质量。随着大数据被写入国家战略规划,政务数据的应用越来越受到政府部门的重视,各级政府部门积极尝试运用政务大数据改变传统的工作模式,重塑政务数据业务场景、应用模式和数据特性,提升整体工作效能。

14.2.1　政务数据典型场景

1. "互联网＋"政务业务场景

（1）"互联网＋"政务服务。"最多跑一次""一次办妥""一网通办"等都是"互联网＋"政务服务的具体体现。"互联网＋"政务服务以政务服务平台为基础,以公共服务普惠化为主要内容,以实现智慧政府为目标,借助互联网技术（主要是大数据等新型技术）,实现政府组织结构和办事流程的优化重组,构建集约化、高效化、透明化的政府治理与运行模式,向社会提供新模式、新境界、新治理结构下的管理和政务服务产品。

（2）"互联网＋"监管。"互联网＋监管"系统依托国家政务服务平台,强化对地方和部门监管工作的监督,实现对监管的"监管",能够通过归集共享各类相关数据,及早发现防范苗头性和跨行业跨区域风险。

（3）"互联网＋"应急管理。"互联网＋"应急管理系统借助互联网和大数据等信息技术,实现各级间、部门间互联互通和信息共享,有效提升应急管理指挥效率和水平。

2. "一窗受理"政务服务场景

政务服务"一窗受理"是一种典型的基于政务信息共享所提供的业务,需要实现政务信息资源数据交换和整合,打通数据孤岛,实现跨层级、跨地域、跨系统、跨部门、跨业务互联互通和协同共享。通过"一窗受理"打通各省垂直部门纵向业务办理系统,倒逼省、市业务和数据协同、共享,减少材料重复提交、避免二次录入。政务服务"一窗受理"业务模型如图 14.1 所示。

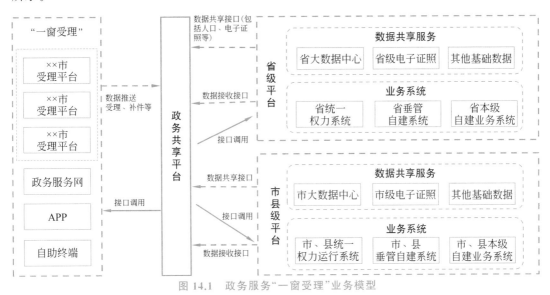

图 14.1　政务服务"一窗受理"业务模型

3. 政务数据共享交换场景

数据共享交换体系中的政务数据共享就是政府及政府各部门之间的数据共享交换。通过搭建政府与厅局委办之间的数据信息"桥梁",有效解决当前政府电子政务建设的分散、孤立状态,打破信息"孤岛",实现和提供跨地域、跨机构、跨业务领域的数据交换和资源共享服务。

数据来源主要包括政务数据（部门业务归集数据/基础库数据/主题库数据）、行业数据和互联网数据。通过统一的数据采集、数据编目形成政务数据资源目录。各政务部门通过政务数据资源目录查询、申请并交换相应数据,总体完成数据的共享交换。

4. 公共数据开放场景

公共数据开放已写入《中华人民共和国国民经济和社会发展第十四个五年规划和2035年远景目标纲要》,成为国家重要战略规划的内容之一。公共数据开放一般是指公共管理和服务机构面向自然人、法人和其他组织提供具备原始性、可机器读取、可供社会化再利用的数据集的公共服务,其中政务数据开放是公共数据开放的重要组成部分。

我国政府目前也逐步从"政府信息公开"向"政务数据开放"探索前进。公共数据开放有助于增强政府透明度和公信力、提升公众获得感和参与度,能够激发社会化力量开发利用公共数据,进一步完善数据要素市场化配置,通过对公共数据资源开发利用释放和提升公共数据资源价值。

14.2.2 政务数据典型应用

1. 基础资源平台

以政府全量数据资源目录为基础,以数据开放共享服务为窗口,以运用数据管道运行服务引擎为驱动,建设基础资源库,包括人口库、法人库、信用库、地理信息库、电子证照库,为政务数据共享交换、政务服务、政务协同办公以及领导决策支持等提供数据服务支撑。基础资源平台数据处理流程如图14.2所示。

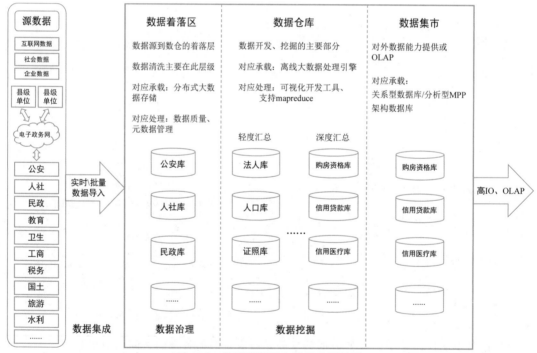

图 14.2 基础资源平台数据处理流程

2. 共享交换平台

政务信息共享交换平台按照"整体规划、分步建设"的原则,立足于政府信息化建设发展现状,需具备高兼容性以便于融合其他业务系统,保证业务的信息共享与流程整合。

（1）政务信息资源目录。根据国家发展改革委和中央网信办印发的《政务信息资源目录编制指南（试行）》要求，遵循标准和流程，通过梳理政府及政府各部门数据清单，摸清数据资源家底，建立数据资源融合、入库、加工的标准化工作体系，形成政务信息资源目录。

（2）政务数据共享交换平台。政务信息共享交换平台作为政务信息资源共享的枢纽，为政府及政府各部门提供数据共享交换服务，搭建政府与厅局委办之间的数据信息"桥梁"，统一解决当前政府电子政务建设的分散、孤立状态，打破信息"孤岛"，实现和提供跨地域、跨机构、跨业务领域的数据交换和资源共享服务；同时建设共享交换库，为数据治理开发提供必要的数据源。

政务信息共享交换平台由国家、省级、地市级等多级数据共享交换平台组成，各级共享交换平台横向对接所辖区域政务部门信息资源，纵向实现级联，形成横向联通、纵向贯通的政务数据共享交换体系，如图 14.3 所示。

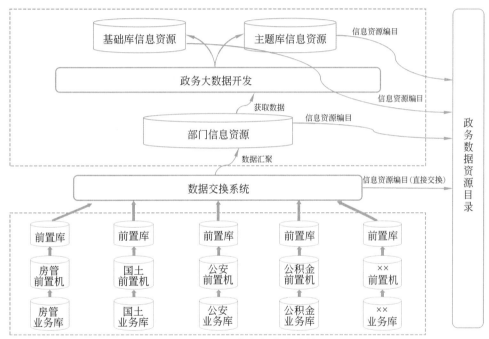

图 14.3　政务数据共享交换

3. 大数据处理平台

将通过数据交换汇聚的政务数据存储在大数据平台中，利用大数据处理平台的处理及挖掘能力，提供对业务数据的建模、开发、挖掘分析、可视化展现、监控等操作功能，便于各政府部门基于大数据处理平台挖掘新的数据价值。

4. 应用支撑服务

应用支撑服务是总体架构中能力开放平台提供的服务之一，为应用提供编排、部署、运维、监控、API 服务开放等功能的支撑，为政务大数据微应用创新提供环境资源，如图 14.4 所示。应用支撑服务应支持多种语言、框架、运行时环境和云平台等，以简化微应用程序的开发、交付和运行过程。应用支撑服务提供对微应用的部署、监控告警、分析统计、弹性伸缩及负载均衡等功能，以及共享数据的 API 服务开放功能。

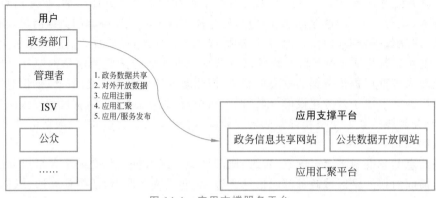

图 14.4　应用支撑服务平台

14.2.3　政务数据特性

1. 政务数据呈现层级分布特点

国家数据共享交换体系：国家数据共享交换体系由国家、省级、地市级等多级数据共享交换平台组成，已覆盖 82 个中央有关单位，31 个省（区、市）和新疆兵团，已形成横向联通、纵向贯通的数据共享交换体系，正在发挥支撑保障全国一体化政务服务平台等数据共享枢纽作用。

各级政务基层单位在履职过程中生成各类政务数据，各级数据按行政职能又呈现出本层级局部集中状态，由国家共享交换体系逐层连接各级分布数据资源；在共享需求推动下，数据资源通过本级共享平台共享到使用部门，使用部门通过共享体系调取或查询分布式数据。

2. 政务数据呈现服务化利用特点

国家数据共享交换平台数据：2021 年国家数据共享交换平台含政务数据资源目录服务 15857 项；提供政务数据查询/核验服务 76.35 亿次，较 2020 年同期新增 40.92 亿次；政务数据库表交换服务 1499.67 亿条，较 2020 年同期新增 165.57 亿条；政务数据文件交换服务 347.94TB，较 2020 年同期新增 54.7TB。

"服务化"已成为数字经济时代的主旋律，各级政务部门通过"数据目录化、目录服务化、服务开放化"打造政务数据的服务化能力，以数据共享交换平台为依托，建立一体化政务服务体系，让政务数据共享充分发挥政府履职、为民服务的价值。

3. 政务数据呈现可溯性特点

可追溯性/可问责性/审计能够确定谁或者什么进行了操作，并可以追究责任，驱动了身份识别、认证、审核和会话管理的使用。

国家电子政务外网数据安全体系：国家电子政务外网整体按照等级保护 3 级规划建设和运行管理，对支撑数据应用有明确的安全体系规范；国家数据共享交换平台连接各省、各部门交换设施，统筹各层级数据资源交换服务，涉及对数据资源注册、申请、使用等环节均执行严格的审批流程。围绕政务数据安全保护形成了政务信息共享数据安全技术要求、政务数据处理安全要求、公共数据开放安全要求等国家标准。

政务数据依托国家数据共享交换体系共享，数据流转所涉及的各节点均有据可查。政务数据共享申请均采用了规范严格的审批流程，确保了各责任主体可追责。数据共享体系依托国家电子政务外网构建,所有接入节点、接入终端、使用人员均为政务实名制对象,具备行为可审计能力。

14.3 政务数据典型安全风险与应对

政府在倡导数据开放的同时,数据安全问题变得越来越迫切。政府掌握大量个人、法人、政府部门甚至国家核心机密等信息,政府部门在信息化建设和运营的过程中,一旦发生数据泄露,将对个人、组织机构、国家利益造成重大影响。政务信息共享带来政务数据流转新转变,原有政务数据安全能力缺陷和短板也随之凸显。在不同业务场景和不同阶段,数据安全风险也呈现不同特征。

14.3.1 政务数据典型安全风险

1. 政务数据平台的安全风险

政务数据平台与其他政务信息系统类似,涉及网络、主机、应用系统、数据库、大数据系统,以及各类数据和应用组件等,因此政务信息共享平台的安全风险也包括所有这些网络及系统组件的安全风险。

2. 政务数据应用的安全风险

政务数据应用最大风险在共享流动,核心还是跨政府部门共享政务数据,政务共享数据的安全风险存在于整个数据全生命周期中。

3. 政务数据流动性带来合规性、分散性、新形态风险

政务数据流转安全主要聚焦在政务信息共享场景下,以数据为中心的数据生命周期安全监管防护和风险识别。数据在多部门、组织之间频繁交换和共享,常态化的流动使系统和数据安全的责权边界变得模糊,权限控制不足,存在数据超范围共享、扩大数据暴露面等安全风险和隐患,如果发生安全事件或难以追踪溯源。

(1)合规性风险。政务数据具有层级化分布特点。由于缺乏上下贯通的流动性监管设施及制度,存在数据共享过程中违规或不受控流动的风险,或导致政务共享数据大量泄露。

政务数据事关国家政治经济运行、国防和社会稳定,具有敏感程度高、经济价值高、数据量庞大、数据关联关系复杂等特点,面临的安全风险来源于数据处理的全过程,涉及具有政务数据合规义务的各方。因此在政务数据合规治理中,应着重识别并防控来自于数据收集、存储、交换、传输、使用、销毁等环节的风险。

(2)分散性风险。受行政体制约束,政务数据资源分散在各基层单位,由于防护能力参差不齐,共享数据服务过程中薄弱部位暴露,引发全局渗透风险,导致政务共享数据被窃取。

在数字政府建设过程中,政务数据进行了大规模的整合汇聚。原有分散在各部门各单位系统中的数据被采集并集中存储。数据全生命周期任一环节安全防护措施不当均可能引发敏感数据泄露,造成"一点突破、全网皆失"的严重后果。

(3)新形态风险。新技术带来新治理模式、新应用形态、新安全需求,由于投入不足、准备不充分、迭代升级滞后,易引起共享场景下政务数据安全保护体系低效率运转或引发防御措施失效,导致政务共享数据失控。大数据、人工智能等技术的发展催生出新型攻击手段,攻击范围广、命中率高、潜伏周期长,针对大数据环境下的 APT 攻击通常隐蔽性高、感知困难,使得传统的安全检测、防御技术难以应对。

14.3.2 政务数据安全技术措施

1. 数据源鉴别

制定数据源的管理规范及制度,包括数据源识别和管理制度、数据源的安全认证机制、数据源安全管理要求等。采用能够对数据源(人员、终端、数据库等)识别和记录的工具:如身份鉴别、指纹识别等技术,防止数据采集点的仿冒或伪造。

对数据采集源节点及其数据资源进行登记,并采用技术手段进行标识,可基于国家商用密码技术对数据对象打上数据标签,流转过程各节点则采用数据源标识校验,识别来源信息,核对身份,并对数据作完整性、真实性鉴别。

实践中可以采用多种认证方式,并建议多种鉴别方式综合运用,防止数据源仿冒和数据伪造。采用用户名+口令码方式进行采集认证;对采集与被采集的终端进行双向认证;在采集数据过程中对被采集终端进行指纹识别,简单处理可以采用 MAC 地址采集和验证。

2. 数据分类分级

由共享数据提供方制定数据分类分级原则和要求,如按照数据的重要程度进行分类,在数据分类基础上,根据数据损坏、丢失、泄露等对组织造成形象损害或利益损失程度进行数据分级等。建立数据分类及分级的标准,以及不同分类分级的数据安全控制策略的执行要求,确保数据共享全过程均按相同的策略执行。建立数据分类分级的建立及变更审核流程,以便对数据分类分级的执行过程、结果确认及分类分级的变更等过程进行合理的审核,避免出现与分类分级原则和制度不符合的情况发生。

综合考虑数据分类分级粒度对数据生命周期各阶段实现过程的影响,包括人员能力、工具实现等情况,逐步推进及细化执行策略。采用具有数据分类及分级功能的技术工具,根据分类及分级标准对数据进行自动化分类及分级。

3. 资源目录安全

参考国家发展改革委和中央网信办印发的《政务信息资源目录编制指南(试行)》进行资源目录编制,或根据本部门具体需要编制具体的编制流程和规范。采用数据安全防护产品,对进行共享的数据资源根据数据分类分级的结果进行相应的策略控制。控制策略包括但不限于:访问控制、数据加密共享等。采用数据安全运营监控类产品对资源目录变更及迁移等进行安全审计。

4. 数据质量管理

制定《数据质量管理实施流程》,比如在产品开发流程中植入数据质量控制手段;制定《数据采集质量管理规范》,包含数据格式要求、数据完整性要求、数据质量要素、数据源质量评价标准等;制定《数据质量管理规范》,包括术语定义、数据质量管理规范、数据订正规范、数据质量事件处理、数据质量审计、违规责任等;定期进行数据质量管理培训。

采用在线数据质量监控的技术工具,针对共享数据的质量进行实时监控,当发现共享数据与原始数据出现不一致时,能及时告警和上报,并可以采取更正等处理措施。采用数据质量事件处理流程监控工具,根据监控结果,一旦发现数据质量异常进行及时告警和上报,并及时采取更正等处理措施。

5. 数据传输、存储、备份安全

制定《数据共享安全管理制度》,制度中需要明确敏感数据共享必须采取的加密措施,以及敏感数据加密存储等要求,并对敏感数据要进行分区分域隔离存储。

采用具备数据加密功能的数据安全工具,对于敏感数据在存储及共享访问时均进行加密处理。加密算法需要支持 GM/T 0054 等国家相关标准的规定。

6. 数据交换安全与接口安全

1) 数据交换安全

制定《数据共享交换审核流程规范》,审核流程中包括但不限于数据共享的业务方、共享数据在组织机构内部的管理方、数据共享的安全管理团队,以及根据组织机构数据共享的规范要求所需参与具体风险判定的相关方。

制定《数据共享审计策略和审计日志管理规范》,明确审计记录要求,为数据共享安全事件的处置、应急响应和事后调查提供帮助。针对数据交换过程中涉及第三方的数据交换加工平台的场景,制定《安全风险评估流程要求》,以保证该数据交换加工平台已符合组织机构对数据交换过程中的数据安全要求。

采用数据共享审核流程的在线平台工具,应用流程确认工作流机制,支持设置数据共享权限的审核人和审批人,并支持设置多级审批人。采用数据加密、安全通道等技术工具措施对数据共享交换过程中的个人信息、重要数据等敏感信息进行保护。采用数据共享过程的监控工具,对共享数据及数据共享服务过程进行监控,确保共享的数据未超出授权范围及过程可追溯要求。采用数据共享审计和审计日志管理的工具,基于审计记录要求,以支撑数据共享安全事件的处置、应急响应和事后溯源。采用数据共享安全控制类型技术工具,结合数据脱敏等数据保护技术保护敏感数据。数据共享安全工具对于共享资源的数据目录或者数据资产进行安全管理,确保共享数据的规范性和安全性。

2) 接口安全

制定《数据接口安全规范》,从接口身份认证、防重放、数据防篡改、防泄露角度制定数据接口的安全限制和安全控制措施,以明确数据接口设计要求。在第三方 API 接口对接开发场景下,约定《接口合作协议》,对接口调用方的行为进行合法性和正当性约束。

采用国密 IPSec VPN、国密 SSL VPN 以及采用国密算法的 HTTPS 协议等构建加密传输、身份认证的网络协议。采用公私钥签名或加密机制提供细粒度的身份认证和访问、权限控制。采用时间戳超时机制,身份认证结果过期失效,以满足接口防重放要求。采用接口参数过滤、限制等技术手段,防止接口特殊参数注入引发的安全问题。采用接口调用行为分析或应用接口流量分析等技术工具,通过接口调用日志的收集、处理、分析,从接口画像、IP画像、用户画像等维度进行接口调用行为分析,且产出异常事件通过告警机制进行实时通知。

7. 用户授权管理

建立不同类别和级别的数据访问授权规则和授权流程,明确谁申请、谁授权、谁审批、谁使用、谁监管,确保所有数据的使用过程都是经过授权和审批的。建立数据使用者安全责任制度,确保数据使用者在事先声明的使用目的和范围内使用受保护的数据,并在使用过程中采取保护措施。制定数据分析过程中数据资源操作规范和实施指南,明确各种分析算法可获取的数据来源和授权使用范围,并明确相关的数据保护要求。

部署统一的身份及访问管理平台,实现对数据访问人员的统一账号管理、统一认证、统一授权、统一审计,确保组织数据权限管理制度的有效执行。采用技术工具定期对重要的数据存储系统其安全配置进行扫描,以保证符合安全基线要求。采用技术工具采集存储系统的操作日志,识别访问账号和鉴别权限,监测数据使用规范性和合理性。

8. 数据导入导出安全

1）数据脱敏

制定数据导出安全保障的制度流程，建立《数据导出安全制度规范》，规范数据导出安全策略，相应的权限审批和授权流程。建立数据导出介质的安全技术标准，确保导出介质的合法合规使用。制定统一的数据脱敏制度规范和流程，明确数据脱敏的业务场景，以及在不同业务应用场景下数据脱敏的规则和方法。应部署统一的数据脱敏工具，数据脱敏工具应具备静态脱敏和动态脱敏的功能。

2）数据加密

制定《数据共享安全管理制度》，制度中需要明确敏感数据共享必须采取的加密措施。采用具备数据加密功能的数据安全工具，对于敏感数据共享访问时需要进行加密处理。所采用的密码设备和模块需获有《商用密码产品认证证书》，所使用的加密算法需支持 GB/T 39786—2021 等国家和行业相关标准的规定。

9. 数据安全监控及审计

制定《数据安全管理规范》，明确数据安全监控审计策略，并覆盖数据采集、数据传输、数据存储、数据处理、数据交换、数据销毁各阶段的监控和审计。制定《信息安全事件处置规范》，明确数据安全类事件的应急预案、处置流程。在《数据安全管理规范》中明确数据安全处理过程标识记录，要求覆盖数据传输、数据导入等相关阶段的处理过程。

部署数据安全运营监控审计平台，对组织内所有网络、系统、应用、数据平台等核心资产中的数据流动进行监控和审计，并进行风险识别与预警，以实现数据全生命周期各阶段的安全风险防控。部署数据安全监控审计平台，对人员、业务、系统、合作伙伴进行全面布控，有效提高风险预警能力和风险运营能力。采用数字签名工具，对导出的共享数据进行数字签名。采用数字签名校验工具，对接收到的共享数据和确认消息进行校验。

14.3.3 政务数据安全管理措施

1. 应对合规性风险，建立监管与自监管体系，防范数据泄露

建立常态化政务数据安全监管与自监管体系，防范化解政务数据重大风险，把控数据共享全链条。具体举措如下：

（1）敏感数据标识：对政务共享数据在共享前进行数据分类分级，并利用技术手段进行标识。

（2）流动自监管：建立自监管设施，识别政务共享数据标识并动态评估流动性风险，加强数据留痕审计和追溯。

（3）全局监管：统筹建立国家政务数据安全监管体系，拉通自监管设施，保障数据流动全链条可控。

2. 应对分散性风险，建立数据安全共享体系，防范数据窃取

统筹一套支撑设施，系统性防范入侵渗透，保障政务数据全生命周期安全。具体举措如下：

（1）夯实基础：主要依托国家电子政务外网、国家数据共享交换平台，支撑数字政务数据共享服务枢纽。

（2）设施提升：充分发挥政务网络已有安全设施基础作用，细化政务数据共享环节保密性、完整性保护措施。

（3）全生命周期安全：以密码为底座，构建政务数据全生命周期安全防护体系，提供安全可靠传输通道、运行环境。

3. 应对新形态风险，构建数据安全创新融合能力，防范数据失控

在以新技术驱动新应用融合发展、助力政务数据更大发挥共享价值过程中，应对新形态风险已成为电子政务信息化建设中需要解决的关键问题。区块链、同态加密、安全多方计算等应用密码学工具的隐私保护技术的应用，有助于政务数据的开放使用，实现数据资产的精细化、智能化管理和分析，将为政务数据共享过程中的安全性提供有力保证。

1）区块链

数据是信息的载体，数字化是提升政府智慧服务的核心竞争力。借助区块链技术不可随意篡改与可溯源的特点，能够打通政务"数据孤岛"，有效解决现有政务信息化难题。

通过区块链技术独特的密码学机制和共识机制，可有效解决政务共享数据的安全防篡改等目标，实现数据的确权、授权，厘清数据责权关系，解决数据交换和流通环节中数据归属不明的痛点，实现政务数据全生命周期管理。在政务服务数据共享的基础上，完成数字身份认证和数据上链等操作，将共享数据目录上链管理。通过数据目录链高效便捷完成身份核验、材料核验等工作，实现政务数据资源调取安全。将数据操作日志上链管理，通过日志链的方式实现行为可追溯。实现社会的多方参与和共同监督维护，重构线上线下诚信经济体系，完成信息的价值共享和秩序重塑的共建，助力智慧政府落地。

2）同态加密

大量数据源源不断、常态化地聚集到政务数据共享交换平台或通过共享平台交换，必然对数据安全防护与数据安全治理提出新的要求。在政务信息共享场景中，共享数据提供方提供经过同态加密的数据进行共享，共享数据使用方直接获取已被加密后的数据进行相应的业务运算处理，无需解密处理，密文处理结果与解密处理结果一致。利用这个特点，第三方在进行政务数据处理时无法识别敏感信息，避免了数据滥用和泄露。

3）安全多方计算

安全多方计算可以实现数据安全有序地互联互通，满足数据流通中信息保护、权益分配、数据安全、追溯审计方面的需求。在政务信息共享业务场景中使用安全多方计算技术，政务数据使用方可以在不获取共享数据提供方的原始数据的前提下，进行联合建模和协同训练，直接获得基于原始数据运算后的准确结果。即安全多方计算技术能够实现政务数据拥有者在各自隐私信息得到有效保护的前提下进行合作交流，既充分发挥底层数据价值，又避免直接数据共享，从而有效解决跨部门数据合作中的安全问题和信任问题。

14.4 政务数据安全工作成效与展望

在国家政策引领与支持下，政务大数据已经逐步融入数字经济的各领域中，并形成了一定的应用效果。我国各地各部门深入推进政务数据安全治理工作，机构设置进一步完善，平台和系统建设持续加强，各地方、各领域的政务数据治理效能得到显著提升。

14.4.1 政务数据安全工作成效

1. 政策法规和标准体系建设加快

1）政策法规

2015 年 8 月国务院《促进大数据发展行动纲要》出台，中央和各部委发布了多份提及政务数据共享开放的重要文件,如《数字经济发展战略纲要》《中共中央、国务院关于构建更加完善的要素市场化配置体制机制的意见》等。特别是《政务信息资源共享管理暂行办法》《政务信息系统整合共享实施方案》《政务信息资源目录编制指南(试行)》三份重要文件,不仅明确了政务数据共享的原则,也为信息系统整合实施和标准体系建设提供了引导。

《中华人民共和国数据安全法》明确提出"提高政务数据的科学性、准确性、时效性,提升运用数据服务经济社会发展的能力""建立健全数据安全管理制度,落实数据安全保护责任,保障政务数据安全""国家机关应当遵循公正、公平、便民的原则,按照规定及时、准确地公开政务数据""制定政务数据开放目录,构建统一规范、互联互通、安全可控的政务数据开放平台,推动政务数据开放利用"。

2)标准规范

2020年6月《国家电子政务标准体系建设指南》正式出台,在政务数据共享开放标准子体系中明确建设重点包括数据安全等政务数据管理标准,部分地区在推动数据共享开放工作中制定相关标准,明确共享开放数据范围,并将落实数据分类分级作为确保数据安全的第一步,为政务数据共享开放和安全防护提供指引。

近年影响较大的部分政务数据安全重要标准如表14.6所示。

表14.6　政务数据安全国家标准示例

时间	标准	内容
2020年11月	GB/T 39477—2020《信息安全技术 政务信息共享 数据安全技术要求》	立足政务信息整合共享工作,提出了政务信息共享数据安全要求技术框架,规定了政务信息共享过程中共享数据准备、共享数据交换、共享数据使用阶段的数据安全技术要求及基础设施相关安全要求
2020—2022年	GB/T 38664《信息技术 大数据 政务数据开放共享》系列标准	规定了政务数据开放共享的参考架构和总体要求;网络设施、数据资源、平台设施和安全保障的基本要求;政务数据开放程度评价的评价原则、评价指标体系和评价方法

贵州、浙江、上海等地纷纷探索政务数据安全标准,如表14.7所示,指导本地数据共享开放和安全管理。

表14.7　政务数据安全地方标准示例

时间	地方	标准
2016年9月	贵州省	DB52/T 1123—2016《政府数据 数据分类分级指南》
		DB52/T 1126—2016《政府数据 数据脱敏工作指南》
2018年12月	浙江省	DB 3301/T0276—2018《政务数据共享安全管理规范》
2019年12月	江西省	DB36/T 1179—2019《政务数据共享技术规范》
2020年7月	上海市	DB31DSJ/Z005—2020《公共数据安全分级指南》
2021年12月	北京市	DB11/T 1918—2021《政务数据分级与安全保护规范》
2022年3月	山西省	DB14/T 2442—2022《政务数据分类分级要求》

2. 政务数据与社会数据对接融合加深

进入数字经济时代,多源异构数据呈指数级增长,政府难以独立处理海量政务数据,而企业具有相对丰富的数据处理分析经验,通常先对政务数据进行脱敏,再借助企业技术与能力进一步分析利用,并为政府提供决策支撑。

政企数据对接具有企业深度参与、数据双向融合流动的特点,其对接模式主要包括以行政方式对接、以接口方式融合应用、通过模型算法融合应用、数据以抽象化的特征形式融合应用 4 种模式。其中,通过模型算法融合应用的模式在政务数据与社会数据对接中具有明显优势,这种模式下共享的既不是原始数据,也不是脱敏数据,而是对数据进行处理的模型算法,不易导致数据或隐私泄露。

3. 全国建设结合地方特点趋向精细化

1）管理机制

2017 年以来,多个省市设立了省级层面和地市级层面的大数据管理机构,机构形式包括大数据管理局、大数据发展管理局、大数据管理中心等,承担起城市数据的收集、汇总和管理工作,通过体制转变实现数据资源的统一管理,归集管理政务民生数据,在中央政策的引导下,各地陆续推动地方性政务数据、公共数据共享开放有关政策的研究制定,部分地区启动具有针对性的目标规划,地方性数据共享开放政策整体走向精细化。

2）平台建设

2018 年 1 月,中央网信办、国家发改委、工信部联合印发《公共信息资源开放试点工作方案》,在北京、上海、浙江、福建、贵州五地首先开展公共信息资源开放试点。陆续有多个省市自治区结合当地特色,启动省市平台互通和省直部门接入工作,并实现与国家平台对接,上海、浙江等十余个省级政务数据共享交换、数据开放平台已搭建完成。

14.4.2　政务数据安全工作展望

1. 结合数字政府发展加强数据安全顶层筹划

我国数字政府面临的安全问题没有国外经验可借鉴,必须从自身特点实际出发,全面加强大数据安全顶层筹划以保障数字政府安全有序发展。

(1)加强顶层规划。研究制定政务数据全生命周期安全治理的愿景、目标、领域、指导原则、责任模型和保护能力等,为分散政务单位大数据安全建设提供统一指引。

(2)确立安全制度和标准规范。制定数据安全确权、开放、流通、交易相关制度,统一拟定数据安全标准规范,强化数据资源全生命周期安全管理。

(3)突破核心技术。自主创新突破数据确权、数据公平交易、数字信任体系等技术,促进产学研深度融合,培育数据安全领军企业和数字化安全人才队伍。

2. 制度性保障政务数据安全建设"三同步"

根据法律要求,关键信息基础设施应保证安全技术措施同步规划、同步建设、同步使用。数字政府作为关键信息基础设施重要范畴,在网络安全上已经基本实现"三同步",但数据安全有其特殊性,很多大数据项目在建设之初并未针对性考虑安全问题,建议做出制度性安排。

(1)建立大数据安全"一票否决"制度。在大数据项目申报立项之初,如果没有针对性考虑安全解决方案,并存在较大风险的,应否决项目立项。

(2)建立数据安全集中审批制度。应加大数据安全监管力度,建立政务大数据安全审批监管机构,对各政务单位大数据安全开展审批、验收和常态监督等管理工作。

(3)建立经费保障制度。财政部门对政务单位每年的大数据安全建设、整改和运维经费提供足额保障,并做出制度性安排,避免因人而异的随意性。

3. 依托典型场景启动专项任务验证数据安全能力

数据安全带来的新挑战十分复杂,在传统网络安全基础上叠加少量数据安全产品,难以从根本上解决大数据安全问题,建议依托典型政务大数据应用发展的前沿阵地,启动专项任务以验证大数据安全管理和技术能力。

(1) 研究验证数据安全能力体系。通过原始创新和集成创新,整合分散的技术产品,对准安全需求进行适配和定制,聚合形成体系化安全治理能力。

(2) 研究验证数据安全运营体系。构建数据全生命周期运营体系,使数据的流动就如同电力网运营一样,得到标准化的保护,最终用户只关注如何使用数据,而不用对数据的流动过程安全性和可信性操心。

(3) 评估数据安全防护能力水平。构建数据安全能力评估模型、方法和指标体系等,科学评价大数据安全防护的真实水平,为大数据安全风险评价提供标准化、定量化和可操作的参考依据。

14.5 本章小结

本章梳理了政务数据安全相关的法规政策和标准,介绍了政务数智实践的应用场景和特性,面临的典型安全风险和应对措施,并对国内政务数智安全实践工作成效进行了总结和展望。

思考题

1. 政务数据不仅是政府部门提升管理决策质量、优化公共服务供给的重要依据,也是政府、企业、民众多主体互动、协作的基础。我国数字政府建设过程中面临哪些数据安全风险和挑战?

2. "十四五"规划和 2035 年远景目标纲要对提高数字政府建设水平做出战略部署,提出新的更高要求。如何通过保障政务数据安全、构筑数据安全"堤坝",实现数字政府建设水平的提升?

3. 随着以云计算、大数据、物联网、移动互联网、人工智能等为代表的新兴数字技术快速发展,我国数字政府建设有哪些新的优势,如何赋能我国数字经济高质量发展?

第 15 章
健康医疗数智安全实践

本章介绍我国健康医疗行业的数智化现状,大数据、人工智能及其他新兴技术在健康医疗行业的常见应用场景,重点介绍医院数据安全治理场景的数智安全实践。

15.1 健康医疗数智应用与安全

15.1.1 我国健康医疗行业数智安全现状

当前,大数据、人工智能等新兴技术已经在我国健康医疗行业得到了广泛应用,不论是在政府机构引导的卫生健康领域(如医疗联合体、医疗保障结算等方面),还是在医疗机构主导的医疗健康领域(如在线医疗、智慧管理等方面),以大数据、人工智能为代表的新一代信息技术都发挥了重要作用,这对提升医疗卫生现代化管理水平、创新业态服务模式、提高服务效率、降低服务成本等具有积极意义。

随着新技术的不断应用,我国智慧健康医疗生态体系也逐渐趋于完善,大卫生、大健康领域的数字化生态正在加速形成。在区域卫生方面,电子健康档案、电子病历等健康医疗数据资源正在逐步实现互联互通、信息共享和业务协同,囊括了人口、公共卫生、医疗服务、医疗保障、药品供应、综合管理等数据的全民健康信息平台正在不断完善,跨部门的数据共享和业务协同正在不断推进,分级诊疗、智慧医院、互联互通、数据安全等方面的信息标准与安全体系的建设正在不断提升。在"互联网+"的时代背景下,我国正积极推进"互联网+智慧医疗"模式,促进健康医疗行业数智安全新一轮跨越发展。各类企业也积极将数智化技术应用到医疗业务的多种场景中,如就诊前的线上挂号、在线问诊、智能导诊,就诊中的 HIS(Hospital Information System,医院信息系统)、CIS(Clinical Information System,临床信息系统)、NIS(Nursing Information System,护理信息系统)、CDSS(Clinical Decision Support System,临床决策支持系统)、医疗影像、智慧病案,就诊后的慢性病管理、诊后医疗、医药服务等,实现了以数智化手段促进健康医疗行业蓬勃发展的新局面。

但是随着我国健康医疗行业大数据、人工智能、云计算、物联网、区块链等新技术的大规模应用,各类新技术带来的网络安全风险融合叠加并快速演变,健康医疗行业所面临的安全形势也日益严峻。

1. 安全形势

在国家互联网应急中心发布的《2019 年我国互联网网络安全态势综述》中,对电力、石油天然气、医疗健康、煤炭、城市轨道交通等重点关键基础设施行业暴露的 2249 套联网监控管理系统进行漏洞威胁统计分析,发现存在高危漏洞的系统共有 733 个,其中,健康医疗行

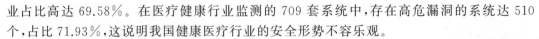

业占比高达 69.58％。在医疗健康行业监测的 709 套系统中,存在高危漏洞的系统达 510 个,占比 71.93％,这说明我国健康医疗行业的安全形势不容乐观。

2020 年以来,针对健康医疗行业的有组织 DDoS(Distributed Denial of Service,分布式拒绝服务)攻击、钓鱼邮件攻击等网络攻击呈高发频发趋势,相关政府机构、关键信息基础设施运营者、疫苗生产厂商、卫生组织、医疗机构等都成为重点攻击对象。

在数字化浪潮下,健康医疗行业本身也在发生深刻变化,"互联网＋智慧医疗"医疗模式打破了医院原有的内外网边界,平台共享促进了医疗机构之间的互联互通,而医疗联合体使得网络下沉到了基层,这些变化导致健康医疗行业的业务边界越来越大,防御范围也越来越大。而医疗行业的网络安全体系建设还有待完善,首先,网络安全顶层设计和体系还不完善,网络安全基础设施还比较薄弱;其次,安全防护技术手段较为单一,未构建起协同联动的纵深防御体系;再次,实战演练较少,安全隐患不能及时被发现和修复。这些隐患和漏洞一旦被攻击者利用,后果严重。

2. 法律法规政策驱动的安全合规要求

随着信息化的普及和数字化转型的加快,我国相关的法律法规也在不断完善,从 1994 年国务院颁布的《中华人民共和国计算机信息系统安全保护条例》(147 号令)到近年来陆续实施的《网络安全法》《数据安全法》《个人信息保护法》《关键信息基础设施安全保护条例》等都对各行业提出了安全合规要求。如在 2017 年实施的《网络安全法》明确规定"国家实行网络安全等级保护制度",要求所有医疗机构都必须落实好信息安全等级保护制度,不仅仅局限于三甲医院。2021 年实施的《数据安全法》明确了数据管理者和运营者的数据保护责任,对行业数据安全治理指明了工作方向。2021 年实施的《个人信息保护法》对于个人数据隐私保护进行了明确的规定,要求处理生物识别、医疗健康等敏感个人信息,应取得个人的单独同意。2021 年实施的《关键信息基础设施安全保护条例》指出,关键信息基础设施运营者须履行个人信息和数据安全保护责任,建立健全个人信息和数据安全保护制度。因此,进行相关的安全防护建设,达到满足国家相关法律法规的要求也是健康医疗行业必须完成的任务。

3. 医疗信息系统安全问题

医疗信息系统承担着整个医疗机构的内外各项业务,其安全状况直接关乎患者隐私和健康、社会秩序及稳定等,但是目前的医疗信息系统存在着以下几方面的安全问题:

(1)业务系统安全漏洞问题。医疗业务系统存在不同的安全漏洞,这些安全漏洞若不及时修复,则可能会被不法分子利用以谋取不正当利益,例如输液泵可能被远程控制以改变预先设定的输入剂量,具备蓝牙连接功能的心脏电击器可能被非法控制给与病患不恰当的电击次数等。

(2)业务系统身份认证问题。医疗业务系统须采取必要身份认证手段来防范未经授权的访问,若没有安全可靠的身份认证手段,则会导致数据泄露或者系统被篡改等问题。

(3)数据安全问题。医疗相关数据具有高度敏感性,不仅关系到患者等的隐私、行业发展,甚至还关系到国家安全,因此对相关结构化和非结构化数据的保护必须到位,否则会导致数据泄露、被篡改等问题。

(4)隐私保护问题。医疗健康数据属于患者的高度隐私数据,若管理不当,将引发个人隐私泄露和保护的社会问题,因此如何保证该类数据的保密性和完整性,以及如何在利用大数据解决相关问题时兼顾个人隐私的保护都是亟待解决的问题。

（5）业务系统安全预警问题。要保证业务系统的安全,需要对业务系统的安全状况进行及时的监测,在有危险发生时须做到及时预警,若不能做到这些,则业务系统的安全会面临较大的问题。

（6）业务系统安全开发问题。业务系统在开发时就应该充分考虑其安全性设计,若开发时只注重业务功能的实现而忽视安全,后续将会面临较大的安全问题。

4. 安全管理问题

在安全管理方面,健康医疗行业也存在一些不完善的地方:

（1）安全管理制度尚不够完善。目前我国数据安全相关法律规范不断出台,健康医疗机构应根据自身实际情况依据已发布的相关健康医疗标准制订信息安全管理制度,规定医院信息安全管理的根本任务和根本制度。

（2）缺乏稳固的安全管理机构。部分健康医疗机构还没有专门的安全管理部门,应根据总体安全管理制度的要求设置安全管理部门,明确系统管理员、安全管理员和安全审计员的岗位与职责。

（3）专业的安全管理人员不足。在健康医疗行业,专业的安全管理人员还较少,应抓紧培养和招聘专业的安全管理人员,培养全员的安全意识并制定完善的员工信息安全管理制度。

（4）安全建设管理设计尚不完善。对于安全问题应该从设计阶段就高度重视,在建设相关信息系统时,应按照“同步规划、同步建设、同步使用”的原则进行相关的安全建设。

（5）安全运营能力不足。在建设了相关的安全系统、部署了相关的安全设备后,应加强安全运营,才能及时发现威胁并及时采取处置措施,但是在部分健康医疗机构,还存在安全运营能力不足的问题。针对健康医疗业务信息系统,应建立专业的安全运营团队,保证安全问题能够及时发现和阻止,从而将损失程度尽量减小。

5. 新兴技术应用与安全

新兴技术的应用提升了健康医疗行业的效率和业务水平,但也带来了相关的安全问题,具体有以下几方面:

（1）移动互联网的应用。移动互联应用打破了传统的网络安全边界,使得访问控制的难度更大,增加了网络防御的难度。且移动应用具有更强的多样性,因此安全漏洞存在的风险更大,更容易出问题。

（2）医疗物联网的应用。医疗物联网的使用大幅提高了工作效率,但也使得物联终端的数量大幅增加,若遭受网络攻击,其带来的危害也呈指数级上升,防御难度也大幅增加。

（3）医疗大数据的应用。医疗大数据的应用带来了很多便利,但是患者个人隐私属于高度私密数据,因此对该类数据的保护要求更高,须采取更严格的管理制度和更强的安全防护手段。如果医疗大数据在医疗机构、研究机构、保险公司等之间共享,则催生了隐私保护的问题和对隐私计算的需求。

（4）区块链技术的应用。区块链技术目前应用还处于起步阶段,一系列的标准和技术规范尚未形成一致,所以在该类技术的应用中可能存在较多的安全漏洞和管理漏洞。

（5）人工智能的应用。人工智能技术目前在医学临床诊断及药品研发过程中已得到较为广泛的应用,从临床表现上看,基于人工智能技术的辅助诊断系统比一般医生具有更快更准确的诊断输出,但该技术存在的伦理问题一直没有得到解决,且一旦出现医疗纠纷难以定责。

(6) 云计算技术的应用。云计算技术在健康医疗行业多个领域得到广泛应用,尤其在互联网医疗应用的背景下,基于云计算技术可实现各项 IT 资源随着业务按需使用,但该技术的引入改变了医疗机构原有网络设计布局,例如医疗内外网要求物理隔离的安全要求。

(7) 隐私计算的应用。隐私计算融合了密码学、安全硬件、数据科学、人工智能等众多跨学科技术领域,为医疗数据挖掘利用提供了新的解决思路,未来可连接医疗机构间的数据孤岛,为打破数据垄断,填补医患间信任鸿沟起到积极作用。

15.1.2 健康医疗数智安全相关政策法规

在国际上,针对数智技术在健康医疗行业的应用,世界发达经济体和世界卫生组织(WHO)均出台了数智安全相关的法律法规。

美国早在 1996 年即通过了《健康保险携带与责任法案》(Health Insurance Portability and Accountability Act,HIPAA),用于规范健康医疗行业所需采取的数据安全措施。2009年,美国又通过了《经济和临床健康信息技术法案》(Health Information Technology for Economic and Clinical Health,HITECH),HITECH 是对 HIPAA 的扩展,扩大了 HIPAA 规定的隐私和安全保护的范围,增加了违法成本及违法处罚力度。在人工智能医疗器械方面,美国食品药品监督管理局分别在 2019 年和 2022 年发布《人工智能医疗器械独立软件修正监管框架(讨论稿)》和《基于人工智能/机器学习的医疗器械软件行动计划》,提出对人工智能独立软件进行全生命周期监管的思路与方法,且部署人工智能医疗器械软件监管行动。

欧盟在 2017 年出台《医疗器械法规》,要求自 2021 年 5 月起,新的医疗器械须申请合规性证书,以规范数智技术在医疗器械上的使用。2018 年,欧盟出台《通用数据保护条例》(General Data Protection Regulation,GDPR),GDPR 中对医疗数据保护范围、保护力度都是空前的,将与医疗行业相关的基因数据、生物识别数据和健康数据等认定为敏感数据,原则上不得处理,除非满足一些特定要求。

世界卫生组织于 2018 年发布《数字卫生保健分类标准 1.0》,提供了统一的、规范的数字技术在医疗健康领域应用的通用语言。2021 年 6 月 28 日又发布了第一份关于在医疗卫生中使用人工智能的指南《医疗卫生中人工智能使用的伦理和管治》,确保人工智能技术能够为全球所有国家的公共利益服务。

我国对健康医疗领域的安全问题也非常重视,出台了一系列的政策法规。2014 年,国家卫计委发布《人口健康信息管理办法(试行)》,规范加强各级各类医疗卫生服务机构的人口健康信息采集、管理、利用、安全和隐私保护工作。2016 年,《国务院办公厅关于促进和规范健康医疗大数据应用发展的指导意见》提出了夯实健康医疗大数据应用基础、加强健康医疗大数据保障体系建设等重点任务。2018 年,国家卫生健康委员会研究制定了《国家健康医疗大数据标准、安全和服务管理办法(试行)》,明确健康医疗大数据的定义、内涵和外延,以及制定办法的目的依据、适用范围、遵循原则和总体思路等,明确各级卫生健康行政部门的边界和权责,明确各级各类医疗卫生机构及相应应用单位的责权利,并对三个方面包括安全管理进行了规范。2018 年,国务院发布《关于促进"互联网+医疗健康"发展的意见》,提出要推进"互联网+"人工智能应用服务,研发基于人工智能的临床诊疗决策支持系统,开展基于人工智能技术、医疗健康智能设备的移动医疗示范。2019 年,第十三届全国人民代表大会常务委员会第十五次会议审议通过《中华人民共和国基本医疗卫生与健康促进法》，该法具体规范了基本医疗卫生服务、医疗卫生机构和人员、药品供应保障、健康促进、资金保障、监督管理和法律责任等方面，也是我国卫生与健康领域第一部基础性、综合性法律。

在我国相继颁布针对健康医疗行业数智安全相关的各项政策法规的同时，健康医疗行业的主管机构也颁布了一系列的行业规范来引导我国医疗机构信息化建设。

1. 卫生信息标准

2009 年，原卫生部信息标准专业委员会发布了"卫生信息标准体系概念框架"，将卫生信息标准分为基础类标准、数据类标准、技术类标准及管理类标准 4 大类。后经国家卫生健康委统计信息中心与国家卫生标准委员会信息标准专业委员会对原模型进行修订与完善，提出了卫生信息标准体系框架由基础类、数据类、技术类、安全与隐私类、管理类 5 类组成。其中，安全与隐私类标准对相关安全技术、数据安全、个人隐私保护、系统与平台安全、应用与服务过程中的安全和隐私等方面进行了规范和约束，如图 15.1 所示。

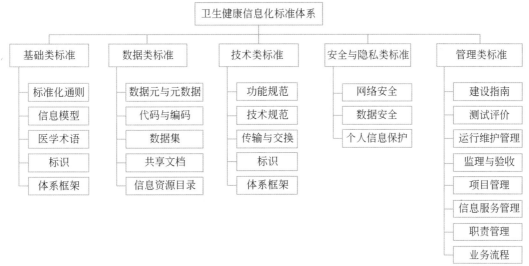

图 15.1　卫生健康信息化标准体系

2. 智慧医院行业规范

近年来，国家卫生健康委陆续发布智慧医院系列相关政策，指导医院以问题和需求为导向，持续推进电子病历、智慧服务、智慧管理"三位一体"的智慧医院建设和医院信息标准化建设，如图 15.2 所示。其中医院智慧服务是智慧医院建设的重要内容，指医院针对患者的医疗服务需求，应用信息技术改善患者就医体验，加强患者信息互联共享，提升医疗服务智慧化水平的新时代服务模式。建立医院智慧服务分级评估标准体系（Smart Service Scoring System，4S），旨在指导医院以问题和需求为导向持续加强信息化建设、提供智慧服务，为进一步建立智慧医院奠定基础。

在医院围绕电子病历为核心的信息化建设中，须逐步完善医院信息安全保障体系，通过数智技术手段，保障患者病历信息安全，防止病历信息被外泄和盗用。要求医院严格执行信息安全和健康医疗数据保密规定，加强关键信息基础设施、数据应用服务的信息防护，加强医疗机构电子病历数据传输、共享应用的监督指导和安全监管，建立健全患者信息等敏感数据对外共享的安全评估制度，确保医疗信息安全。

智慧医院

智慧医疗　智慧服务　智慧管理

智慧医疗

《电子病历系统应用水平分级评价管理办法（试行）》《电子病历系统应用水平分级评价标准（试行）》

0级：未形成电子病历系统。
1级：独立医疗信息系统建立。
2级：医疗信息部门内部交换。
3级：部门间数据交换。
4级：全院信息共享，初级医疗决策支持。
5级：统一数据管理，中级医疗决策支持。
6级：全流程医疗数据闭环管理，高级医疗决策支持。
7级：医疗安全质量管控，区域医疗信息共享。
8级：健康信息整合，医疗安全质量持续提升。

智慧服务

《医院智慧服务分级评估标准体系（试行）》

0级：医院没有或极少应用信息化手段为患者提供服务。
1级：医院应用信息化手段为门急诊或住院患者提供部分服务。
2级：医院内部的智慧服务初步建立。
3级：联通医院内外的智慧服务初步建立。
4级：医院智慧服务基本建立。
5级：基于医院的智慧医院健康服务基本建立。

智慧管理

《医院智慧管理分级评估标准体系（试行）》

0级：无医院管理信息系统。
1级：开始运用信息化手段开展医院管理。
2级：初步具备数据共享功能的医院管理信息系统。
3级：依托医院管理信息系统实现初级业务联动。
4级：依托医院管理信息系统实现中级业务联动。
5级：初步建立医院智慧管理信息系统，实现高级业务联动运与管理决策支持功能。

图 15.2　智慧医院行业规范

3. 互联网医院行业规范

互联网医院本身处于互联网环境中,依托实体医疗机构将诊疗业务延伸至互联网端,与包括实体医疗机构、卫健行政部门管理平台、互联网医疗服务健康平台、医联体、医生、患者、药店药企、金融和保险机构、物流、第三方支付平台等在内的各个方面实现互联互通,增加了互联网业务的对外暴露面安全风险。鉴于互联网医院系统承载大量有价值的敏感数据,关乎国计民生和社会稳定,2018 年以来,国家陆续发布一系列"互联网＋医疗健康"管理规范,保障互联网医疗平台在线签约、电子病历、医师认证、电子处方等业务的安全开展。由国家卫生健康委员会、国家中医药管理局颁布的《互联网医院管理办法(试行)》中明确要求"互联网医院信息系统按照国家有关法律法规和规定,实施第三级信息安全等级保护",等级保护建设要求成为互联网医院上线的必要条件,如图 15.3 所示。

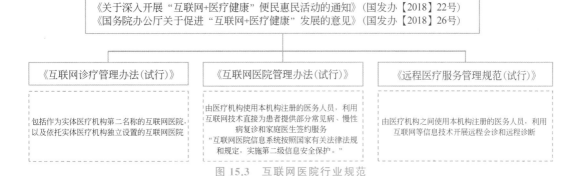

图 15.3　互联网医院行业规范

4. 医联体行业规范

医联体的作用是将一个区域内的医疗资源整合在一起,通常由区域内的三级医院牵头与二级医院、乡镇医院、社区医疗服务机构组成一个医疗联合体。目的是推动医疗资源下沉,实现病人双向转诊,逐步缓解看病难。医联体让三级医院、二级医院、乡镇卫生院和社区医疗服务机构的联系更紧密、更有组织性,充分实现了 3 个不同层次的医疗技术互补。根据国家倡导的 4 种医联体发展模式,全国各区域医疗机构根据实际情况展开医联体建设。目前已发布的医联体行业规范如图 15.4 所示。

《国务院办公厅关于推进分级诊疗制度建设的指导意见》(国发办【2015】70号)
《国务院办公厅关于推进医疗联合体建设和发展的指导意见》(国发办【2017】32号)
《医疗联合体管理办法(试行)》(国卫医发【2020】13号)

城市医疗集团	县域医疗共同体	专科联盟	远程医疗协作网
《关于开展城市医疗联合体建设试点工作的通知》国卫医函【2019】125号《城市医疗联合体建设试点工作的方案》《湖北省城市医疗集团建设工作方案(2021—2023年)》《安徽省深化医药卫生体制改革领导小组关于全面推进紧密型城市医联体建设的通知》《阜新市城市医疗集团建设实施方案(2020—2022年)》	《关于推进紧密型县域医疗卫生共同体建设的通知》《紧密型县域医疗卫生共同体建设评判标准和监测指标体系(试行)》(国卫办基层发【2020】12号)《河北省加快推进紧密型县域医疗卫生共同体建设的实施方案》《郑州市县一体高质量推进紧密型县域医疗卫生共同体建设实施意见》	《陕西省重点专科联盟标准》《中南大学湘雅医院医疗联合体专科联盟章程》《南京市玄武区医联体(专科联盟)建设管理办法》	《远程医疗服务管理规范(试行)》《远程医疗信息系统基本功能规范》《远程医疗信息系统建设技术指南》《远程医疗服务基本数据集》《基于5G技术的医院网络建设标准》

图 15.4　医疗联合体行业规范

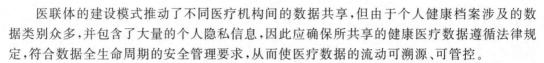

医联体的建设模式推动了不同医疗机构间的数据共享,但由于个人健康档案涉及的数据类别众多,并包含了大量的个人隐私信息,因此应确保所共享的健康医疗数据遵循法律规定,符合数据全生命周期的安全管理要求,从而使医疗数据的流动可溯源、可管控。

5. 医疗机构网络安全规范

2022 年 8 月,国家卫生健康委、国家中医药局、国家疾控局印发《医疗卫生机构网络安全管理办法》(以下简称《办法》),《办法》根据《中华人民共和国基本医疗卫生与健康促进法》《网络安全法》《密码法》《数据安全法》《个人信息保护法》《关键信息基础设施安全保护条例》《网络安全审查办法》以及网络安全等级保护制度等有关法律法规标准制定,根据我国已发布施行的通用网络安全建设要求,结合我国各级医疗机构现状,对医疗行业各医疗机构提出具有针对性的网络安全管理要求,促进行业信息化发展,防范网络安全事件发生。《办法》明确了各医疗卫生机构网络及数据安全管理基本原则、管理分工、执行标准、监督及处罚要求,体现了统筹安全与发展的总体平衡,与此前出台的一系列政策法规一脉相承,为医疗卫生机构指明了网络安全管理的总方向。

综上所述,针对数智技术的不断发展和在健康医疗领域的广泛应用,世界主要国家和行业组织均出台了相关的法律法规和行业标准来规范数智技术的应用,并对其中的安全风险进行规范和预防,随着应用场景的不断深入,后续也将会有更多的政策法规和行业标准出台。

15.1.3 健康医疗数智安全标准

1. 国际标准

国际标准化组织(International Organization for Standardization,ISO)在 1998 年成立了健康信息学技术委员会 TC215(Technical Committee 215),其工作范围是健康信息以及健康信息与通信技术领域的标准化。截至 2022 年 9 月,TC215 共有包括中国在内的 31 个正式成员国和 34 个观察成员国,已发布国际标准 223 项,正在研制标准 66 项,是 ISO 中最活跃的技术委员会之一。

TC215 下设多个工作组(Working Group,WG),其每个工作组负责对健康信息的一个方面开展标准研究。依照工作组架构和已发布与正在研制的健康信息标准,主要分为数据结构类标准、数据交换类标准、语义内容类标准、信息安全类标准、健康卡标准、药房与医药电子商务类标准、设备类标准、电子健康档案业务需求类标准等。其中 WG4(Working Group 4)负责信息安全类标准的制定,以保护和增强健康信息的保密性、完整性和可用性,防止信息系统对患者安全产生不利影响,保护用于健康医疗行业的个人信息的隐私,并确保卫生信息系统用户的责任。同时,对于存在重叠的领域会成立联合工作组,如 TC215 和 TC249 成立了联合工作组,共同进行中医药信息国际标准方面的研究。

TC215 制定了一系列信息安全类的国际标准,如 ISO 17090-1:2021《健康信息学 公钥基础设施 第 1 部分:数字证书服务综述》,ISO 17090-2:2015《健康信息学 公钥基础设施 第 2 部分:证书轮廓》,ISO 17090-3:2021《健康信息学 公钥基础设施 第 3 部分:认证机构的策略管理》,ISO 17090-4:2020《健康信息学 公钥基础设施 第 4 部分:医疗保健文件的数字签名》,ISO 17090-5:2017《健康信息学 公钥基础设施 第 5 部分:使用医疗 PKI 凭据的身份验证》,ISO 22857:2013《健康信息学 促进个人健康数据跨境流动的数据保护指南》,ISO/TR 21332:2021《健康信息学 健康信息系统安全和隐私的云计算考虑》等。

2. 国内标准

2020 年 GB/T 39725—2020《信息安全技术 健康医疗数据安全指南》(以下简称《指南》)颁布,该标准明确了健康医疗数据的定义、分类体系、使用披露原则、安全措施要点、安全管理指南、安全技术指南以及八种典型场景数据安全要点,这也是我国第一部健康医疗数据安全的国家标准。在"互联网＋医疗健康"和智慧医疗发展的大趋势下,《指南》意图综合实现多重目标,既确保健康医疗数据的保密性、完整性和可用性,保护个人信息安全、公众利益和国家安全,又能促进健康医疗数据和业务发展的需求。

15.2 健康医疗数智安全应用场景

15.2.1 大数据技术安全应用场景

健康医疗大数据作为国家重要的基础性战略资源,其中蕴含着巨大的临床应用价值、科研价值、经济价值等。在大数据技术等多种新兴技术在健康医疗领域不断融合应用的背景下,一方面需要不断挖掘多年来我国在卫生信息化建设过程中所积累数据的价值,推动不同区域、不同机构、不同系统间的数据有序流动,实现大数据技术与更多健康医疗场景相融合;另一方面也需要充分考虑健康医疗大数据的安全性,保护健康医疗大数据中包含的个人隐私和重要患者诊疗数据、医疗保险信息、基因遗传信息、医学实验科研数据等。

1. 大数据在医联体内医院的应用

医联体是我国新医改的重点举措之一,通过将区域内的医疗资源进行整合形成医疗联合体,实现资源大集中和数据大集中,以便更好地为人民群众提供诊疗服务。由医联体牵头医院建设服务于整个医联体内医疗机构的数据中心,统一收集临床科研、卫生管理、便民服务等行业数据,利用大数据技术进行挖掘分析,指导医联体内医疗机构不断优化诊疗流程,加强诊疗服务水平,提升公共卫生管理能力,推进行业标准落地,如图 15.5 所示。

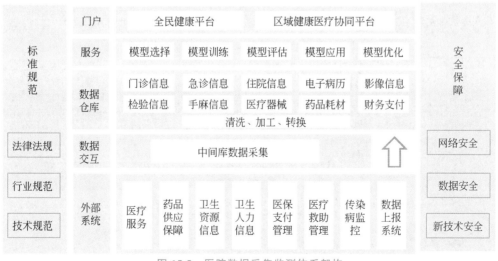

图 15.5　医院数据采集监测体系架构

由于医联体内的各个医疗机构信息化发展不均衡,对加入医联体的医疗机构进行数据采集将面临如何实施统一采集标准、统一安全存储的问题。与传统健康医疗数据主要集中在医疗机构内网中不同,医联体实现了区域内多家医疗机构网络的互联互通,因此,应采取必要措施,保障医疗数据在医联体内的有序流动并防止重要数据外泄。相应风险分析如图 15.6 所示。

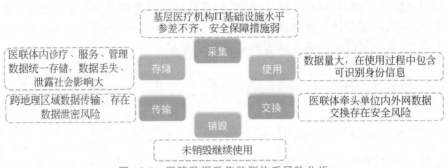

图 15.6　医院数据采集监测体系风险分析

根据医疗机构数据的特殊性要求,很多医疗机构在数字化转型云化发展的过程中,选择私有云为主,多云结合的建设模式,基于 SD-WAN(Software Defined Wide Area Network,软件定义广域网)技术组建医联体内统一运维管理的医疗虚拟专网,利用专线、5G 等多种通信基础设施保障业务连通性,将国产密码技术应用于重要医疗数据加密存储、电子病历签章、科研实验数据传输完整性校验等重要医疗数据处理环节,保障大数据在医联体内医院数据监测中的应用,如图 15.7 所示。

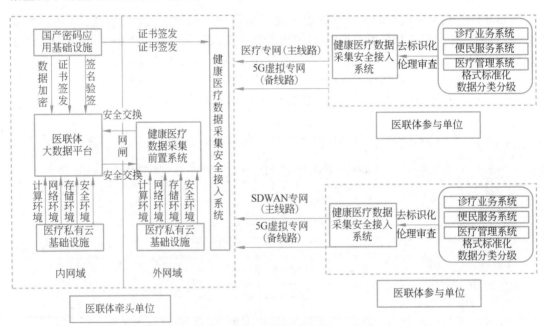

图 15.7　医院数据采集监测体系安全保障

2. 大数据在智慧医疗传染病预测中的应用

自 2003 年 SARS 疫情以来,利用信息化技术推进疾病防控体系建设在我国取得了长远发展,中国已建成全球最大规模的法定传染病疫情和突发公共卫生事件的网络直报系统,基本实现疫情数据规范填写、自动校验、快速上报等,如图 15.8 所示。在新冠疫情防控背景下,基于传染病流调数据,开展跨区域、跨部门、跨行业的疫情相关数据采集,采用大数据技术开展疾病趋势预测、感染人群分类分析、舆情舆论感知等方面应用。

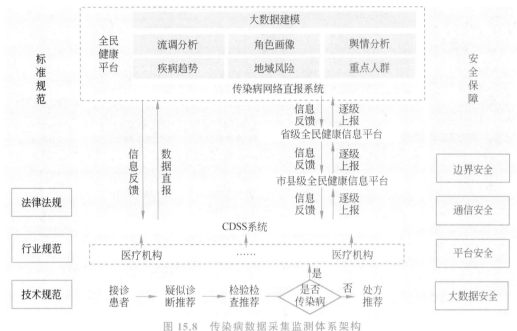

图 15.8　传染病数据采集监测体系架构

　　在疫情防控中,收集的大量个人信息有助于我国建立高效的公共卫生疫情防控体系。但是,由于数据采集环境复杂,容易从采集源头造成个人信息泄露。并且,相关数据在传输、使用过程中,各级有关部门在利用个人信息追踪疫情传播路径、预测疫情蔓延形势等工作时,容易忽略个人隐私信息保护,过度发布个人身份信息、行程轨迹信息等,造成不良社会舆论。相关风险分析如图 15.9 所示。

图 15.9　传染病数据采集监测体系风险分析

　　在重大疫情防控背景下,传染病监测数据保护应明确个人信息利用与保护之间的关系,处理个人相关信息必须遵循《个人信息保护法》,利用技术手段改造传染病相关信息采集方式从纸质表单填写向 PC 端、手持移动端转变;重要数据回传基于国密算法进行信道加密,涉及个人信息相关数据使用需进行个人信息去标识化处理,尽可能实现对个人信息的最大限度保护,如图 15.10 所示。

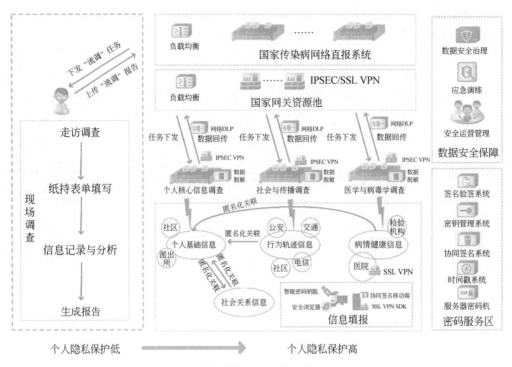

图 15.10　传染病数据采集监测体系安全保障

15.2.2　人工智能技术安全应用场景

1. 人工智能技术在智慧医院胸部 CT 影像辅助诊断中的应用

胸部 CT 影像辅助诊断是人工智能技术在计算机图像处理中的一种典型应用,从胸部疾病体检筛查到医学疾病辅助诊断,在我国广大医疗机构推进分级诊疗过程中起到很大的促进作用。这一技术的推广运用,降低了人满为患的大中型医疗机构医生工作负担,提升了基层医疗机构诊疗水平,助力精准医疗,降低了由于人工经验不足、疏忽造成的误查、漏诊等医疗事故。

人工智能技术在 CT 影像中的应用,从网络架构分析,可分为终端侧和平台侧。平台侧人工智能算法应用一般采用云端部署,与多家医疗机构共享算力与算法,将影像数据通过网络传输到云端模型中进行运算后,再进行结果返回,结合病理知识库和病灶信息,最终生成影像诊断建议。终端侧一般指医生工作站,大部分医疗机构由多个医生共享同一个医生工作站,终端环境一旦感染木马病毒,会从人工智能辅助诊断系统的数据采集入口造成数据泄露风险,在互联网医院诊疗环境下,患者从移动端上传影像数据还涉及移动端环境安全问题。智能诊疗云端作为人工智能 CT 影像辅助诊断核心组成部分,平台本身按照《网络安全法》要求进行安全加固,根据合规性进行分级保护。按照《网络安全法》要求对不同级别的业务系统分等级进行保护。终端与平台数据传输采用国密算法进行数据加密防护,平台向第三方机构数据分享要做好数据脱敏处理,终端环境要部署终端安全防护系统进行安全加固,互联网医院移动终端要做好移动安全加固工作,对于人工智能算法要进行安全审核,明确人工智能应用功能列表、功能描述、异常情况的处理流程等,如图 15.11 所示。

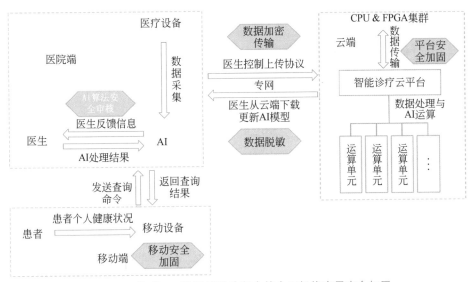

图 15.11　胸部 CT 影像辅助诊断中的人工智能应用安全加固

2. 人工智能技术在互联网医院临床辅助诊断决策中的应用

临床辅助诊断主要依赖患者临床数据支持和临床相关领域专业知识,与人工智能相结合可大大提高辅助诊断决策准确性,规范基层医疗机构诊疗服务标准,提高基层医生医疗诊断准确性。系统基于患者临床数据及过往病史进行智能分析,大幅增强基层医疗机构医疗服务水平,实现短时间内大幅提升基层医疗机构业务水平,改善患者就医体验,提升患者对我国基层医疗机构认可程度,推动我国新医改分级诊疗战略,实现区域间优质医疗资源的互联互通,如图 15.12 所示。

图 15.12　互联网医院临床辅助诊断决策中人工智能技术的应用

基于人工智能的医疗辅助决策系统服务对象主要是基层医生和患者。在互联网医院场景下,患者通过网络与医生进行交流,在接入互联网医院的过程中可能面临通信链路被监听,因而造成信息泄露。此外,在诊疗过程中,医生将患者信息录入系统,系统自动为医生推荐患者可能的病况,恶意程序可能会感染并干扰智能算法,在相似症状下引导医生向特定诊疗方向开具处方及药品,造成患者经济损失并延误病情。

整体安全设计思路可从患者接入互联网医院时的数据采集安全开始。首先应保障数据采集环境安全,患者接入环境应避免被植入木马病毒,医生在录入患者体征、症状信息时应采用必要技术手段避免患者个人信息被非法窃取监听。第二,在整体看诊过程中重要数据传输应采用国产密码技术进行链路加密,重要诊疗数据例如电子病历要进行电子签章处理。第三,辅助诊疗系统抽取患者信息进行人工智能分析时,应只收集必要的患者信息,对于非必要的患者隐私信息须进行数据脱敏处理。总之,对患者数据的采集、利用、存储的关键环境应保障采集安全、传输安全和存储安全,尤其对于存储在数据库中的关键结果数据须部署必要技术措施实现全程可追溯,如图 15.13 所示。

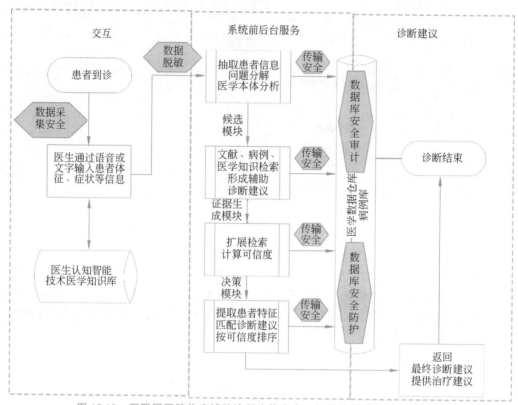

图 15.13　互联网医院临床辅助诊断决策中人工智能技术应用的安全保障

15.2.3　其他新兴技术安全应用场景

1. 物联网在医共体内医疗设备精细化管理中的应用

国家鼓励部分实力较强的公立医院在控制单体规模的基础上,适度建设发展新院区,发生重大疫情时迅速转换功能。医共体内医疗机构要实现人、财、物的统一管理,对包括医院医疗设备规划、采购、维修、调度、状态监测、报废等环节进行全生命周期管理,基于物联网技术采集设备客观数据,通过人工智能模型和算法,对设备管理配置工作进行全面指标建模和分析优化,实现医疗设备精细化管理和配置,提升产出效益,如图 15.14 所示。

在智能医疗领域,智能医疗设备应用广泛,这些设备一旦被恶意入侵会严重影响医疗系统获取患者数据的可信性。当无法保障医疗设备的安全时,医生和患者自然会对智能医疗服务望而却步,严重阻碍智能医疗的推广与发展。如医共体内各医疗机构零散分布的医疗器械缺乏统一管控;遍布不同区域医疗机构的物联网设备具有种类多、分布广、责任人不明确的特点;众多医疗设备默认开启远程运维端口,安全隐患大且有被入侵风险;传统网络安全设备无法识别物联网协议,导致即使发现公开的医疗设备物联网协议相关漏洞也很难封

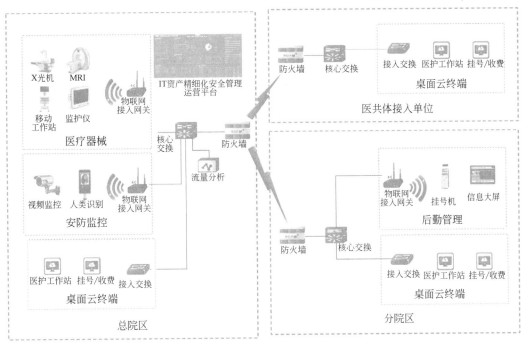

图 15.14　物联网在医疗设备精细化管理中的应用

堵管控；大部分医疗机构缺乏针对物联网设备的安全管理意识，使得不法黑客利用物联网协议非法入侵医疗设备成为可能。

医院中的智能设备具有公开性特点，可通过公开网络进行数据采集和上传，这增加了数据被窃取和干扰破坏的风险。并且，大部分智能传感器具备固定的出厂身份 ID，当不法分子伪造智能传感器身份接入院内网络，可能会上传虚假数据，干扰相邻传感器，对院内物联网节点协同工作造成威胁。因此，需要针对医院内各重要医疗设备进行体系化的物联网安全防护设计。医院物联网安全防护方案设计包括医疗设备接入点边缘安全防护及管理平台建设两部分，其中所有安全接入网关的物联网流量安全策略、版本管理统一由安全中心配置，物联网安全管理平台对接入的安全网关进行统一的身份认证、管理配置、状态检查，直观地呈现全网安全网关的运行状态。

对医院物联网终端、业务类型等进行分析识别，包括但不限于物联网专有协议的识别，如 MQTT（Message Queuing Telemetry Transport，消息队列遥测传输协议）、CoAP（Costrained Application Protocal，受限应用协议）等。可以通过黑白名单，防止仿冒终端的接入，确保医疗物联网业务平台的安全。通过资产识别技术，基于物联网协议主动探测及旁路监测方式实现医共体内所有物联网医疗设备资产探查，进一步实现全网资产状态的可视化管理、风险管理，并基于安全风险进行针对性的安全策略控制，如图 15.15 所示。

2. 区块链在医共体内处方流转中的应用

在医疗业务场景中，处方流转要面对流转过程中各个环节信息不透明，难以保证处方真实性，无法确定处方版权等问题。应用区块链和大数据技术能够实现医共体内处方流转，让患者在获取医药服务的方式上更有主动权，同时促进处方流转标准化。基于区块链技术能更好的追溯处方流转的全流程信息，通过采集处方流转各关键信息节点信息并将其上链存证，实现处方流转过程中重要数据来源可查、去向可追，保证溯源信息真实可信。

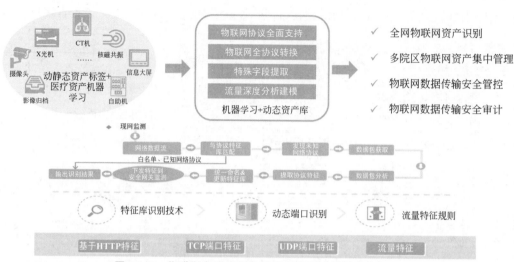

图 15.15　物联网在医疗设备精细化管理应用的安全加固

区块链技术与不同医疗业务场景的结合,在促进业务发展的同时也引入了新的安全风险,目前区块链应用中暴露出来的风险主要表现在以下 5 个方面:

(1) 51% 攻击风险。在医共体内共享处方链生成的早期阶段,恶意黑客可收集超过一半的哈希值并控制整个系统。

(2) 网络钓鱼攻击。黑客通过网络钓鱼窃取医共体内成员单位的私钥,进而对处方数据进行进一步攻击。

(3) 路由攻击。医共体处方链依赖于大量的数据实时移动,黑客可以拦截正在传输给医共体处方链平台的处方数据,造成处方数据篡改。

(4) 处方链服务端漏洞。处方链服务端点的脆弱性是基于区块链进行医共体内处方流转的重要安全隐患。

(5) 女巫攻击。黑客在医共体网络内利用云计算技术大量生成虚假网络节点,一次获得多数共识扰乱医共体处方链正常流转。

针对区块链技术引入的安全风险进行分析,可进行以下应对:

(1) 51% 攻击应对。可采用加强区块链矿池监控、避免使用工作量证明共识程序等措施。

(2) 网络钓鱼攻击应对。可采用浏览器安全加固、全院终端统一部署防病毒软件等措施。

(3) 路由攻击应对。可采用带有证书的安全路由协议、定期修改网络设备密码以及使用强密码等措施。

(4) 处方链服务端漏洞应对。可采用不将区块链密钥作为文本文件保存、在服务器端部署杀毒软件、定期检查系统并做好安全加固等措施。

(5) 女巫攻击应对。可采用适当的共识算法、监控其他节点的行为以及检查只有单个用户产生区块的节点等措施。

3. 5G 在互联网远程会诊中的应用

5G 作为新兴的基础通信技术,具有高带宽、广衔接、低延时等特点,结合医疗业务场景可大大推进健康医疗服务创新升级和产业加速发展,尤其在互联网远程会诊中,5G 技术与远程医疗相结合,利用网络切片技术、多接入边缘计算、医学影像数据的高速传输与共享,充分吸收现有的医疗人力和设备资源,发挥大医院的医疗技术优势,为偏远地区医院在疾病诊断和治疗等方面提供数字化远程会诊服务。

在互联网远程诊疗应用场景中,5G 所具有的高带宽、广衔接、低延时等特点,叠加医疗业务在引入 SDN/NFV、虚拟化、移动边缘计算和异构无线网络融合等新技术后发展出的新场景新应用,对医疗行业 5G 应用场景中的院内、院外患者统一接入认证、鉴权、差异化终端通信切片安全、5G 专属应用场景中的数据安全和患者隐私保护等方面带来全新挑战。

从健康医疗数据全生命周期分析 5G 互联网医院远程诊疗中的应用。其中,数据采集风险包括采集源身份仿冒或数据伪造,采集数据未正确分类分级,导致违规采集患者个人隐私数据等;数据存储风险包括遭受勒索加密病毒,未采用国产密码算法存储重要数据,存在违规范围或被不法黑客窃取重要数据;数据传输风险包括在重要数据传输过程中被恶意镜像流量采集数据,导致处方信息泄密;数据使用风险包括科室人员越权访问不相关患者信息,医护人员违规查询、批量下载和持有处方数据,非授权终端违规接入医院网络访问数据。数据流转风险包括处方数据流转方式和路径复杂,违规访问极易隐藏、异常流程传输或敏感数据泄密等问题。

电子病历作为互联网医院信息化建设的核心内容,其主要特点是数据体量大并具有很强的隐私性和安全性。基于 5G 技术在各医疗机构间进行电子病历相关数据的验证、存储、传输、访问、共享、分析与挖掘利用等过程中都存在数据交互标准、效率、安全性和可信等问题,需要在各个关键环节保障业务安全,实现不同医疗机构、信息系统、医疗设备和智能终端之间电子病历数据的高速传输,提高远程诊疗安全性,如图 15.16 所示。

图 15.16 5G 在互联网远程会诊应用中的安全措施

15.3 健康医疗数据安全治理实践

某医院为当地大型三甲医院,该院经过多年信息化建设积累大量健康医疗数据,按照 GB/T 39725—2020《信息安全技术 健康医疗数据安全指南》要求,针对医院进行数据分类分级和场景分析,识别健康医疗数据面临的安全风险,有针对性地采取安全措施,并对实施措施后的效果进行检查和改进。医院数据安全建设过程分为以下 6 个关键步骤。

15.3.1 组织建设

数据安全建设第一步是进行组织建设,明确医院各层级、各科室在数据安全治理工作中的角色与责任,实现责权明确,有序推进数据安全治理工作。首先,医院应建立由院领导牵头负责的数据安全治理委员会,组织跨业务科室和信息部门的协调工作,规划数据安全治理总体方向。日常监督管理工作由数据安全治理办公室负责,主要责任人由业务科室负责人组成,便于日常工作推进。三级组织以信息中心为主,各业务科室协同配合,根据实际情况有序展开全院数据安全治理相关实践,如图 15.17 所示。

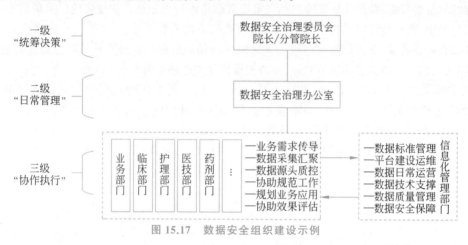

图 15.17　数据安全组织建设示例

15.3.2 数据安全制度建设

为了保障数据安全治理工作的有效开展,发挥管理组织的最大效用,医院应做好战略顶层设计,明确数据安全治理目标、方向等,建立一套贯穿健康医疗数据全生命周期的数据安全治理制度规范,明确信息科与各业务科室工作环节的分工与协作关系,可建立 4 级制度规范体系,包含一级顶层设计、二级管理制度、三级细则办法、四级工作记录,如图 15.18 所示。

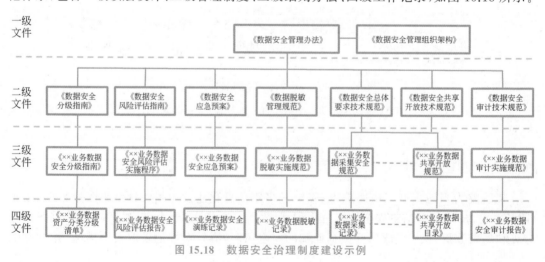

图 15.18　数据安全治理制度建设示例

15.3.3　数据安全评估

GB/T 39725—2020《信息安全技术 健康医疗数据安全指南》将健康医疗数据分为个人属性数据、健康状况数据、医疗应用数据、医疗支付数据、卫生资源数据、公共卫生数据 6 类，根据数据重要程度、风险级别以及对个人健康医疗数据主体可能造成的损害和影响，可将健康医疗数据划分为 5 级。根据标准要求，医院应建立数据安全治理的相关评估规范，结合不同医疗业务系统中健康医疗数据分布情况，采用适当自动化分类分级工具，对分级结果进行数据分级标签化管理，为后续数据安全利用及保护奠定基础。

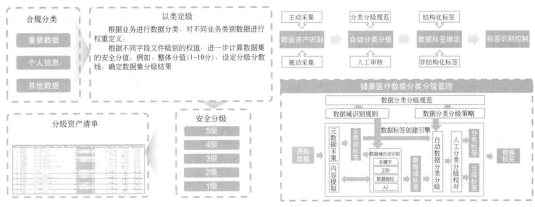

图 15.19　数据安全评估示例

如图 15.19 所示，医院数据安全治理评估是在数据分类分级的基础上，将数据由低到高依次分为初始级、受管理级、稳健级、量化管理级、优化级。这 5 个等级的要求由低到高逐级累加，较高等级评估要求应包含较低等级的全部要求，在实际中可针对医院数智化建设的实际情况制定评估方案进行客观评估。本节以稳健级评估要求举例说明，一般二级以上医院可以依照此要求进行数据安全评估。稳健级数据治理评估要求中，医院数据应被当作实现组织绩效目标的重要资产，在组织层面制定可实施的数据治理管理流程，基本形成信息科主导多科室协同的数据治理体系。数据的管理及应用应能够结合医院的业务战略、经营管理需求以及外部监管需求，网络安全等级保护建设须满足三级建设要求，医院应建设有信息集成平台和信息安全运营服务平台支撑医院业务稳定运行。

15.3.4　数据安全防护建设

在做好数据安全评估基础上，从健康医疗数据采集、传输、存储、处理、交换和销毁等数据处理全过程进行安全设计，针对不同阶段的数据建立关联多层次医疗业务场景的安全应用，结合用户计算环境、数据库环境、大数据平台环境、业务应用环境、开发测试环境、安全运营管理环境等不同业务场景设计数据安全防护措施，如图 15.20 所示，既有效管控重要健康医疗数据在机构内外流转情况，降低数据安全风险，又满足不同业务科室的数据使用需求。

15.3.5　数据安全运营管控建设

数据安全运营管控主要包含数据安全运维、应急预案与演练、数据安全监测预警、数据安全应急处置、数安全灾难恢复等工作。为充分发挥医疗健康数据的实际价值，可参考

周期 场景	采集	传输	存储	处理	交换	销毁
用户 计算环境	双向 双因素 身份鉴别 终端防泄漏	双向 双因素 身份鉴别 终端防泄漏	备份恢复 文档加密	终端安全管控	移动介质管理	介质销毁
数据库环境	数据安全分级标识 元数据管理	数据库扫描 数据库审计	备份恢复 异地容灾 数据库加密	主机加固 数据库加密	安全隔离交换 数据脱敏	归档擦除 内容销毁 介质销毁
大数据平台	数据安全分级标识 接口安全保护 采集数据脱敏	双向 双因素 身份鉴别 接口安全保护 大数据访问加密	备份恢复 异地容灾 大数据加密	主机加固 机密计算	数据水印 安全隔离交换	内容销毁 介质销毁
业务 应用环境	应用防泄漏	双向 双因素 身份鉴别 接口安全保护 应用传输加密	备份恢复 存储加密	主机加固 应用审计 数据加密	数据水印 安全隔离交换	介质销毁
开发测试 培训环境	安全隔离交换 测试数据脱敏	网络防泄漏	备份恢复	主机加固	安全隔离交换 微隔离	归档擦除 介质销毁
安全管理 中心	专机专用	应用传输加密	备份恢复 存储加密	运维审计	移动介质管理	内容销毁 介质销毁

图例 公开及以上级别数据采用 　内部及以上级别数据采用 　敏感数据采用

图 15.20 数据安全治理防护建设示例

PDCA（全程）模型并结合医疗机构实际情况，提升数据安全运营体系在医疗数据安全治理中的核心作用，有效上承组织管理体系，下接技术应用体系，落实医疗数据在机构内部、一定区域内乃至全国区域内由于数据流动带来的持续、动态、闭环管理。首先，制定医疗数据安全规划（P），通过解读医疗机构应遵循的行业、区域的法律法规，结合数据安全评估中数据资产梳理情况制定动态分级防护策略；其次，落实医疗数据全生命周期安全防护（D），依据规划制定安全策略，面向医生、患者、机构管理者等不同级别的敏感数据对象，构建覆盖医疗数据全生命周期节点的按需、动态防御运营能力体系；再次，展开风险监测与防护效果评估（C），实时监测数据安全运行风险，对安全事件进行响应处置；最后，根据风险监测和防护效果，结合行业业务变革要求，进行持续改善、优化（A），迭代驱动下一个安全规划（P）。通过数据安全运营管控能够帮助医院决策人员、信息管理人员、临床科室人员、科研开发人员等提升医院数据安全应用和决策管理水平。

15.3.6 数据安全监管

加强健康医疗数据的有效保护和合法利用是我国医疗信息化建设的主要趋势。医疗数据安全监管的重要目标是建立跨部门、跨领域、跨区域密切配合、统一归口的医疗数据共享机制，消除数据壁垒。我国已将数据定位为基础要素资源和国家战略资产，尤其对于健康医疗行业，医疗数据流动与交易有利于促进行业数据的融合挖掘，从而释放医疗数据资源的内在价值。如社会热议的疫苗研发中的人工智能技术应用，就依赖于医疗机构、第三方实验室、生物样本库等渠道获取的临床数据。在医疗数据交易方面，我国立法做出概况性规定，但目前尚未确立具体的数据确权和交易机制。因此，健康医疗样本库及数据库主体应注意，在开展科研、国际合作等用途的数据采集、共享、处理等活动时，必须在我国法律法规要求的数据安全监管体系内进行，如采取必要措施确保个人隐私保护和知情同意，确保使用书面协议或签订具有法律约束力的文件，履行数据出境应进行安全评估义务等。

数据安全监管是保障医院数据治理有效落地的重要抓手，建立数据安全监管体系的具体措施可包括构建数据安全建设效果评估机制和问责机制等。评估机制的重要目的是客观评估当前医院数据安全建设的效果和水平，医院应基于效果评估建立一个闭环优化体系，通过定期的安全评估挖掘现有数据安全治理中存在的问题,通过剖析问题产生的原因,针对性制定新的工作要求和展开新的工作内容。医院可依托数据安全治理管理机构明确评估周期、评估流程、评估模型等,并采用适合自身的数据治理成熟度评估模型。医院建立的数据安全治理体系应包含问责机制,规划合理的审查体系和审计规范,监督医院数据安全实施的合规性、有效性和风险性,对实施过程中出现的问题及时对医院相关责任人进行问责。

15.4 健康医疗数智安全展望

未来,数智安全技术将会继续不断发展和变革。一方面是大数据、人工智能等技术本身的进步,如大数据分析能力和效率的进一步增强,人工智能的智能化程度更高等;另一方面,这些技术也将跟健康医疗行业各类场景进一步融合,从而解决那些长期以来悬而未决的难题。

随着技术的不断进步,健康医疗行业将向着效率更高、更智能化的方向发展,同时也会催生一些新的应用场景,如医疗数据隐私计算场景、精准医疗场景等。

(1)医疗数据隐私计算场景。数据在医疗机构、研究机构、制药公司间共享,一方面需要对数据加以利用,另一方面又必须保护患者隐私,因此将会催生数据共享、隐私计算等新场景。

(2)精准医疗场景。使用更先进的深度学习算法进行大数据分析,进一步提升视觉图像的清晰度,催生出更精准的医疗场景。

(3)新药械研发场景。在有大量患者数据以及人工智能分析技术的帮助下,借助去标识化等安全技术在保护患者隐私的前提下,加快新药械的研发进度和流程,提高效率和质量。

随着数智技术自身的发展及其在健康医疗行业各类场景中的进一步应用,健康医疗行业的数智化程度会不断提高。同时,由于健康医疗行业涉及广大人民群众的生命安全及个人隐私,因此未来针对健康医疗行业的法律法规和标准也会不断发展和完善。

15.5 本章小结

本章概述了我国健康医疗行业的数智化现状、国内外关于健康医疗数智技术的相关政策法规以及我国在健康医疗行业数智安全方面的一些标准,介绍了大数据、人工智能及其他新兴技术在健康医疗行业的常见应用场景,并重点讲解了医院数据安全治理场景的数智安全实践,最后从技术、应用场景等方面对数智安全的未来进行了展望。

思考题

1. 健康医疗数据控制者在保护健康医疗数据时可采取哪些安全措施?

2. 健康医疗数据与个人健康医疗数据的区别与联系?

3. 互联网医院远程诊疗医生调阅场景下涉及的检验检查名称、检验检查报告、手术记录、门诊详细病历、首诊医院、复诊医院、就诊科室等数据应如何进行分类分级?

4. 健康医疗个人信息保护特殊性体现在哪几个方面?

5. 基于人工智能技术的辅助诊断系统需要大量健康医疗数据进行模型训练,在此过程中需要注意哪些安全问题?

实验实践

延伸阅读 GB/T 39725—2020《信息安全技术 健康医疗数据安全指南》,模拟一个具体医疗场景,互联网诊疗药品配送场景数据安全治理的方法实施。

基本要求:围绕组织建设、制度建设、数据评估、防护建设、运营管控、数据监管 6 个关键步骤进行数据安全治理方案设计。

第 16 章
智慧城市数智安全实践

随着全球城市化的发展和科技革命的浪潮,如何构建一个以人为本、数据驱动和泛在智能化的未来城市,成为现阶段全球面临的一大挑战,同时也推动我国智慧城市建设进入高速发展阶段。在数字化转型和数字化改革中,作为底层重要基石,网络和数据安全的重要性也被提升至新高度。本章将以中国特色的新型智慧城市为理论指导,强化智慧城市安全治理,在我国智慧城市实践的基础之上,对未来该领域的多元发展和完善提出相应的标准建议。

16.1 智慧城市发展及安全风险

根据国家标准 GB/T 37043—2018《智慧城市 术语》的定义,智慧城市是运用信息通信技术,有效整合各类城市管理系统,实现城市各系统间信息资源共享和业务协同,推动城市管理和服务智慧化,提升城市运行管理和公共服务水平,提高城市居民幸福感和满意度,实现可持续发展的一种创新型城市。

党和国家高度重视数字中国、数字经济、智慧城市的建设与发展,自智慧城市被提出至今,已颁布了多项政策指引。党的二十大报告中提出"加强城市基础设施建设,打造宜居、韧性、智慧城市"。《"十四五"全国城市基础设施建设规划》提出,"加快新型城市基础设施建设,推进城市智慧化转型发展"。《中华人民共和国国民经济和社会发展第十四个五年规划和2035年远景目标纲要》中指出,"分级分类推进新型智慧城市建设""建设智慧城市和数字乡村"。由此,智慧城市在我国已经成为推进新型城镇化、提升城市管理水平和运行效率、提高公共服务质量、增强城市安全韧性、发展数字经济的重要战略。

16.1.1 智慧城市基本特征

智慧城市旨在探索如何通过技术渗透为城市发展提供内驱力,利用技术创新、多元文化等要素的聚合形成可持续的城市竞争力,主要包括以下基本特征:

(1)物联化:将各种感应技术嵌入物体,使其不断数字化,通过城市中的监控摄像机、传感器、RFID、数据中心、数据挖掘和分析工具、移动和手持设备以及多媒体终端等,实现更透彻的感知。

(2)互联化:人、数据与各种事物以不同方式联入网络,通过宽带、无线和移动通信网络以及城市内各先进的感知工具的连接,使市民可以远程管理工作和生活,实现更全面的互联互通。

(3)智能化:利用云计算、大数据等技术对海量数据进行整理分析,实现从数据到信息,从信息到知识,从知识到智慧的过程,以便政府或相关机构及时做出决策并采取适当措施。

16.1.2　国外智慧城市发展

信息技术的高速发展带来了全球信息化浪潮,未来智慧城市的发展越来越需要依赖信息技术的推动,世界各国政府都不约而同地提出了依赖互联网和信息技术来改变城市未来发展的蓝图。

(1) 美国:2009 年 9 月,美国中西部爱荷华州的迪比克市和 IBM 共同宣布,将建设美国第一个"智慧城市",一个由高科技充分武装的 6 万人社区。2015 年 9 月,美国联邦政府发布了"白宫智慧城市行动倡议",积极布局智能交通、电网和宽带等领域,宣布政府将投入超过 1.6 亿美元进行智慧城市相关研究,并推动超过 25 项的新技术合作,以解决城市交通和能源问题。据统计,2018 年美国智能城市技术投资达到 220 亿美元(全球 800 亿美元),预计投资金额仍将持续增长。在美国政府联邦机制下各地方政府存在竞争,促使市级政府更愿意制定全面、详细的智慧城市战略。以纽约市为例,2020 年,纽约市长宣布加速实施《纽约市互联网总体规划》,计划将于 18 个月内投资 1.57 亿美元。该计划将连接 60 万纽约人,其中优先考虑 20 万纽约公共住房社区的高速网络部署,以应对疫情导致的网络需求。2020 年 1 月,美国网络安全和基础设施安全局发布《智慧城市系统信任》(*Trust in Smart City Systems*)报告。根据该报告,美国目前有数百个智慧城市项目处于部署或开发阶段,从这些项目的投资额和影响范围可看出,美国公民将更加依赖更智能的城市技术。

(2) 日本:2009 年 7 月推出"i-Japan(智慧日本)战略 2015",旨在将数字信息技术融入生产生活的每个角落,将目标聚焦在电子化政府治理、医疗健康信息服务、教育与人才培育等三大公共事业。2016 年 1 月,日本政府发布《第五期科学技术基本计划》(简称"第五期计划"),首次提出"社会 5.0"概念。该计划明确提出将日本打造为世界最适宜创新的国家,最大限度应用 ICT,通过网络空间与物理空间(现实空间)的高度融合,给人带来富裕的"超智能社会"。2017 年,日本内阁发布《成为世界 IT 领先国家——促进公共和私营部门数据采用基本计划的声明》,其中重点强调了促进建设以数据利用为导向的 ICT 智慧城市。东京于 2017 年发布《都市营造的宏伟设计——东京 2040》城市总体规划,推进"新东京"实现"安全城市""多彩城市""智慧城市"3 个愿景。

(3) 韩国:2011 年韩国政府公布了"智慧首尔 2015",旨在进一步提升城市竞争力,提升城市居民幸福感。2016 年韩国政府成立首尔数字化基金会,以支撑首都基础设施的数字化建设,同年发布了《数字首尔 2020 计划》,指导城市在数字化城市、数字经济、市民体验以及全球引领等方面的工作。2019 年,韩国政府制定《第三次智慧城市综合规划(2019—2023)》,主要目标是在打通和完善数据与技术的基础层面上,推进更高质量的城市管理、服务和运营工作。面对后疫情时代带来的就业、房价、老龄化等种种城市问题,首尔市于 2021 年 9 月正式发布了《首尔愿景 2030》,综合涵盖了今后市政发展的基本方向,是首尔市的十年市政统筹规划,确定了 2030 年 4 大未来目标,即共生城市、全球领先城市、放心城市和未来感性城市。其中未来感性城市提出要将首尔市打造成为引领世界的、可持续发展的智慧城市,重点工作包括:提升交通物流智能化水平,构建以市民为中心的智慧生态,实现大数据 AI 基础的智能型政府,保障城市可持续发展等。

(4) 新加坡:2006 年启动"智慧国家 2015"计划,被公认为全球领先的智慧城市规划,其力图通过物联网等信息技术,建设经济、社会发展一流的国际化城市。为了实现智慧国家计划,新加坡于 2014 年将该发展蓝图升级为"智慧国 2025",并于 2018 年更新发布《智慧国家:前进之路》,以及配套发布的《数字经济行动框架》《数字政府蓝图》和《数字化储备蓝图》等,为"智慧国 2025"的落地实施提供支撑。

16.1.3　我国智慧城市发展

智慧城市的服务对象、服务内容非常广泛,但核心主线是"利用信息通信技术"提升城市服务质量。2017 年至今,我国智慧城市数量快速增加,进一步推动了新型智慧城市建设落地实施。2019 年新型智慧城市评价结果显示,超过 88% 的参评城市已建立智慧城市统筹机制。智慧城市逐渐覆盖政务、民生、产业和城市运营等各种场景,通过开发政务 App、普及自助终端,让越来越多的事项可以通过小程序、App、自助终端等渠道自由完成,群众刷刷脸、动动手指,就可享受随手办、随时办、随地办的便捷体验。"智慧教育""智慧医疗""智慧交通""无人驾驶""工业机器人"等特色亮点和创新应用也相继涌现,成为拉动经济增长和高质量发展的强劲动力。

16.1.4　智慧城市安全风险

新一代信息技术被广泛应用于智慧城市建设中,以及各种智慧城市信息服务系统的运行。数据作为一种重要战略资源已经不同程度地渗透到城市各个部门、行业和领域,是智慧城市建设信息化升级的催化剂。城市大数据作为智慧城市管理和运作的基础,智慧城市建设中形成的多源异构、种类繁多和数量庞大的数据,其数据量级是传统数据中心的几十倍、几百倍甚至几千倍,利用大数据技术可实现对城市的高效和智能化管理,利用云计算技术对城市数据进行有效的存储、检索、分析、挖掘应用等,可提取有规律的信息和知识,为城市建设、管理提供决策支持,推动智慧城市管理由粗放向精细化的转变。

我国新型智慧城市建设取得了积极进展,但也面临严峻的网络安全风险和挑战,具体表现为管理、技术、建设与运营方面的安全防护能力不能满足智慧城市网络安全要求。近年来,数据泄露事件愈演愈烈,泄露的数据包含个人健康信息、财务信息、商业秘密、个人可识别信息等,被曝光泄露的数据事件仅仅是数据安全事件中的冰山一角。数据泄露已经严重影响智慧城市的信息化建设和数字化转型升级,如果数据安全得不到有效保护,将威胁国家网络空间主权、影响企业长久发展、损害个人合法权益。数据存储在各类信息服务系统中,存在数据安全风险、系统安全风险和合规风险。

1. 数据安全风险

汇聚的海量城市数据具有极高的价值,极易被黑客攻击者觊觎,给数据安全防护带来挑战;相关数据存储在云端,数据的集中导致信息安全性和用户隐私问题日益突出。在系统和通信传输过程中,智慧城市的开放性和融合性改变了传统网络安全的网络架构和服务模式,边界趋于模糊化。

(1) 数据质量问题影响新型智慧城市业务运行。智慧城市建设中,信息的采集过程中由于硬件设备(如传感器)的出错可能导致收集到的数据丢失或者数据残缺。同时,由于各行业或部门之间信息的孤立,在需要信息共享的过程中可能会导致信息的丢失。而对于关键数据也缺乏特别的校验环节,在数据被篡改后无法迅速发现,或者即使发现了也无法迅速地还原数据并恢复服务。这使人们在生产生活中的办事效率极大地降低。

(2) 数据集中化导致新型智慧城市安全风险进一步聚焦。在传统智慧城市建设中,通过物联网传感器、大数据与云计算等技术将采集到的大量数据上传到一个中心化服务器或者城市云平台上,对数据进行分析处理,这样的结构容易引发 DDoS 攻击,一旦中心化的服务器或者城市云平台受到攻击,那么将会波及数量众多的设备,进而对整个城市的生产生活造成影响。

(3)数据泄露风险。城市物联网的建设会产生大量的数据,通过对这些数据进行集中分析,不仅会导致隐私信息的泄露,还有可能威胁到用户的安全,如穿戴式设备智能手环、智能冰箱、智能取药设备等等,家庭信息、每日行程都会被记录得清清楚楚,若智能设备被攻破,隐私数据将不受保护,进而危害到用户的安全。不断发生的隐私泄露事件正不断提醒人们数据泄露的危险。

(4)数据交换问题。使用物联网、大数据技术采集到的信息都是基于某个行业或者部门的,且行业与部门之间信息是互相独立、不能共享的。如医疗信息的不流通使得患者在转院之后需要进行重复的检查。而当需要共享使用数据的时候,又由于防护措施不完备,无法对共享数据提供必要的保护。

(5)其他数据安全风险。新型智慧城市还面临着数据可信性、数据滥用、非法访问及异常流量等各个方面的数据安全风险,如数据被伪造、数据失真、数据被越权访问、数据超范围使用等。

2. 系统安全风险

在智慧城市的建设过程中,包含大量的计算机软硬件、应用系统,移动终端存储着大量的个人隐私数据。智能终端的漏洞、病毒和木马等会导致信息泄露,其威胁甚至会通过网络向系统扩散。网络信息安全事件也是紧急突发事件,会造成重大财产损失,威胁智慧城市的稳定运行。信息技术快速发展的同时,计算机网络和应用系统的安全漏洞问题也不时出现。

(1)城市关键信息基础设施孤立分散,导致新型智慧城市网络安全保护各管理主体联动能力较弱、安全职责分担不明确,难以快速响应大规模、高强度的突发事件。

(2)云计算、大数据、物联网、5G、人工智能、区块链等新技术的快速发展,在促进智慧城市发展的同时也带来新的安全风险;我国智慧城市关键信息基础设施安全保护尚未完全形成自主可控能力,关键核心技术和芯片仍然受制于西方发达国家,自主创新不足、对外依存度高,难以应对智慧城市新型网络攻击。

(3)智慧城市网络系统复杂、分布式部署,多方参与安全运维,运维过程也存在灾难恢复预案不恰当、系统漏洞修复不及时、运维安全第三方责任划分不明、应急响应不及时、违规操作等协同防护安全风险。

3. 合规风险

随着《数据安全法》、《个人信息保护法》等法律法规的出台,公众对于个人信息保护越来越重视,但随着大数据技术的不断深入,隐私泄露事件层出不穷,如何保护和使用个人数据成为了人们首先需要考虑的问题。例如,在数据采集阶段,需要明确数据采集范围、使用方式和目的,获得用户明示同意;在共享个人信息时,也需取得用户明示同意;在进行数据挖掘时,还应注意个人隐私,只挖掘与业务相关的数据,为用户提供个性化服务前也需获得同意;在数据共享和交易时,由于缺乏确权机制和安全保护机制,当发生数据被滥用时,将产生责任难以追溯的风险等。因此,若人们对大数据应用不进行严格管控,保障用户合法权益,则会产生法律合规风险,造成严重后果。

16.2 智慧城市数据安全治理实践

16.2.1 安全治理重点

根据对智慧城市大数据应用中数据安全突出问题和对数据治理过程中常见误区的梳理和分析,结合数据安全治理原则,数据安全治理应从人员、数据、系统、事件 4 个关注要点进行展开。

(1)人员:与系统、数据密切相关的各类人员,包括内部人员、外部人员、第三方测试人员、技术支撑人员等,具有明确的系统角色、权限和安全级别。

(2)数据:系统中采集、传输、存储、处理、销毁的各类数据,包括结构化和非结构化数据以及各类移动硬盘、U 盘、光盘等介质存储的数据,具有明确的类型和分级。

(3)系统:组织所负责的各类系统、平台及网站的统称,承载了不同类型、不同级别的数据,并有明确的网络安全保护等级。

(4)事件:由于安全问题所引起的各类事件,包括网络安全事件、系统安全事件、数据安全事件等,具有明确的级别和应急处置流程。

根据对数据安全治理原则、要点的梳理和分析,结合数据安全治理分类分级关系,可知数据安全治理涵盖人员、数据、系统、事件等各个处理环节,各环节均具有相应的技术管控措施,具体架构如图 16.1 所示。

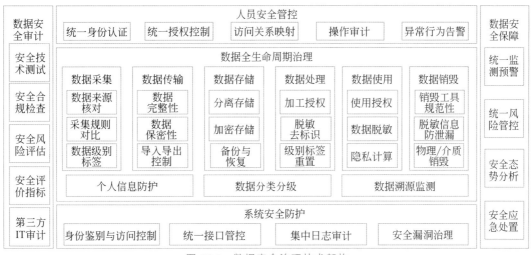

图 16.1 数据安全治理技术架构

(1)人员安全管控。针对人员(用户)进行统一的认证和授权,对其可访问的系统文件、数据库表依据安全级别和敏感属性进行访问关系映射,对其操作行为(增、删、改、查等)进行审计记录,对违规操作行为(异地登录、非授权访问等)进行告警。

(2)数据全生命周期安全治理。数据全生命周期涵盖数据采集、数据传输、数据存储、数据处理、数据使用、数据销毁等各个环节,各环节应采取的管控措施如下:

• 数据采集。

针对数据来源的合法性进行验证,对数据质量的合规性进行核对,对采集数据的数据项和数据项集合根据级别判定规则进行标签设置等。数据采集的主要安全管控措施如表 16.1 所示。

表 16.1　数据采集管控措施

管 控 项	管 控 措 施
数据分类分级	制定组织机构层面的数据分类分级原则；针对具体关键业务场景制定数据分类分级的实施细则
	对数据资产进行分类分级和策略设置，以实现敏感数据的识别和跟踪管理：建立标签库，通过结构化数据打标、非结构化数据打标、标注训练等方式，完善数据分类分级策略
数据采集安全管理	建立数据采集安全合规管理规范和风险评估流程
	明确数据采集过程中的个人信息和重要数据的安全控制措施，如采取数据脱敏、数据加密、链路加密等。
	设置统一的数据采集策略，保证所采集数据的一致性和可用性：数据采集过程实施防泄露等安全技术措施，确保数据安全
数据源鉴别及记录	采集源识别和管理、采集源安全认证机制、采集源安全管理要求等
	通过对数据流路径上的变化情况进行日志记录，实现对采集数据的溯源
数据质量管理	定义数据质量的属性和校验层次
	建立数据质量管理实施流程和数据采集质量管理规范

• 数据传输。

在数据传输过程中，确保数据不被篡改和窃取，采用 https、SFTP 等加密协议防止敏感信息泄露，采用摘要算法确保数据传输过程中的完整性，如存在导入导出过程，则对导入导出的数据提供者、接收者、来源、去向、数据量等进行溯源管理等。数据传输的主要安全管控措施如表 16.2 所示。

表 16.2　数据传输管控措施

管 控 项	管 控 措 施
数据传输加密	对使用加密传输的业务场景以及使用的加密传输方式进行定义，并采取相应的技术措施
	通过加密产品等落实制度规范约定的加密算法和密钥管理要求；确保加密算法的配置和变更、密钥管理等操作过程具备审核机制和监控手段
	加密传输的数据至少包括系统管理数据、鉴别信息、重要业务数据和重要个人信息等对保密性和完整性要求较高的数据
网络可用性管理	对关键业务网络的传输链路、网络设备节点进行冗余建设
	借助负载均衡、防入侵攻击等安全设备降低网络的可用性风险

• 数据存储。

针对敏感数据和非敏感数据进行分离存储，不同级别的数据存储在不同的分区，采用 SM4 算法等密码技术对敏感数据进行加密存储，定期对存储数据进行全/增量备份和恢复测试等。数据存储的主要安全管控措施如表 16.3 所示。

表 16.3　数据存储管控措施

管 控 项	管 控 措 施
存储介质安全	对不同等级数据的存储介质建立相应规范,对存储介质的采购、使用和管理等建立常态化审查机制,以防信息丢失
逻辑存储安全	建立安全配置规则及配置变更和发布要求,建立多租户隔离,授权管理规范要求
	建立存储设备的安全管理规范和操作规程,建立账号和权限、日志管理、加密管理、版本升级等要求
	定期对重要的数据存储系统进行扫描,采集存储系统的操作日志,识别访问账号和鉴别权限,监测数据使用规范性和合理性
数据备份和恢复	建立数据服务可靠性和可用性安全保护目标和数据存储冗余策略。建立数据复制、备份与恢复的操作规程,并定期检查
	部署数据备份和恢复的技术工具,并做到自动化执行。对已备份的数据要进行访问控制管理、加密管理、完整性和可用性管理

- 数据处理。

针对数据加工等处理操作进行严格的授权,仅允许特定个人进行相关操作,在处理过程中确保敏感数据进行脱敏或去标识化处理,防止敏感信息泄露,若加工处理后的数据的敏感性发生变化,应及时进行标签重置,标记合理级别。数据处理的主要安全管控措施如表 16.4 所示。

表 16.4　数据处理管控措施

管 控 项	管 控 措 施
数据脱敏	建立统一的数据脱敏制度规范和流程,明确数据脱敏的业务场景,以及数据脱敏的规则和方法
	应根据数据申请者的岗位职责、业务范围等评估其使用真实数据的必要性,并选择不同的数据脱敏规则及方法
	重要数据、组织敏感信息、个人信息在使用时应进行脱敏处理
数据分析安全	制定数据分析过程中数据资源操作规范和实施指南,明确各种分析算法的授权使用范围和数据保护要求
	建立对数据分析结果进行风险评估的机制,确保衍生数据不超过原始数据的授权范围和安全使用要求
数据正当使用	建立不同类别和级别数据的访问授权规则和授权流程,确保所有数据使用过程均经过授权和审批
	具备统一的身份认证及访问管理平台,实现对数据访问人员的账号、认证、授权和审计的管理,确保数据权限管理制度的有效执行
数据处理环境安全	同步和联动数据处理平台和数据权限管理平台的权限设置,确保用户在使用数据处理平台前已经获得数据权限管理平台的授权
	通过数据处理平台进行统一管理,采取严格的访问控制、监控审计和职责分离来确保数据处理安全

- 数据使用。

针对数据的使用进行授权管理,仅允许符合安全级别的角色或用户进行访问和相关操作,在数据共享、开放过程中进行必要的数据脱敏处理,必要时采用隐私计算等技术对数据进行可用不可见的共享和开放。数据使用的主要安全管控措施如表 16.5 所示。

表 16.5　数据使用管控措施

管　控　项	管　控　措　施
数据导入导出安全	建立数据导入导出安全制度规范,规范导入导出安全策略,以及相应的权限审批和授权流程
	对数据导入导出终端、用户或服务组件执行有效的技术访问控制措施,实现对其身份的真实性和合法性的保证
数据共享安全	建立数据共享审核流程,对数据共享过程实施监控
	利用数据加密、数据脱敏、安全通道等措施保证数据共享安全
数据发布安全	明确对数据发布前的数据内容,发布范围的审核要求,发布中定期审查要求,以及发布后应急处理机制等要求
数据接口安全	构建加密传输、身份认证等措施,提供细粒度的身份认证和访问权限控制,通过接口参数过滤、限制等,防止接口注入等安全问题
	对接口调用日志进行收集和处理,分析调用行为,对异常事件进行告警

- 数据销毁。

数据不再使用应及时销毁,使用正规工具对数据及数据副本进行销毁操作,确保安全性和有效性,防止敏感信息泄露和数据复现,必要时进行物理销毁,实现数据的彻底销毁。数据销毁的主要安全管控措施如表 16.6 所示。

表 16.6　数据销毁管控措施

管　控　项	管　控　措　施
数据销毁处置	根据数据分类和分级和具体场景需要,确定销毁手段和方法,包括物理销毁和逻辑销毁等
	建立数据销毁的评估机制,以及销毁的审批、实施和监督流程
介质销毁处置	制定介质销毁方法,建立网络分布式存储的销毁策略与机制
	建立介质销毁的审批流程、实施流程和监督流程

此外,个人信息保护(明示同意、信息处理、对外披露、信息共享等各环节安全管控)、数据分类分级(级别判定、级别标签、级别变更等)、数据溯源监测(数据资产梳理、数据接口监测、日志采集分析、异常情况告警等)三项工作贯穿数据全生命周期,环环相扣,密不可分。

(3)系统安全防护。根据网络安全等级保护要求,对系统用户进行身份鉴别和访问控制,通过开发接口管控工具等技术措施对系统外联接口进行统一管控;通过建立集中审计平台等技术措施对系统层、应用层、数据层产生的日志进行集中审计;对系统层、应用层、数据层存在的安全漏洞进行专项治理(内部测试通过后安装系统补丁)。

(4)数据安全保障。基于网络、数据安全法规与标准提供合规管理服务,包括根据事件分级规则和预警机制,建立统一监测预警平台(网络流量、系统状态、访问日志、操作日志等)、统一风险管控平台(风险计分、风险展示、风险控制等)、安全态势分析平台(态势感知、安全状态展示、安全事件预测等),3 个平台可统一建设,并对监测发现的安全事件依据应急预案流程进行应急处置等。

(5)数据安全审计评估。为确保数据安全保障机制的持续有效,应对组织的数据安全现状开展安全评估和审计活动,以发现安全体系及控制措施运行中可能存在的问题,针对安全缺陷实施整改,通过包括安全技术测试、安全合规检查、安全风险评估、安全绩效评价、内外部审计等。

16.2.2　安全治理体系

在遵循国家数据安全法律法规的基础上,需进一步建立组织的治理机制,以指导数据安全保障体系建设。安全治理体系包括:

(1)数据安全顶层设计:根据国家法律、监管要求及标准规范,结合行业自身特点,设计数据安全总体架构,包括组织架构、技术架构和运行架构等内容,通过在组织中成立专门的安全管理团队及跨部门的虚拟团队负责数据安全管理工作。

(2)数据安全联席会议机制:在组织层面上统筹建立数据资源共享管理机制和安全管理机制,以加强跨外部机构、跨内部部门重大安全事项的科学决策和数据安全的统一协调工作。

(3)数据安全事件处置机制:建立统一的安全事件协同处置机制,以确保跨部门的安全事件能得到及时的响应和处理。

(4)数据安全能力成熟度评价:依据《数据安全能力成熟度模型》等,把数据安全能力成熟度分为 5 个等级,用来评估组织数据安全能力,并指导组织不断提升其数据安全水平。

(5)特殊时期安全重点保障:针对国家大型事项的安全重点保障要求,设计并提供重保时期的数据安全保障服务,确保重大事件维稳期间,组织能够提供事前检查与整改,事中预警与事后总结报告。

16.3 地方智慧城市标准化建设思路

新型智慧城市是智慧城市发展的新阶段,包括无处不在的惠民服务、透明高效的在线政府、精细精准的城市治理、融合创新的信息经济、自主可控的安全体系等 5 大要素。与智慧城市相比,新型智慧城市更加注重技术和体制机制双轮驱动,要建设好新型智慧城市必须标准先行。

智慧城市建设和发展是长期系统工程,需要全局统筹,各行业和各区域协同推进。标准化是促进全局统筹协同,持续提升建设质量、实现智慧城市健康长效发展的重要保障。全面贯彻落实党中央、国务院关于建设网络强国、数字中国、智慧社会的指示精神,认真落实关于打造智慧城市和数字经济全球标杆的重大决策部署,围绕城市建设需求和管理要求,参照国家相关标准体系现状,着力构建地方智慧城市标准体系,并对国家智慧城市相关标准进行有针对性完善。

地方智慧城市标准化建设主要依据国家政策与标准,包括:《国家标准化发展纲要》(国务院公报 2021 年第 30 号)、《关于开展智慧城市标准体系和评价指标体系建设及应用实施的指导意见》(国标委工二联〔2015〕64 号)、《关于继续开展新型智慧城市建设评价工作深入推动新型智慧城市健康快速发展的通知》(发改办高技〔2018〕1688 号)等,以及国家标准委已发布的智慧城市体系框架、总体要求、评价指标体系、建设指南、数据安全、数据融合、公共信息与服务支撑平台等标准,住建部、自然资源部关于城市管理、城市体检的标准,以及政法、公安等领域社会治理标准等。

16.3.1　地方智慧城市标准体系框架

在我国智慧城市标准体系总体框架下,提出一种地方智慧城市建设标准体系供参考,如图16.2所示,包括共性基础平台类、数据类、核心技术类和安全保障类等部分组成。

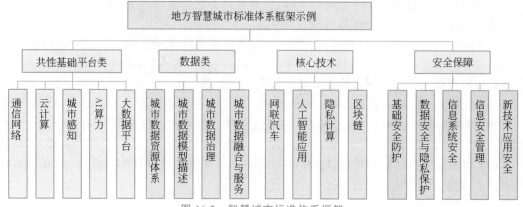

图16.2　智慧城市标准体系框架

（1）共性基础平台类标准。对共性基础设施部署、使用提出具体规范和技术指标要求,推进基础设施的互联互通和复用,提升智慧城市建设投资效益。主要包括城市码、政务云、通信网络、大数据平台等标准规范。

（2）数据类标准。对智慧城市涉及的数据资源类别、数据结构、数据全生命周期治理等大数据相关建设内容提出标准化要求。主要包括城市数据资源体系、城市数据模型、城市数据质量、城市数据生命周期管理等标准规范。

（3）核心技术类标准。对产业带动作用明显,且智慧城市亟需的核心技术,从框架体系和共性服务要求层面开展标准研究,为实际部署提供参考,在重大工程中先行先试,促进智慧城市产业发展,主要包括人工智能应用、隐私计算、区块链等标准规范。

（4）安全保障类标准。主要包括创新的安全保障模式,推动共性安全技术应用,主要包括数据安全与隐私保护、信息系统安全、信息安全管理、基础安全防护、新技术应用安全等标准规范。

16.3.2　地方智慧城市安全标准建设重点

（1）数据安全与隐私保护标准,主要用于规范智慧城市涉及的个人信息数据、重要数据、国家安全数据等的采集、传输、使用、管理、评估等方面的安全要求。

（2）信息系统安全标准,主要用于规范智慧城市依托的信息系统的安全防护、测试评价、信息备份、恢复等。

（3）信息安全管理标准,主要用于规范智慧城市信息安全全生命周期管理活动中的安全等级保护、安全管理、信息共享、风险管理等。

（4）基础安全防护标准,主要用于规范智慧城市安全体系框架、信息安全保障等。

（5）新技术应用安全标准,主要针对智慧城市建设全周期过程中所涉及的技术要素,用于规范新技术提供的基本安全、安全监管、安全能力等要求。

16.4 本章小结

　　本章从"智慧城市"的定义、基本特征出发,从网络系统和数据安全等视角分析智慧城市面临的安全威胁;接着给出了智慧城市数据安全治理实践的总结;最后聚焦当下各地智慧城市蓬勃发展下的标准化工作,给出了地方智慧城市安全标准化建设的思路。

思考题

　　1. 面对零信任、元宇宙等新技术概念,思考在智慧城市中可能的应用及安全应对。

　　2. 全球疫情之后,人们的工作、生活、出行方式都在发生改变,分析政府在数字化转型过程中可以借助哪些新技术、新理念,改善惠民服务、政务办事的方式,给出思考建议及安全考虑。

实验实践

　　1. 结合当下人脸识别、AI 应用等技术的广泛使用,分析可能存在的安全风险,提出具体的安全保护要求及评价方法,参考标准要求尝试完成相关文档。

　　2. 在地方智慧城市标准体系推进工作指导下,联合开展政策文件、标准规范的研制工作。

第 17 章

金融数智安全实践

金融是现代经济的核心,是实体经济高质量发展的重要因素。相比其他行业,金融业高度依赖信息和数据,与技术发展和创新高度贴合。特别是随着大数据、人工智能、区块链、隐私计算等技术的发展,金融与科技更加深度融合。

什么是金融数智? 与传统金融相比,金融数智有哪些特点? 我国金融数智安全标准化现状? 数智技术如何有效促进金融业务和安全? 金融数智安全有哪些挑战以及如何应对? 本章将围绕这些问题展开,以期使读者通过对金融数智安全的了解,加深对数智安全与标准化的认识与思考,提升数智安全与标准化综合能力。

17.1 金融数智安全绪论

17.1.1 什么是金融数智

金融数智是综合应用大数据、人工智能、云计算、互联网等科技手段,实现金融产品、风控、业务流程、获客、服务、合规管理等方面的数字化和智慧化。

与传统金融相比,金融数智化有如下特点:

(1) 定制化:将碎片化的信息进行组合,充分结合用户的年龄、收入、消费结构、健康情况、风险承受能力等数据信息,将较为共性化、标准化的金融服务转向个性化、定制化的服务。

(2) 透明化:基于互联网的金融数智,围绕公开透明的网络平台,共享信息流,许多以前封闭的信息,通过互联网变得越来越透明化。

(3) 即时性/便捷性:基于云计算和大数据平台的计算能力,用户的开户、转账、贷款审批等业务可以在线上即时完成,无需去银行网点排队受理;同时,基于人工智能技术,金融机构侧也由自动化决策代替了大量的人工审核,极大的提升了金融业务效率。

(4) 综合性:除了满足支付转账、理财借贷等基础性金融需求外,在财务规划、资产管理、保险保障、风险管理等领域提供更为全面、综合的解决方案。

(5) 可控性:在金融数据互联互通、开放共享的基础上,从过去手工报送监管数据,到以实时、自动化方式进行数据收集、分析、报送,监管部门可以更为全面、及时地掌握风险信息,提升金融活动可控性和风险监测水平。

(6) 协同化:金融机构、技术企业、其他行业等主体之间相互协同、优势互补,助推传统商业模式转型升级,培育数字经济领域新的增长点,使用户获得更加高效、便捷、经济、安全的金融服务。

金融数智化的发展脉络大致可以分为 5 个阶段：金融电子化用计算机处理的方式代替手工操作；金融信息化提供了金融基础设施的底层保障；互联网金融提升用户体验、培养使用习惯；金融科技使人工智能、区块链等新兴技术与金融服务进行结合；智慧金融使技术与金融高度融合，促进相关生态发展。

(1) 金融电子化：借助计算机，实现办公电子化，增强业务处理能力，提升业务效率；并借助通信技术，实现交付清算、业务管理等的互联互通。主要开始于 20 世纪 70 年代，中国银行引进第一套理光-8 型 (RICOH-8) 主机系统，对银行的部分手工业务以计算机来进行处理，主要软件以 COBOL 语言编写，实现了对公业务、储蓄业务、联行对账业务、编制会计报表等日常业务的自动化处理，揭开了我国金融电子化发展的序幕。1991 年，人民银行卫星通信系统上电子联行的正式运行，在人民银行卫星通信系统上，除了银行业务的应用外，还开发了全国证券报价交易系统，使全国的证券交易形成了一个统一、公平、合理的市场，IT 技术在金融业的广泛应用翻开了崭新的一页。

(2) 金融信息化：借助网络技术和数据库技术，实现数据汇总，并借助信息系统，实现办公电子化，提升业务效率。主要开始于 20 世纪 90 年代，1998 年，中国银行率先推出网上银行业务，中行的客户只要拥有一张长城借记卡，再从网上下载中行提供的电子钱包软件就可以在网上进行各种操作，包括在网上开展查询、转账、支付和结算等业务。随后中国建设银行总行正式推出了网上银行业务，接着又开通了网上个人外汇买卖、证券保证金自动转账等服务。招商银行开始推出了"一卡通"及"一网通"网上业务。招商银行的网上业务还包括网上企业银行、网上个人银行、网上证券、网上实时支付等功能。金融电子化时代的金融信息系统是一种旨在满足内部管理、封闭式的系统，而信息化时代的金融信息系统则结合现代信息技术，对传统金融业进行重构并据以建立开放式的金融信息化体系。特别是 2001 年 12 月，中国加入 WTO，中国原本就竞争激烈的金融市场，出现了新的竞争格局。要想取得市场上的优势，金融企业必须加强客户关系管理、金融产品创新和加强内部信息化建设。

(3) 互联网金融：利用互联网技术和信息通信技术实现资金融通、支付、投资和信息中介服务的新型金融业务模式。随着互联网的持续发展和普及，经济活动步入远程化、虚拟化的新阶段，用户越来越需要高效、便捷的金融服务，促使非银行支付机构快速崛起。1998 年之后，PayPal、易支付、支付宝等第三方支付机构相继成立；2005 年，伦敦上线运营全球第一家 P2P 网贷平台 Zopa；2013 年，余额宝等互联网理财兴起，互联网保险公司"众安保险"成立。2015 年，人民银行等十部门发布《关于促进互联网金融健康发展的指导意见》中对互联网金融概念进行界定，并明确了 7 类互联网金融新业态：互联网支付、网络借贷、股权众筹融资、互联网基金销售、互联网保险、互联网信托和互联网消费金融。

(4) 金融科技：通过技术实现金融服务创新，带来新的业务模式、应用、流程和产品，对金融市场的服务供给产生重大影响。此定义由金融稳定理事会 (FSB) 于 2016 年给出。2017 年 5 月，人民银行成立了金融科技 (FinTech) 委员会，旨在切实做好我国金融科技发展战略规划与政策指引，引导新技术在金融领域的正确使用。2021 年，中国人民银行印发的《金融科技发展规范 (2022—2025 年)》明确提出"十四五"时期金融科技发展愿景：数据要素价值充分释放、数字化转型高质量推进、金融科技治理体系日臻完善、关键核心技术应用更为深化、数字基础设施建设更加先进，以"数字、智慧、绿色、公平"为特征的金融服务能力全面加强，有力支撑创新驱动发展、数字经济、乡村振兴、碳达峰碳中和等战略实施，走出具有中国特色与国际接轨的金融数字化之路，助力经济社会全面奔向数字化、智能化发展新时代。

（5）智慧金融：以用户需求和体验为立足点，数＋智深度嵌入金融服务各个环节，各类技术综合性、一体化应用。基于金融基础设施的全面信息化，数据规模的不断增长，数据多样性的不断丰富，在人工智能、云计算、物联网、区块链等技术应用日益成熟的助推下，一个需求更多元、供给更精准、协同更高效、风控更及时的智慧金融时代正在来临。

17.1.2　基本概念和术语

为便于读者理解金融数智安全领域技术和标准，本节主要介绍金融数智安全领域的基本概念和术语。

（1）KYC(Know Your Customer)：即"了解你的客户"。为防止金融犯罪、洗钱和恐怖主义融资而进行的核实客户身份的过程。客户需要到线下银行网点以及准备诸多资质凭证进行金融业务申请，银行工作人员需要多次与客户沟通，审核大量资质凭证。《中华人民共和国反洗钱法》等政策法规中对 KYC 有明确的要求，KYC 一方面需要金融机构收集客户信息以做到尽职调查和风险防控；另一方面金融机构也需要对收集的客户信息的安全提供保护措施。

（2）eKYC(electronic Know Your Customer)：即电子方式的 KYC。通常使用人脸识别、OCR、TEE、电子签名、大数据等多种技术，远程在线核验客户身份的过程。随着金融数智化的不断深入，线下流程繁复的 KYC 环节已经成为了金融业务升级的痛点，同时无人银行、移动互联网金融等金融业数字化转型中的典型业务场景也对 KYC 的方式和效率提出了更高的要求。因此，eKYC 在转型后的金融业务当中具有不可代替的位置，不仅仅在风控和反洗钱工作中更加重要，还可以利用 eKYC 开展农业助贷等业务，例如，通过遥感卫星技术获取种植大户的作物全生长周期遥感影像，为农户授信策略提供可信任、可追溯的数据源，用于了解农户贷款需求时点及授信动态管理，实现对农户的精准授信，提升"三农"用户融资效率；孟加拉国将 eKYC 应用于数字钱包身份核验，通过数字钱包向福利申请人分发疫情津贴。各国和主要地区应用 eKYC 如表 17.1 所示。

表 17.1　各国和主要地区应用 eKYC 情况

国家或地区	eKYC 实践案例
欧洲，美国	通常依赖现有银行账户
印度	印度 Adhaar 身份识别系统标准流程
新加坡	政府运营的 SingPass
中国香港特别行政区	带照片的身份证件＋自拍＋自我声明字段
印度尼西亚	带照片的身份证件＋自拍＋自我声明字段＋政府权威库身份证件
中国澳门特别行政区	带照片的身份证件＋自拍＋自我声明字段＋政府权威库身份证件
中国大陆	多因素：借记卡绑定、带照片的身份证件、生物识别、第三方身份提供商等

（3）开放银行(open banking)：商业银行通过开放应用程序编程接口(API)端口，与商业生态系统共享数据、算法、交易、流程和其他业务功能，从而连接客户、员工、第三方开发者、金融科技公司、供应商和其他合作伙伴，并提供各类消费场景服务。所"开放"的内容可以分为 3 个层次。一是技术的开放，即提供硬件、网络、计算能力等方面的服务，如各类金融云等；二是业务的开放，包括 Ⅱ 类 Ⅲ 类账户体系、聚合支付、网络信贷、网络理财等；三是数据

的开放,包括公共数据的采集加工、反欺诈模型和信用风险模型等。开放银行是金融数智领域的典型创新,旨在实现"银行无处不在"的发展策略。开放银行演进阶段如图 17.1 所示。

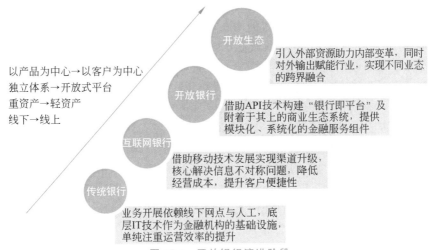

以产品为中心→以客户为中心
独立体系→开放式平台
重资产→轻资产
线下→线上

开放生态　引入外部资源助力内部变革,同时对外输出赋能行业,实现不同业态的跨界融合

开放银行　借助API技术构建"银行即平台"及附着于其上的商业生态系统,提供模块化、系统化的金融服务组件

互联网银行　借助移动技术发展实现渠道升级,核心解决信息不对称问题,降低经营成本,提升客户便捷性

传统银行　业务开展依赖线下网点与人工,底层IT技术作为金融机构的基础设施,单纯注重运营效率的提升

图 17.1　开放银行演进阶段

（4）金融数据(financial data)：金融业机构开展金融业务、提供金融服务以及日常经验管理所需或产生的各类数据。

（5）个人金融信息(personal financial information)：金融业机构通过提供金融产品和服务或者其他渠道获取、加工和保存的个人信息。包括账户信息、鉴别信息、金融交易信息、个人身份信息、财产信息、信贷信息及其他反映特定个人某些情况的信息。

17.1.3　金融数智安全现状

近年来,金融数智在政府和金融业自身需求的双重驱动下迅猛发展,全球主要国家都意识到金融数智的价值所在,各国金融管理部门相继出台金融数智发展相关的战略和政策。

美国于 2017 年发布《金融科技监管框架》(*A Framework for Fintech*)白皮书,提出从推进金融科技发展的角度,在金融科技创新中提高竞争优势。白皮书提供了 10 条基本原则,供监管机构评估新兴的金融科技生态系统,同时也可用于金融科技生态从业者来检查其所提供的产品和服务。这些原则包括：以更宏大的眼光看待金融生态系统、从消费者角度出发、推动安全的普惠金融和金融健康发展、认识并克服潜在的技术偏见、最大限度地提高透明度、努力实现技术标准的互操作性和协调性、从一开始就建立网络安全、数据安全和隐私保护、提高金融基础设施的效率和效力、维护金融稳定、继续并加强跨部门合作。这十条基本原则体现出在进行金融科技创新时,要兼顾消费者权益、网络和数据安全以及金融稳定,同时技术的无偏见、产品和服务的透明性也非常重要。

英国政府和金融监管机构对金融科技一直持鼓励和包容态度,英国金融行为监管局(FCA)专门成立了创新中心,专门负责金融科技变革,并向金融创新企业提供指导。2015年英国创造性地提出金融科技"监管沙盒"机制,形成了由流程设计、测试工具、准入标准、评估机制、风控措施等组成的一套完整的运作模式和制度体系,以在有效控制风险的前提下鼓励金融科技创新发展。监管沙盒机制把一个缩小的真实市场作为"安全空间",在此范围内企业可享受一定的监管豁免。企业对金融科技创新产品、服务和商业模式进行短期、小范围的测试,如果测试效果得到认可,测试完成后可进行大范围推广。在监管沙盒机制下,监管部门与测试企业紧密合作,确保测试项目具备充分的安全保障措施。企业在设计创新产品时,需考虑消费者利益与风险,采取适当的安全措施。同时,企业必须制定退出计划,确保测试可以在任何时候关闭,降低对消费者的潜在危害。

新加坡在 2015 年和 2016 年分别设立了"金融科技和科技创新专家组"及"金融科技署",牵头制定金融科技产业发展战略,强化对金融科技相关业务的监管,并启动 2700 万新元规模的产业基金促进金融科技领域的人工智能和数据分析技术发展。新加坡金融管理局对金融科技的监管原则是"平衡金融监管与发展",一方面鼓励企业走出舒适区,敢于尝试新事物,实现竞争和进步,这意味着拥抱风险和不确定性;另一方面,也要求监管机构确保市场不会发生重大错误、守住风险底线、保持金融安全与稳定。2016 年,新加坡金融管理局提出了金融科技产品的"监管沙盒",使新加坡成为继英国之后,全球第二个推出监管沙盒的国家。如果企业申请沙盒获批,新加坡金融管理局将会为该公司提供适当的监管支持,在沙盒期间放松对该公司的特定法律和监管要求。2018 年 11 月,新加坡金融管理局发布了一系列关于人工智能与数据分析(以下简称 AIDA)的应用原则《Principles to Promote Fairness, Ethics, Accountability and Transparency (FEAT) in the Use of Artificial Intelligence and Data Analytics in Singapore's Financial Sector》,以确保在金融领域使用人工智能和数据分析的公平性、道德规范、可问责性和透明度(Fairness, Ethics, Accountability And Transparency, FEAT)。

我国也高度重视新兴技术在金融领域的应用和拓展,2015 年,中国人民银行成立了专门的"金融科技委员会",负责金融科技工作的研究、规划和统筹协调。《金融科技发展规划(2022—2025 年)》(以下简称"规划")中数据、智能、发展、安全成为关键词,将金融科技治理与保障安全和隐私下的数据有序共享放在首位,强调标准的作用,要求持续强化标准体系建设。"规划"提出 4 个基本原则:数字驱动、智慧为民、绿色低碳、公平普惠;6 个发展目标:金融数字化转型更深入、数据要素潜能释放更充分、金融服务提质增效更显著、金融科技治理体系更健全、关键核心技术应用更深化、数字基础设施建设更先进;8 项任务:健全金融科技治理体系、充分释放数据要素潜能、打造新型数字基础设施、深化关键核心技术应用、激活数字化经营新动能、加快金融服务智慧再造、加强金融科技审慎监管、夯实可持续发展基础;5 大保障措施:注重试点示范、加大支撑保障、强化监测评估、营造良好环境、加强组织统筹。此外,风控作为金融数智安全方面的一大特色,也多次在"规划"、《中华人民共和国反洗钱法》、《非银行支付机构网络支付业务管理办法》等政策文件中提出要求,如图 17.2 所示。

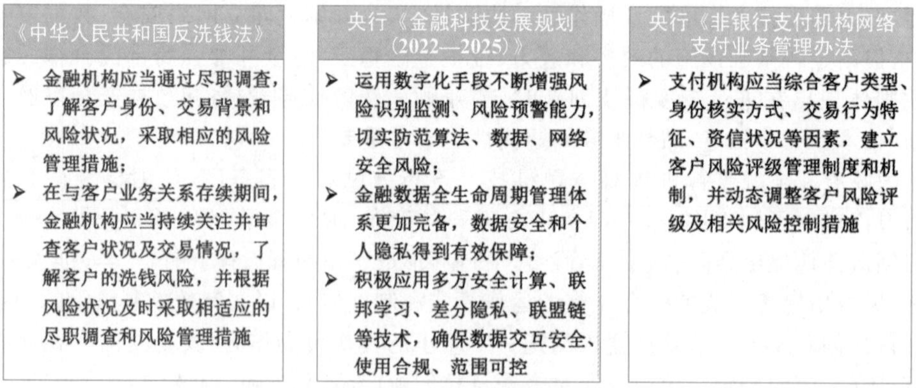

《中华人民共和国反洗钱法》	央行《金融科技发展规划(2022—2025)》	央行《非银行支付机构网络支付业务管理办法》
➤ 金融机构应当通过尽职调查,了解客户身份、交易背景和风险状况,采取相应的风险管理措施; ➤ 在与客户业务关系存续期间,金融机构应当持续关注并审查客户状况及交易情况,了解客户的洗钱风险,并根据风险状况及时采取相适应的尽职调查和风险管理措施	➤ 运用数字化手段不断增强风险识别监测、风险预警能力,切实防范算法、数据、网络安全风险; ➤ 金融数据全生命周期管理体系更加完备,数据安全和个人隐私得到有效保障; ➤ 积极应用多方安全计算、联邦学习、差分隐私、联盟链等技术,确保数据交互安全、使用合规、范围可控	➤ 支付机构应当综合客户类型、身份核实方式、交易行为特征、资信状况等因素,建立客户风险评级管理制度和机制,并动态调整客户风险评级及相关风险控制措施

图 17.2　安全风控政策法规示例

大数据、人工智能等技术的应用,有效降低了用户搜索和决策成本。此外,大数据、人工智能等技术的应用,能有效助力用户获得普惠金融服务。由于普惠金融面临客单价值低、服务成本和风险高等难题,传统金融机构难以为长尾人群提供金融服务。但大数据和科技创新的结合,给普惠金融带来新的机遇。一是借助线上、线下丰富的数字化场景,高效、低成本触达客户,解决了触达难问题;二是运用大数据和人工智能能力,解决了小微企业风控、授信和放款难的问题;三是通过建立商业信用体系,降低了小微企业的不良率,进一步降低了风险成本。四是通过贷款流程线上化、智能化,每笔贷款平均运营成本降低到过去的 1/10 甚至几十分之一,降低了运营成本。

数智产生用户价值和经济社会价值的同时,也存在很多安全隐患。部分机构通过霸王条款过度采集数据,将大数据作为杀熟、过度营销、诱导消费的工具,侵犯消费者权益。同时,在开放互联的数字化时代,数据节点更多、传输链条更长,不法分子窃取数据手段也不断翻新,任何环节防护不当均有可能带来数据安全风险。从全球来看,安全、合规也是数据流通和利用的普遍难题。因此,加强数据治理、强化数据保护技术的研究与应用是破解数据利用与数据安全难题的解决之道。

17.1.4　金融数智安全标准

金融行业的国家标准、行业标准主要由全国金融标准化技术委员会(TC180)统一归口和管理。金融标准体系如图 17.3 所示,分为基础通用类标准、监管合规、产品与服务、金融科技、基础设施和检测认证 6 类。

(1) 基础通用类标准:对金融机构(部分涉及金融业机构)、金融产品的基本概念进行定义,规范从业机构开展标准化工作。

(2) 监管合规:对金融机构开展内控、风控、信息披露、监管统计、消费者保护、隐私保护进行规范。

(3) 金融产品与服务:对理财、保险、融资租赁等业务、服务进行规范。

(4) 金融科技:对金融科技、新技术在金融领域应用进行规范。

(5) 基础设施:对金融的 IT 基础设施、编码、接口、报文、信息安全、IT 管理等方面的要求和指南。

(6) 检测认证:确立评估、测评、认证的规范和准则,用于合规性检测认证。通常配合要求或规范类标准共同开展。

图 17.3　金融标准体系

金融行业已发布国家标准、行业标准可在金融标准全文公开系统进行查询。本节主要从金融数智安全的角度,着重介绍近年来金融数智安全领域有较大影响力的几个标准。

JR/T 0171—2020《个人金融信息保护技术规范》、JR/T 0197—2020《金融数据安全 数据安全分级指南》、JR/T 0223—2021《金融数据安全 数据生命周期安全规范》构成了金融数据分类分级保护、个人金融信息保护的基本规范,在金融行业内达成了广泛的共识。

分布式账本技术的数据防篡改、可追溯、多主体共识机制等能力,使其在金融行业的证券交易、跨境支付、普惠金融等领域存在较广阔的应用前景。《金融科技(FinTech)发展规划(2019—2021年)》中明确指出"积极探索新兴技术在优化金融交易可信环境方面的应用,稳妥推进分布式账本等技术验证试点和研发运用"。因此,在分布式账本技术形态尚具可塑性的阶段,中国人民银行科技司、数据货币研究所等单位起草了金融行标 JR/T 0184—2020《金融分布式账本技术安全规范》,以便金融机构按照合适的安全要求进行系统部署和维护,避免出现安全短板,为分布式账本技术大规模应用提供保障。

人工智能算法的应用极大地提高了数据的利用率和价值挖掘,深刻影响着各领域的业务形态,但同时它也有巨大的破坏力,有可能因为意外或者故意造成不可估量的损失。因此,为引导金融机构加强对人工智能算法金融应用的规范管理和风险防范,中国人民银行科技司提出并起草金融行标 JR/T 0221—2021《人工智能算法金融应用评价规范》。

17.2 金融数智技术应用

17.2.1 大数据

对于企业而言,大数据使得支持决策的因素变多,拓宽了决策者的思路。尤其当市场竞争激烈的时候,企业更需要洞察用户需求,发现新商机,提供差异化服务。大数据的应用分析能力,正成为金融机构未来发展的核心竞争要素。商业竞争力的核心是商业模式和产品创新能力,数据是其中的一个构成要素。

随着金融行业数字化转型进入深水区,金融业务逐步向数据驱动方向转型,如交易欺诈识别、精准营销、消费信贷、信贷风险评估、供应链金融、股市行情预测、智能投顾、风险定价等具体业务中,大数据都得到广泛应用,大数据技术将在可靠性、融合分析、实时性、安全性等方面提出更高的要求。可以说,大数据的应用分析能力,正在成为金融机构未来发展的核心竞争要素。

17.2.2 人工智能

金融在历经信息化、移动互联网化之后,正在经历金融与科技融合的金融科技阶段,即将迈入智慧金融阶段。基于计算机视觉、自然语言处理、语音识别、知识图谱等技术,金融机构商业模式正在发生颠覆性改变。对客服务方面,可提供远程身份认证,提供定制化理财推荐;运营管理方面,通过智能客服、流程自动化审核等降低运营成本,提高工作效率;投融资方面,集成客户的交易、工商税务、生产等数据生产评估结果,加快放贷速率等。目前人工智能在金融业的应用主要体现在:

(1)提升客户体验:金融行业是典型的服务行业,AI 将重塑金融行业业务流程。

(2)优化内部运营:在非现场监管、客户身份有效认证、虚拟助手、运营决策等方面广泛应用。

（3）深化风险管理：如贷前贷中的多数据源探查，贷中贷后的动态风险管理等。

如图 17.4 所示，为人工智能技术应用于金融风控、营销和运营等，使用 AI 中台、知识图谱、多模态、自然语言处理、语音识别等 AI 核心技术，满足风控、营销、运营等场景应用。

图 17.4　人工智能技术应用于金融风控、营销和运营

17.2.3　区块链

区块链本质是非对称加密算法、共识机制、分布式账本等相关技术的融合方案，这些底层技术决定了区块链具有流程简单、可靠性高、节约成本、错误减少、交易可追踪、数据不可篡改和可追溯等特点，使其在金融领域有重大应用潜力，如数字货币、支付清算、供应链金融、数字票据、征信、反欺诈等。区块链技术在金融领域的应用带来以下影响：

（1）金融业务成本和效率方面，金融机构利用区块链技术可以构建大规模、低成本、安全可信的交易网络。与现有的业务运行模式相比，大量需要人力操作的金融服务在区块链网络下可自动化完成，从而大幅缩短交易时间、降低交易成本。

（2）区块链技术在应用中展现出来的数据不可篡改和可追溯性，可以满足监管部门对金融业务监管需要的数据真实性要求，可以用来构建监管工具箱，以利于实施精准、及时和更多维度的监管。

（3）区块链技术能促进数据的流通共享，在构建金融业务安全联防体系，打击金融反欺诈方面起到积极作用。

区块链应用于供应链金融如图 17.5 所示。基于区块链的供应链金融服务平台，应收账款全生命周期数字资产上链，数字资产的生成、流转、融资、销毁直接在链上完成，并支持核心企业利用区块链技术，通过应收账款的多级流转，对供应链进行穿透式管理，降低供应链风险。

17.2.4　隐私计算

隐私计算（privacy-preserving computation）是一套包含人工智能、密码学、数据科学等多领域交叉融合的跨学科技术体系，以保护数据全生命周期隐私安全为基础，实现对数据处于加密状态或非透明状态下的计算和分析，从而实现数据安全和隐私保护的前提下的数据

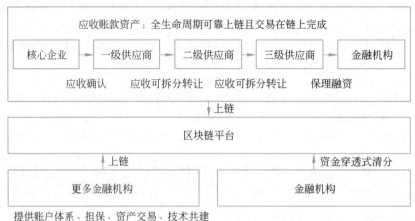

图 17.5　基于区块链的供应链金融服务平台

流通和价值挖掘。

　　常用的隐私计算方案有多方安全计算 MPC、同态加密 HE、可信执行环境 TEE、差分隐私 DP、联邦学习、可信密态计算 TECC 等。

　　隐私计算应用于防范多头借贷如图 17.6 所示。互联网金融行业中,多头借贷用户的信贷逾期风险是普通客户的 3～4 倍,贷款申请者每多申请一家机构,违约的概率就上升 20%。如何对贷款申请者的多头借贷风险进行准确评估成为行业风控的重要一环。多个行业机构可以基于 MPC、区块链等技术搭建行业安全数据联盟,让参与方通过查询接口获取风险黑名单、多头贷款、多头逾期在内的风控数据,也可以支持多方不输出明细数据即可进行联合安全建模、联合风险预测,形成行业内的联防联控方案,降低企业经营风险。同时,联盟参与方将每次查询的请求以及原始数据的 SHA 指纹存证到区块链,保证查询记录及数据真实可追溯。

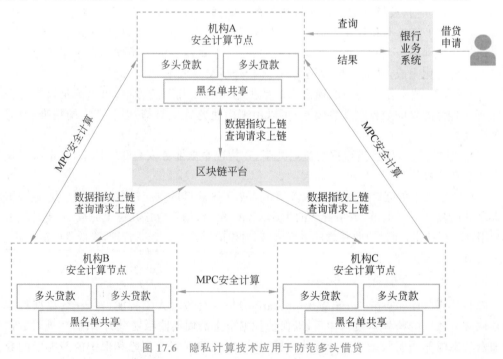

图 17.6　隐私计算技术应用于防范多头借贷

现有的 MPC 技术或者联邦学习技术在支持任意多方参与的联合风控在性能、复杂度和适应性上还存在困难,在多于三方参与的联合防控往往需要融合多个技术路线的可信隐私计算技术来实现,可信隐私计算应用于更多方参与的联合风控如图 17.7 所示。银行需要利用多维数据进行精准风险评估,如企业信息、交易行为、操作行为等,但单一机构数据覆盖不足,需要多个机构的多维数据联合计算。基于 TECC 可实现安全高效的密态模型训练、离线预测、实时预测等联合风控场景。任意多个银行和金融机构将各自数据拆分成密态分量,然后将其上传至 TECC 中心相互独立的 TEE 可信分区中。各组 TEE 分区执行密态版本的加法、乘法、除法、Sigmoid 等操作,最终完成 XGBoost 等机器学习模型训练、预测等过程。除预测结果需要返回给银行使用外,所有的中间变量和训练的模型都是以密态分量的形式存在于不同组的 TEE 中。整个过程满足"原始数据不出域,数据可用不可见"的要求,可以实现数据使用权的跨域管控。不仅保证了各方数据的安全性,也能够保证实时预测对时效性的要求。

图 17.7　可信隐私计算技术应用于联合风控

17.3　金融数智安全实践

17.3.1　金融数智安全挑战

现代数字化金融机构是一种不断演变进化的数字生命体。它的架构复杂性会爆炸性增长,不断引入的外部数字化产品服务会推动其架构异化,并随着行业技术体系演化形成内部数字化基因的代差积累,就像碳基生命基因的演化,但更快更剧烈。在金融数智化时代,金融业务场景发生了根本性转变。数字化金融机构作为资金流动的载体和媒介,成为不法分子攻击利用的重要目标。账户攻击、电信网络诈骗等犯罪手段更加隐蔽,波及范围更广、传播速度更快,使金融机构和客户防不胜防。金融数智化主要存在如下安全挑战。

1. 数据安全治理体系缺乏

许多组织已充分认识到数据安全治理工作的重要意义,并在数据安全治理体系建设与实践方面进行了诸多探索,形成了一定程度的经验和能力积累。目前国际范围内已发布了多个各有侧重的数据安全模型与框架,但组织在建立数据安全治理体系时在可落地性、效能成本、可持续性优化等方面依然面临着严峻的挑战。主要问题和挑战体现在：

1）管理过程离散化，缺少全局引领与监督评价

数据安全治理的有效实施离不开科学规划与全员深度参与。当前，组织层面的数据安全治理存在如下典型问题：

（1）以解决特定数据安全问题为导向的离散化、孤立式管理方式为主，缺少对金融机构数字化迭代演进的复杂体系的全局思考与规划。

（2）管理过程中重制定轻落实的现象比较突出，制度追求大而全，内容过于宽泛，缺乏可落地性和可实施性。

（3）组织在对业务、产品等进行规划和设计的过程中，缺少对数据安全理念的充分考量，导致数据安全能力在规划设计阶段的缺失，往往需要投入大量资源进行事后改造和补救，极大地增加了研发成本的重复投入和数据安全治理的难度。

（4）针对数据安全管理中的核心元素"人"的管理，培训方式单一，培训内容针对性不强，缺少对培训效果的评价考核，导致培训效果差强人意，安全要求得不到充分理解与有效执行，难以形成有效的覆盖组织全员的数据安全意识提升。

（5）缺少直接以数据为对象的针对性安全评估和红蓝演练，难以对数据安全能力和防护体系有效性进行全面深入的实战检验，导致安全风险和薄弱环节的主动发现和应对处置能力偏弱。

（6）缺少治理成效量化评价与治理能力持续提升的有效机制，数据安全治理体系不能够根据不断变化的数据安全新形势、新要求进行持续更新、优化与演进。

2）复杂场景技术支撑能力不足，数据安全管控存在短板

（1）数据本身具有多样性，且敏感程度不一，数据流转关系复杂，特别是面向海量、多维、碎片化、持续流动的数据处理场景，如何在数据全生命周期中对于数据、流转链路及风险事件进行准确识别与精细刻画是十分困难的问题，仅依靠传统的数据扫描和分类分级等无法充分满足需求，需要从算法设计、产品开发、能力应用多个维度加强数据识别、数据血缘图谱和异常访问检测等技术能力的建设。

（2）数据在全生命周期中的访问、调用、计算、提供等过程难以做到精细粒度的动态安全防护，特别是对于特定类型数据和高敏感数据需要满足"专数专用""高敏高保"等更高级别的安全要求，防止数据的未授权访问、违规存储和扩散、过度输出、恶意爬取等数据泄露和滥用行为，这就需要对传统网络安全场景下的安全能力进行以数据安全为目标导向的升级和突破。

（3）对于产品业务多、数据体量大的大型组织，过度依赖人工治理很难满足数据安全治理的实际需求，需要建设高效、准确、智能化的运营技术，提升数据安全治理的自动化水平和效率。

（4）如何兼顾数据安全和发展，在保障数据安全的前提下促进数据应用、挖掘数据价值、助力业务发展，也是当前许多组织正在面临的问题，需要借助隐私保护和隐私计算相关技术的应用，实现敏感数据"可用不可见""可算不可识"前提下的数据分析和价值挖掘。

2. 数据隐私保护与数据要素流动之间的矛盾

近年来用户个人隐私数据泄露以及被滥用造成不良影响的事件频发，国家陆续出台的相关法律法规把隐私保护重视程度提升到了前所未有的级别。然而行业的数字化转型、安全保障、反赌反诈、黑产打击的洞察，AI技术应用，对数据要素流动的需求越来越迫切。在

一些新的场景之下,在应用隐私保护技术时不能将其极端化,例如在打击黑产时,在关键案例分析上是需要对黑产涉及的原始数据做深入挖掘分析的,如果没有这个通道,行业的 AI 安全应用面临着被黑产打穿而无法有效响应的严峻风险。对于这种特殊应用场景,对数据使用应留有专数专用的通道,避免一刀切。如何权衡隐私保护与数据要素流动之间的矛盾,是长期存在的挑战,需要在技术上建立新的模式,平衡数据隐私保护和业务发展、业务安全需求等多种诉求。

(1)数据维度不足。反赌反诈、反洗钱、黑产防范与打击、信贷风险评估等,都需要对多维度数据进行收集和分析从而识别异常;供应链金融、开放银行等业务需要在生态系统内共享数据。基于数据驱动的金融数字化转型,数据量级、数据维度以及数据应用分析能力,成为金融机构发展的核心竞争要素。然而,单独基于数据所有权的授权同意、单独同意和最小必要原则,显著提升了数据流通共享的成本,不利于数据要素流动与应用。需要研究解决方案,既满足隐私保护的合规要求,又能让数据要素尽可能流动起来。

(2)计算时效性不足。金融业务对时效性的要求越来越高,比如反欺诈、金融营销等应用场景,都需要在实时在线交易的一瞬间完成决策。传统的数据分析及风险防御多以事后或者准实时为主,存在一定的滞后性,难以做到对反欺诈、金融营销业务等进行实时分析和及时判断。提前预计算是行业普遍采用的一种方案,即先基于大量数据进行数据分析和模型训练,在具体应用场景触发时,再基于前期预计算的数据分析模型给出计算结果,满足了业务需求,提升了用户体验。但是预计算过程中如何降低数据滥用、重标识等风险,需要给出应对方案。

(3)数据流通共享相关方信任度不足。数据流通共享涉及数据在数据提供方、数据处理/计算方、数据计算结果需求方之间的流转。小到企业之间的数据交换和共享,大到国家东数西算工程,只要涉及数据的跨域流动,数据相关方之间信任程度就会成为制约数据要素流动的一个重要因素。除了基于合同协议约束的管理手段,技术层面做到数据交换共享全流程的可管控、可审计、可取证也是解决相关方信任度不足导致的"不敢共享"的重要手段。

3. 数字基础设施面临多重挑战

传统金融业务数智化的快速演进,开放化、移动化成为大方向,数智化所依赖的数字基础设施面临着来自外部环境、内部业务需求、技术发展等多重挑战。

(1)日益增强的攻击威胁。数据交易中心、移动智能终端承载大量重要业务数据和用户个人信息,针对 IDC 的攻击日趋增加,侵犯数据安全的恶意应用、木马等日益增多,对用户个人信息和企业数据资产安全构成极大隐患。

(2)数据全生命周期安全防护挑战巨大。在传统企业架构下,数据的流入和流出通过固定的采集/输出渠道,安全边界固定、数字资产量少、业务复杂度低,依靠网关侧的流量采集再加上人工手动梳理基本可做到数据安全防护。但是在数智化时代,数据的产生、流通和应用变得空前密集,数据像血液一样流转在业务各个环节中,数据链路触及范围更广、动态性更强,数据安全防护难度加剧。

(3)技术发展对网络和数据安全防护挑战空前。集成电路工艺、云计算等技术的应用,在大大提升系统计算能力、存储规模和业务弹性的同时,也带来了系统边界模糊、引入更多未知漏洞、大量用户数据隔离困难等新的问题,给安全防护工作带来了巨大挑战。在数据资产海量化、使用方式多样化、共享与流动刚需化、数字业务复杂化的情况下,要满足数据有效使用的同时保证数据使用的安全合规,将会大幅提升网络和数据安全防护的复杂度,亟需采用新技术来应对挑战。

(4) 业务和安全深入耦合的安全架构面临两难处境。原生安全以内建安全、主动防御、整体防御为主要特点,成为业界认可的数字基础设施安全防护方案。但是大型数字化业务在实践原生安全时,面临新的困境,原生安全推动业务和安全深入耦合,导致业务和安全经常性冲突。比如,在安全治理时,安全团队设计的关键安全增强组件,可能因为业务需求变更回滚,导致安全增强组件前功尽弃。业务和安全深度耦合在漏洞应急修复的时候更加力不从心,表现在安全团队需要小时级的应急响应,而业务团队由于功能、性能和稳定性测试要求无法满足小时级的应急要求。安全与业务深度耦合导致的“绑脚走路”困境显然不是数智安全未来的出路。

2022 年 12 月,中共中央、国务院印发《关于构建数据基础制度更好发挥数据要素作用的意见》(以下简称“数据二十条意见”),“数据二十条意见”中提出“坚持共享共用,释放价值红利;完善治理体系,保障安全发展”等工作原则,并从数据产权制度、数据要素流通和交易制度、数据要素收益分配制度、数据要素治理制度、保障措施等方面为数据要素价值的发挥、安全的流通和使用指明了方向。本节主要从企业如何构建数据安全治理体系,技术层面如何做到隐私保护到位,如何实现与企业数字基础设施和业务逻辑平行发展又相互协同、低入侵式的数智安全架构建设等 3 个方面给出金融数智安全实践,这些数智安全实践也可为其他行业领域或平台型企业提供参考。

17.3.2 金融数智安全应对

1. 数据安全复合治理体系

银保监会于 2018 年发布的《银行业金融机构数据治理指引》(以下简称《指引》)中明确了银行业金融机构数据治理的如下 4 项原则。

(1) 全覆盖原则:覆盖数据的全生命周期,覆盖业务经营、风险管理和内部控制流程中的全部数据,覆盖内部数据、外部数据、监管数据。

(2) 匹配性原则:与管理模式、业务规模、风险状况等相适应,并根据情况变化进行调整。

(3) 持续性原则:持续开展,建立长效机制。

(4) 有效性原则:推动数据真实准确客观反映金融机构实际情况,并有效应用于经营管理。

《指引》中明确了数据安全与标准的重要性,应当建立覆盖全部数据的标准化规划,遵循统一的业务规范和技术标准;应当建立数据安全策略与标准,依法合规采集、应用数据,依法保护客户隐私,划分数据安全等级,完善数据安全技术,定期审计数据安全;符合个人信息安全相关的国家标准。

图 17.8 所示的数据安全复合治理体系,强调系统性、落地性,对治理框架搭建中战略、管理和技术进行统筹规划设计,强化治理过程的联动,将安全与业务复合、管理与技术复合,发生化学反应,形成有机整体,充分发挥复合协同效能。体系建设包括几个阶段,首先设置基本可执行的安全基线保障;在此基础上搭建关键安全能力,重点包括安全研发 SDL、互动式心智运营以及基础设施的安全能力建设;同期通过攻防演练和测评认证实战驱动关键能力的完善;在关键能力逐步验证就位后,通过可量化的安全治理来持续促进体系演进,不断

去丰富和完善基线保障。数据安全复合治理模式的特点可以概括为：战略要位、实战牵引、全员参与、技术破局。

图 17.8　数据安全复合治理体系架构图

1）战略层面

（1）完善数据安全顶层设计，形成组织层面对于数据安全重要性和必要性的一致共识，明确数据安全第一责任人和管理部门对数据安全行为的奖惩权责。

（2）制定完备的管理制度和规范体系，实现安全要求清晰明确、安全治理有章可循。

（3）建立由上而下、覆盖全员的数据安全治理组织架构，并通过设立数据安全接口人等创新机制进一步加强各层级、各部门的沟通协调与工作协同。

（4）重视对技术研发进行科学规划、持续投入和资源保障，推动重要技术落地应用。

2）运营管理层面

（1）可执行安全基线：在安全制度和规范的基础上，针对组织重点关注的安全要求，建立可执行、可度量的安全基线。

（2）互动式心智运营：将被动的知识灌输转变为安全意识与能力的主动提升，帮助人员形成良好的数据安全心智。

（3）原生式数据保护：在产品研发过程中，贯彻 security & privacy by design 的思想，通过设置管理流程机制和安全技术能力等方式将数据保护要求前置，保证产品发布前已采取必要充分的数据保护措施。

（4）多视角安全度量：通过设计安全度量指标、度量模型、度量算法等，对人员、系统、数据等的安全风险态势与安全要求符合程度进行准确度量，实现安全态势持续监测、安全风险准确定位和安全水位直观呈现，为安全决策提供参考。

（5）可自证溯源处置：建立数据安全应急响应、安全审计等工作机制，强化溯源过程可证能力建设，加强对于数据安全事件和责任人员的应急处置与审计问责，形成数据安全风险与事件的闭环处置。

（6）测评认证：将认证认可模式与组织实际治理结合，强化组织内部认证体系建设，包括针对特定角色/岗位/权限人员的认证、针对数据处理基础应用的测评认证以及面向业务的测评认证等。同时，通过开展第三方测评认证，对数据安全治理能力和水平等进行客观评价，为数据安全治理的持续改进提供重要依据。

（7）红蓝演练：通过开展以数据为主体的攻防演练，以定制化攻击的方式检验安全防护能力与水平，从攻防视角验证数据安全防护体系的有效性，促进未知安全风险的及时排查，达到以攻促防、攻防相长的效果。

3）治理科技层面

（1）全息资产画像：以数据认知、分类分级、流转链路刻画为核心，通过对数据及其流转链路的关系、态势等进行深入分析与全息刻画，提供更加精细的数据描述与能力支持。

（2）可信纵深防御：包括数据服务海关、专数专用、数据反爬，面向数据处理过程提供细粒度、动态化的深度安全防护能力。数据服务海关针对数据流动场景，采取可信身份、合法性标识、合理场景、目标资源等技术机制，保证每一次数据流动均具有可追溯的用户授权和合规场景标识，为数据流动的安全合规提供保障。专数专用主要面向具有明确使用场景约束和安全管控要求的数据，通过数据加密、智能权限管控与场景流转管控等安全能力，避免数据的超范围使用。数据反爬从自动化流量分析、多维度风险检测与差异化风险处置 3 个方面建立纵深安全防护能力，有效防范接口遍历等数据爬取攻击。

（3）智能安全运营：实现自动化、定制化的攻防演练管理，基于安全策略的风险自动感知与识别，以及多元化的风险响应与处置，进一步提升面向复杂业务、海量数据的安全运营智能化水平和效率。

（4）隐私保护与隐私计算：主要解决数据应用和价值挖掘场景下的数据安全和隐私保护问题。通过审计举证等安全机制加强数据计算和应用中的隐私保护，同时依托于受控匿名化、密态计算等隐私保护技术，实现数据"可用不可见""可算不可识"前提下的安全融合计算。

（5）系统能力：包括安全平行切面、密码基础设施、安全可信环境以及终端安全，为数据安全治理构筑底层系统能力支持。安全平行切面提供了覆盖终端、流量到应用的纵深安全防线，并在各层面针对数据访问、数据使用、数据输出等场景集成了信息收集、访问控制、数据加固等多维度的安全监测与防护能力。密码基础设施通过符合资质要求的密码产品，从密码产品层、核心服务层、系统接入层 3 个层面构建密码技术管理与应用的基础设施，为业务系统提供密钥管理服务和密码运算服务。安全可信环境为数据计算提供严格隔离的安全环境，并采取安全管控和远程验证等机制，实现计算环境的隔离、可控。终端安全通过建设终端层面的数据防泄露、端点检测与响应、反病毒等核心能力，加强对于办公终端的安全管控，有效防范终端数据泄露和窃取风险。

（6）算法能力：重点关注数据识别、数据血缘图谱、异常访问检测 3 个核心领域，形成基于安全算法的智能决策能力，解决"看见数据"、"看清数据"和"理清风险"的难题。

（7）数据高速溯源能力：主要面向海量、多维、碎片化、持续流动的数据处理场景，构建准实时精准检索、压缩索引、异构数据提取等数据加工能力，以多种技术手段实现大规模数据的准实时快速定位（如面向 PB 级别数据的分钟级快速检索），为数据安全治理提供数据支撑。

在整个数据治理体系应用落地过程中，标准贯穿全程，支撑企标体系、数据分类分级、数据全生命周期安全要求、新技术应用、算法评估、测评认证等关键环节。

（1）企标体系。根据国际、国家、行业在数智安全方面的法规要求和标准，制定覆盖组织架构、人员、场景、数据、模板、清单等企标体系，实现安全要求清晰明确、安全治理有章可循。

（2）数据分类分级。依据 JR/T 0171—2020《个人金融信息保护技术规范》、JR/T 0197—2020《金融数据安全　数据安全分级指南》等，并结合组织业务自身策略和特点，对数据进行分类分级。

（3）数据全生命周期安全要求。参考 JR/T 0223—2021《金融数据安全　数据生命周期安全规范》、GB/T 35273—2020《信息安全技术　个人信息安全规范》等，对数据和个人信息进行全生命周期安全防护。特别是 JR/T 0223—2021 贯彻了《银行业金融机构数据治理指引》中的"全覆盖"原则。

（4）新技术应用。参考 JR/T 0184—2020《金融分布式账本技术安全规范》、JR/T 0196—2020《多方安全计算金融应用技术规范》等实现可自证溯源处置、隐私保护与隐私计算等能力。

（5）算法评估。参考 JR/T 0221—2021《人工智能算法金融应用评价规范》、《信息安全技术　机器学习算法安全评估规范》等，在算法应用上线前进行评估，保证安全合规。

（6）测评认证。基于 ISO 27001、ISO 27701，以及 GB/T 35273 国标等标准对组织的网络安全、数据安全、个人信息保护进行测评认证，针对特定产品和平台的能力评估。

2. 基于受控匿名化的多源数据融合处理

如前安全挑战章节所述，数据维度的不足，以及计算时效性、稳定性、准确性等的不足，严重制约了金融风控、搜索推荐等的开展。比如金融风控所依赖的机器学习模型训练需要大量、多维度、无偏见的训练数据，否则产生的模型效果会非常差。图 17.9 是典型数据智能决策系统流程图，整个决策链路分为两段：

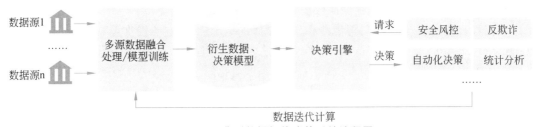

图 17.9　典型数据智能决策系统流程图

第一段是离线计算，接入不同数据源的数据，进行数据加工处理和模型训练，过程中会产出大量的衍生数据和决策模型。

第二段是在线计算，主要用于为在线服务提供高性能实时决策，将决策模型部署到决策引擎中，各个应用对决策引擎发起请求，获取实时的决策建议，为最终用户提供实时智能服务，在为用户服务的过程中产生的数据又会进入到数据融合处理和模型训练进行下一次迭代计算，保障智能服务的持续有效保鲜。

在整个数据处理和智能决策全流程，涉及对大量个人信息的处理，需要充分保护个人信息主体的合法权益。离线计算阶段，做到可算不可识，即任何参与方无法窥探原始数据，但可参与数据价值挖掘；在线计算阶段，在数据主体授权的基础上，做到价值不侧漏，即数据计算结果数据专数专用，不跨场景使用。很多场景中离线计算阶段无法获得用户授权，需要对数据进行匿名化处理。匿名化割裂了数据与特定个人之间的关联关系，在数据保护和数据利用之间建立了一种可被接受的妥协路径。但是在开放空间高维关联之下，绝对匿名化意味着个体颗粒度数据要素价值绝对损毁，无法满足业务的需求，所以需要有一种适用于多方开展大规模离线数据挖掘以及高性能在线数据服务的新型隐私保护技术方案。

在绝对匿名化会损失数据价值的情况下，业界在积极探索相对匿名化的技术路线。相对匿名化指的是在不结合密钥、外部场景信息的情况下，无法恢复出个人身份的匿名化技术。受控匿名化技术是指将相对匿名化的数据限制在受控环境中，切断其与外部信息的关联，达到安全性近似绝对匿名化的效果。

基于受控匿名化的多源数据融合处理，能够增加数据维度，提升算法模型的准确度；能够减少网络通信延迟，提升数据计算时效性；能够有效应对由于不同的组织机构拥有不同的数据维度、数据处理环节多等原因，个人信息泄露、被滥用、重标识等风险。基于受控匿名化的多源数据融合处理关键技术实现环节如下：

（1）在受控匿名化技术中，各数据提供方需要在本地受控环境中对数据进行脱敏处理，对个人信息进行去标识处理，比如可针对 ID 等直接标识符进行加密处理，同时在数据价值损失有限的前提下对属性信息等准标识符进行模糊处理，如区间化、加噪声等。这些操作能够大幅增加通过属性信息追踪用户身份的难度。

（2）所有数据提供方将脱敏、去标识后的数据输入到可信受控环境中，在受控环境中进行融合处理。通过构建集中式的安全可信计算环境，保障数据融合处理过程的严格管控，包括数据的存储、加工、分析、建模、挖掘、查看等，做到对任何一种操作可管控、可审计、可取证。

（3）在输出阶段，对数据应用场景进行审批评估，且对数据来源主体和用户进行双重确权，保证数据应用场景的正当必要性，保障数据价值输出时各方的权益。同时还需要对数据的流向和应用场景进行追溯，确保在数据流出后同样安全可控。

在受控环境的技术实现上，可信计算是非常好的一个选择，它能提供可靠的隔离环境，防止外部应用干扰可信计算任务的执行。参与方还可以从远程确认数据的处理、输出方式，进一步确保数据安全可控。此外，图 17.10 是基于受控匿名化的多源数据融合处理参考架构图。

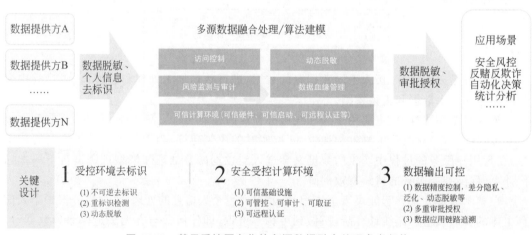

图 17.10　基于受控匿名化的多源数据融合处理参考架构

受控匿名化的安全性：在数据提供方之外，只有相对匿名化后的信息在受控环境中出现。由于受控环境采用了可信计算等高安全保障的技术保障，不会发生规模化数据泄露。即便有少量脱敏数据会被研发人员接触，因为这些数据都是经过相对匿名化处理的，对安全性影响有限，而且这种数据接触可以被有效安全审计管控。

受控匿名化的性能：首先，受控匿名化对身份信息、属性等数据价值损失不大，最大程度地保证了数据的价值；其次，整个过程没有大量的跨公网交互操作，整体架构的性能和稳定性接近明文分布式计算。

在此方案中，个人信息去标识可参考 GB/T 37964—2019《信息安全技术 个人信息去标识化指南》。此外，还可结合管理手段加强对个人信息和权益的保护，如基于 GB/T 39335—2020《信息安全技术 个人信息安全影响评估指南》进行个人信息安全影响评估，在开展个人信息处理前，组织可通过影响评估，识别可能导致个人信息主体权益遭受损害的风险，并据此采用适当的个人信息安全控制措施；对于正在开展的个人信息处理，通过影响评估，综合考虑内外部因素的变化情况，持续修正已采取的个人信息安全控制措施，确保对个人合法权益不利影响的风险处于总体可控的状态。

3. 安全平行切面防御体系

近几年，安全产业细分领域的快速增长在某种程度上表明，企业架构和业务逻辑的复杂性急剧增加不断催生新的安全需求。为满足前期业务快速发展的需求，安全能力大多采用外挂式的架构模型，但在高强度对抗与复杂治理场景下，外挂式安全架构的效果受限于其数据可观测能力，已经无法满足更深层次的安全对抗和治理需求。

面向复杂和动态的业务场景，灵活、快速地部署安全能力和响应安全需求，既是对已有安全架构和单点安全产品的挑战，也是企业新安全架构的建设诉求。安全平行切面是一套全新的安全体系，它是将面向切面编程（AOP）思想推广应用到安全体系建设中，通过在移动 APP、服务端应用、操作系统等应用与基础设施中嵌入各层次切点，形成端-管-云的立体安全防护体系，使得安全管控与业务逻辑解耦，并通过标准化的接口为安全业务提供内视和干预能力的安全防御体系。安全平行切面可在不修改业务逻辑的情况下，构建与业务融合且解耦的安全平行空间，实现更高维度的安全防护。安全平行切面体系关键在于"融合解耦"。融合是指安全能力需要能够深入到业务内部，实时感知敏感数据的违规使用、漏洞检测所需的各种信息等，能够做到主动防御；业务上线即带有安全能力，并实现跨维的检测、响应与防护。解耦是指安全能力可编程、可扩展，安全和业务各自独立演进，在不影响业务连续性的情况下快速响应各种安全需求。

图 17.11 是安全平行切面的参考架构，业务空间中实现各种业务功能，安全平行切面空间中实现各类基于切面的安全管控功能，即切面应用。切面应用之间相互隔离，独立实现不同的安全功能，比如用于漏洞防护的切面应用、用于移动应用隐私保护的切面应用等。业务空间与安全平行切面空间各自独立运行，安全平行切面通过注入、代理等方式，可以在不修改业务逻辑源代码的情况下，动态添加切面应用到业务空间中。切面应用在业务空间中的作用位置是业务逻辑中某一代码位置，即切点。一个切面应用可以作用于一个或者一组切点。切面底座提供干预管控、切点植入、切面应用加载、资源控制等管理功能。切面应用通过切面底座提供的加载功能加载到安全平行切面空间中运行；切面底座通过统一注入的代理逻辑接管切点的处理流程，并根据各种切面应用的优先级进行统一的调度管理；当最终各

切面应用的处置逻辑执行完成之后,根据不同切面应用的执行结果,切面底座会给出针对业务逻辑的干预管控行为,比如在检测到异常行为并确认风险后,可通过切面对函数调用进行拦截管控;此外,通过监控切面应用运行指标(如切面注入点耗时、切面应用抛出异常数、切面拦截量等)和业务进程自身的系统指标(CPU 占用、内存消耗、服务耗时等),切面底座进行多层次的综合判定安全平行切面运行稳定性,对切面应用使用资源进行限制与隔离,避免过度使用资源,影响业务逻辑的正常运行。

切面应用的动态扩展能力能够有效降低日常数智安全治理成本,实现高效的安全响应能力。对切面应用模块化的管理方式,不仅能使各类安全能力实现独立开发,还可使不同的切面应用研发人员之间相互解耦,互不影响。

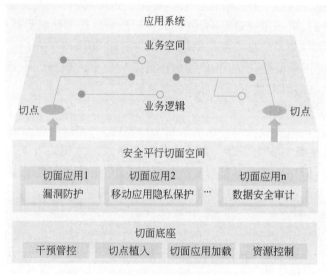

图 17.11　安全平行切面参考架构

感知覆盖是安全领域"看得见"的基础能力,做不到感知覆盖就很难保障系统安全和数据安全。由于系统复杂性和碎片化导致想要做到感知覆盖挑战艰巨:在微观层面,应用内部行为的内视和细颗粒度数据的流转追溯难;在宏观层面,网络和数据安全态势感知更加不易。安全平行切面是一个跨应用和系统的防御体系,切点可以内嵌到移动 App、流量网关、服务端应用、操作系统等不同层次的业务逻辑位置,实现对各类业务应用的细粒度、精准、全面的观测和干预。基于安全平行切面的整体防御体系可以在数据流转的各业务层级建立安全切面。通过各层级安全切面的有机配合,实现数据流转的全流程追溯,对复杂攻击进行多层次检测、阻断,并通过不同安全切面之间的协同管控联动、威胁检测数据融合等机制,实现复杂业务系统的纵深防御,充分发挥了整体防御的优势。在攻防对抗实践中,安全平行切面与 RASP、IAST 等结合,深入业务内部,具备业务内视能力,达到更好的安全治理、防护、对抗的效果。下面给出安全平行切面在漏洞防护和隐私保护方面的应用实例。

在漏洞防护方面,应用层的缺陷和漏洞是造成信息安全风险事件的主要原因之一,主要面临注入攻击、敏感数据暴露、跨站脚本攻击、远程代码执行等安全威胁。防范应用层的威胁,仅依靠边界防护是不够的。例如,传统网络防火墙无法有效检测到对 Web 应用程序的恶意输入,而 Web 应用防火墙(WAF)的误报率高且容易被绕过。基于安全平行切面构建的应用运行时安全防御系统(RASP),将安全威胁检测和安全防护策略直接植入到被保护应用的服务端程序或移动 App 中,以提供函数级别的实时保护能力,达到有效防御应用安全风险、发现潜在安全威胁的目的。以 2021 年 12 月肆虐互联网的 log4j2 漏洞(CNVD—2021-95914)为例,使用安全切面进行应急止血,选择特定的切点开启阻断拦截即可实现精准的拦截,既不会出现误拦截,也不会被绕过,在官方补丁发布前就可以完成对漏洞攻击的阻拦。且由于安全平行切面与业务解耦,在实现应急止血的同时保证了业务系统持续稳定运行。图 17.12 为基于安全平行切面的 log4j2 漏洞攻击阻拦方案。

与 WAF 相比,通过安全平行切面带来的收益主要表现为:

(1)不受网络协议限制,可以支持多种协议。

(2)应为安全平行切面与业务应用运行在同一空间内,拥有丰富的上下文数据(进程堆栈等),具备极低的漏报和误报,且具备对抗未知漏洞的能力。

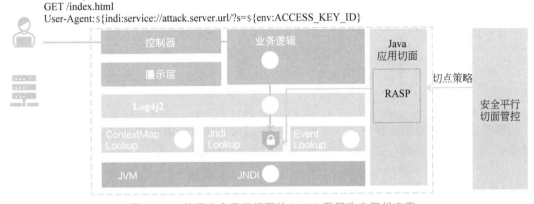

图 17.12 基于安全平行切面的 log4j2 漏洞攻击阻拦方案

在隐私保护方面,以安全平行切面在移动端 App 的应用为例。移动应用特别是平台型 App,存在大量第三方 SDK、小程序等第三方代码。由于缺少运行时监测技术,无法对实际调用行为进行监测,存在盗取个人信息、推送恶意广告等风险,如果恶意代码隐藏足够深,只能在数天甚至数周后,当出现较多用户投诉时,才可能意识到这个风险;且恶意行为在测试机环境上难以触发,定位和排查也很困难,严重影响 App 的安全性。传统方式下,App 安全风险分析主要针对缺少安全管控或者管控存在疏漏的输入与输出,但是存在覆盖率有限且有些行为复现困难等难点。通过在 App 的移动端、云端以及移动端和云端通信的流量端构建和部署安全平行切面组件,可以实现对隐私 API(通信录、定位、摄像头等)调用链路、网络和文件操作以及终端和云端之间通信的监测和管控,通过与云端算法分析能力协同,快速发现异常的调用,并定位哪些第三方 SDK、小程序获取了用户隐私权限或数据。必要时可下发对应的管控配置到安全平行切面组件,在不需要业务修改代码的情况下,实现细粒度隐私管控。图 17.13 为基于安全平行切面的移动应用隐私防护部署架构。

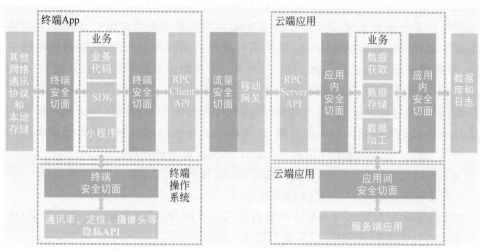

图 17.13　基于安全平行切面的移动应用隐私防护部署架构

17.4 金融数智安全展望

17.4.1　技术应用发展展望

1. 大数据

随着金融行业数字化转型进入深水区,对数据权属分置的需求更加迫切,对数据技术的可靠性、实时性、安全性等能力也提出更高的要求。发展趋势包括:

1) 数据持有权与使用权分离

"数据二十条"明确"探索数据产权结构性分置制度,建立数据资源持有权、数据加工使用权、数据产品经营权'三权分置'的数据产权制度框架"对行业发展有着至关重要的作用。

数据的持有权主要是持有明文数据(或者明文数据等价物)的权利。有了明文数据后,意味着在技术上获得数据不受限的所有的使用价值。一方面数据持有方需要非常谨慎地、合规合法地使用数据,并且按照法律要求尽责保护好数据持有权不失控;另一方面一旦数据持有权失控,使用权也将失控并被滥用,继而数据要素作为商品的价值会崩塌。这是数据要素和其他生产要素显著的区别——非常容易被复制。传统上基于明文的数据流转,难以将数据的持有权与使用权分离,在漫长的数据价值流转链路上很容易导致持有权和使用权的失控,而且也严重阻碍了数据要素价值市场化。

历史上,持有权和使用权从未被分离过,直到隐私计算出现。隐私计算这样的数据密态技术第一次实现了数据的持有权与使用权分离,可以在保障数据持有权不丧失的前提下,对数据在跨域流转的全程对其使用权实现管控。这种数据流转全链路的使用权跨域管控能力,对于数据要素价值实现市场化来说是至关重要的。数据的使用权流通,而非持有权流通,是数据要素行业发展的关键。

2) 数据规模持续增长,亟需可持续演进的资源供给能力

金融业数据增长强度居各行业之首,大数据平台映射金融业核心的分析系统,需通过以下关键技术提高大数据平台的基础资源供给能力:

(1)大规模集群跨域部署能力:传统大数据平台超过一定规模需要分割集群,可能会

造成集群割裂、系统割裂、数据割裂等问题。因此,需要支持超大规模集群的高扩展能力,使得资源实现统一调度和运维。

(2)多元化算力混合部署能力:在大数据新老设备兼容性方面,金融机构新增的底层硬件与原有非国产设备间的兼容性,可以通过大规模混合部署方案解决,既满足信息技术应用创新的要求,又实现新老设备的有序融合。

3)数据跨域融合需求不断增长,融合生态不断完善

(1)数据中台:传统的大数据平台主要以批量加工类场景为主,对于批量加工的结果通常需要导出到关系型数据库中进行联机访问,造成数据冗余、不一致、时效慢等问题。数据中台可以通过微服务的形式来提供联机数据服务,并采用数据湖和数据仓库的统一数据平台,对外提供离线分析、实施分析、交互式查询等。同时,统一的数据治理工具(如数据打标平台、实时扫描工具等),结合数据治理标准,使开发人员在一个平台上实现数据集成、规范、开发、开放服务等全流程。

(2)湖仓融合:通过虚拟化引擎打通数据湖和数据仓库,结合底层大数据存算分离方案,实现全量数据统一存储;通过统一元数据实现全量数据视图统一。湖仓一体架构能够实现构建逻辑数据湖,应对高速发展的业务需求。

4)数据密态化

由于数据具有可复制性和非排他性的特点,使得数据密态流通成为必然趋势。数据密态流通能够有效防范数据流通过程中泄露、滥用等安全风险,能够支撑数据二十条中提出的数据持有权、使用权分置的机制,对数据使用权进行跨域管控,支持数据使用权流通和交易。数据密态化的发展分为计算密态化、大数据密态化、数据要素密态化 3 个阶段。

(1)计算密态化:各个机构出于业务发展的最急迫需求,在最核心的几个场景开始尝试密态计算,通过多方安全计算 MPC、联邦学习 FL 等隐私计算技术,开展最基础的计算、分析、建模等工作,相对固定且复杂度有限。主要目的是在保护自身数据的前提下,获得更有价值的计算结果。一般直接从多方的明文数据源直接获得结果,实现数据"可用不可见"的基本要求。在这个阶段,数据使用权的跨域管控是通过所有计算都需要数据持有方的跨网参与来隐式实现的。

(2)大数据密态化:各个机构开始全面使用密态计算获得收益,无论是要处理的数据规模还是复杂程度将远高于第一阶段。在这一阶段,数据密态处理将越来越多地呈现出大数据处理的特点,包括留存大量的中间结果以供后续的环节使用。传统的大数据平台也将向密态大数据平台演进,支持密态计算、密态存储等密态能力在大规模、高性能的复杂场景中应用。这一阶段的核心在于实现数据持有权和使用权的分离,实现完整的数据使用权跨域管控。

(3)数据要素密态化:数据将会在全行业、全社会进行广泛和深入的流动,一次密态计算可能包含同行业、跨行业的大量机构的数据,一份数据也可能会流经多家机构并且在流动的过程中不断演进。在这一阶段,要在数据持有权和使用权分离的基础上,实现多方、异构互联。同一份数据持有权仅由最初的机构拥有,其他机构仅能获得使用权,避免数据被到处复制、留存。除此之外,还需要解决数据的定价、平台的公信力等问题。这一阶段的基础是真正实现数据使用权流通。

2. 人工智能

在数据、算法和算力三大要素的共同驱动下,人工智能进入高速发展阶段,成为推动金

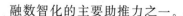

融数智化的主要助推力之一。

（1）技术融合应用。人工智能与其他新技术的交叉融合是主要趋势之一，多种技术相互融合能够产生相互促进的效果。大数据对多源异构的海量数据源提供大规模并行处理和分布式处理能力；区块链技术可以保证流程的透明性、数据的非篡改；人工智能能够帮助区块链提升数据传输效率，最大限度发挥大数据的资产价值等。

（2）全流程国产化。过去人工智能底层标准、框架、生态大多由国外制定，随着科技竞争的加剧，实现核心技术自主可控，需要实现人工智能全流程国产化。目前金融业正在全力推进数字化转型，从密码算法、应用软件的自主创新，到国产化服务器、操作系统、数据库、中间件及开源框架的适配迁移，最终构建全流程国产化生态。

3. 区块链

区块链本质上是一种高度可信的数据存储技术，提供了一种在不可信网络中进行信息与价值传递交换的可信机制。区块链在金融领域的应用最为广泛。

（1）联盟链/私有链成为主要方向。更多传统企业使用区块链技术来降成本、提升协作效率，激发实体经济增长。企业级在实际应用中更多关注可控、可行、可用等关键因素。联盟链/私有链是强管理的区块链，具有有效管控信息扩散范围、多角色权限管理、环境互信、监管能够有效介入等优势，适合企业在应用落地中使用。

（2）区块链性能将不断得到优化。从加密数字货币到数字票据、跨境支付、证券交易、供应链等，区块链应用从单一到多元，在实时性、高并发性、延迟和吞吐等多个维度出现差异，将衍生出多样化的技术解决方案。区块链技术将持续演进，将从共识算法、服务分片、处理方式、组织形式等多个维度有效提升区块链的性能。

（3）区块链安全防护需要技术和管理全局考虑。区块链系统，从数学上来讲，是近乎完美的，具有公开透明、无法篡改、可靠加密、标识唯一、防 DDoS 攻击等优点。但是，它仍然受到基础设施、系统设计、操作管理、隐私保护和技术更新迭代等诸多挑战，需要从技术和管理上全局考虑，加强基础研究，补强技术短板。

4. 隐私计算

中国人民银行发布的《金融科技发展规划（2022—2025 年）》中明确提出"积极应用多方安全计算、联邦学习、差分隐私、联盟链等技术，确保数据交互安全、使用合规、范围可控"。隐私计算作为金融领域数字化改革的关键技术，将朝着技术大融合与规模化、标准化、国产化方向发展。

1）技术大融合与规模化

隐私计算技术现在有很多相对独立发展的技术路线，在未来，各个技术融合是大势所趋。这不仅仅是性能、场景适用性上的迫切需求，甚至在安全性上也有强烈需求。现有的各条技术线，包括多方安全计算（半诚实模型安全问题）、联邦学习（信息熵泄露问题）、TEE（供应链攻击与应用攻击）都有实际应用中的安全挑战需要相互之间的技术融合来做补位增强，从而成为未来行业大规模安全可用的隐私计算技术基础设施。

比如多方安全计算在业界应用最多的模式是半诚实模型。半诚实模型意味着大家都要遵从协议，在这样的前提下才能保障数据不泄露。但很多半诚实模型的多方安全计算实现并没有安全审计能力。假如攻击者真的不遵守协议，他偷取数据的行为也无法被审计发现。这样的方法如果推广到全行业来用会导致严重的系统性风险。如何解决？把多方安全计算和 TEE 融合是很好的解决方法。未来技术融合将会是大趋势，多方安全计算、联邦学习、

TEE 融合,能很好地帮助各种技术路线解决它的性能、适用性和安全性等问题。

另外一个角度来看,隐私计算技术不是免费的午餐。所有的东西都有成本,一般来说安全性越高,成本要求越高。现在多方安全计算和联邦学习需要跨公网或跨专线的,多方安全计算有着动辄万倍以上的性能损失;联邦学习用信息熵泄露代价来换取性能提升,但也还有百倍、千倍以上的性能损失。全同态加密本身计算速度很慢,也会有着千倍、万倍以上的损失,虽然能靠硬件加速来缓解,但更大的问题在于,它的数据会膨胀千倍、万倍以上。而可信执行环境则需要部署新的可信硬件。

一方面可以用技术融合来突破这些性能瓶颈,另一方面应用成本会随着基础设施的规模效应而逐步降低。只有达到一定规模以后,边际成本才能下来,高安全高性能高适用性的隐私计算技术才能被越来越多行业所使用。因此,未来需要分类分级来引导隐私计算技术在行业里落地,包括技术层面的分类分级和应用场景的分类分级。一边增加应用场景获取收益,一边提升技术融合与基础设施规模化降低成本。

2)标准化

隐私计算最初最根本的目的是在保证数据安全的前提下,解决数据孤岛问题。现在市场上隐私计算产品和技术方案众多,如果不能实现互联互通,仍然无法有效解决数据孤岛问题。此外,不同的方案在安全性、功能、效率方面都参差不齐,不利于行业的规范化发展。随着行业的发展,业界对相关技术的评价和应用场景会逐渐达成共识,隐私计算技术标准会成为各家技术供应商的统一标尺。

3)国产化

隐私计算涉及安全问题,并且金融领域对安全性和国产化有重要要求和需求。因此,隐私计算相关算法的国产化也是必然趋势。

17.4.2　政策与标准需求

隐私计算、区块链、人工智能等技术应用仍有较大的不确定性,如隐私计算的可用不可见、可算不可识能否认为达到匿名化效果,如何衡量算法歧视也需要有相应的标准,人工智能领域机器人作品的权利和知识产权如何衡量,人工智能伦理和安全可控标准等,都需要明确的政策法规和标准给予指引和落地。

17.5　本章小结

本章从金融数智的特征、发展、概念和术语、相关标准等的分析介绍入手,结合重点技术及其应用,使读者加深对金融数智的理解。通过分析金融数智安全挑战,以及给出数据安全复合治理体系、多源数据融合处理安全解决方案和安全平行切面防御体系 3 个实践案例,引导读者自主思考和分析。最后给出技术发展展望和政策标准需求。

思考题

1.分析并简述金融大数据的特点。

2.阅读 JR/T 0221—2021《人工智能算法金融应用评价规范》,简述人工智能算法可解释性评价指标。

3. 阅读《互联网信息服务算法推荐管理规定》,结合生活中金融服务场景,简述哪些场景属于"规定"中所描述的生成合成类、个性化推送类、排序精选类、检索过滤类、调度决策类算法的应用。

实验实践

仔细阅读 GB/T 37964—2019《信息安全技术 个人信息去标识化指南》,GB/T 42460—2023《信息安全技术 个人信息去标识化效果评估指南》等标准,调研国内外关于匿名化相关政策、标准和技术方案,结合本节提出的受控匿名化等技术,围绕具体场景,编制个人信息匿名化指南。

参 考 文 献